"十三五"国家重点出版物出版规划项目

名校名家基础学科系列

Textbooks of Base Disciplines from Top Universities and Experts

高等工程数学

郑洲顺　张鸿雁　王国富　编

机械工业出版社

本书通过实际工程案例引申出数学模型以及计算方法，然后再着重讲解理论结果，并以问题导向来进行编写. 全书共 13 章，通过城市供水量的预测模型、湘江流量计算问题、养老保险问题、小行星轨道方程计算问题、产品的次品率的推断、屈服点与含碳量和含锰量的关系、灯丝配料对灯泡寿命的影响等问题，分别介绍了插值与拟合算法、数值积分法、非线性方程求根的数值解法、线性方程组的数值解法、线性方程组求解的迭代法、估计与检验、回归分析、方差分析与正交试验设计、线性规划模型与理论、线性规划的单纯形算法、线性规划的对偶问题、最优化问题数学建模专题等内容，这有助于学生通过解决实际问题来掌握理论内容.

本书可作为工科（特别是工程类）硕士研究生的教材或学习参考书，也可供相关专业的教师和工程技术人员参考.

图书在版编目（CIP）数据

高等工程数学/郑洲顺，张鸿雁，王国富编. —北京：机械工业出版社，2018.11（2025.4 重印）

“十三五”国家重点出版物出版规划项目　名校名家基础学科系列

ISBN 978-7-111-61846-1

Ⅰ.①高…　Ⅱ.①郑…②张…③王…　Ⅲ.①工程数学－研究生－教材　Ⅳ.①TB11

中国版本图书馆 CIP 数据核字(2019)第 010781 号

机械工业出版社（北京市百万庄大街 22 号　邮政编码 100037）

策划编辑：汤　嘉　责任编辑：汤　嘉　郑　玫

责任校对：刘雅娜　封面设计：鞠　杨

责任印制：邓　博

北京盛通数码印刷有限公司印刷

2025 年 4 月第 1 版第 3 次印刷

184mm×260mm · 19.25 印张 · 1 插页 · 468 千字

标准书号：ISBN 978-7-111-61846-1

定价：59.80 元

电话服务	网络服务
客服电话：010－88361066	机　工　官　网：www.cmpbook.com
010－88379833	机　工　官　博：weibo.com/cmp1952
010－68326294	金　书　网：www.golden－book.com
封底无防伪标均为盗版	机工教育服务网：www.cmpedu.com

前　　言

“高等工程数学”课程是中南大学面向全校各理工科硕士的数学基础课程，共48学时3学分．本书为该课程的配套用书，书中以数学建模思想、方法为主线，有机融入科学计算、应用统计、最优化方法的理论与方法，集科学计算方法、现代数学、计算机技术与实际问题求解于一体，采用研究型教学与探索型学习相结合的编写方式，主要讲授数学建模、科学计算、应用统计、最优化方法的基本方法，以实际问题为背景，采用案例式编写方式，渗透数学建模思想，介绍数学建模的步骤和方法，建立描述实际问题的数学模型，用模型的求解引入科学计算、应用统计、最优化方法的基本知识和一般方法，主要内容包括：数学建模与科学计算方法的基本概念及其相互关系、误差分析理论、函数插值与拟合方法、数值积分方法、方程求解数值方法、应用统计方法、最优化方法、以及数学建模案例分析等．

本书强调实际应用，以学生为本，突出实验与实践性教学环节，实现课内课外相结合，重视学生自主学习能力、创新能力和课外实践能力的培养，内容编排充分考虑学生的数学基础，同时进一步拓展学生的数学知识面，可以适用于不同专业和不同层次学生的教学要求．本书编写的重要目标之一是提高学生应用数学知识解决实际问题的能力旨在全面训练学生运用数学工具建立数学模型、应用科学计算方法解决实际问题的技能与技巧，突出学生的自主学习和自主实践，提高学生的科学计算能力、数学建模能力，培养学生从事现代科研活动的能力和相关素质．

感谢在本书编写过程中学校有关领导给予的支持和鼓励，感谢同行教师给出的中肯意见和建议，感谢给予我们帮助的家人和朋友们．由于编者水平和经验有限．书中不免有一些疏漏和不当之处，请各位专家和广大同行批评指正．

编　者

目 录

第 1 章　数学建模与误差分析

1.1　数学与科学计算

数学是科学之母，科学技术离不开数学，它通过建立数学模型与数学产生紧密的联系，数学又以各种形式应用于科学技术的各领域中. 数学擅长处理各种复杂的依赖关系，精细刻画量的变化以及对可能性进行评估. 它可以帮助人们探讨原因、量化过程、控制风险、优化管理、合理预测. 几十年来由于计算机以及科学技术的快速发展，求解各种数学问题的数值方法即计算数学也越来越多地应用于各个领域，新的计算性交叉学科分支纷纷兴起，如计算力学、计算物理、计算化学、计算生物、计算经济学等.

科学计算是指利用计算机来完成科学研究和工程领域中提出的数学问题的计算，是一种使用计算机解释和预测实验中难以验证的、复杂现象的方法. 科学计算是伴随着电子计算机的出现而迅速发展并获得广泛应用的新兴交叉学科，是数学和计算机应用于高科技领域的必不可少的纽带和工具. 科学计算涉及数学的各分支，研究它们适合于计算机编程的数值计算方法，就是计算数学的任务，它是各种计算性学科的纽带和共同基础，是兼有基础性、应用性和边缘性的数学学科. 它面向的是数学问题本身而不是具体的模型，但它又是各计算学科共同的基础.

随着计算机技术的飞速发展，科学计算在工程技术中发挥着越来越大的作用，已成为继科学实验和理论研究之后科学研究的第三种方法. 在实际应用中所建立的数学模型其完备形式往往不能方便地求出精确解，于是只能将其转化为简化模型，如将复杂的非线性模型通过忽略一些次要因素而简化为线性模型，但这样做往往不能满足精度要求. 因此，目前使用数值方法来直接求解较少简化的模型，可以得到满足精度要求的结果，这使科学计算发挥了更大的作用. 了解和掌握科学计算的基本方法、数学建模的过程和基本方法已成为科技人才必需的技能. 因此，科学计算与数学建模的基本知识和方法是工程技术人才必备的数学素质.

1.2　数学建模及其重要意义

数学作为一门研究现实世界数量关系和空间形式的科学，在它产生和发展的历史长河中，一直与人们生活的实际需要密切相关. 用数学方法解决工程实际和科学技术中的具体技术问题时，首先必须将具体问题抽象为数学问题，即建立起能够描述并等价代替该实际问题的数学模型，然后将建立起的数学模型，利用数学理论和计算方法进行推演、论证和计算，得到欲求解问题的解析解或数值解，最后用求得的解析解或数值解来解决实际问题. 本篇主要介绍数学建模技术和求解数学问题的数值方法.

1.2.1　数学建模的过程

数学建模过程就是从现实对象到数学模型，再从数学模型回到现实对象的循环，一般经过表述、求解、解释、验证几个阶段完成，数学建模过程和数学模型求解方法分别如图1.2.1和图1.2.2所示.

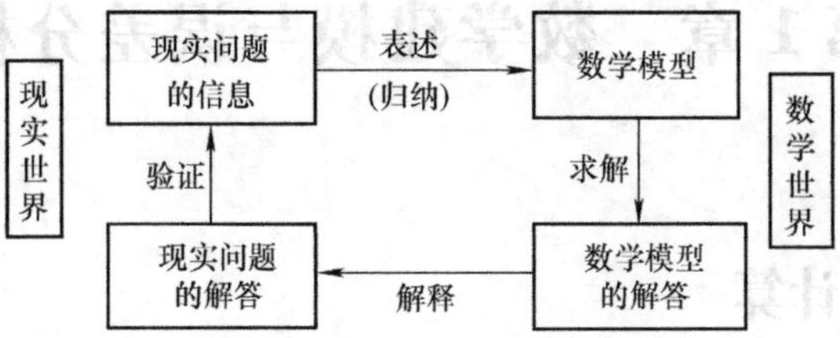

图1.2.1　数学建模过程示意图

表述　将现实问题“翻译”成抽象的数学问题，属于归纳. 数学模型的求解方法则属于演绎. 归纳是依据个别现象推出一般规律；演绎是按照普遍原理考察特定对象，导出结论. 演绎利用严格的逻辑推理，对现象给出科学解释，具有重要意义，但是它需要以归纳的结论作为公理化形式的前提，只有在这个前提下才能保证其正确性. 因此，归纳和演绎是辩证统一的过程：归纳是演绎的基础，演绎是归纳的指导.

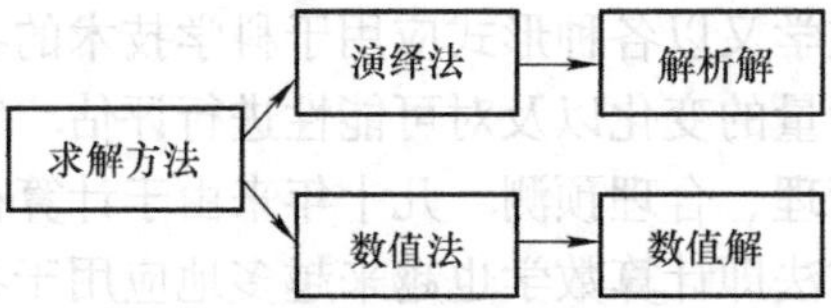

图1.2.2　数学模型求解方法示意图

解释　把数学模型的解答“翻译”回到现实对象，给出分析、预报、决策或控制的结果. 最后作为这个过程重要的一个环节，这些结果需要用实际的信息加以验证.

图1.2.1也揭示了现实问题和数学建模的关系. 一方面，数学模型是将现实生活中的现象加以归纳、抽象的产物，它源于现实，又高于现实. 另一方面，只有当数学模型的结果经受住现实问题的检验时，才可以用来指导实际，完成实践→理论→实践这一循环.

1.2.2　数学建模的一般步骤

一般说来，建立模型需要经过哪几个步骤并没有一定的模式，通常与问题的性质和建模的目的等因素有关. 下面介绍建立数学模型的一般过程，如图1.2.3所示.

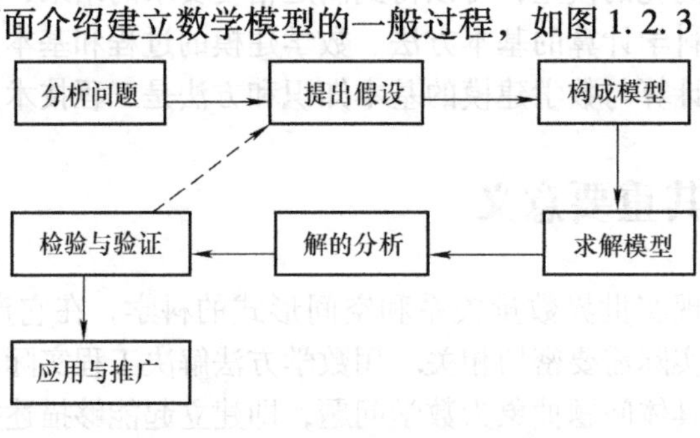

图1.2.3　数学建模的一般步骤

分析问题　了解问题的实际背景，明确建模目的，搜集必要的信息，如数据和现象等，弄清楚所要研究对象的主要特征，就是找出与问题相关的所有因素，形成一个比较清晰的“数学问题”.

提出假设　根据现象的特征和建模的目的，抓住问题的本质、忽略次要因素，给出必要的、合理的、简化的假设，并且要在合理和简化之间做出恰当的取舍. 通常建立假设的依据，一是出于对问题内在规律的认识，二是来自对现象、数据的分析，以及二者的结合.

构成模型　根据模型的假设，用数学的语言、符号描述对象的内在规律，建立包含常量、变量等的数学模型，如优化模型、微分方程模型、差分方程模型、图论模型等. 在建模过程中要遵循尽量采用简单的数学工具这一原则，以便更多的人了解和使用.

求解模型　采用解方程、画图形、优化方法、数值计算、统计分析等各种数学方法，特别是利用当前迅猛发展的数学软件和计算机技术，求出模型的解.

解的分析　对求解结果进行数学上的分析，如模型解的误差分析、统计分析、模型对数据的灵敏性分析、对假设的强健性分析等. 解的分析就是分析模型解的可靠性.

检验与验证　把求解和分析的结果翻译回实际问题中，与实际的现象、数据比较，检验模型的合理性和适用性. 如果结果与实际不符，问题常常出现在模型假设上，此时应该修改、补充假设，重新建立模型求解.

应用与推广　应用是指将经过检验与实际问题相符的解再应用于解决或指导实际问题，应用的方式与问题性质、建模目的以及最终的结果有关；推广是指将所得到的解决问题的方法用于求解类似问题或采用新知识、新方法和新技术等对原问题进行研究. 应当指出的是，并不是所有问题的建模都要经过这些步骤，有时几个步骤之间的界限也不是那么分明，建模时不要拘泥于形式，要采用灵活的表述形式.

1.2.3　数学建模的重要意义

作为用数学方法解决实际问题的第一步，数学建模自然有着与数学同样悠久的历史. 进入 20 世纪以来，随着数学以空前的广度和深度向其他领域渗透，以及计算机的出现和飞速发展，数学建模越来越受到人们的重视，数学建模在现实世界中有着重要的意义.

(1) 在一般工程技术领域，数学建模仍然大有用武之地.

在以声、光、热、力、电这些物理学科为基础的诸如机械、电机、土木、水利等工程技术领域中，数学建模的普遍性和重要性不言而喻. 虽然这里的基本模型是已有的，但是由于新技术、新工艺的不断涌现，提出许多需要用数学方法解决的新问题；随着高速、大型计算机的飞速发展，使得过去即便有了数学模型也无法求解的课题（如大型水坝的应力计算，中长期天气预报等）迎刃而解；建立在数学模型和计算机模拟基础上的 CAD 技术，以其快速、经济、方便等优势，大量地替代了传统工程设计中的现场实验、物理模拟等手段.

(2) 在高新技术领域，数学建模几乎是必不可少的工具.

无论是发展通讯、航天、微电子、自动化等高新技术本身，还是将高新技术用于传统工业区创造新工艺、开发新产品，计算机技术支持下的建模和模拟都是经常使用的有效手段. 数学建模、数值计算和计算机图形学等相结合形成的计算机软件，已经被固化在产品中，并在许多高新技术领域起着核心作用，被认为是高新技术的特征之一. 在这个意义上，数学不仅作为一门科学，是许多技术的基础，而且直接走向了技术的前端. 有人认为"高新技术本质上是一种数学技术".

(3) 数学迅速进入一些新领域，为数学建模开拓了更多新的应用领域.

随着数学向诸如经济、人口、生态、地质等领域的渗透，一些交叉学科如计量经济学、人口控制论、数学生态学、数学地质学等学科也应运而生. 当用数学方法研究许多领域中的定量关系时，数学建模就成为首要的、关键的步骤，同时也是这些学科发展与应用的基础.在这些领域里建立不同类型、不同方法、不同深浅程度的模型的选择相当多，为数学建模提供了广阔的新天地. 马克思说过："一门科学只有成功地运用数学时，才算达到了完善的地步."展望21世纪，数学必将大踏步地进入所有学科，数学建模将迎来蓬勃发展的新时期.

美国科学院一位院士总结了将数学转化为生产力过程中的成功和失败，得出了"数学是一种关键的、普遍的、可以应用的技术"的结论，认为数学"由研究到工业领域的技术转化，对加强经济竞争力是有重要意义的"，因而"计算和建模重新成为中心课题，它们是数学科学技术转化的主要途径".

1.3　数值方法与算法评价

数值计算已成为科学研究的第三种基本手段. 所谓数值方法，是指将欲求解的数学模型（数学问题）简化成一系列算术运算和逻辑运算，以便在计算机上求出问题的数值解，并对算法的收敛性和误差进行分析、计算. 这里所说的"算法"，不只是单纯的数学公式，还包括由基本的运算和运算顺序的规定所组成的整个解题方案和步骤. 一般可以通过框图（流程图）来直观地描述算法的全貌.

选定适合的算法是整个数值计算中非常重要的一环. 例如，当计算多项式

$$P(x)=a_nx^n+a_{n-1}x^{n-1}+\cdots+a_1x+a_0$$

的值时，若直接计算 $a_ix^i(i=0,\ 1,\ \cdots,\ n)$ 再逐项相加，共需做

$$1+2+\cdots+(n-1)+n=\frac{n(n+1)}{2}$$

次乘法和 n 次加法. $n=10$ 时需做55次乘法和10次加法. 若用著名秦九韶（我国宋朝数学家）算法，将多项式 $P(x)$ 改写成

$$P(x)=((\cdots((a_nx+a_{n-1})x+a_{n-2})x+\cdots+a_2)x+a_1)x+a_0$$

来计算时，只要做 n 次乘法和 n 次加法即可.

对于小型问题，计算速度的快慢和占用计算机内存的多少似乎影响不大. 但对于复杂的大型问题而言，却起着决定性的作用. 算法选取得不恰当，不仅会影响到计算的速度和效率，还会由于计算机计算的近似性和误差的传播、积累直接影响到计算结果的精度，甚至直接影响到计算的成败. 不合适的算法会导致计算误差达到不能容许的地步，从而使得计算最终失败，这就涉及算法的数值稳定性问题.

数值计算过程中会出现各种误差，它们可分为两大类：一类是由于计算者在工作中的粗心大意而产生的，例如笔误或误用公式等，这类误差称为"过失误差"或"疏忽误差". 它完全是人为造成的，只要工作中仔细、谨慎，是完全可以避免的；而另一类为"非过失误差"，在数值计算中这往往是无法避免的，例如近似误差、模型误差、观测误差、截断误差和舍入误差等. 对于"非过失误差"，应该设法尽量降低其数值，尤其要控制住经多次运算后误差的积累，以确保计算结果的精度.

下面是一个简单的算例，可以看出近似值带来的误差和算法的选择对计算结果所产生的巨大影响.

例 1.3.1　计算 $x=\left(\frac{\sqrt{2}-1}{\sqrt{2}+1}\right)^3$

可以用下面四种算式算出：

$$x=(\sqrt{2}-1)^6, x=99-70\sqrt{2}, x=\left(\frac{1}{\sqrt{2}+1}\right)^6, x=\frac{1}{99+70\sqrt{2}}$$

如果$\sqrt{2}$不取近似，且计算过程没有误差，则上面四个算式的计算结果是相等的；但是如果分别用近似值$\sqrt{2}\approx 7/5=1.4$ 和$\sqrt{2}\approx 17/12=1.4166\cdots$按上面四种算式计算 x 值，其结果如表 1.3.1 所示.

表 1.3.1　四种算式的计算结果

序号	算式	计算结果	
		$\sqrt{2}\approx\frac{7}{5}$	$\sqrt{2}\approx\frac{17}{12}$
1	$(\sqrt{2}-1)^6$	$\left(\frac{2}{5}\right)^6=0.004096$	$\left(\frac{5}{12}\right)^6=0.005233$
2	$99-70\sqrt{2}$	1	$-\frac{1}{6}=-0.166667$
3	$\left(\frac{1}{\sqrt{2}+1}\right)^6$	$\left(\frac{5}{12}\right)^6=0.005233$	$\left(\frac{12}{29}\right)^6=0.005020$
4	$\frac{1}{99+70\sqrt{2}}$	$\frac{1}{197}\approx 0.005076$	$\frac{12}{2378}\approx 0.005046$

由表 1.3.1 可见，按不同算式和近似值计算出的结果各不相同，甚至出现了负值，这真是差之毫厘，谬以千里. 可见近似值和算法的选择对计算结果的精确度影响很大. 因此，在研究算法的同时，还必须正确掌握误差的基本概念、误差在数值运算中的传播规律、误差分析的基本方法和算法的数值稳定性. 否则，即便选择了合理的算法也可能会得出错误的结果.

衡量一个算法的好坏时，计算时间的多少是非常重要的一个指标. 由于实际的执行时间依赖于计算机的性能，因此算法所花时间是用它执行的所有基本运算的总次数来衡量的，这样时间与运算的次数直接联系起来了. 当然，即使用一个算法计算同一类型的问题时，由于各种问题的数据不同，计算快慢也会不同，一般讨论最坏情况下所花的时间. 设输入数据的规模是 l（在网络问题中，l 一般与节点数及弧数有关，而对一般的极值问题，l 往往与变量数及约束数有关）. 设在最坏情况下运算次数是 $f(l)$，则 $f(l)$ 称为算法的计算复杂性.

具有什么样计算复杂性的算法被认为是好的呢？目前计算机科学中广为接受的观点是：多项式时间算法，即 $f(l)$ 是关于 l 的一个多项式，或者是以一个多项式为上界的. 例如，l^2+l，l^3，$l\lg l$ 等是好的算法；而指数时间算法，即 $f(l)$ 是关于 l 的指数式或以一个指数式为下界的，例如 3^l，$l!$ 等情况，则是坏的算法. 这个看法的依据是很显然的，因为当 l 增大时，指数函数的计算量比多项式函数的计算量增长快很多.

注意：在理论上证明是好的算法不一定在实际中有效，在理论上证明不是多项式时间的算法在实际中也不一定就效果不好. 如关于线性规划问题的算法有如下的特殊性：

（1）单纯形法是时间复杂性为指数阶的算法，但它却是非常有效的算法；

（2）椭球法从理论上是一项重大突破，是第一个多项式算法，遗憾的是广泛的实际检验表明其计算效果比单纯形方法差，因而，它在实际使用中不能取代单纯形法；

(3) Karmarker 方法是求解线性规划的另一种多项式算法，从理论上说，Karmarker 算法的阶比椭球法有所降低，从实际效果来说也好得多，因而引起了学术界的广泛注意.

1.4 误差的种类及其来源

在数值计算中，除了可以避免的过失误差外，还有不少来源不同而又无法避免的非过失误差存在于数值计算过程中，这其中主要有如下几种：

1.4.1 模型误差

在建模（建立数学模型）过程中，欲将复杂的物理现象抽象、归纳为数学模型，往往需要忽略一些次要因素的影响，对问题进行某些必要的简化. 这样建立起来的数学模型实际上必定只是所研究的复杂客观现象的一种近似的描述，它与真正客观存在的实际问题之间有一定的差别，这种误差称为“模型误差”.

1.4.2 观测误差

在建模和具体运算过程中所用到的一些初始数据往往都是通过人们实际观察、测量得来的，由于受到所用观测仪器、设备精度的限制，这些测得的数据都只能是近似的，即存在着误差，这种误差称为“观测误差”或“初值误差”.

1.4.3 截断误差

在不少数值运算中常遇到超越计算，如微分、积分和无穷级数求和等，它们需用极限或无穷过程来求得. 然而计算机却只能完成有限次算术运算和逻辑运算，因此需将解题过程化为一系列有限的算术运算和逻辑运算. 这样就要对某种无穷过程进行“截断”，即仅保留无穷过程的前段有限序列而舍弃它的后段无限序列. 这就带来了误差，称它为“截断误差”或“方法误差”. 例如，函数 $\sin x$ 和 $\ln(1+x)$ 可分别展开为如下的无穷幂级数：

$$\sin x = x - \frac{x^3}{3!} + \frac{x^5}{5!} - \frac{x^7}{7!} + \cdots, \tag{1.4.1}$$

$$\ln(1+x) = x - \frac{x^2}{2} + \frac{x^3}{3} - \frac{x^4}{4} + \cdots \quad (-1 < x \leqslant 1). \tag{1.4.2}$$

若取级数的起始若干项的部分和作为函数值的近似，例如取

$$\sin x \approx x - \frac{x^3}{3!} + \frac{x^5}{5!}, \tag{1.4.3}$$

$$\ln(1+x) \approx x - \frac{x^2}{2} + \frac{x^3}{3}, \tag{1.4.4}$$

则由于它们的第四项和以后各项都被舍弃了，自然就产生了误差. 这就是由于截断了无穷级数自第四项起的后段而产生的截断误差. 式 (1.4.3) 和式 (1.4.4) 的截断误差是很容易估算的，因为幂级数 (1.4.1) 和幂级数 (1.4.2) 都是交错级数，当 $x<1$ 时的各项的绝对值又都是递减的，因此，这时它们的截断误差 $R_4(x)$ 可分别估计为：

$$|R_4(x)|\leqslant\frac{x^7}{7!},$$

和

$$|R_4(x)|\leqslant\frac{x^4}{4}.$$

1.4.4 舍入误差

在数值计算过程中还会用到一些无穷小数，例如无理数和有理数中某些分数化出的无限不循环小数，如

$$\pi=3.14159265\cdots,$$

$$\sqrt{2}=1.41421356\cdots,$$

$$\frac{1}{3!}=\frac{1}{6}=0.166666\cdots.$$

由于受计算机机器字长的限制，它所能表示的数据只能是有限位数，这时就需把数据按四舍五入舍入成一定位数的近似有理数来代替. 由此引起的误差称为“舍入误差”或“凑整误差”.

综上所述，数值计算中除了可以完全避免的过失误差外，还存在难以避免的模型误差、观测误差、截断误差和舍入误差. 数学模型一旦建立，进入具体计算时所要考虑和分析的就是截断误差和舍入误差. 在计算机上经过千百次运算后所积累起来的总误差不容忽视，有时可能会大得惊人，甚至达到“淹没”欲求解真值的地步，而使计算结果失去其根本意义. 因此，在讨论算法时，有必要对其截断误差的估算和舍入误差的控制给出适当的分析.

1.5 绝对误差和相对误差

1.5.1 绝对误差和绝对误差限

定义 1.5.1 设某一个准确值（称为真值）为 x，其近似值为 x^*，则 x 与 x^* 的差

$$\varepsilon(x)=x-x^* \tag{1.5.1}$$

称为近似值 x^* 的**绝对误差**，简称**误差**. 当 $\varepsilon(x)>0$ 时，称为亏近似值或弱近似值，反之则称为盈近似值或强近似值.

由于真值往往是未知的，因此，$\varepsilon(x)$ 的准确值（真值）也就无法求出，但一般可估计此绝对误差的上限，即可以求出一个正值 η，使

$$|\varepsilon(x)|=|x-x^*|\leqslant\eta, \tag{1.5.2}$$

此 η 称为近似值 x^* 的**绝对误差限**，简称**误差限**，或称**精度**. 有时也用

$$x=x^*\pm\eta \tag{1.5.3}$$

来表示式 (1.5.2)，这时等式右端的两个数值 $x^*+\eta$ 和 $x^*-\eta$ 代表了 x 所在范围的上限和下限. η 越小，表示该近似值 x^* 的精度越高.

例 1.5.1 用刻有 mm 刻度的尺测量不超过 1m 的长度 l，读数方法如下：

如长度 l 接近于 mm 刻度 l^*，就读出该刻度数 l^* 作为长度 l 的近似值. 显然，这个近似

值的绝对误差限就是$\frac{1}{2}$mm，则有

$$|\varepsilon(l)| = |l - l^*| \leqslant \frac{1}{2}(\text{mm}).$$

如果读出的长度是513mm，则有

$$|l-513| \leqslant 0.5(\text{mm}).$$

这样，虽仍不知准确长度 l 是多少，但由式（1.5.3）可得到不等式

$$512.5 \leqslant l \leqslant 513.5(\text{mm}),$$

这说明 l 必在［512.5，513.5］mm 区间内.

1.5.2 相对误差和相对误差限

用绝对误差还不能完全刻画近似值的精确度. 例如测量 10m 的长度时产生 1cm 的误差与测量 1m 的长度时产生 1cm 的误差是大有区别的. 虽然两者的绝对误差相同，都是 1cm，但是由于所测量的长度要差十倍，显然前一种测量比后一种要精确得多. 这说明要评价一个近似值的精确度，除了要看其绝对误差的大小外，还必须考虑该测量本身的大小，这就需要引进相对误差的概念.

定义 1.5.2 绝对误差与真值之比，即

$$\varepsilon_r(x) = \frac{\varepsilon(x)}{x} = \frac{x - x^*}{x} \tag{1.5.4}$$

称为近似值 x^* 的**相对误差**.

在上例中，前一种测量的相对误差为$\frac{1}{1000}$，而后一种测量的相对误差则为$\frac{1}{100}$，是前一种的十倍.

由式（1.5.4）可见，相对误差可以由绝对误差求出. 反之，绝对误差也可由相对误差求出，其相互关系式为：

$$\varepsilon(x) = x \cdot \varepsilon_r(x). \tag{1.5.5}$$

相对误差不仅能表示出绝对误差，而且在估计近似值运算结果的误差时，它比绝对误差更能反映出误差的特性，且相对误差是个纯数字，没有量纲. 因此在误差分析中，相对误差比绝对误差更为重要.

相对误差也无法准确求出. 因为式（1.5.4）中的 $\varepsilon(x)$ 和 x 均无法准确求得. 也和绝对误差一样，可以估计它的大小范围，即可以找到一个正数 δ，使

$$|\varepsilon_r(x)| \leqslant \delta, \tag{1.5.6}$$

δ 称为近似值 x^* 的**相对误差限**.

例 1.5.2 称 100kg 重的东西若有 1kg 的误差和量 100m 长的东西有 1m 的误差，这两种测量的相对误差都是$\frac{1}{100}$. 与此相反，由于绝对误差有量纲，上例中两种测量的绝对误差 1kg 和 1m 的量纲不同，两者就无法进行比较.

在实际计算中，由于真值 x 总是无法知道的，因此往往取

$$\varepsilon_r^*(x) = \frac{\varepsilon(x)}{x^*} \tag{1.5.7}$$

作为相对误差的另一定义.

下面比较 $\varepsilon_r^*(x)$ 与 $\varepsilon_r(x)$ 之间的相差究竟有多大：

$$\begin{aligned}\varepsilon_r(x) - \varepsilon_r^*(x) &= \varepsilon(x)\left(\frac{1}{x} - \frac{1}{x^*}\right) = -\frac{1}{x \cdot x^*}[\varepsilon(x)]^2 \\ &= -\frac{1}{xx^*}[x\varepsilon_r(x)]^2 = -\frac{x}{x^*}[\varepsilon_r(x)]^2 \\ &= -\frac{x}{x-\varepsilon(x)}[\varepsilon_r(x)]^2 \\ &= -\frac{1}{1-\varepsilon_r(x)}[\varepsilon_r(x)]^2.\end{aligned}$$

一般地，$\varepsilon_r(x)$ 很小，不会超过0.5，这样 $\frac{1}{1-\varepsilon_r(x)}$ 不大于2，于是

$$|\varepsilon_r(x) - \varepsilon_r^*(x)| \leqslant 2[\varepsilon_r(x)]^2 = o(\varepsilon_r(x)).$$

因此上式右端是一高阶小量，可以忽略，故可用 $\varepsilon_r^*(x)$ 来代替 $\varepsilon_r(x)$.

相对误差也可用百分数来表示：

$$\varepsilon_r^*(x) = \frac{\varepsilon(x)}{x^*} \times 100\%,$$

这时称它为百分误差.

1.6　误差的传播与估计

1.6.1　误差传播估计的一般公式

在实际的数值计算中，参与运算的数据往往都是些带有误差的近似值，这些数据误差在多次运算过程中会进行传播，使计算结果产生误差，而确定计算结果所能达到的精度显然是十分重要的，但往往很困难. 不过，对计算误差给出一定的定量估计还是可以做到的. 下面利用函数泰勒（Taylor）展开式推出误差传播估计的一般公式.

考虑二元函数 $y=f(x_1, x_2)$，设 x_1^* 和 x_2^* 分别是 x_1 和 x_2 的近似值，y^* 是函数值 y 的近似值，且 $y^*=f(x_1^*, x_2^*)$，函数 $f(x_1, x_2)$ 在点 (x_1^*, x_2^*) 处的泰勒展开式为：

$$\begin{aligned}f(x_1,x_2) = f(x_1^*,x_2^*) &+ \left[\left(\frac{\partial f}{\partial x_1}\right)^*(x_1-x_1^*) + \left(\frac{\partial f}{\partial x_2}\right)^*(x_2-x_2^*)\right] + \\ &\frac{1}{2!}\left[\left(\frac{\partial^2 f}{\partial x_1^2}\right)^* \cdot (x_1-x_1^*)^2 + 2\left(\frac{\partial f}{\partial x_1 \partial x_2}\right)^* \cdot (x_1-x_1^*)(x_2-x_2^*) + \right. \\ &\left.\left(\frac{\partial^2 f}{\partial x_2^2}\right)^* \cdot (x_1-x_2^*)^2\right] + \cdots.\end{aligned}$$

式中，$(x_1-x_1^*)=\varepsilon(x_1)$ 和 $(x_2-x_2^*)=\varepsilon(x_2)$ 一般都是小量值，如忽略高阶小量，则上式可简化为：

$$f(x_1,x_2)\approx f(x_1^*,x_2^*)+\left(\frac{\partial f}{\partial x_1}\right)^*\cdot\varepsilon(x_1)+\left(\frac{\partial f}{\partial x_2}\right)^*\cdot\varepsilon(x_2).$$

因此，y^* 的绝对误差为

$$\varepsilon(y)=y-y^*=f(x_1,x_2)-f(x_1^*,x_2^*)\approx\left(\frac{\partial f}{\partial x_1}\right)^*\cdot\varepsilon(x_1)+\left(\frac{\partial f}{\partial x_2}\right)^*\cdot\varepsilon(x_2).\quad(1.6.1)$$

式中，$\varepsilon(x_1)$和$\varepsilon(x_2)$前面的系数$\left(\frac{\partial f}{\partial x_1}\right)^*$和$\left(\frac{\partial f}{\partial x_2}\right)^*$分别是 x_1^* 和 x_2^* 对 y^* 的绝对误差增长因子，它们分别表示绝对误差 $\varepsilon(x_1)$和$\varepsilon(x_2)$经过传播后增大或缩小的倍数. 由式（1.6.1）可以得出 y^* 的相对误差：

$$\begin{aligned}\varepsilon_r^*(y)&=\frac{\varepsilon(y)}{y^*}\approx\left(\frac{\partial f}{\partial x_1}\right)^*\frac{\varepsilon(x_1)}{y^*}+\left(\frac{\partial f}{\partial x_2}\right)^*\frac{\varepsilon(x_2)}{y^*}\\&=\frac{x_1^*}{y^*}\left(\frac{\partial f}{\partial x_1}\right)^*\cdot\varepsilon_r^*(x_1)+\frac{x_2^*}{y^*}\left(\frac{\partial f}{\partial x_2}\right)^*\cdot\varepsilon_r^*(x_2).\end{aligned}\quad(1.6.2)$$

式中，$\varepsilon_r^*(x_1)$和$\varepsilon_r^*(x_2)$前面的系数$\frac{x_1^*}{y^*}\left(\frac{\partial f}{\partial x_1}\right)^*$和$\frac{x_2^*}{y^*}\left(\frac{\partial f}{\partial x_2}\right)^*$分别是 x_1^* 和 x_2^* 对 y^* 的相对误差增长因子，它们分别表示相对误差 $\varepsilon_r^*(x_1)$和$\varepsilon_r^*(x_2)$经过传播后增大或缩小的倍数.

例 1.6.1 用电表测得一个电阻两端的电压和流过的电流范围分别为 $U=220\pm2$（V）和 $I=10\pm0.1$（A），求这个电阻的阻值 R，并估算其绝对误差和相对误差.

解 由欧姆定律，有 $$R=\frac{U}{I}$$

可以求出 R 的近似值 $$R^*=\frac{220}{10}=22\ (\Omega)$$

由式（1.6.1）可计算 R^* 的绝对误差：

$$\varepsilon(R)\approx\left(\frac{\partial R}{\partial U}\right)^*\cdot\varepsilon(U)+\left(\frac{\partial R}{\partial I}\right)^*\cdot\varepsilon(I)=\frac{1}{I^*}\cdot\varepsilon(U)-\frac{U^*}{(I^*)^2}\cdot\varepsilon(I).$$

令 $U^*=220$（V），$|\varepsilon(U)|\leqslant2$(V)；$I^*=10$（A），$|\varepsilon(I)|\leqslant0.1$（A）. 将它们代入上式，即可估算出的绝对误差：

$$|\varepsilon(R)|\leqslant\left|\frac{1}{I^*}\right|\cdot|\varepsilon(U)|+\left|\frac{U^*}{(I^*)^2}\right|\cdot|\varepsilon(I)|\leqslant\frac{1}{10}\times2+\frac{220}{(10)^2}\times0.1=0.42,$$

因此，R^* 的相对误差$|\varepsilon_r^*(R)|=\left|\frac{\varepsilon(R)}{R^*}\right|\leqslant\frac{0.42}{22}\approx0.0191=1.91\%$.

式（1.6.1）和式（1.6.2）可推广到更为一般的多元函数 $y=f(x_1,\ x_2,\ \cdots,\ x_n)$ 中，只要将函数$f(x_1,\ x_2,\ \cdots,\ x_n)$ 在点$(x_1^*,\ x_2^*,\ \cdots,\ x_n^*)$ 处应用泰勒展开，并略去其中 $\varepsilon(x_1)$，$\varepsilon(x_2)$，$\cdots$，$\varepsilon(x_n)$ 等小量的高阶项，即可得到函数的近似值的绝对误差和相对误差的估算式分别为：

$$\varepsilon(y)\approx\sum_{i=1}^{n}\left[\left(\frac{\partial f}{\partial x_i}\right)^*\cdot\varepsilon(x_i)\right],\quad(1.6.3)$$

和

$$\varepsilon_r^*(y)\approx\sum_{i=1}^{n}\left[\frac{x_i^*}{y^*}\left(\frac{\partial f}{\partial x_i}\right)^*\cdot\varepsilon_r^*(x_i)\right].\quad(1.6.4)$$

上两式中的各项$\left(\frac{\partial f}{\partial x_i}\right)^*$和$\frac{x_i^*}{y^*}\left(\frac{\partial f}{\partial x_i}\right)^*$（$i=1, 2, \cdots, n$）分别为各个$x_i^*$（$i=1, 2, \cdots, n$）对$y^*$的绝对误差和相对误差的增长因子.

从式（1.6.3）和式（1.6.4）可知，当误差增长因子的绝对值很大时，数据误差在运算中传播后，可能会造成结果的很大误差. 由于原始数据x_i的微小变化可能引起结果y的很大变化的这类问题，称为病态问题或坏条件问题.

1.6.2　误差在算术运算中的传播

可以利用式（1.6.3）和式（1.6.4）对算术运算中数据误差传播规律进行具体分析.

（1）加、减运算

由式（1.6.3）和式（1.6.4）有

$$\varepsilon\left(\sum_{i=1}^{n} x_i\right) \approx \sum_{i=1}^{n} \varepsilon(x_i), \tag{1.6.5}$$

及

$$\varepsilon_r^*\left(\sum_{i=1}^{n} x_i\right) \approx \sum_{i=1}^{n} \frac{x_i^*}{\sum_{i=1}^{n} x_i^*} \varepsilon_r^*(x_i). \tag{1.6.6}$$

由式（1.6.5）可知：近似值之和的绝对误差等于各近似值绝对误差的代数和.

两数x_2和x_1相减，由式（1.6.6）有

$$\varepsilon_r^*(x_1 - x_2) \approx \frac{x_1^*}{x_1^* - x_2^*}\varepsilon_r^*(x_1) - \frac{x_2^*}{x_1^* - x_2^*}\varepsilon_r^*(x_2),$$

即

$$|\varepsilon_r^*(x_1 - x_2)| \leqslant \left|\frac{x_1^*}{x_1^* - x_2^*}\right| \cdot |\varepsilon_r^*(x_1)| + \left|\frac{x_2^*}{x_1^* - x_2^*}\right| \cdot |\varepsilon_r^*(x_2)|.$$

当$x_1^* \approx x_2^*$，即大小接近的两个同号近似值相减时，由上式可知，这时$|\varepsilon_r^*(x_1 - x_2)|$可能会很大，说明计算结果的有效数字将严重丢失，使得计算精度很低.

因此在实际计算中，应尽量设法避开相近数的相减. 当实在无法避免时，可用变换计算公式的办法来解决.

例 1.6.2　当要计算$\sqrt{3.01} - \sqrt{3}$，结果精确到第五位数字时，至少取到

$$\sqrt{3.01} \approx 1.7349352 \text{ 和 } \sqrt{3} \approx 1.7320508,$$

这样

$$\sqrt{3.01} - \sqrt{3} = 2.8844 \times 10^{-3}.$$

才能达到具有五位有效数字的要求. 如果变换算式：

$$\sqrt{3.01} - \sqrt{3} = \frac{3.01 - 3}{\sqrt{3.01} + \sqrt{3}} = \frac{0.01}{1.7349 + 1.7321} \approx 2.8843 \times 10^{-3},$$

也能达到结果具有五位有效数字的要求，而这时$\sqrt{3.01}$和$\sqrt{3}$所需的有效位数只要 5 位，远比直接相减所需有效位数（8 位）要少.

例 1.6.3　当$|x|$很小时，$\cos x \to 1$，如要求$1 - \cos x$的值，可利用三角恒等式

$$1 - \cos x = 2\sin^2\left(\frac{x}{2}\right)$$

进行公式变换后再来计算. 同理，也可把 $\cos x$ 展开成泰勒级数后，按

$$1-\cos x=\frac{x^2}{2!}-\frac{x^4}{4!}+\cdots$$

来进行计算. 这两种算法都避开了两个相近数相减的不利情况.

(2) 乘法运算

由式 (1.6.3) 及式 (1.6.4) 有

$$\varepsilon\left(\prod_{i=1}^{n}x_i\right)\approx\sum_{i=1}^{n}\left[\left(\prod_{\substack{j=1\\ j\neq i}}^{n}x_j^*\right)\varepsilon(x_i)\right], \tag{1.6.7}$$

和

$$\varepsilon_r^*\left(\prod_{i=1}^{n}x_i\right)\approx\sum_{i=1}^{n}\varepsilon_r^*(x_i). \tag{1.6.8}$$

因此，近似值之积的相对误差等于相乘各因子的相对误差的代数和.

当乘数 x_i^* 的绝对值很大时，乘积的绝对值误差 $\left|\varepsilon\left(\prod_{i=1}^{n}x_i\right)\right|$ 可能会很大，因此也应设法避免.

(3) 除法运算

由式 (1.6.3) 及式 (1.6.4) 有

$$\varepsilon\left(\frac{x_1}{x_2}\right)\approx\frac{1}{x_2^*}\varepsilon(x_1)-\frac{x_1^*}{(x_2^*)^2}\varepsilon(x_2)=\frac{x_1^*}{x_2^*}\left[\varepsilon_r^*(x_1)-\varepsilon_r^*(x_2)\right], \tag{1.6.9}$$

和

$$\varepsilon_r^*\left(\frac{x_1}{x_2}\right)\approx\varepsilon_r^*(x_1)-\varepsilon_r^*(x_2). \tag{1.6.10}$$

由式 (1.6.10) 可知，两近似值之商的相对误差等于被除数的相对误差与除数的相对误差之差.

又由式 (1.6.9) 可知，当除数 x_2^* 的绝对值很小，接近于零时，商的绝对误差 $\left|\varepsilon\left(\frac{x_1}{x_2}\right)\right|$ 可能会很大，甚至造成计算机的"溢出"错误，故应设法避免用绝对值太小的数作为除数.

(4) 乘方及开方运算

由式 (1.6.3) 及式 (1.6.4) 有

$$\varepsilon(x^p)\approx p(x^*)^{p-1}\varepsilon(x), \tag{1.6.11}$$

及

$$\varepsilon_r^*(x^p)\approx p\varepsilon_r^*(x). \tag{1.6.12}$$

由式 (1.6.12) 可知，乘方运算将使结果的相对误差增大为原值 x 的 p（乘方的方次数）倍，降低了精度；开方运算则使结果的相对误差缩小为原值 x 的 $\frac{1}{q}$（q 为开方的方次数），精度得到提高.

综上分析可知，大小相近的同号数相减，乘数的绝对值很大，以及除数接近于零等，在数值计算中都应设法避免.

1.6.3 算式误差实例分析

应用上述误差估计的公式，可对例 1.3.1 中提出的各种算式给出误差估计和分析，从而

可以比较出它们的优劣来，结果见表 1.6.1.

表 1.6.1　四种算式的误差比较表

序号	近似值	真值	绝对误差	相对误差
1	$\frac{7}{5}-1=0.4$	$\sqrt{2}-1$	0.0142	0.0355 = 3.55%
	$\left(\frac{7}{5}-1\right)^6=0.004096$	$(\sqrt{2}-1)^6$	0.000955	6 × 0.0355 = 21.3%
2	$99-70\times\frac{7}{5}=1$	$99-70\sqrt{2}$	−0.995	−0.995 = −99.5%
3	$\frac{1}{\frac{7}{5}+1}\approx 0.416667$	$\frac{1}{\sqrt{2}+1}$	−0.00245	−0.00589 = −0.589%
	$\left(\frac{1}{\frac{7}{5}+1}\right)^6=0.00523278$	$\left(\frac{1}{\sqrt{2}+1}\right)^6$	−0.000182	−6 × 0.00589 ≈ −3.53%
4	$\frac{1}{99+70\times\frac{7}{5}}=0.00507614$	$\frac{1}{99+70\sqrt{2}}$	−0.0000255	−0.00502 = −0.502%

通过前面对误差传播规律的分析和对算例 1.3.1 的剖析，可知对于同一问题当选用不同的算法时，它们所得到的结果有时会相差很大，这是因为运算的舍入误差在运算过程中的传播常随算法而异. 如果一种算法的计算结果受到舍入误差（初始误差）的影响很小，那么就称它为数值稳定的算法. 下面再通过其他一些例子进一步说明算法稳定性的概念.

例 1.6.4　解方程 $x^2-(10^9+1)x+10^9=0$.

解：由韦达定理可知，此方程的精确解为 $x_1=10^9$，$x_2=1$.

如果利用求根公式 $x_{1,2}=\frac{-b\pm\sqrt{b^2-4ac}}{2a}$ 来编写计算机程序，在字长为 8、基底为 10 的计算机上进行运算，则由于计算机实际上采用的是规格化浮点数的运算，这时

$$-b=10^9+1=0.1\times10^{10}+0.0000000001\times10^{10}$$

的第二项最后两位数“01”，由于计算机字长的限制，在机器上表示不出来，故在计算机对其舍入运算（用≜标记）时，

$$-b\triangleq0.1\times10^{10}+0.0000000001\times10^{10}\triangleq0.1\times10^{10}=10^9,$$

于是 $x_1=\frac{-b+\sqrt{b^2-4ac}}{2a}\triangleq\frac{10^9+10^9}{2}=10^9$，$x_2=\frac{-b-\sqrt{b^2-4ac}}{2a}\triangleq\frac{10^9-10^9}{2}=0$.

这样算出的根 x_2 显然是严重失真的（精确解 $x_2=1$），这说明直接利用求根公式求解此方程是不稳定的. 其原因是当计算机进行加减运算时要对其进行舍入计算，实际上受到机器字长的限制，在计算 $-b$ 时，绝对值小的数 1 被绝对值大的数10^9“淹没”了，在计算 $\sqrt{b^2-4ac}$时，4×10^9 被$[-(10^9+1)]^2$“淹没”了；这些相对小的数被“淹没”后就无法发挥其应有的作用，由此带来误差，造成计算结果的严重失真. 同样道理，当多个数在计算机中相加时，最好从其中绝对值最小的数到绝对值最大的数依次相加，这样可使和的误差减小. 如要提高计算的数值稳定性，必须改进算法.

在此例中，由于算出的根 x_1 是可靠的，故可利用根与系数的关系式 $x_1 \cdot x_2 = \frac{c}{a}$ 来计算 x_2，有 $x_2 = \frac{c}{a} \times \frac{1}{x_1} = \frac{10^9}{1} \times \frac{1}{10^9} = 1$，所得结果很好. 这说明第二种算法有较好的数值稳定性（注意在利用根与系数关系式求第二个根时，必须先算出绝对值较大的一个根，然后再求另一个根，这样才能得到精度较高的结果）.

例 1.6.5 试计算积分 $E_n = \int_0^1 x^n e^{x-1} dx (n = 1,2,\cdots)$.

解：由分部积分可得 $E_n = x^n e^{x-1} \Big|_0^1 - n\int_0^1 x^{n-1} e^{x-1} dx$，因此有递推公式 $E_n = 1 - nE_{n-1}$ $(n=2, 3, \cdots)$，$E_1 = \frac{1}{e}$.

用上面的递推公式，在字长为 6、基底为 10 的计算机上，从 E_1 出发计算前几个积分值，其结果见表 1.6.2.

表 1.6.2 迭代算法 $E_n = 1 - nE_{n-1}$ 的计算结果表

k	E_k	k	E_k
1	0.367879	6	0.127120
2	0.264242	7	0.110160
3	0.207274	8	0.118720
4	0.170904	9	−0.068480
5	0.145480		

被积函数 $x^n e^{x-1}$ 在积分限区间（0，1）内都是正值，积分值 E_9 取三位有效数字的精确结果为 0.0916，但上表中 $E_9 = -0.068480$ 却是负值，与 0.0916 相差很大. 为什么会出现这种现象？我们可分析如下：

由于在计算时的初始舍入误差约为 $\varepsilon = 4.412 \times 10^{-7}$，且考虑以后的计算都不再另有舍入误差. 这对后面各项计算的影响为

$$E_2 = 1 - 2(E_1 + \varepsilon) = 1 - 2E_1 - 2\varepsilon = 1 - 2E_1 - 2!\,\varepsilon,$$

$$E_3 = 1 - 3(1 - 2E_1 - 2!\,\varepsilon) = 1 - 3(1 - 2E_1) + 3!\,\varepsilon,$$

$$E_4 = 1 - 4[1 - 3(1 - 2E_1) + 3!\,\varepsilon] = 1 - 4[1 - 3(1 - 2E_1)] - 4!\,\varepsilon,$$

$$\vdots$$

$$E_9 = 1 - 9[1 - 8(\cdots)] + 9!\,\varepsilon.$$

这样，算到 E_9 时产生的误差为 $9!\,\varepsilon = 9! \times 4.412 \times 10^{-7} \approx 0.1601$，这就是一个不小的数值了.

可以通过改进算法来提高此例的数值稳定性，即将递推公式改写为 $E_{n-1} = \frac{1 - E_n}{n}$. 从后向前递推计算时，$E_n$ 的误差下降为原来的 $\frac{1}{n}$，因此只要 n 取得足够大，误差逐次下降，其影响就会越来越小.

由 $E_n = \int_0^1 x^n e^{x-1} dx \leqslant \int_0^1 x^n dx = \frac{1}{n+1}$，可知：当 $n \to \infty$ 时，$E_n \to 0$. 因此，可取 E_{20} 作为

初始值进行递推计算.

由于 $E_{20}\approx\frac{1}{21}$，故 $E_{20}=0$ 的误差约为$\frac{1}{21}$. 在计算时误差下降到$\frac{1}{21}\times\frac{1}{20}\approx 0.0024$，计算 E_{15}时误差已下降到 4×10^{-8}，结果见表 1.6.3.

表 1.6.3　迭代算法 $E_{n-1}=\frac{1-E_n}{n}$的计算结果表

k	E_k	k	E_k
20	0.0000000	14	0.0627322
19	0.0500000	13	0.0669477
18	0.0500000	12	0.0717733
17	0.0527778	11	0.0773523
16	0.0557190	10	0.0838771
15	0.0669477	9	0.0916123

这样得到的 $E_9=0.0916123$ 已经很精确了，可见经过改进后的新算法具有很好的稳定性.

例 1.6.6　对于小的 x 值，计算 e^x-1.

解：如果用 e^x-1 直接进行计算，其稳定性是很差的，因为两个相近数相减会严重丢失有效数字，产生很大的误差，因此得采用合适的算法来保证计算的数值稳定性. 可将 e^x 在点 $x=0$ 附近展开成幂级数：$\mathrm{e}^x=1+x+\frac{x^2}{2!}+\frac{x^3}{3!}+\cdots$，则可得 $\mathrm{e}^x-1=x\left(1+\frac{x}{2!}+\frac{x^2}{3!}+\cdots\right)$.

按上式计算就有很好的数值稳定性.

例 1.6.7　计算 x^{255}的值时，如果逐个相乘要做 254 次乘法，但若写成

$$x^{255}=x\cdot x^2\cdot x^4\cdot x^8\cdot x^{16}\cdot x^{32}\cdot x^{64}\cdot x^{128},$$

则只要做 14 次乘法运算即可.

通过以上这些例子，可以知道算法的数值稳定性对于数值计算的重要性了. 如无足够的稳定性，将会导致计算的最终失败. 为了防止误差传播、积累带来的危害，提高计算的稳定性，将前面分析所得的各种结果归纳起来，得到数值计算中应注意如下几点：

（1）选用数值稳定的计算方法，避开不稳定的算式；

（2）注意简化计算步骤及公式，设法减少运算次数，选用运算次数少的算式，尤其是乘方幂次要低，乘法和加法的次数要少，以减少舍入误差的积累，同时也能够节约计算机的机时；

（3）应合理安排运算顺序，防止参与运算的数在数量级相差悬殊时，“大数”淹没“小数”的现象发生. 多个数相加时，最好从其中绝对值最小的数到绝对值最大的数依次相加；多个数相乘时，最好从其中有效位数最多的数到有效位数最少的数依次相乘；

（4）为避免两相近数相减，可用变换公式的方法来解决；

（5）绝对值太小的数不宜作为除数. 否则产生的误差过大，甚至会在计算机中造成“溢出”错误.

习 题 1

1. 下列各数都是对真值进行四舍五入后得到的近似值，试分别写出它们的绝对误差限、相对误差限和有效数字的位数：

(1) $x_1^* = 0.024$；(2) $x_2^* = 0.4135$；(3) $x_3^* = 57.50$；(4) $x_4^* = 60000$；(5) $x_5^* = 8 \times 10^5$.

2. 为了使 $\sqrt{11}$ 的近似值的相对误差小于等于 0.1%，问至少应取几位有效数字？

3. 如果用级数 $e^x = \sum\limits_{n=0}^{\infty} \dfrac{x^n}{n!}$ 来求 e^{-5} 的值，为使相对误差小于 10^{-3}，问至少需要取几项？

4. 用观测恒星的方法求得某地纬度 $\varphi = 45°0'2''$（读到秒），问计算 $\sin\varphi$ 将有多大误差？

5. 正方形的边长约为 100cm，问：测量时误差最多只能到多少，才能保证面积的误差不超过 1cm^2？

6. 已测得直角三角形的斜边 $c = 58 \pm 0.2\text{mm}$，一条直角边 $a = 25 \pm 0.1\text{mm}$，如图所示. 试计算 $\angle A$ 的近似值，并估算出其绝对误差和相对误差限.

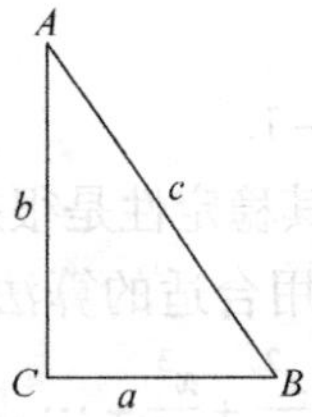

7. 已知 $y = P(x) = x^2 + x - 1150$，$x = \dfrac{100}{3}$，$x^* = 33$，计算 $y = P\left(\dfrac{100}{3}\right)$ 及 $y^* = P(33)$，并求 x^* 和 y^* 的相对误差.

8. 求方程 $x^2 - 40x + 1 = 0$ 的两个根，使它们至少具有四位有效数字（已知 $\sqrt{399} \approx 19.975$）.

9. 设近似数 x^* 的绝对误差为 ε，当分别计算下列两式时，问误差对计算结果的影响如何？

(1) $y_1 = \dfrac{x^* \pm \varepsilon}{1000}$；　　(2) $y_2 = \dfrac{x^* \pm \varepsilon}{0.001}$.

10. 下列各题怎样计算才合理（即计算结果的精度高）？

(1) $1 - \cos 1°$（用四位函数表求三角函数值）；

(2) $\ln(30 - \sqrt{30^2 - 1})$（开方用六位函数表）；

(3) $\dfrac{1 - \cos x}{\sin x}$（其中 x 充分小）；

(4) $\displaystyle\int_N^{N+1} \frac{\mathrm{d}x}{1 + x^2}$（其中 N 充分大）；

11. 下面计算 y 的公式中，哪一个算得更准确些？为什么？

(1) 已知 $|x| \ll 1$：(a) $y = \dfrac{1}{1+2x} - \dfrac{1-x}{1+x}$，(b) $y = \dfrac{2x^2}{(1+2x)(1+x)}$；

（2）已知 $|x| >> 1$：(a) $y=\dfrac{2}{x\left(\sqrt{x+\frac{1}{x}}+\sqrt{x-\frac{1}{x}}\right)}$，(b) $y=\sqrt{x+\frac{1}{x}}-\sqrt{x-\frac{1}{x}}$；

（3）已知 $|x| << 1$：（a）$y=\dfrac{2\sin^2 x}{x}$，（b）$y=-\dfrac{1-\cos 2x}{x}$；

（4）已知 $p>0$，$q>0$，$p>>q$：（a）$y=q^2/(p+\sqrt{p^2+q^2})$，（b）$y=-p+\sqrt{p^2+q^2}$.

12. 设 $p>0$，$q>0$，$p>>q$，计算：$y=-p+\sqrt{p^2+q^2}$

算法（1）：$s=p^2$，$t=s+q$，$u=\sqrt{t}$，$y=-p+u$；

算法（2）：$s=p^2$，$t=s+q$，$u=\sqrt{t}$，$v=p+u$，$y=\dfrac{q}{v}$.

试分析上述两种算法的优劣.

13. 用四位尾数浮点数计算 $\sum\limits_{i=1}^{20}\dfrac{1}{i^2}$，要求分别按递增顺序和按递减顺序相加，所得结果不同，为什么？哪个更接近真值？

第2章　城市供水量的预测模型——插值与拟合算法

2.1　城市供水量的预测问题

为了节约能源和水源，某供水公司需要根据日供水量记录估计未来一时间段（未来一天或一周）的用水量，以便安排未来（该时间段）的生产调度计划. 现有某城市7年用水量的历史记录，记录中给出了日期、每日用水量（万吨），见表2.1.1和表2.1.2如何充分利用这些数据建立数学模型，预测2007年1月份城市的用水量，以制定相应的供水计划和生产调度计划.

表2.1.1　某城市7年日常用水量历史记录　　（万吨）

日期	20000101	20000102	…	20061230	20061231
日用水量	122.1790	128.2410	…	150.40168	148.2064

表2.1.2　2000～2006年1月城市的总用水量　　（万吨）

年份	2000	2001	2002	2003	2004	2005	2006
用水量	4032.41	4186.0254	4296.9866	4374.852	4435.2344	4505.4274	4517.6993

利用这些数据，可以采用时间序列、灰色预测等方法建立数学模型来预测2007年1月份该城市的用水量. 如果能建立该城市的日用水量随时间变化的函数关系，则用该函数来进行预测将会非常方便. 但是这一函数关系的解析表达式是没办法求出来的，那么能否根据历史数据求出该函数的近似函数呢？根据未知函数的已有数据信息求出其近似函数的常用方法有插值法和数据拟合. 本章将介绍插值法和数据拟合，并用这两种方法对该城市的供水量进行预测.

2.2　求未知函数近似表达式的插值法

2.2.1　求函数近似表达式的必要性

一般地，在某个实际问题中，虽然可以断定所考虑的函数$f(x)$在区间$[a,b]$上存在且连续，但却难以找到它的解析表达式，只能通过实验和观测得到该函数在有限个点上的函数值（即一张函数表）. 显然，要利用这张函数表来分析函数的性态，甚至直接求出在其他一些点上的函数值是非常困难的. 有些情况下，虽然可以给出函数$f(x)$的解析表达式，但由于结构相当复杂，使用起来很不方便. 面对这些情况，希望根据所得函数表（或结构复杂的解析表达式），构造某个简单函数$\phi(x)$作为未知函数$f(x)$的近似. 插值法是解决此类问题的一种常用的经典方法，它不仅直接广泛地应用于生产实际和科学研究中，而且也是进一步学习数值计算的基础.

定义 2.2.1　设函数 $y=f(x)$ 在区间 $[a,b]$ 上连续，且在 $n+1$ 个不同的点 $a\leqslant x_0, x_1, \cdots, x_n\leqslant b$ 上分别取值 $y_0, y_1, \cdots, y_n$，在一个性质优良、便于计算的函数类 Φ 中，求一简单函数 $\phi(x)$，使

$$\phi(x_i)=y_i \quad (i=0,1,\cdots,n) \tag{2.2.1}$$

而在其他点 $x\neq x_i$ 上作为 $f(x)$ 的近似. 称区间 $[a,b]$ 为**插值区间**，点 $x_0, x_1, \cdots, x_n$ 为插值节点，称式（2.2.1）为 $f(x)$ 的**插值条件**，称函数类 Φ 为**插值函数类**，称 $\phi(x)$ 为函数在节点 $x_0, x_1, \cdots, x_n$ 处的**插值函数**. 求插值函数 $\phi(x)$ 的方法称为**插值法**.

根据插值函数类 Φ 的取法不同，所求得的插值函数 $\phi(x)$ 逼近 $f(x)$ 的效果就不同，它的选择取决于使用上的需要. 常用的有代数多项式、三角多项式和有理函数等. 当选用代数多项式作为插值函数时，相应的插值问题就称为**多项式插值**. 这里主要介绍多项式插值.

在多项式插值中，求一次数不超过 n 的代数多项式

$$P_n(x)=a_0+a_1x+\cdots+a_nx^n, \tag{2.2.2}$$

使

$$P_n(x_i)=y_i \quad (i=0,\ 1,\ \cdots,\ n). \tag{2.2.3}$$

其中，$a_0, a_1, \cdots, a_n$ 为实数. 满足插值条件（2.2.3）的多项式（2.2.2），称为函数 $f(x)$ 的 ***n* 次插值多项式**.

n 次插值多项式 $P_n(x)$ 的几何意义：过曲线 $y=f(x)$ 上的 $n+1$ 个点 $(x_i,\ y_i)(i=0,\ 1,\ \cdots,\ n)$ 作一条 n 次代数曲线 $y=P_n(x)$ 作为曲线 $y=f(x)$ 的近似，如图 2.2.1 所示.

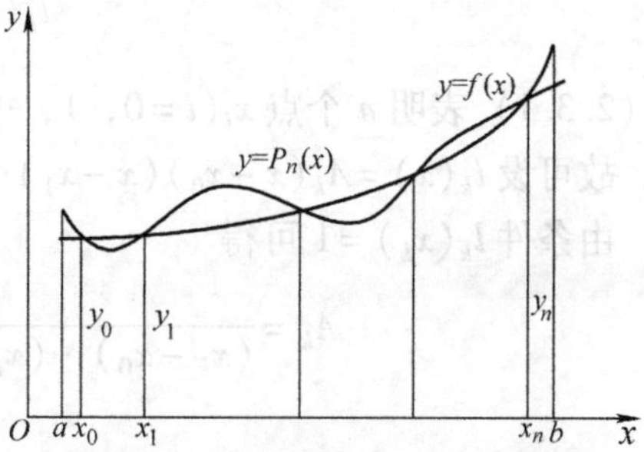

图 2.2.1　插值多项式的几何直观图

2.2.2　插值多项式的存在唯一性

由插值条件（2.2.3）知，$P_n(x)$ 的系数 $a_i(i=0,\ 1,\ \cdots,\ n)$ 满足线性方程组：

$$\begin{cases} a_0+a_1x_0+\cdots+a_nx_0^n=y_0, \\ a_0+a_1x_1+\cdots+a_nx_1^n=y_1, \\ \quad\vdots \\ a_0+a_1x_n+\cdots+a_nx_n^n=y_n. \end{cases} \tag{2.2.4}$$

由线性代数知，线性方程组的系数行列式是 $n+1$ 阶范德蒙德（Vandermonde）行列式，且

$$V=\begin{vmatrix} 1 & x_0 & x_0^2 & \cdots & x_0^n \\ 1 & x_1 & x_1^2 & \cdots & x_1^n \\ \vdots & \vdots & \vdots & & \vdots \\ 1 & x_n & x_n^2 & \cdots & x_n^n \end{vmatrix}=\prod_{i=1}^{n}\prod_{j=0}^{i-1}(x_i-x_j)$$

因 $x_0, x_1, \cdots, x_n$ 是区间 $[a,b]$ 上的不同点，上式右端乘积中的每一个因子 $x_i-x_j\neq 0$，于是系数行列式不等于0，即方程组（2.2.4）的解存在且唯一. 从而得出插值多项式的存在唯一性定理.

定理 2.2.1　若插值节点 $x_0, x_1, \cdots, x_n$ 互不相同，则满足插值条件（2.2.3）的 n 次插值多项式（2.2.2）存在且唯一.

2.3 求插值多项式的拉格朗日（Lagrange）法

在上一节里，插值多项式存在唯一性的证明过程不仅指出了满足插值条件的 n 次插值多项式是存在且唯一的，而且也提供了插值多项式的一种求法，即通过解线性方程组（2.2.4）来确定其系数 a_i，但是，当未知数个数很多时，这种做法的计算工作量大，不便于实际应用. 拉格朗日基于用简单插值问题的插值函数表示一般的插值函数的思想，给出一种求插值函数的简便方法——拉格朗日插值法.

2.3.1 拉格朗日插值基函数

先考虑简单的插值问题：对节点 $x_i(i=0,1,\cdots,n)$ 中任意一点 $x_k(0\leqslant k\leqslant n)$ 构造一个 n 次多项式 $l_k(x)$ 使它在该点上取值为1，而在其余点 $x_i(i=0,1,\cdots,k-1,k+1,\cdots,n)$ 上取值为零，即满足插值条件

$$l_k(x_i)=\begin{cases}1, & i=k,\\ 0, & i\neq k.\end{cases} \tag{2.3.1}$$

式（2.3.1）表明 n 个点 $x_i(i=0,1,\cdots,k-1,k+1,\cdots,n)$ 都是 n 次多项式 $l_k(x)$ 的零点，故可设 $l_k(x)=A_k(x-x_0)(x-x_1)\cdots(x-x_{k-1})(x-x_{k+1})\cdots(x-x_n)$，其中 A_k 为待定系数，由条件 $l_k(x_k)=1$ 可得

$$A_k=\frac{1}{(x_k-x_0)\cdots(x_k-x_{k-1})(x_k-x_{k+1})\cdots(x_k-x_n)},$$

故

$$l_k(x)=\frac{(x-x_0)\cdots(x-x_{k-1})(x-x_{k+1})\cdots(x-x_n)}{(x_k-x_0)\cdots(x_k-x_{k-1})(x_k-x_{k+1})\cdots(x_k-x_n)}. \tag{2.3.2}$$

对应于每一节点 x_k（$0\leqslant k\leqslant n$）都能求出一个满足插值条件（2.3.1）的 n 次插值多项式（2.3.2），这样由式（2.3.2）可以求出 $n+1$ 个 n 次插值多项式 $l_0(x)$，$l_1(x)$，$\cdots$，$l_n(x)$. 容易看出，这组多项式仅与节点的取法有关，称它们为在 $n+1$ 个节点上的 n 次基本插值多项式或 n 次插值基函数，即拉格朗日插值基函数.

2.3.2 拉格朗日插值多项式

利用拉格朗日插值基函数立即可以写出满足插值条件（2.2.3）的 n 次插值多项式

$$y_0l_0(x)+y_1l_1(x)+\cdots+y_nl_n(x). \tag{2.3.3}$$

事实上，由于每个插值基函数 $l_k(x)(k=0,1,\cdots,n)$ 都是 n 次多项式，故其线性组合（2.3.3）必是不高于 n 次的多项式，同时，根据条件（2.2.1）容易验证多项式（2.3.3）在节点 x_i 处的值 $y_i(i=0,1,\cdots,n)$ 为 $P_n(x_i)$，因此，它就是待求的 n 次插值多项式 $P_n(x)$. 形如式（2.3.3）的插值多项式称为**拉格朗日插值多项式**，记为

$$\begin{aligned}L_n(x)&=y_0l_0(x)+y_1l_1(x)+\cdots+y_nl_n(x)\\&=\sum_{k=0}^{n}y_k\frac{(x-x_0)\cdots(x-x_{k-1})(x-x_{k+1})\cdots(x-x_n)}{(x_k-x_0)\cdots(x_k-x_{k-1})(x_k-x_{k+1})\cdots(x_k-x_n)}.\end{aligned} \tag{2.3.4}$$

令 $n=1$，由式（2.3.4）即得两点插值公式

$$L_1(x)=y_0\frac{x-x_1}{x_0-x_1}+y_1\frac{x-x_0}{x_1-x_0},\tag{2.3.5}$$

即

$$L_1(x)=y_0+\frac{y_1-y_0}{x_1-x_0}(x-x_0).\tag{2.3.6}$$

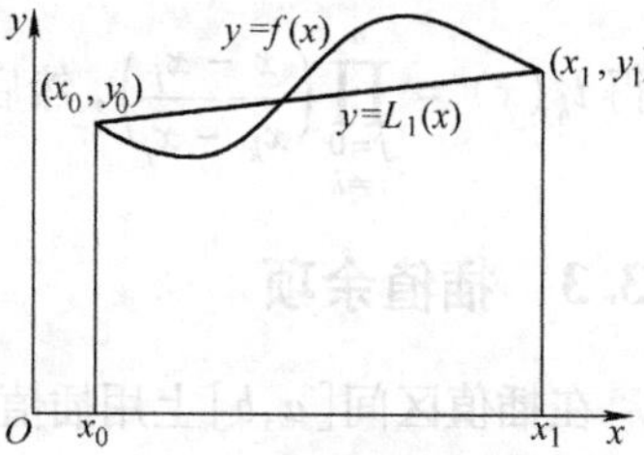

图 2.3.1　线性插值的几何直观图

这是一个线性函数，用线性函数 $L_1(x)$ 近似代替函数 $f(x)$，在几何上就是通过曲线 $y=f(x)$ 上两点 (x_0, y_0)，(x_1, y_1) 作一直线 $y=L_1(x)$ 近似代替曲线 $y=f(x)$，如图 2.3.1 所示，故两点插值又称线性插值。

令 $n=2$，由式（2.3.4）可得常用的三点插值公式：

$$L_2(x)=y_0\frac{(x-x_1)(x-x_2)}{(x_0-x_1)(x_0-x_2)}+y_1\frac{(x-x_0)(x-x_2)}{(x_1-x_0)(x_1-x_2)}+y_2\frac{(x-x_0)(x-x_1)}{(x_2-x_0)(x_2-x_1)}.\tag{2.3.7}$$

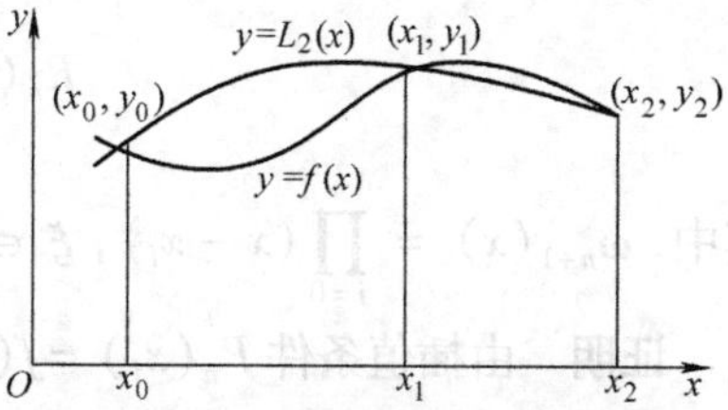

图 2.3.2　二次插值的几何直观图

这是一个二次函数，用二次函数 $L_2(x)$ 近似代替函数 $f(x)$，在几何上就是通过曲线 $y=f(x)$ 上的三点 (x_0, y_0)，(x_1, y_1)，(x_2, y_2) 作一抛物线 $y=L_2(x)$，近似地代替曲线 $y=f(x)$，如图 2.3.2 所示，故称为三点插值或二次插值，也称为抛物线插值。

例 2.3.1　已知 $\sqrt{100}=10$，$\sqrt{121}=11$，$\sqrt{144}=12$ 分别用线性插值和抛物线插值求 $\sqrt{115}$ 的值。

解　因为 115 在 100 和 121 之间，故取节点 $x_0=100$，$x_1=121$，相应地有 $y_0=10$，$y_1=11$，于是，由线性插值公式（2.3.5）可得

$$L_1(x)=10\times\frac{x-121}{100-121}+11\times\frac{x-100}{121-100},$$

故用线性插值求得的近似值为：

$$\sqrt{115}\approx L_1(115)=10\times\frac{115-121}{100-121}+11\times\frac{115-100}{121-100}\approx 10.714.$$

同理，用抛物线插值公式（2.3.7）所求得的近似值为：

$$\sqrt{115}\approx L_2(115)=10\times\frac{(115-121)(115-144)}{(100-121)(100-144)}+11\times\frac{(115-100)(115-144)}{(121-100)(121-144)}+12\times\frac{(115-100)(115-121)}{(144-100)(144-121)}\approx 10.723.$$

将所得结果与 $\sqrt{115}$ 的精确值 10.7238…相比较，可以看出抛物线插值的精确度较好。为了便于用计算机计算，我们常将拉格朗日插值多项式（2.3.4）改写成如公式（2.3.8）的对称形式

$$L_n(x)=\sum_{k=0}^{n}\left[y_k\prod_{\substack{j=0\\ j\neq k}}^{n}\left(\frac{x-x_j}{x_k-x_j}\right)\right].\tag{2.3.8}$$

可用二重循环来完成 $L_n(x)$ 值的计算，先通过内循环，即先固定 k，令 j 从 0 到 $n(j\neq k)$ 累乘

求得 $l_k(x)=\prod_{\substack{j=0\\j\neq k}}^{n}\left(\frac{x-x_j}{x_k-x_j}\right)$，然后再通过外循环，即令 k 从 0 到 n，累加得出插值结果 $L_n(x)$.

2.3.3 插值余项

在插值区间 $[a,b]$ 上用插值多项式 $P_n(x)$ 近似代替 $f(x)$，除了在插值节点 x_i 上没有误差以外，在其他点上一般有误差. 若记

$$R_n(x)=f(x)-P_n(x),$$

则 $R_n(x)$ 就是用 $P_n(x)$ 近似代替 $f(x)$ 时所产生的截断误差，称 $R_n(x)$ 为插值多项式 $P_n(x)$ 的余项. 关于插值多项式的误差有定理 2.3.1 的估计式.

定理 2.3.1 设 $f(x)$ 在区间 $[a,b]$ 上有直到 $n+1$ 阶导数，x_0，x_1，…，x_n 为区间 $[a,b]$ 上 $n+1$ 个互异的节点，$P_n(x)$ 为满足条件：$P_n(x_i)=f(x_i)(i=0,1,\cdots,n)$ 的 n 次插值多项式，则对于任何 $x\in[a,b]$ 有

$$R_n(x)=\frac{f^{(n+1)}(\xi)}{(n+1)!}\omega_{n+1}(x). \tag{2.3.9}$$

其中，$\omega_{n+1}(x)=\prod_{i=0}^{n}(x-x_i)$，$\xi\in(a,b)$ 且依赖于 x.

证明 由插值条件 $P_n(x_i)=f(x_i)$ 知 $R_n(x_i)=0(i=0,1,\cdots,n)$，即插值节点都是 $R_n(x)$ 的零点，故可设

$$R_n(x)=K(x)\omega_{n+1}(x), \tag{2.3.10}$$

其中 $K(x)$ 为待定函数. 下面求 $K(x)$，对区间 $[a,b]$ 上异于 x_i 的任意一点 $x\neq x_i$ 作辅助函数：

$$F(t)=f(t)-P_n(t)-K(x)\omega_{n+1}(t).$$

不难看出 $F(t)$ 具有如下特点

(1) $F(x)=F(x_i)=0\quad(i=0,1,\cdots,n)$； (2.3.11)

(2) 在 $[a,b]$ 上有直到 $n+1$ 阶导数，且

$$F^{(n+1)}(t)=f^{(n+1)}(t)-K(x)(n+1)!. \tag{2.3.12}$$

等式（2.3.11）表明 $F(t)$ 在 $[a,b]$ 上至少有 $n+2$ 个互异的零点，根据罗尔（Rolle）定理，在 $F(t)$ 的两个零点之间，$F'(t)$ 至少有一个零点，因此，$F'(t)$ 在 (a,b) 内至少有 $n+1$ 个互异的零点，对 $F'(t)$ 再应用罗尔定理，推得 $F''(t)$ 在 (a,b) 内至少有 n 个互异的零点. 继续上述讨论，可推得 $F^{(n+1)}(t)$ 在 (a,b) 内至少有一个零点，若记为 ξ，则 $F^{(n+1)}(\xi)=0$，于是由式（2.3.12）得

$$f^{(n+1)}(\xi)-K(x)(n+1)!=0,$$

$$K(x)=\frac{f^{(n+1)}(\xi)}{(n+1)!}.$$

将它代入式（2.3.10）即得式（2.3.9）. 对于 $x=x_i$，式（2.3.9）显然成立.

例 2.3.2 在例 2.3.1 中分别用线性插值和抛物插值计算了 $\sqrt{115}$ 的近似值，试估计它们的截断误差.

解 用线性插值求 $f(x)=\sqrt{x}$ 的近似值，其截断误差由插值余项公式（2.3.9）知

$$R_1(x)=\frac{1}{2}f''(\xi)\omega_2(x)$$
$$=-\frac{1}{8}\xi^{-3/2}(x-x_0)(x-x_1),\xi\in(x_0,x_1)$$

现在 $x_0=100$，$x_1=121$，$x=115$，故

$$|R_1(115)|\leqslant\frac{1}{8}\times|(115-100)(115-121)|\max_{\xi\in[100,121]}\xi^{-3/2}$$
$$=\frac{1}{8}\times 15\times 6\times 10^{-3}=0.01125.$$

当用抛物插值求 $f(x)=\sqrt{x}$ 的近似值时，其截断误差为

$$R_2(x)=\frac{1}{3!}f'''(\xi)\omega_3(x)$$
$$=\frac{1}{16}\xi^{-\frac{5}{2}}(x-x_0)(x-x_1)(x-x_2),\xi\in(x_0,x_2).$$

将 $x_0=100$，$x_1=121$，$x_2=144$，$x=115$ 代入，即得

$$|R_2(115)|\leqslant\frac{1}{16}|(115-100)(115-121)(115-144)|\times 10^{-5}<0.0017.$$

2.3.4　插值误差的事后估计法

在许多情况下，要直接应用余项公式（2.3.9）来估计误差是很困难的，下面以线性插值为例，介绍另一种估计误差的方法.

设 $x_0<x<x_1<x_2$ 且 $f(x_i)(i=0,1,2)$ 为已知，若将用 x_0，x_1 两点作线性插值所求得 $y=f(x)$ 的近似值记为 y_1，用 x_0，x_2 两点作线性插值所求得 $y=f(x)$ 的近似值记为 y_2，则由余项公式（2.3.9）知：

$$y-y_1=\frac{1}{2}f''(\xi_1)(x-x_0)(x-x_1),\xi_1\in(x_0,x_1),$$
$$y-y_2=\frac{1}{2}f''(\xi_2)(x-x_0)(x-x_2),\xi_2\in(x_0,x_2),$$

假设 $f''(x)$ 在区间 $[x_0,x_2]$ 中变化不大，将上面两式相除，即得近似式

$$\frac{y-y_1}{y-y_2}\approx\frac{x-x_1}{x-x_2},$$

即

$$y-y_1\approx\frac{x-x_1}{x_2-x_1}(y_2-y_1).\qquad(2.3.13)$$

近似式（2.3.13）表明，可以通过两个结果的偏差 y_2-y_1 来估计插值误差，这种直接利用计算结果来估计误差的方法，称为**事后估计法**.

在例 2.3.1 中，用 $x_0=100$，$x_1=121$ 作节点，算得的 $\sqrt{115}$ 近似值为 $y_1=10.714$，同样，用 $x_0=100$，$x_2=144$ 作节点，可算得 $\sqrt{115}$ 的另一近似值 $y_2=10.682$.

通过式（2.3.13）可以估计出插值 y_1 的误差为：

$$\sqrt{115}-y_1\approx\frac{115-121}{144-121}(10.682-10.714)\approx 0.00835.$$

2.4 求插值多项式的牛顿法

拉格朗日插值法通过求出拉格朗日基函数而方便地表示插值多项式，但是当节点增加时，所有的基函数都需要重新计算，因此其计算过程不具继承性．由线性代数知识可知，任何一个不高于 n 次的多项式，都可表示成函数

$$1, x-x_0, (x-x_0)(x-x_1), \cdots, (x-x_0)(x-x_1)\cdots(x-x_{n-1})$$

的线性组合，即可将满足插值条件 $P(x_i)=y_i(i=0,\ 1,\ \cdots,\ n)$ 的 n 次多项式写成形式

$$a_0+a_1(x-x_0)+a_2(x-x_0)(x-x_1)+\cdots+a_n(x-x_0)(x-x_1)\cdots(x-x_{n-1}),$$

其中，$a_k(k=0,\ 1,\ \cdots,\ n)$ 为待定系数．这种形式的插值多项式称为**牛顿（Newton）插值多项式**，把它记成 $N_n(x)$，即

$$N_n(x)=a_0+a_1(x-x_0)+a_2(x-x_0)(x-x_1)+\cdots+a_n(x-x_0)(x-x_1)\cdots(x-x_{n-1}). \tag{2.4.1}$$

因此，牛顿插值多项式 $N_n(x)$ 是插值多项式 $P_n(x)$ 的另一种表示形式．在牛顿插值多项式中用到的差分与差商等概念，与数值计算的其他方面有着密切的关系．

2.4.1 向前差分与牛顿向前插值公式

设函数 $f(x)$ 在等距节点 $x_k=x_0+kh(k=0,\ 1,\ \cdots,\ n)$ 处的函数值 $f(x_k)=y_k$ 已知，其中 h 是正常数，称为步长，称两个相邻点 x_k 和 x_{k+1} 处函数值之差 $y_{k+1}-y_k$ 为函数 $f(x)$ 在点 x_k 处以 h 为步长的一阶向前差分（简称一阶差分），记 Δy_k，即

$$\Delta y_k=y_{k+1}-y_k,$$

于是，函数 $f(x)$ 在各节点处的一阶差分依次为

$$\Delta y_0=y_1-y_0,\ \Delta y_1=y_2-y_1,\ \cdots,\ \Delta y_{n-1}=y_n-y_{n-1},$$

又称一阶差分的差分 $\Delta^2 y_k=\Delta(\Delta y_k)=\Delta y_{k+1}-\Delta y_k$ 为二阶差分．

一般地，定义函数 $f(x)$ 在点 x_k 处的 m 阶差分为：

$$\Delta^m y_k=\Delta^{m-1}y_{k+1}-\Delta^{m-1}y_k.$$

为了便于计算与应用，通常采用表格形式计算差分，见表 2.4.1.

表 2.4.1 差分计算表

x_k	y_k	Δy_k	$\Delta^2 y_k$	$\Delta^3 y_k$	$\Delta^4 y_k$
x_0	y_0				
		Δy_0			
x_1	y_1		$\Delta^2 y_0$		
		Δy_1		$\Delta^3 y_0$	
x_2	y_2		$\Delta^2 y_1$		$\Delta^4 y_0$
		Δy_2		$\Delta^3 y_1$	
x_3	y_3		$\Delta^2 y_2$		
		Δy_3			
x_4	y_4				

在等距节点 $x_k=x_0+kh$（$k=0,\ 1,\ \cdots,\ n$）的情况下，可以利用差分表示牛顿插值多项式（2.4.1）的系数，并将所得公式加以简化．

事实上，由插值条件 $N_n(x_0)=y_0$，即可得 $a_0=y_0$.

再由插值条件 $N_n(x_1)=y_1$ 可得：

$$a_1=\frac{y_1-y_0}{x_1-x_0}=\frac{\Delta y_0}{h}.$$

由插值条件 $N_n(x_2)=y_2$ 可得：

$$a_2=\frac{y_2-y_0-\dfrac{\Delta y_0(x_2-x_0)}{h}}{(x_2-x_0)(x_2-x_1)}=\frac{y_2-2y_1+y_0}{2hh}=\frac{\Delta^2 y_0}{2!\,h^2}.$$

一般地，由插值条件 $N_n(x_k)=y_k$ 可得

$$a_k=\frac{\Delta^k y_0}{k!\,h^k}\quad(k=1,2,\cdots,n)$$

于是，满足插值条件 $N_n(x_i)=y_i$ 的插值多项式为：

$$N_n(x)=y_0+\frac{\Delta y_0}{h}(x-x_0)+\frac{\Delta^2 y_0}{2!\,h^2}(x-x_0)(x-x_1)+\cdots+\frac{\Delta^n y_0}{n!\,h^n}(x-x_0)(x-x_1)\cdots(x-x_{n-1}),$$

令 $x=x_0+th(t>0)$，并注意到 $x_k=x_0+kh$，则牛顿插值多项式可简化为

$$N_n(x_0+th)=y_0+t\Delta y_0+\frac{t(t-1)}{2!}\Delta^2 y_0+\cdots+\frac{t(t-1)\cdots(t-n+1)}{n!}\Delta^n y_0,\qquad(2.4.2)$$

这个用向前差分表示的插值多项式，称为**牛顿向前插值公式**，简称**前插公式**. 它适用于计算 x_0 附近的函数值.

由插值余项公式（2.3.9），可得前插公式的余项为：

$$R_n(x_0+th)=\frac{t(t-1)\cdots(t-n)}{(n+1)!}h^{n+1}f^{n+1}(\xi),\xi\in(x_0,x_n).\qquad(2.4.3)$$

例 2.4.1　从给定的正弦函数表出发计算 sin(0.12)，并估计截断误差.

解　因为 0.12 介于 0.1 与 0.2 之间，故取 $x_0=0.1$，此时

$$t=\frac{x-x_0}{h}=\frac{0.12-0.1}{0.1}=0.2,$$

为求 Δy_0，$\Delta^2 y_0$，$\Delta^3 y_0$，…，构造差分表 2.4.2.

表 2.4.2　sinx 的函数及差分表

x	$\sin x$	Δy	$\Delta^2 y$	$\Delta^3 y$
0.1	0.09983			
		0.09884		
0.2	0.19867		-0.00199	
		0.09685		-0.00096
0.3	0.29552		-0.00295	
		0.09390		-0.00094
0.4	0.38942		-0.00389	
		0.09001		-0.00091
0.5	0.47943		-0.00480	
		0.08521		
0.6	0.56464			

若用线性插值求 sin（0.12）的近似值，则由前插公式（2.4.2）立即可得

$$\sin(0.12)\approx N_1(0.12)=0.09983+0.2\times0.09884\approx0.11960.$$

用二次插值得：

$$\sin(0.12)\approx N_2(0.12)$$
$$=0.09983+0.2\times0.09884+\frac{0.2\times(0.2-1)}{2}\times(-0.00199)$$
$$=N_1(0.12)+0.00016$$
$$=0.11976.$$

用三次插值得：

$$\sin(0.12)\approx N_3(0.12)$$
$$=N_2(0.12)+\frac{0.2\times(0.2-1)\times(0.2-2)}{6}\times(-0.00096)$$
$$=0.11971.$$

因 N_3（0.12）与 N_2（0.12）很接近，且由差分表 2.4.2 可以看出，三阶差分接近于常数（即 $\Delta^4 y_0$ 接近于零），故取 N_3（0.12）=0.11971 作为 sin（0.12）的近似值，此时由余项公式（2.4.3）可知其截断误差为：

$$R_3(0.12)\leqslant\left|\frac{0.2\times(0.2-1)\times(0.2-2)\times(0.2-3)}{24}\right|\times(0.1)^4\times\sin(0.4)<0.000002.$$

2.4.2 向后差分与牛顿向后插值公式

在等距节点 $x_k=x_0+kh$（$k=0, 1, \cdots, n$）下，除了向前差分外，还可引入向后差分和中心差分，其定义和记号分别如下：

$y=f(x)$在 x_k 点处以 h 为步长的一阶向后差分和 m 阶向后差分分别为：

$$\nabla y_k=y_k-y_{k-1},$$
$$\nabla^m y_k=\nabla^{m-1}y_k-\nabla^{m-1}y_{k-1}\ (m=2, 3, \cdots),$$

$y=f(x)$在 x_k 点处以 h 为步长的一阶中心差分和 m 阶中心差分分别为：

$$\delta y_k=y_{k+\frac{1}{2}}-y_{k-\frac{1}{2}},$$
$$\delta^m y_k=\delta^{m-1}y_{k+\frac{1}{2}}-\delta^{m-1}y_{k-\frac{1}{2}}(m=2,3,\cdots),$$

其中 $y_{k+\frac{1}{2}}=f\left(x_k+\frac{h}{2}\right)$，$y_{k-\frac{1}{2}}=f\left(x_k-\frac{h}{2}\right)$，各阶向后差分与中心差分的计算，可通过构造向后差分表与中心差分表来完成.

利用向后差分，可简化牛顿插值多项式（2.4.1），导出与牛顿前插公式（2.4.2）类似的公式.

事实上，若将节点的排列次序看作 x_n，x_{n-1}，…，x_0，那么式（2.4.1）可写成：

$$N_n(x)=b_0+b_1(x-x_n)+b_2(x-x_n)(x-x_{n-1})+\cdots+$$
$$b_n(x-x_n)(x-x_{n-1})\cdots(x-x_1).$$

根据插值条件 $N_n(x_i)=y_i(i=n, n-1, \cdots, 1, 0)$ 得到用向后差分表示的插值多项式：

$$N_n(x_n+th)=y_n+t\nabla y_n+\frac{t(t+1)}{2!}\nabla^2 y_n+\cdots+\frac{t(t+1)\cdots(t+n-1)}{n!}\nabla^n y_n. \qquad (2.4.4)$$

其中 $t<0$，插值多项式（2.4.4）称为**牛顿向后插值公式**，简称**后插公式**. 它适用于计算 x_n 附近的函数值. 由插值余项公式（2.3.9）可写出后插公式的余项为：

$$R_n(x_n+th)=\frac{t(t+1)\cdots(t+n)}{(n+1)!}h^{n+1}f^{(n+1)}(\xi)\quad(\xi\in(x_0,x_n)).\qquad(2.4.5)$$

例 2.4.2　已知函数表如表 2.4.2 所示，计算 sin (0.58)，并估计其截断误差.

解　因为 0.58 位于表尾 $x_5=0.6$ 附近，故用后插公式（2.4.4）计算 sin（0.58）的近似值.

一般地，为了计算函数在 x_5 处的各阶向后差分，应构造向后差分表. 但由向前差分与向后差分的定义可以看出，对同一函数表来说，构造出来的向后差分表与向前差分表在数据上完全相同. 因此，表 2.4.2 中的各数依次给出了 sin$x$ 在 $x_5=0.6$ 处的函数值和向后差分值. 因三阶向后差分接近于常数，故用三次插值进行计算，且

$$t=\frac{x-x_5}{h}=\frac{0.58-0.6}{0.1}=-0.2,$$

于是由牛顿向后插值公式（2.4.4）得：

$$\begin{aligned}\sin(0.58)\approx N_3(0.58)&=0.56464+(-0.2)\times0.08521+\\&\frac{(-0.2)\times(-0.2+1)}{2}\times(-0.00480)+\\&\frac{(-0.2)\times(-0.2+1)\times(-0.2+2)}{6}\times(-0.00091)\\&=0.54802.\end{aligned}$$

因为在整个计算中，只用到四个点 $x=0.6$，0.5，0.4，0.3 上的函数值，故由余项公式（2.4.5）知其截断误差为：

$$|R_3(0.58)|\leqslant\left|\frac{-0.2\times(-0.2+1)\times(-0.2+2)\times(-0.2+3)}{24}\right|\times(0.1)^4\times\sin(0.6)<0.000002.$$

2.4.3　差商与牛顿基本插值多项式

当插值节点非等距分布时，就不能用差分来简化牛顿插值多项式，此时可利用差商这个新概念来解决.

设函数 $f(x)$ 在一串互异的点 x_{i_0}，x_{i_1}，x_{i_2}，…上的值依次为

$$f(x_{i_0}),f(x_{i_1}),f(x_{i_2}),\cdots$$

称函数值之差 $f(x_{i_1})-f(x_{i_0})$ 与自变量之差 $x_{i_1}-x_{i_0}$ 的比值 $\dfrac{f(x_{i_1})-f(x_{i_0})}{x_{i_1}-x_{i_0}}$ 为函数 $f(x)$ 关于 x_{i_1}，x_{i_0} 点的一阶差商，记作 $f[x_{i_0},x_{i_1}]$.

例 2.4.3　$f[x_0,x_1]=\dfrac{f(x_1)-f(x_0)}{x_1-x_0},f[x_1,x_2]=\dfrac{f(x_2)-f(x_1)}{x_2-x_1},\cdots.$

称一阶差商的差 $\dfrac{f[x_{i_1},x_{i_2}]-f[x_{i_0},x_{i_1}]}{x_{i_2}-x_{i_0}}$ 为函数 $f(x)$ 关于点 x_{i_0}，x_{i_1}，x_{i_2} 的二阶差商，记作 $f[x_{i_0},x_{i_1},x_{i_2}]$.

例 2.4.4　$f[x_0,x_1,x_2]=\dfrac{f[x_1,x_2]-f[x_0,x_1]}{x_2-x_0}.$

一般地，可通过函数 $f(x)$ 的 $m-1$ 阶差商定义的 m 阶差商如下：

$$f[x_{i_0},x_{i_1},\cdots,x_{i_m}]=\frac{f[x_{i_1},x_{i_2},\cdots,x_{i_m}]-f[x_{i_0},x_{i_1},\cdots,x_{i_{m-1}}]}{x_{i_m}-x_{i_0}}.$$

差商计算也可采用表格形式（称为差商表）进行，见表 2.4.3.

表 2.4.3　差商计算表

x_k	$f(x_k)$	一阶差商	二阶差商	三阶差商
x_0	$f(x_0)$			
		$f[x_0,x_1]$		
x_1	$f(x_1)$		$f[x_0,x_1,x_2]$	
		$f[x_1,x_2]$		$f[x_0,x_1,x_2,x_3]$
x_2	$f(x_2)$		$f[x_1,x_2,x_3]$	
		$f[x_2,x_3]$		
x_3	$f(x_3)$			

差商具有下列重要性质（证明略）：

（1）函数 $f(x)$ 的 m 阶差商 $f[x_0, x_1, \cdots, x_m]$ 可由函数值 $f(x_0)$，$f(x_1)$，…，$f(x_m)$ 的线性组合表示，且

$$f[x_0,x_1,\cdots,x_m]=\sum_{i=0}^{m}\frac{f(x_i)}{(x_i-x_0)\cdots(x_i-x_{i-1})(x_i-x_{i+1})\cdots(x_i-x_m)}.$$

（2）差商具有对称性，即任意调换节点的次序，不影响差商的值. 例如

$$f[x_0,x_1,x_2]=f[x_1,x_0,x_2]=f[x_1,x_2,x_0]=\cdots.$$

（3）当 $f^{(m)}(x)$ 在包含节点 x_{i_j} $(j=0, 1, \cdots, m)$ 的某个区间上存在时，在 x_{i_0}，x_{i_1}，…，x_{i_m} 之间必有一点 ξ，使得

$$f[x_{i_0},x_{i_1},\cdots,x_{i_m}]=\frac{f^{(m)}(\xi)}{m!}.$$

（4）在等距节点 $x_k=x_0+kh$（$k=0, 1, \cdots, n$）的情况下，可同时引入 m（$m\leqslant n$）阶差分与差商，且有下面关系：

$$f[x_0,x_1,\cdots,x_m]=\frac{\Delta^m y_0}{m!\,h^m},$$

$$f[x_n,x_{n-1},\cdots,x_{n-m}]=\frac{\nabla^m y_n}{m!\,h^m}.$$

引入差商的概念后，可以利用差商表示牛顿插值多项式（2.4.1）的系数. 事实上，从插值条件出发，可以像确定前插公式中的系数那样，逐步地确定式（2.4.1）中的系数

$$\begin{cases}a_0=f(x_0),\\ a_k=f[x_0,x_1,\cdots,x_k]\quad(k=1,2,\cdots,n),\end{cases}$$

故满足插值条件 $N_n(x_i)=y_i(i=0,1,\cdots,n)$ 的 n 次插值多项式为：

$$\begin{aligned}N_n(x)=&f(x_0)+f[x_0,x_1](x-x_0)+f[x_0,x_1,x_2](x-x_0)(x-x_1)+\cdots+\\&f[x_0,x_1,\cdots,x_n](x-x_0)(x-x_1)\cdots(x-x_{n-1}).\end{aligned}\qquad(2.4.6)$$

式（2.4.6）称为牛顿基本插值多项式，常用它来计算非等距节点上的函数值.

例 2.4.5　试用牛顿基本差值多项式按例 2.3.1 的要求重新计算 $\sqrt{115}$ 的近似值.

解　先构造差商表

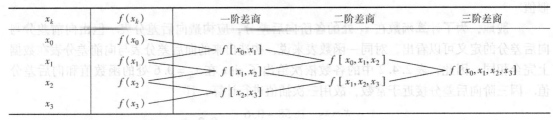

x	$\sqrt{x}$	一阶差商	二阶差商
100	10		
		0.047619	
121	11		-0.000094
		0.043478	
144	12		

由上表可以看出牛顿基本插值多项式（2.4.6）中各系数依次为：

$$f(x_0)=10,$$

$$f[x_0,x_1]=0.047619,$$

$$f[x_0,x_1,x_2]=-0.000094,$$

故用线性插值所得的近似值为：

$$\sqrt{115}\approx N_1(115)=10+0.047619\times(115-100)\approx 10.7143.$$

用抛物插值所求得的近似值为：

$$\sqrt{115}\approx N_2(115)=N_1(115)+(-0.000094)\times (115-100)\times(115-121)=10.7228.$$

所得结果与例 2.3.1 一致. 比较例 2.3.1 和例 2.4.5 的计算过程可以看出，与拉格朗日插值多项式相比，牛顿插值多项式在增加节点时不需要重新计算前面的各项，只需在后面增加相应的项，即牛顿插值法具有很好的继承性.

由差值多项式的存在唯一性定理知，满足同一组插值条件的拉格朗日多项式（2.3.4）与牛顿基本插值多项式（2.4.6）是同一多项式. 因此，余项公式（2.3.9）也适用于牛顿插值. 但是在实际计算中，有时也用由差商表示的余项公式：

$$R_n(x)=f[x_0,x_1,\cdots,x_n,x]\omega_{n+1}(x) \tag{2.4.7}$$

来估计截断误差.（证明略）

注意　上式中的 $n+1$ 阶差商 $f[x_0,\ x_1,\ \cdots,\ x_n,\ x]$ 与 $f(x)$ 的值有关，故不能准确地计算出 $f[x_0,\ x_1,\ \cdots,\ x_n,\ x]$ 的精确值，只能对它进行估计.

例 2.4.6　当四阶差商变化不大时，可用 $f[x_0,\ x_1,\ x_2,\ x_3,\ x_4]$ 近似代替 $f[x_0,\ x_1,\ x_2,\ x_3,\ x]$.

2.5　求插值多项式的改进算法

2.5.1　分段低次插值

例 2.3.2 和例 2.4.1 表明适当地提高插值多项式的次数，有可能提高插值的精度. 但是并不能由此得出结论，认为插值多项式的次数越高越好.

例 2.5.1　对函数

$$f(x)=\frac{1}{1+25x^2}\quad(-1\leqslant x\leqslant 1),$$

先以 $x_i=-1+\frac{2}{5}i(i=0,\ 1,\ \cdots,\ 5)$ 为节点作五次插值多项式 $P_5(x)$，再以 $x_i=-1+\frac{1}{5}i(i=0,\ 1,\ \cdots,\ 10)$ 为节点作 10 次插值多项式 $P_{10}(x)$，并将曲线 $f(x)=\frac{1}{1+25x^2}$，$y=$

$P_5(x)$，$y=P_{10}(x)$，$(x\in[-1, 1])$ 描绘在同一坐标系中，如图 2.5.1 所示. 可以看出，虽然在局部范围中，例如在区间 $[-0.2, 0.2]$ 中，$P_{10}(x)$比$P_5(x)$较好地逼近$f(x)$，但从整体上看，$P_{10}(x)$并非处处都比$P_5(x)$较好地逼近，尤其是在区间 $[-1, 1]$ 的端点附近. 通过进一步的分析表明，当 n 增大时，该函数在等距节点下的高次插值多项式，在 $[-1, 1]$ 两端会发生剧烈的振荡. 这种现象称为龙格（Runge）现象. 这表明，在大范围内使用高次插值，逼近的效果可能不理想. 另一方面，插值误差除来自截断误差外，还来自初始数据的误差和计算过程中的舍入误差. 插值次数越高，计算工作越大，积累误差也可能越大.

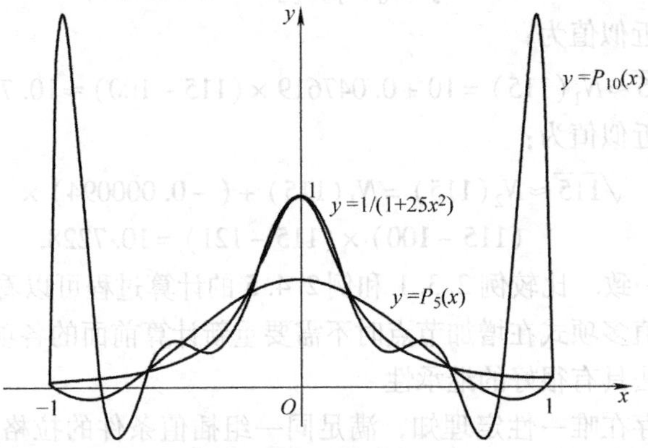

图 2.5.1　多次插值的比较图

因此，在实际计算中，常用分段低次插值进行计算，即把整个插值区间分成若干小区间，在每个小区间上进行低次插值.

例 2.5.2　当给定 $n+1$ 个点 $x_0<x_1<\cdots<x_n$ 上的函数值 $y_0<y_1<\cdots<y_n$ 后，若要计算点 $x\in[x_{i-1}, x_i]$ 处函数$f(x)$的近似值，可先选取两个节点 x_{i-1}，x_i 使 $x\in[x_{i-1}, x_i]$，然后在小区间$[x_{i-1}, x_i]$ 上作线性插值，即得

$$f(x)\approx P_1(x)=y_{i-1}\frac{x-x_i}{x_{i-1}-x_i}+y_i\frac{x-x_{i-1}}{x_i-x_{i-1}}. \tag{2.5.1}$$

这种分段低次插值称为分段线性插值. 在几何上就是用折线代替曲线，如图 2.5.2 所示. 故分段线性插值又称为折线插值.

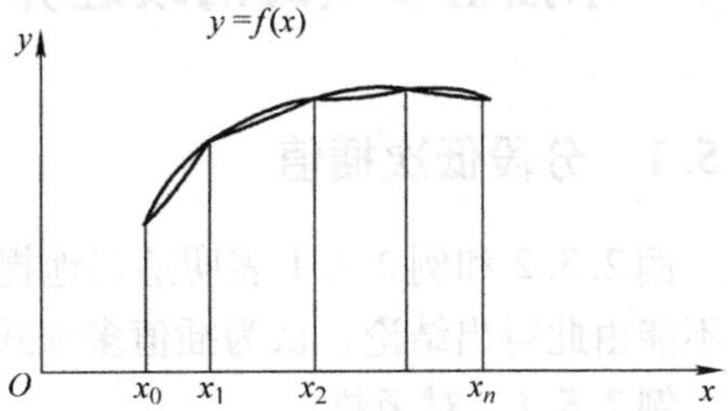

图 2.5.2　折线插值几何直观图

类似地，为求 $y=f(x)$ 的近似值，也可选取距点 x 最近的三个节点 x_{i-1}，x_i，x_{i+1} 进行二次插值，即得

$$f(x)\approx P_2(x)=\sum_{k=i-1}^{i+1}\left[y_k\prod_{\substack{j=i-1\\ j\neq k}}^{i+1}\left(\frac{x-x_j}{x_k-x_j}\right)\right]. \tag{2.5.2}$$

这种分段低次插值称为分段二次插值. 在几何上就是用分段抛物线代替曲线，故分段二次插值又称为分段抛物插值. 为了保证 x_{i-1}，x_i，x_{i+1} 是距点 x 最近的三个节点，式（2.5.2）中的 i 可通过下面的方法确定：

$$
i=\begin{cases} 1, & x_0 \leqslant x \leqslant \frac{1}{2}(x_1+x_2), \\ j, & \frac{1}{2}(x_{j-1}+x_j) \leqslant x \leqslant \frac{1}{2}(x_j+x_{j+1}), \\ n-1, & \frac{1}{2}(x_{n-2}+x_{n-1}) \leqslant x \leqslant x_n. \end{cases}
$$

2.5.2 三次样条插值

分段低次插值虽然具有计算简单、稳定性好、收敛性有保证且易在计算机上实现等优点，但它只能保证各小段曲线在连接点上的连续性，不能保证整条曲线的光滑性，这就不能满足某些工程技术上的要求.

自20世纪60年代开始，由于航空、造船等工程设计的需要而发展起来的所谓样条（Spline）的插值方法，既保留了分段低次插值多项式的各种优点，又提高了插值函数的光滑性. 今天，样条插值方法已成为数值逼近的一个极其重要的分支，在许多领域里得到越来越广泛的应用. 本节介绍应用最广泛且具有二阶连续导数的三次样条插值函数.

1. 三次样条插值函数的定义

对于给定的函数表

x	x_0	x_1	…	x_n
$f(x)$	y_0	y_1	…	y_n

其中 $a=x_0<x_1<\cdots<x_n=b$，若函数 $S(x)$ 满足：

（1）在每个子区间 $[x_{i-1}, x_i]$（$i=1, 2, \cdots, n$）上是不高于三次的多项式；

（2）$S(x)$，$S'(x)$，$S''(x)$ 在 $[a,b]$ 上连续；

（3）满足插值条件 $S(x_i)=y_i$（$i=0, 1, \cdots, n$）；

则称 $S(x)$ 为函数 $f(x)$ 关于节点 x_0，x_1，…，x_n 的三次样条插值函数.

2. 边界条件问题的提出与类型

单靠一张函数表是不能完全确定一个三次样条插值函数的. 事实上，由条件（1）知，三次样条插值函数 $S(x)$ 是一个分段三次多项式，若用 $S_i(x)$ 表示它在第 i 个子区间 $[x_{i-1}, x_i]$ 上的表达式，则 $S_i(x)$ 形如：

$$
S_i(x)=a_{i0}+a_{i1}x+a_{i2}x^2+a_{i3}x^3,\ x\in[x_{i-1}, x_i]
$$

这里有四个待定系数 a_{ij}（$j=0, 1, 2, 3$）. 子区间共有 n 个，确定 $S(x)$ 需要确定 $4n$ 个待定系数.

另一方面，要求分段三次多项式 $S(x)$ 及其导数 $S'(x)$，$S''(x)$ 在整个插值区间 $[a,b]$ 上连续，只要在各子区间的端点 x_i（$i=1, 2, \cdots, n-1$）连续即可. 故由条件（2）、条件（3）可得待定系数应满足的 $4n-2$ 个方程为：

$$
\begin{cases} S(x_i-0)=S(x_i+0), & i=1,2,\cdots,n-1, \\ S'(x_i-0)=S'(x_i+0), & i=1,2,\cdots,n-1, \\ S''(x_i-0)=S''(x_i+0), & i=1,2,\cdots,n-1, \\ S(x_i)=y_i, & i=0,1,\cdots,n. \end{cases} \tag{2.5.3}
$$

由此可以看出，要确定 $4n$ 个待定系数还缺少两个条件，这两个条件通常在插值区间 $[a,b]$ 的边界点 a，b 处给出，称为边界条件. 边界条件的类型很多，常见的有：

（1）给定一阶导数值 $S'(x_0)=y'_0$，$S'(x_n)=y'_n$，称为第一种边界条件；

（2）给定二阶导数值 $S''(x_0)=y''_0$，$S''(x_n)=y''_n$，称为第二种边界条件，特别地，$S''(x_0)=S''(x_n)=0$ 称为自然边界条件，满足自然边界条件的三次样条插值函数称为自然样条插值函数.

（3）当 $f(x)$ 是周期为 $b-a$ 的函数时，则要求 $S(x)$ 及其导数都是以 $b-a$ 为周期的函数，相应的边界条件 $S'(x_0+0)=S'(x_n-0)$ 和 $S''(x_0+0)=S''(x_n-0)$. 称为第三种边界条件或周期边界条件.

3. 三次样条插值函数的求法

虽然可以利用方程组（2.5.3）和边界条件求出所有的待定系数 a_{ij}，从而得到三次样条插值函数 $S(x)$ 在各个子区间 $[x_{i-1}, x_i]$ 的表达式 $S_i(x)$. 但是，这种做法的计算工作量大，不便于实际应用. 下面介绍一种简便的方法：

设在节点 x_i 处 $S(x)$ 的二阶导数为

$$S''(x_i)=M_i \quad (i=0,1,\cdots,n),$$

因为在子区间 $[x_{i-1}, x_i]$ 上 $S(x)=S_i(x)$ 是不高于三次的多项式，其二阶导数必是线性函数（或常数）. 于是，有

$$S''_i(x)=M_{i-1}\frac{x-x_i}{x_{i-1}-x_i}+M_i\frac{x-x_{i-1}}{x_i-x_{i-1}}, x\in[x_{i-1},x_i]$$

记 $h_i=x_i-x_{i-1}$，则有

$$S''_i(x)=M_{i-1}\frac{x_i-x}{h_i}+M_i\frac{x-x_{i-1}}{h_i}.$$

连续积分两次得：

$$S_i(x)=M_{i-1}\frac{(x_i-x)^3}{6h_i}+M_i\frac{(x-x_{i-1})^3}{6h_i}+A_i(x-x_{i-1})+B_i. \qquad (2.5.4)$$

其中，A_i，B_i 为积分常数. 利用插值条件及三次样条插值函数 $S(x)$ 的连续性得

$$S_i(x_{i-1})=y_{i-1}, S_i(x_i)=y_i.$$

于是

$$A_i=\frac{y_i-y_{i-1}}{h_i}-\frac{1}{6}(M_i-M_{i-1}),\ B_i=y_{i-1}-\frac{1}{6}M_{i-1}h_i^2.$$

将它们代入式（2.5.4），整理得

$$S_i(x)=M_{i-1}\frac{(x_i-x)^3}{6h_i}+M_i\frac{(x-x_{i-1})^3}{6h_i}+\left(y_{i-1}-\frac{M_{i-1}}{6}h_i^2\right)\frac{x_i-x}{h_i}+\left(y_i-\frac{M_i}{6}h_i^2\right)\frac{x-x_{i-1}}{h_i},$$

$$x\in[x_{i-1},x_i], i=1,2,\cdots,n \qquad (2.5.4)'$$

综合以上讨论可知，只要确定 $M_i(i=0, 1, \cdots, n)$ 这 $n+1$ 个值，就可求出三次样条插值函数 $S(x)$.

为了求出 $M_i(i=0, 1, \cdots, n)$，利用一阶导函数在子区间连接点上连续的条件即

$$S'(x_i-0)=S'(x_i+0),$$
$$S'_i(x_i-0)=S'_{i+1}(x_i+0), \qquad (2.5.5)$$

得

$$S'_i(x) = -M_{i-1}\frac{(x_i - x)^2}{2h} + M_i\frac{(x - x_{i-1})^2}{2h_i}. \quad (2.5.6)$$

故

$$S'_i(x_i - 0) = \frac{y_i - y_{i-1}}{h_i} + \frac{h_i}{6}M_{i-1} + \frac{h_i}{3}M_i. \quad (2.5.7)$$

将式（2.5.6）中的 i 改为 $i+1$，即得 $S'(x)$ 在子区间 $[x_i,\ x_{i+1}]$ 上的表达式 $S'_{i+1}(x)$，并由此得

$$S'_{i+1}(x_i + 0) = \frac{y_{i+1} - y_i}{h_{i+1}} - \frac{h_{i+1}}{3}M_i - \frac{h_{i+1}}{6}M_{i+1}. \quad (2.5.8)$$

将式（2.5.7）、式（2.5.8）代入式（2.5.5）整理后得

$$\frac{h_i}{6}M_{i-1} + \frac{h_i + h_{i+1}}{3}M_i + \frac{h_{i+1}}{6}M_{i+1} = \frac{y_{i+1} - y_i}{h_{i+1}} - \frac{y_i - y_{i-1}}{h_i}.$$

两边同乘以$\frac{6}{h_i + h_{i+1}}$，即得方程组

$$\frac{h_i}{h_i + h_{i+1}}M_{i-1} + 2M_i + \frac{h_{i+1}}{h_i + h_{i+1}}M_{i+1} = \frac{6}{h_i + h_{i+1}}\left(\frac{y_{i+1} - y_i}{h_{i+1}} - \frac{y_i - y_{i-1}}{h_i}\right) \quad (i = 1, 2, \cdots, n-1)$$

若记

$$\begin{cases} \mu_i = \dfrac{h_i}{h_i + h_{i+1}}, \\ \lambda_i = \dfrac{h_{i+1}}{h_i + h_{i+1}} = 1 - \mu_i, \\ g_i = \dfrac{6}{h_i + h_{i+1}}, (f[x_i, x_{i+1}] - f[x_{i-1}, x_i]), \\ i = 1, 2, \cdots, n-1 \end{cases} \quad (2.5.9)$$

则所得方程组可以简写成

$$\mu_i M_{i-1} + 2M_i + \lambda_i M_{i+1} = g_i \quad (i = 1, 2, \cdots, n-1).$$

即

$$\begin{cases} \mu_1 M_0 + 2M_1 + \lambda_1 M_2 = g_1, \\ \mu_2 M_1 + 2M_2 + \lambda_2 M_3 = g_2, \\ \quad\vdots \\ \mu_{n-1} M_{n-2} + 2M_{n-1} + \lambda_{n-1} M_n = g_{n-1}. \end{cases} \quad (2.5.10)$$

这是一个含有 $n+1$ 个未知数、$n-1$ 个方程的线性方程组. 要确定 M_i 的值，还需用到边界条件.

在第（1）种边界条件下，由于 $S'(x_0) = y'_0$ 和 $S'(x_n) = y'_n$ 已知，可以得到包含 M_i 的另外两个线性方程. 由式（2.5.6）知，$S(x)$ 在子区间 $[x_0,\ x_1]$ 上的导数为：

$$S'_1(x) = -M_0\frac{(x_1 - x)^2}{2h_1} + M_1\frac{(x - x_0)^2}{2h_1} + \frac{y_1 - y_0}{h_1} - \frac{h_1}{6}(M_1 - M_0).$$

故由条件 $S'(x_0) = y'_0$ 立即可得

$$y'_0=-M_0\frac{h_1}{2}+\frac{y_1-y_0}{h_1}-\frac{h_1}{6}(M_1-M_0),$$

即

$$2M_0+M_1=\frac{6}{h_1}\left(\frac{y_1-y_0}{h_1}-y'_0\right). \tag{2.5.11}$$

同理，由条件 $S'(x_n)=y'_n$，可得

$$M_{n-1}+2M_n=\frac{6}{h_n}\left(y'_n-\frac{y_n-y_{n-1}}{h_n}\right). \tag{2.5.12}$$

将式（2.5.10）、式（2.5.11）、式（2.5.12）合在一起，即得关于 M_0，M_1，…，M_n 的线性方程组：

$$\begin{pmatrix}2 & 1 & & & \\ \mu_1 & 2 & \lambda_1 & & \\ & \ddots & \ddots & \ddots & \\ & & \mu_{n-1} & 2 & \lambda_{n-1} \\ & & & 1 & 2\end{pmatrix}\begin{pmatrix}M_0\\ M_1\\ \vdots \\ M_{n-1}\\ M_n\end{pmatrix}=\begin{pmatrix}g_0\\ g_1\\ \vdots\\ g_{n-1}\\ g_n\end{pmatrix}, \tag{2.5.13}$$

其中

$$\begin{cases}g_0=\dfrac{6}{h_1}(f[x_0,x_1]-y'_0),\\ g_n=\dfrac{6}{h_n}(y'_n-f[x_{n-1},x_n]).\end{cases} \tag{2.5.14}$$

在第（2）种边界条件下，由 $M_0=S''(x_0)=y''_0$，$M_n=S''(x_n)=y''_n$ 已知，在方程组（2.5.14）中实际上只包含有 $n-1$ 个未知数 M_1，M_2，…，M_{n-1}，并且可以改写成：

$$\begin{pmatrix}2 & \lambda_1 & & & \\ \mu_2 & 2 & \lambda_2 & & \\ & \ddots & \ddots & \ddots & \\ & & \mu_{n-2} & 2 & \lambda_{n-2} \\ & & & \mu_{n-1} & 2\end{pmatrix}\begin{pmatrix}M_1\\ M_2\\ \vdots \\ M_{n-2}\\ M_{n-1}\end{pmatrix}=\begin{pmatrix}g_1-\mu_1 y''_0\\ g_2\\ \vdots\\ g_{n-2}\\ g_{n-1}-\lambda_{n-1}y''_n\end{pmatrix}, \tag{2.5.15}$$

在第（3）种边界条件下，由 $S'(x_0+0)=S'(x_n-0)$，直接可得

$$M_0=M_n. \tag{2.5.16}$$

由条件 $S''(x_0+0)=S''(x_n-0)$ 可得

$$-M_0\frac{h_1}{2}+\frac{y_1-y_0}{h_1}-\frac{h_1}{6}(M'_1-M_0)=M_n\frac{h_n}{2}+\frac{y_n-y_{n-1}}{h_n}-\frac{h_n}{6}(M_n-M_{n-1}).$$

注意到 $y_0=y_n$ 和 $M_0=M_n$，上式整理后得：

$$\frac{h_1}{h_1+h_n}M_1+\frac{h_n}{h_1+h_n}M_{n-1}+2M_n=\frac{6}{h_1+h_n}\left(\frac{y_1-y_0}{h_1}-\frac{y_n-y_{n-1}}{h_n}\right),$$

若记

$$\mu_n=\frac{h_n}{h_1+h_n},\lambda_n=\frac{h_1}{h_1+h_n}=1-\mu_n,g_n=\frac{6}{h_1+h_n}(f[x_1,x_n]-f[x_{n-1},x_n]),$$

则所得方程可简写成：

$$\lambda_n M_1 + \mu_n M_{n-1} + 2M_n = g_n. \tag{2.5.17}$$

将式（2.5.10）、式（2.5.16）和式（2.5.17）合在一起，即得关于 M_1，M_2，…，M_n 的线形方程组：

$$\begin{pmatrix} 2 & \lambda_1 & \cdots & & \mu_1 \\ \mu_2 & 2 & \lambda_2 & & \\ \vdots & \ddots & \ddots & \ddots & \vdots \\ & & \mu_{n-1} & 2 & \lambda_{n-1} \\ \lambda_n & & & \mu_n & 2 \end{pmatrix} \begin{pmatrix} M_1 \\ M_2 \\ \vdots \\ M_{n-1} \\ M_n \end{pmatrix} = \begin{pmatrix} g_1 \\ g_2 \\ \vdots \\ g_{n-1} \\ g_n \end{pmatrix}. \tag{2.5.18}$$

利用线性代数知识，可以证明方程组（2.5.13）、方程组（2.5.15）及方程组（2.5.18）的系数矩阵都是非奇异的，从而都有唯一确定的解.

针对不同的边界条件，解相应的方程组（2.5.13）、方程组（2.5.15）或方程组（2.5.18），求出 M_0，M_2，…，M_n 的值，将它们代入式（2.5.4），就可以得到 $S(x)$ 在各子区间上的表达式.

综上分析，有如下定理

定理 2.5.1　对于给定的函数表

x	x_0	x_1	…	x_n
$y=f(x)$	y_0	y_1	…	y_n

$a=x_0<x_1<\cdots<x_n=b$，满足第一、第二和第三种边界条件的三次样条插值函数是存在且唯一的.

三次样条插值函数 $S(x)$ 的求解过程在下面的例子中给出了详细的说明.

例 2.5.3　已知函数 $y=f(x)$ 的函数值如下

x	−1.5	0	1	2
y	0.125	−1	1	9

在区间 [−1.5，2] 上求三次样条插值函数 $S(x)$，使它满足边界条件：

$$S'(-1.5)=0.75, S'(2)=14.$$

解　先根据给定数据和边界条件算出 μ_i，λ_i，g_i，写出确定 M_i 的线性方程组. 在本例中，给出的是第一种边界条件，确定 M_i（$i=0$，1，2，3）的线性方程组，形如式（2.5.13）.

由所给函数表知：

$$h_1=1.5, h_2=1, h_3=1, f[x_0,x_1]=-0.75, f[x_1,x_2]=2, f[x_2,x_3]=8.$$

于是由 μ_i，λ_i，$g_i(i=1, 2, \cdots, n-1)$ 的算式（2.5.9）知：

$$\mu_1=0.6,\ \mu_2=0.5,\ \lambda_1=0.4,\ \lambda_2=0.5,\ g_1=6.6,\ g_2=18.$$

由第一种边界条件下 g_0 与 g_n 的计算公式（2.5.14）知：

$$g_0=\frac{6}{h_1}(f[x_0,x_1]-y'_0)=-6,\quad g_3=\frac{6}{h_3}(y'_3-f[x_2,x_3])=36.$$

故关于 M_0，M_1，M_2 与 M_3 的方程组为：

$$\begin{pmatrix} 2 & 1 & 0 & 0 \\ 0.6 & 2 & 0.4 & 0 \\ 0 & 0.5 & 2 & 0.5 \\ 0 & 0 & 1 & 2 \end{pmatrix}\begin{pmatrix} M_0 \\ M_1 \\ M_2 \\ M_3 \end{pmatrix}=\begin{pmatrix} -6 \\ 6.6 \\ 18 \\ 36 \end{pmatrix}, \tag{2.5.19}$$

解此方程组得到 $S''(x)$ 在各节点 x_i 上的值 M_i 为：

$$M_0=-5，M_1=4，M_2=4，M_3=16，$$

将 M_i 代入式（2.5.4），即得 $S(x)$ 在各子区间上的表达式 $S_i(x)(i=1，2，\cdots，n)$.

由式（2.5.4）知，$S(x)$ 在 $[x_0，x_1]$ 上的表达式为：

$$S_1(x)=M_0\frac{(x_1-x)^3}{6h_1}+M_1\frac{(x-x_0)^3}{6h_1}+\left(y_0-\frac{M_0}{6}h_1^2\right)\frac{x_1-x}{h_1}+\left(y_1-\frac{M_1}{6}h_1^2\right)\frac{x-x_0}{h_1}.$$

在本例中，将

$$x_0=-1.5，x_1=0，y_0=0.125，y_1=-1，M_0=-5，M_1=4$$

代入 $S_1(x)$ 整理后得

$$S_1(x)=x^3+2x^2-1, x\in[-1.5,0],$$

同理可得：

$$S_2(x)=2x^2-1, x\in[0,1]$$

$$S_3(x)=2x^3-4x^2+6x-3, x\in[1,2]$$

故所求三次样条插值函数为：

$$S(x)=\begin{cases} x^3+2x^2-1, & (-1.5\leqslant x\leqslant 0), \\ 2x^2-1, & (0\leqslant x\leqslant 1), \\ 2x^3-4x^2+6x-3, & (1\leqslant x\leqslant 2). \end{cases}$$

上述求三次样条插值函数的方法，其基本思路和特点是：

先利用一阶导数 $S'(x)$ 在内节点 $x_i(i=1，2，\cdots，n-1)$ 上的连续性以及边界条件，列出确定二阶导数 $M_i=S''(x_i)(i=0，1，\cdots，n)$ 的线性方程组（在力学上称为三弯矩方程组），并由此解出 M_i，然后用 M_i 来表达 $S(x)$.

通过别的途径也可求三次样条插值函数. 例如，可以先利用二阶导数在内节点上的连续性以及边界条件，列出确定一阶导数

$$m_i=S'(x_i)\quad(i=0,1,\cdots,n)$$

的线性方程组（在力学上称为三转角方程组），并由此解出 m_i，然后用 m_i 来表达 $S(x_i)$. 在有些情况下，这种表达方法与前者相比较，使用起来更方便. 更多细节内容读者可以参阅相关书籍，在此不赘述.

2.6 求函数近似表达式的拟合法

在科学实验和生产实践中，经常要从一组实验数据 $(x_i，y_i)(i=1，2，\cdots，m)$ 出发，寻求函数 $y=f(x)$ 的一个近似表达式 $y=\varphi(x)$（称为经验公式）. 从几何上，就是希望根据给出的 m 个点 $(x_i，y_i)$，求曲线 $y=f(x)$ 的一条近似曲线 $y=\varphi(x)$，这就是曲线拟合的问题.

多项式插值虽然在一定程度上解决了由函数表求函数的近似表达式问题，但用它来解决

这里提出的问题，有明显的缺陷.

首先，实验提供的数据通常带有测试误差，如要求近似曲线 $y=\varphi(x)$ 严格地通过所给的每个数据点 (x_i, y_i)，就会使曲线保持原有的测试误差，当个别数据的误差较大时，插值效果显然是不理想的.

其次，由实验提供的数据往往较多（即 m 较大），用插值法得到的近似表达式，明显缺乏实用价值.

因此，怎样从给定的一组数据出发，在某个函数类 Φ 中寻求一个“最好”的函数 $\varphi(x)$ 来拟合这组数据，是一个值得讨论的问题.

随着拟合效果“好”“坏”标准的不同，解决此类问题的方法也不同. 这里介绍一种最常用的曲线拟合方法，即最小二乘法.

2.6.1　曲线拟合的最小二乘法

如前所述，在一般情况下，我们不能要求近似曲线 $y=f(x)$ 严格地通过所有数据点 (x_i, y_i)，亦不能要求所有拟合曲线函数在 x_i 处的偏差（亦称残差）$\delta_i=\varphi(x_i)-y_i\ (i=1, 2, \cdots, m)$ 都严格地趋于零. 但是，为了使近似曲线尽量反映所给数据点的变化趋势，要求 $|\delta_i|$ 都较小还是必要的. 达到这一目标的途径很多，常见的有：

（1）选取 $\varphi(x)$，使偏差绝对值之和

$$\sum_{i=1}^{m}|\delta_i| = \sum_{i=1}^{m}|\varphi(x_i)-y_i| \tag{2.6.1}$$

最小.

（2）选取 $\varphi(x)$，使偏差绝对值中的最大者

$$\max_{1\leqslant i\leqslant m}|\delta_i| = \max_{1\leqslant i\leqslant m}|\varphi(x_i)-y_i| \tag{2.6.2}$$

最小.

（3）选取 $\varphi(x)$，使偏差平方和

$$\sum_{i=1}^{m}\delta_i^2 = \sum_{i=1}^{m}[\varphi(x_i)-y_i]^2 \tag{2.6.3}$$

最小.

为了方便计算、分析与应用，我们较多地根据“偏差平方和最小”的原则（称为最小二乘原则）来选取拟合曲线 $y=\varphi(x)$，按最小二乘原则选择拟合曲线的方法，称为**最小二乘法**.

本章着重讨论的线性最小二乘问题，其基本提法是：对于给定数据表

x	x_0	x_1	$\cdots$	x_m
y	y_0	y_1	$\cdots$	y_m

要求在某个函数类 $\Phi=\{\varphi_0(x), \varphi_1(x), \cdots, \varphi_n(x)\}$（其中 $n<m$）中寻求一个函数

$$\varphi^*(x)=a_0^*\varphi_0(x)+a_1^*\varphi_1(x)+\cdots+a_n^*\varphi_n(x), \tag{2.6.4}$$

使 $\varphi^*(x)$ 满足条件

$$\sum_{i=1}^{m}[\varphi^*(x_i)-y_i]^2 = \min_{\varphi(x)\in\Phi}\sum_{i=1}^{m}[\varphi(x_i)-y_i]^2. \tag{2.6.5}$$

式中，$\varphi(x)=a_0\varphi_0(x)+a_1\varphi_1(x)+\cdots+a_n\varphi_n(x)$是函数类$\Phi$中的任意一个函数.

满足关系式（2.6.5）的函数$\varphi^*(x)$，称为上述最小二乘问题的**最小二乘解**.

由此可知，用最小二乘法解决实际问题包含两个基本环节：先根据所给数据点的变化趋势与问题的实际背景确定函数类Φ，即确定$\varphi(x)$所具有的形式；然后按最小二乘法原则（2.6.3）求出最小二乘解$\varphi^*(x)$，即确定其系数$a_k^*(k=0,1,\cdots,n)$.

由最小二乘解（2.6.4）应满足条件（2.6.5）知，点$a_0^*,a_1^*,\cdots,a_n^*$是多元函数

$$S(a_0,a_1,\cdots,a_n)=\sum_{i=1}^{m}\left[\sum_{k=0}^{n}a_k\varphi_k(x_i)-y_i\right]^2$$

的极小值点，从而$a_0^*,a_1^*,\cdots,a_n^*$满足方程组：

$$\frac{\partial S}{\partial a_k}=0,k=0,1,2,\cdots,n.$$

即

$$\sum_{i=1}^{m}\varphi_k(x_i)\left[a_0\varphi_0(x_i)+a_1\varphi_1(x_i)+\cdots+a_n\varphi_n(x_i)-y_i\right]=0,\quad k=0,1,2,\cdots,n.$$

亦即

$$a_0\sum_{i=1}^{m}\varphi_k(x_i)\varphi_0(x_i)+a_1\sum_{i=1}^{m}\varphi_k(x_i)\varphi_1(x_i)+\cdots+a_n\sum_{i=1}^{m}\varphi_k(x_i)\varphi_n(x_i)=\sum_{i=1}^{m}\varphi_k(x_i)y_i.$$

若对任意的函数$h(x)$和$g(x)$，引入记号

$$(h,g)=\sum_{i=1}^{m}h(x_i)g(x_i)\tag{2.6.6}$$

则上述方程组可以表示成

$$a_0(\varphi_k,\varphi_0)+a_1(\varphi_k,\varphi_1)+\cdots+a_n(\varphi_k,\varphi_n)=(\varphi_k,f)\quad(k=0,1,\cdots,n).$$

写成矩阵形式，即

$$\begin{pmatrix}(\varphi_0,\varphi_0)&(\varphi_0,\varphi_1)&\cdots&(\varphi_0,\varphi_n)\\(\varphi_1,\varphi_0)&(\varphi_1,\varphi_1)&\cdots&(\varphi_1,\varphi_n)\\\vdots&\vdots&&\vdots\\(\varphi_n,\varphi_0)&(\varphi_n,\varphi_1)&\cdots&(\varphi_n,\varphi_n)\end{pmatrix}\begin{pmatrix}a_0\\a_1\\\vdots\\a_n\end{pmatrix}=\begin{pmatrix}(\varphi_0,f)\\(\varphi_1,f)\\\vdots\\(\varphi_n,f)\end{pmatrix}.\tag{2.6.7}$$

方程组（2.6.7）称为**法方程组**.

事实上，最小二乘法的法方程组可以用下面的方法形成.

在$\varphi(x)=a_0\varphi_0(x)+a_1\varphi_1(x)+\cdots+a_n\varphi_n(x)$中，当$x=x_i$（$i=1,2,\cdots,m$）时，令$\varphi(x_i)=y_i$，即得方程组

$$\begin{cases}a_0\varphi_0(x_1)+a_1\varphi_1(x_1)+\cdots+a_n\varphi_n(x_1)=y_1,\\a_0\varphi_0(x_2)+a_1\varphi_1(x_2)+\cdots+a_n\varphi_n(x_2)=y_2,\\\qquad\vdots\\a_0\varphi_0(x_m)+a_1\varphi_1(x_m)+\cdots+a_n\varphi_n(x_m)=y_m.\end{cases}$$

将其写成矩阵形式

$$\begin{pmatrix} \varphi_0(x_1) & \varphi_1(x_1) & \cdots & \varphi_n(x_1) \\ \varphi_0(x_2) & \varphi_1(x_2) & \cdots & \varphi_n(x_2) \\ \vdots & \vdots & & \vdots \\ \varphi_0(x_m) & \varphi_1(x_m) & \cdots & \varphi_n(x_m) \end{pmatrix}\begin{pmatrix} a_0 \\ a_1 \\ \vdots \\ a_n \end{pmatrix} = \begin{pmatrix} y_1 \\ y_2 \\ \vdots \\ y_m \end{pmatrix}.$$

令 $\begin{pmatrix} \varphi_0(x_1) & \varphi_1(x_1) & \cdots & \varphi_n(x_1) \\ \varphi_0(x_2) & \varphi_1(x_2) & \cdots & \varphi_n(x_2) \\ \vdots & \vdots & & \vdots \\ \varphi_0(x_m) & \varphi_1(x_m) & \cdots & \varphi_n(x_m) \end{pmatrix} = \boldsymbol{A}_{m\times(n+1)}$，$\begin{pmatrix} a_0 \\ a_1 \\ \vdots \\ a_n \end{pmatrix} = \boldsymbol{a}$，$\begin{pmatrix} y_1 \\ y_2 \\ \vdots \\ y_m \end{pmatrix} = \boldsymbol{y}$，则方程组可写为

$$\boldsymbol{A}_{m\times(n+1)}\boldsymbol{a} = \boldsymbol{y}.$$

将方程两边同时乘以 $\boldsymbol{A}^{\mathrm{T}}$，则可得到

$$\boldsymbol{A}^{\mathrm{T}}\boldsymbol{A}_{m\times(n+1)}\boldsymbol{a} = \boldsymbol{A}^{\mathrm{T}}\boldsymbol{y}.$$

这就是最小二乘法的法方程组（2.6.7）.

当基函数 φ_0，φ_1，…，φ_n 在数据点 x_1，x_2，…，x_m 处的函数值构成的 $n+1$ 个 m 维向量线性无关时，可以证明它有唯一解

$$a_0 = a_0^*,\ a_1 = a_1^*,\ \cdots,\ a_n = a_n^*.$$

并且相应的函数（2.6.4）就是满足条件（2.6.5）的最小二乘解.

定理 2.6.1　对任意给定的一组实验数据 (x_i, y_i) $(i=1, 2, \cdots, m)$（其中 x_i 互异），若基函数 φ_0，φ_1，…，φ_n 在数据点 x_1，x_2，…，x_m 处的函数值构成的 $n+1$ 个 m 维向量线性无关，则在函数类 $\Phi = \{\varphi_0(x), \varphi_1(x), \cdots, \varphi_n(x)\}$ $(n<m)$ 中存在唯一的函数

$$\varphi^* = a_0^*\varphi_0(x) + a_1^*\varphi_1(x) + \cdots + a_n^*\varphi_n(x)$$

使得关系式（2.6.5）成立，并且其系数 a_i^* $(i=0, 1, \cdots, n)$ 可以通过解方程组（2.6.7）得到.

作为曲线拟合的一种常用情况，若讨论的是代数多项式拟合，即取

$$\varphi_0(x) = 1, \varphi_1(x) = x, \cdots, \varphi_n(x) = x^n,$$

则由式（2.6.6）可知：

$$(\varphi_j, \varphi_k) = \sum_{i=1}^{m} x_i^j x_i^k = \sum_{i=1}^{m} x_i^{j+k} \quad (j,k = 0,1,\cdots,n),$$

$$(\varphi_k, f) = \sum_{i=1}^{m} x_i^k y_i \quad (k = 0,1,\cdots,n),$$

故相应的法方程组为：

$$\begin{pmatrix} m & \sum\limits_{i=1}^{m} x_i & \cdots & \sum\limits_{i=1}^{m} x_i^n \\ \sum\limits_{i=1}^{m} x_i & \sum\limits_{i=1}^{m} x_i^2 & \cdots & \sum\limits_{i=1}^{m} x_i^{n+1} \\ \vdots & \vdots & & \vdots \\ \sum\limits_{i=1}^{m} x_i^n & \sum\limits_{i=1}^{m} x_i^{n+1} & \cdots & \sum\limits_{i=1}^{m} x_i^{2n} \end{pmatrix}\begin{pmatrix} a_0 \\ a_1 \\ \vdots \\ a_n \end{pmatrix} = \begin{pmatrix} \sum\limits_{i=1}^{m} y_i \\ \sum\limits_{i=1}^{m} x_i y_i \\ \vdots \\ \sum\limits_{i=1}^{m} x_i^n y_i \end{pmatrix}. \tag{2.6.8}$$

下面通过两个具体的例子来说明用最小二乘法解决实际的问题的具体步骤与某些技巧.

例 2.6.1 某种铝合金的含铝量为 $x\%$，其熔解温度为 y℃，由实验测得 x 与 y 的数据如表 2.6.1 左边三列所示. 使用最小二乘法建立 x 与 y 之间的经验公式.

表 2.6.1 多项式拟合法方程系数计算表

i	x_i	y_i	x_i^2	x_iy_i
1	36.9	181	1361.61	6678.9
2	46.7	197	2180.89	9199.9
3	63.7	235	4057.69	14969.5
4	77.8	270	6052.84	21006.0
5	84.0	283	7056.00	23772.0
6	87.5	292	7656.25	25550.0
$\sum$	396.6	1458	28365.28	101176.3

解 根据前面的讨论，解决问题的过程如下：

（1）将表中给出的数据点 $(x_i, y_i)(i=1, 2, \cdots, 6)$ 描绘在坐标纸上，如图 2.6.1 所示.

（2）确定拟合曲线的形式. 由图 2.6.1 可以看出，六个点位于一条直线的附近，故可以选用线性函数（直线）来拟合这组实验数据，即令

$$\varphi(x)=a+bx, \tag{2.6.9}$$

其中，a，b 为待定常数.

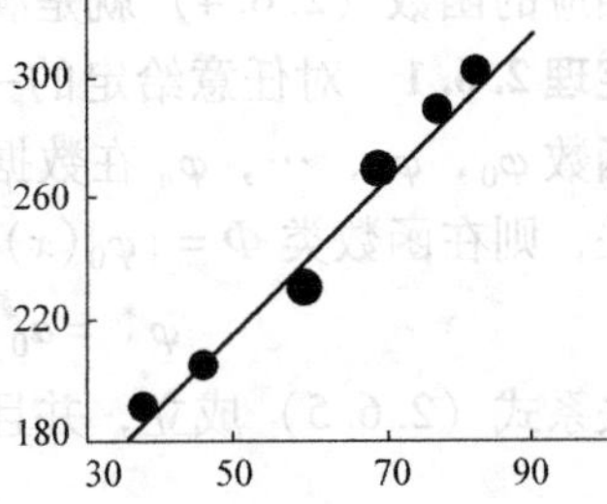

图 2.6.1 数据的散点图

（3）建立法方程组. 由于问题归结为一次多项式拟合问题，故由式（2.6.8）知，相应的法方程组形如：

$$\begin{pmatrix} 6 & \sum_{i=1}^{6} x_i \\ \sum_{i=1}^{6} x_i & \sum_{i=1}^{6} x_i^2 \end{pmatrix}\begin{pmatrix} a \\ b \end{pmatrix}=\begin{pmatrix} \sum_{i=1}^{6} y_i \\ \sum_{i=1}^{6} x_iy_i \end{pmatrix},$$

经过计算（见表 2.6.1）即得确定待定系数 a，b 的法方程组：

$$\begin{cases} 6a+\quad 396.9b=1458, \\ 396.6a+28365.28b=101176.3. \end{cases} \tag{2.6.10}$$

（4）解法方程组（2.6.10）得：

$$a=95.3524,\ b=2.2337.$$

代入式（2.6.9）即得经验公式：

$$y=95.3524+2.2337x. \tag{2.6.11}$$

所得经验公式能否较好地反映客观规律，还需通过实践来检验. 由式（2.6.11）算出的函数值（称为拟合值）

$$\widetilde{y}_i=95.3524+2.2337x_i \quad (i=1, 2, \cdots, m).$$

与实际值有一定的偏差，见表 2.6.2.

由表 2. 6. 2 可以看出，偏差的平方和

$$\sum_{i=1}^{6} \delta_i^2 = 26.6704,$$

其平方根（称为均方误差）

$$\sqrt{\sum \delta_i^2} = 5.164,$$

在一定程度上反映了所得经验公式的好坏.

同时，由表 2. 6. 2 还可以看出，最大偏差为 $\max\limits_{1 \leqslant i \leqslant 6} |\delta_i| = 3.22$.

表 2. 6. 2　拟合偏差分析表

i	1	2	3	4	5	6
x_i	36. 9	46. 7	63. 7	77. 8	84. 0	87. 5
$\widetilde{y}_i$	177. 78	199. 67	237. 64	269. 13	282. 98	290. 80
y_i	181	197	235	270	283	292
$\delta_i = \widetilde{y}_i - y_i$	-3. 22	2. 67	2. 64	-0. 87	-0. 02	-1. 20
δ_i^2	10. 37	7. 13	6. 97	0. 76	0. 0004	1. 44
$\sum \delta_i^2$	26. 6704					

如果认为这样的误差是允许的，那么就可以用经验公式（2. 6. 11）来计算含铝量在 36. 9% ~87. 5%之间的溶解度. 否则，就要用改变函数类型或者增加实验数据等方法来建立新的经验公式.

例 2. 6. 2　在某化学反应里，测得生成物的浓度 y% 与时间 t 的数据见表 2. 6. 3，试用最小二乘法建立 t 与 y 的经验公式 .

表 2. 6. 3　相应时间的浓度数据表

t	1	2	3	4	5	6	7	8
y	4. 00	6. 40	8. 00	8. 80	9. 22	9. 50	9. 70	9. 86
t	9	10	11	12	13	14	15	16
y	10. 00	10. 20	10. 32	10. 42	10. 50	10. 55	10. 58	10. 60

解　将已知数据点 $(t_i, y_i)(i=1, 2, \cdots, 16)$ 描述在坐标纸上，得散点图 2. 6. 2.

由图 2. 6. 2 及问题的物理背景可以看出，拟合曲线 $y=\varphi(x)$ 应具有下列特点：

（1）曲线随着 t 的增加而上升，但上升速度由快到慢；

（2）当 $t=0$ 时，反应还未开始，即 $y=0$；当 $t=\infty$时，y 趋于某一常数，故曲线应通过原点（或者当 $t=0$ 时以原点为极限点），且有一条水平渐近线.

具有上述特点的曲线有很多，选用不同的数学模型，可以获得不同的拟合曲线与经验公式.

下面提供两种方案：

方案 1　设想 $y=\varphi(t)$ 是双曲线型的，并且具有形式

$$y = \frac{t}{at+b}. \tag{2.6.12}$$

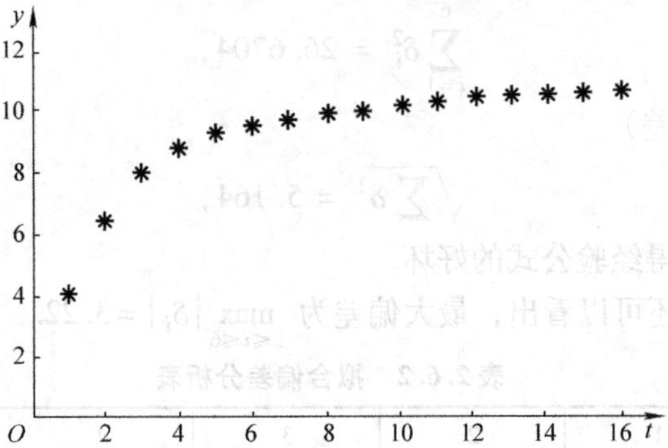

图 2.6.2　数据的散点图

此时，若直接按最小二乘法原则去确定参数 a 和 b，则问题可以归结为求二元函数

$$S(a,b) = \sum_{i=1}^{16}\left(\frac{t_i}{at_i+b}-y_i\right)^2 \tag{2.6.13}$$

的极小值点，这将导致求解非线性方程组：

$$\begin{cases}\dfrac{\partial S}{\partial a} = -2\sum\limits_{i=1}^{16}\dfrac{t_i^2}{(at_i+b)^2}\left(\dfrac{t_i}{at_i+b}-y_i\right) = 0,\\ \dfrac{\partial S}{\partial a} = -2\sum\limits_{i=1}^{16}\dfrac{t_i}{(at_i+b)^2}\left(\dfrac{t_i}{at_i+b}-y_i\right) = 0.\end{cases}$$

给计算带来了麻烦. 可通过变量替换将它转化为关于待定参数的线性函数. 为此，将式(2.6.12) 改写成

$$\frac{1}{y} = a + \frac{b}{t},$$

于是，若引入新变量

$$y^{(1)} = \frac{1}{y},\ t^{(1)} = \frac{1}{t},$$

则式（2.6.12）就是

$$y^{(1)} = a + bt^{(1)}.$$

同时，由题中所给数据表 2.6.3 可以算出新的数据表 2.6.4. 这样，问题就归结为：根据数据表 2.6.4，求形如 $y^{(1)} = a + bt^{(1)}$ 的最小二乘解. 参照例 2.6.1 的做法，解方程组

$$\begin{pmatrix}16 & \sum\limits_{i=1}^{16}t_i^{(1)}\\ \sum\limits_{i=1}^{16}t_i^{(1)} & \sum\limits_{i=1}^{16}(t_i^{(1)})^2\end{pmatrix}\begin{pmatrix}a\\ b\end{pmatrix} = \begin{pmatrix}\sum\limits_{i=1}^{16}y_i^{(1)}\\ \sum\limits_{i=1}^{16}t_i^{(1)}y_i^{(1)}\end{pmatrix},$$

即得

$$a = 80.6621,\ b = 161.6822.$$

代入式（2.6.12），即得经验公式

$$y=\frac{t}{80.6621t+161.6822}. \tag{2.6.14}$$

表 2.6.4　算出数据表

i	1	2	3	…	16
$t_i^{(1)}=\frac{1}{t_i}$	1.00000	0.50000	0.33333	…	0.06250
$y_i^{(1)}=\frac{1}{y_i}$	0.25000	0.15625	0.12500	…	0.09434

方案2　设想 $y=\varphi(t)$ 具有指数形式

$$y=ae^{b/t}\quad (a>0,\ b<0), \tag{2.6.15}$$

为了求参数 a 和参数 b 时，避免求解一个非线形方程组，对上式两边取对数

$$\ln y=\ln a+\frac{b}{t},$$

此时，若引入新变量

$$y^{(2)}=\ln y,\ t^{(2)}=\frac{1}{t},$$

并记 $A=\ln a$，$B=b$，则上式就是

$$y^{(2)}=A+Bt^{(2)}.$$

又由表2.6.3可算出新的数据表2.6.5.

表 2.6.5　算出数据表

i	1	2	3	…	16
$t_i^{(2)}=\frac{1}{t_i}$	1.00000	0.50000	0.33333	…	0.06250
$y_i^{(2)}=\ln y_i$	1.38629	1.85630	2.07944	…	2.36085

于是将问题归为：根据数据表2.6.5，求形如 $y^{(2)}=A+Bt^{(2)}$ 的最小二乘解.

参照方案1，写出相应的法方程组并解之，即得

$$A=-4.4807,\ B=-1.0567,$$

于是

$$a=e^{A}=0.011325,\ b=B=-1.0567.$$

故得另一个经验公式

$$y=0.011325e^{-\frac{1.0567}{t}}. \tag{2.6.16}$$

将两个不同的经验公式（2.6.14）和公式（2.6.16）的均方误差和最大偏差进行比较，见表2.6.6. 从均方误差与最大偏差这两个不同角度看，后者均优于前者，因此，在解决实际问题时，常常要经过反复分析，多次选择，计算与比较，才能获得好的数学模型.

表 2.6.6　不同经验公式的误差比较表

经验公式	均方误差	最大偏差
式（2.6.14）	1.19×10^{-3}	0.568×10^{-3}
式（2.6.16）	0.34×10^{-3}	0.277×10^{-3}

下面以常用的多项式拟合为例，说明最小二乘法在计算机上实现的步骤.

设有一组实验数据（x_i，y_i）($i=1, 2, \cdots, m$)，今要用最小二乘法求一 n（$n<m$）次多项式曲线

$$\varphi_n(x)=a_0+a_1x+\cdots+a_nx^n$$

来拟合这组数据. 显然，求 $\varphi_n(x)$ 的实质就是要确定其系数 $a_i(i=1, 2, \cdots, n)$.

由前面讨论可知，问题可归结为建立和求解法方程组（2.6.8）. 为了便于编制程序并减少工作量，引入矩阵

$$\boldsymbol{C}=\begin{pmatrix}1 & x_1 & x_1^2 & \cdots & x_1^n\\ 1 & x_2 & x_2^2 & \cdots & x_2^n\\ \vdots & \vdots & \vdots & & \vdots\\ 1 & x_m & x_m^2 & \cdots & x_m^n\end{pmatrix},\ \boldsymbol{Y}=\begin{pmatrix}y_1\\ y_2\\ \vdots\\ y_m\end{pmatrix},$$

则法方程组（2.6.8）的系数矩阵（用 $\boldsymbol{A}$ 表示）和右端向量（用 $\boldsymbol{b}$ 表示）分别为：

$$\boldsymbol{A}=\boldsymbol{C}^{\mathrm{T}}\boldsymbol{C},\ \boldsymbol{b}=\boldsymbol{C}^{\mathrm{T}}\boldsymbol{Y}.$$

2.6.2 加权最小二乘法

在实际问题中测得的所有实验数据，并不是总是等精度、等地位的. 显然，对于精度较高或地位较重要（这应根据具体情况来判定）的那些数据（x_i，y_i），应当给予较大的权. 在这种情况下，求给定数据的拟合曲线，就要采用加权最小二乘法.

用加权最小二乘法进行曲线拟合的要求与原则：对于给定的一组实验数据(x_i，y_i)($i=1, 2, \cdots, m$)，要求在某个函数类 $\Phi=\{\varphi_0(x), \varphi_1(x), \cdots, \varphi_n(x)\}$（$n<m$）中，寻求一个函数

$$\varphi^*(x)=a_0^*\varphi_0(x)+a_1^*\varphi_1(x)+\cdots+a_n^*\varphi_n(x),$$

使
$$\sum_{i=1}^{m}W_i[\varphi^*(x_i)-y_i]^2=\min_{\varphi(x)\in\Phi}\sum_{i=1}^{m}W_i[\varphi(x_i)-y_i]^2,$$

其中，
$$\varphi(x)=a_0\varphi_0(x)+a_1\varphi_1(x)+\cdots+a_n\varphi_n(x).$$

为函数类 Φ 中任一函数；$W_i(i=1, 2, \cdots, m)$ 是一列正数，称为权，它的大小反映了数据（x_i，y_i）地位的强弱. 显然，求 $\varphi^*(x)$的问题可归结为求多元函数：

$$S(a_0,a_1,\cdots,a_n)=\sum_{i=1}^{m}W_i\Big[\sum_{k=0}^{n}a_k\varphi_k(x_i)-y_i\Big]^2$$

的极小值点（a_0^*，a_1^*，$\cdots$，a_n^*）. 采用最小二乘解的求法，仍可得法方程组（2.6.7），但其中

$$(\varphi_k,\varphi_j)=\sum_{i=1}^{m}W_i\varphi_k(x_i)\varphi_j(x_i)\quad(k,j=0,1,\cdots,n),$$

$$(\varphi_k,f)=\sum_{i=1}^{m}W_i\varphi_k(x_i)y_i\quad(k=0,1,\cdots,n).$$

作为特例，如果选用的拟合曲线为 $\varphi_n(x)=a_0+a_1x+\cdots+a_nx^n$，那么相应的法方程组为

$$\begin{pmatrix} \sum_{i=1}^{m} W_i & \sum_{i=1}^{m} W_i x_i & \cdots & \sum_{i=1}^{m} W_i x_i^n \\ \sum_{i=1}^{m} W_i x_i & \sum_{i=1}^{m} W_i x_i^2 & \cdots & \sum_{i=1}^{m} W_i x_i^{n+1} \\ \vdots & \vdots & & \vdots \\ \sum_{i=1}^{m} W_i x_i^n & \sum_{i=1}^{m} W_i x_i^{n+1} & \cdots & \sum_{i=1}^{m} W_i x_i^{2n} \end{pmatrix} \begin{pmatrix} a_0 \\ a_1 \\ \vdots \\ a_n \end{pmatrix} = \begin{pmatrix} \sum_{i=1}^{m} W_i y_i \\ \sum_{i=1}^{m} W_i x_i y_i \\ \vdots \\ \sum_{i=1}^{m} W_i x_i^n y_i \end{pmatrix}. \tag{2.6.17}$$

例 2.6.3　已知一组实验数据（x_i，y_i）及权 W_i 如表 2.6.7 所示. 若 x 与 y 之间有线性关系，试用最小二乘法确定系数 a 和 b.

表 2.6.7　实验数据表

i	1	2	3	4
W_i	14	27	12	1
x_i	2	4	6	8
y_i	2	11	28	40

解　因为拟合曲线为一次多项式曲线（直线）

$$\varphi_1(x) = a + bx,$$

故相应的法方程组为式（2.6.17）. 将表中各已知数据代入，即得方程组

$$\begin{cases} 54a + 216b = 701, \\ 216a + 984b = 3580. \end{cases}$$

解之得

$$a = -12.885,\ b = 6.467.$$

2.6.3　利用正交函数作最小二乘法拟合

在前几节，虽然从原则上解决了最小二乘意义下的曲线拟合问题，但在实际计算中，由于当 n 较大，例如 $n \geqslant 7$，法方程组往往是病态的，因而给求解工作带来了一定困难. 近年来，产生了许多解决这一困难的新方法，本节将简要介绍利用正交函数作最小二乘拟合的基本原理，以及利用正交多项式拟合的一种行之有效的方法.

对于 $\{x_i\}$ 和权 $\{W_i\}$ $(i = 1, 2, \cdots, m)$，若一组函数

$$\varphi_0(x), \varphi_1(x), \cdots, \varphi_n(x) \quad (n < m),$$

满足条件：

$$(\varphi_k, \varphi_j) = \sum_{i=1}^{m} W_i \varphi_k(x_i) \varphi_j(x_i) = \begin{cases} 0, & k \neq j, \\ A_k > 0, & k = j \end{cases} (k, j = 0, 1, \cdots, n) \tag{2.6.18}$$

则称 $\varphi_0(x)$，$\varphi_1(x)$，…，$\varphi_n(x)$ 是关于点集 $\{x_i\}$ 带权 $\{W_i\}$ 的正交函数族.
特别地，当 $\varphi_k(x)$ $(k = 0, 1, \cdots, n)$ 都是多项式时，就称 $\varphi_0(x)$，$\varphi_1(x)$，…，$\varphi_n(x)$ 是关于点集 $\{x_i\}$ 带权 $\{W_i\}$ 的一组正交多项式.

如果在提到正交函数或正交多项式时，没有提到权 W_i，那就意味着权都是 1.
若所考虑的函数类

$$\Phi = \{\varphi_0(x), \varphi_1(x), \cdots, \varphi_n(x)\}$$

中的基函数是关于给定点集$\{x_i\}$和权$\{W_i\}$（$i=1, 2, \cdots, m$）的正交函数族，则由条件（2.6.18）知，在法方程组（2.6.7）的系数矩阵中，非对角线上元素

$$(\varphi_k, \varphi_j) = 0 \quad (k \neq j),$$

此时法方程组可简化为：

$$\begin{pmatrix} (\varphi_0, \varphi_0) & & & \\ & (\varphi_1, \varphi_1) & & \\ & & \ddots & \\ & & & (\varphi_n, \varphi_n) \end{pmatrix} \begin{pmatrix} a_0 \\ a_1 \\ \vdots \\ a_n \end{pmatrix} = \begin{pmatrix} (\varphi_0, f) \\ (\varphi_1, f) \\ \vdots \\ (\varphi_n, f) \end{pmatrix}. \tag{2.6.19}$$

只要由此解出

$$a_k = a_k^* \quad (k=0, 1, \cdots, n),$$

就可得到最小二乘解：

$$\varphi^*(x) = a_0^* \varphi_0(x) + a_1^* \varphi_1(x) + \cdots + a_n^* \varphi_n(x). \tag{2.6.20}$$

由条件（2.6.18），知

$$(\varphi_k, \varphi_k) \neq 0 \quad (k=0,1,\cdots,n),$$

故易解方程组（2.6.19），且有：

$$a_k^* = \frac{(\varphi_k, f)}{(\varphi_k, \varphi_k)} = \frac{\sum_{i=1}^{m} W_i \varphi_k(x_i) y_i}{\sum_{i=1}^{m} W_i [\varphi_k(x_i)]^2} \quad (k = 0,1,\cdots,n). \tag{2.6.21}$$

这样就避免了求解病态方程组.

若函数类 Φ 的基函数 $\varphi_0(x)$，$\varphi_1(x)$，$\cdots$，$\varphi_n(x)$是关于给定点集$\{x_i\}$和权$\{W_i\}$的正交函数族，则可以直接由式（2.6.21）算出待定的参数 a_k^*，进而写出最小二乘解（2.6.20）. 因此，问题归结为对给定的函数类 Φ，寻求一组由正交函数族组成的基函数的问题.

构造正交函数组的方法很多，下面以多项式为例，介绍一种具体的方法. 这种做法是以下述定理为基础的.

定理 2.6.2 对于给定的点集$\{x_i\}$和权$\{W_i\}$（$i=1, 2, \cdots, m$）利用递推公式：

$$\begin{cases} \varphi_0(x) = 1, \\ \varphi_1(x) = x - \alpha_1, \\ \varphi_{k+1}(x) = (x - \alpha_{k+1})\varphi_k(x) - \beta_k \varphi_{k-1}(x). \end{cases} \tag{2.6.22}$$

$$\alpha_{k+1} = \frac{\sum_{i=1}^{m} W_i x_i [\varphi_k(x_i)]^2}{\sum_{i=1}^{m} W_i [\varphi_k(x_i)]^2}, \tag{2.6.23}$$

$$\beta_k = \frac{\sum_{i=1}^{m} W_i [\varphi_k(x_i)]^2}{\sum_{i=1}^{m} W_i [\varphi_{k-1}(x_i)]^2} \quad (k = 1,2,\cdots,n-1; n < m), \tag{2.6.24}$$

构造的函数族 $\varphi_0(x)$，$\varphi_1(x)$，…，$\varphi_n(x)$是关于点集$\{x_i\}$和权$\{W_i\}$的一组正交多项式，且$\varphi_k(x)(k=1, 2, \cdots, n)$ 是 k 次多项式，其最高次项 x^k 的系数为 1.

例 2.6.4　已知一组实验数据见表 2.6.8，试用最小二乘法求一条二次拟合曲线.

表 2.6.8　实验数据表

i	1	2	3	4	5	6
x_i	0.0	0.9	1.9	3.0	3.9	5.0
y_i	0.0	10.0	30.0	50.0	80.0	110.0

解　采用边构造正交多项式 $\varphi_k(x)$ 边求最小二乘解系数 a_k^* 的顺序来求拟合曲线. 由式（2.6.22）及式（2.6.21）立即可得：

$$\varphi_0(x) = 1, a_0^* = \frac{\sum y_i}{6} = \frac{280}{6} \approx 46.667,$$

由式（2.6.23）、式（2.6.22）及式（2.6.21）依次可得：

$$a_1 = \frac{\sum x_i}{6} = \frac{14.7}{6} = 2.45,$$

$$\varphi_1(x) = x - 2.45,$$

$$a_1^* = \frac{\sum \varphi_1(x_i) y_i}{\sum [\varphi_1(x_i)]^2} = \frac{392}{17.615} \approx 22.254,$$

由式（2.6.23），式（2.6.22）、式（2.6.24）及式（2.6.21）依次可得：

$$a_2 = \frac{\sum x_i [\varphi_1(x_i)]^2}{\sum [\varphi_1(x_i)]^2} = \frac{44.359}{17.615} \approx 2.5183,$$

$$\beta_1 = \frac{\sum [\varphi_1(x_i)]^2}{\sum [\varphi_o(x_i)]^2} = \frac{17.615}{6} \approx 2.9358,$$

$$\varphi_2(x) = (x - 2.5183)(x - 2.45) - 2.9385 = x^2 - 4.9683x + 3.2340,$$

$$a_2^* = \frac{\sum \varphi_2(x_i) y_i}{\sum [\varphi_2(x_i)]^2} = \frac{82.8926}{36.8916} \approx 2.247.$$

故所求拟合曲线为：

$$y = a_0^* \varphi_0(x) + a_1^*(x) + a_2^* \varphi_2(x) = 2.247x^2 + 110.9x - 0.5888.$$

2.7　城市供水量预测的简单方法

2.7.1　供水量增长率估计与数值微分

供水量的增长率就是供水量函数的导数，因此，要估计供水量的增长率就需要求出供水量函数的导数. 用供水量近似函数的导数作为其导数的近似估计是自然的想法，作为多项式插值的应用，本节介绍两种求函数导数近似值的方法.

2.7.2 利用插值多项式求导数

若函数$f(x)$在节点$x_i(i=0, 1, \cdots, n)$处的函数值已知，就可作$f(x)$的n次插值多项式$P_n(x)$，并用$P_n(x)$近似代替$f(x)$，即

$$f(x) \approx P_n(x). \tag{2.7.1}$$

由于$P_n(x)$是多项式，它比较容易求导数，故对应于$f(x)$的每一个插值多项式$P_n(x)$，就容易建立一个数值微分公式

$$f'(x) \approx P'_n(x),$$

这样建立起来的数值微分公式，统称为插值型微分公式.

必须注意，即使$P_n(x)$与$f(x)$的近似程度非常好，导数$f'(x)$与$P'_n(x)$在某些点上的差别仍旧可能很大，因此，在应用数值微分公式时，要重视对误差的分析.

由插值余项公式（2.3.9）知

$$f'(x)-p'_n(x)=\frac{f^{(n+1)}(\xi)}{(n+1)!}\omega'_{n+1}(x)+\frac{\omega_{n+1}(x)}{(n+1)!}\frac{\mathrm{d}}{\mathrm{d}x}[f^{(n+1)}(\xi)], \tag{2.7.2}$$

由于式中ξ是关于x的未知函数，故$x \neq x_i$时，无法利用上式误差$f'(x)-p'_n(x)$作出估计.但是，如果我们限定求某个节点x_i处的导数值，那么式（2.7.2）右端第二项之值应为零，此时有

$$f'(x_i)-p'_n(x_i)=\frac{f^{(n+1)}(\xi)}{(n+1)!}\omega'_{n+1}(x_i).$$

若将它写成带余项的数值微分公式，即

$$f'(x_i)=p'_n(x_i)+\frac{f^{(n+1)}(\xi)}{(n+1)!}\omega'_{n+1}(x_i). \tag{2.7.3}$$

其中，ξ在$x_0, x_1, \cdots, x_n$之间，该式右端由两部分，即导数的近似值和相应的截断误差组成.

由式（2.7.3），当$n=1$时，插值节点为x_0，x_1，记$h=x_1-x_0$，得带余式的两点公式

$$\begin{cases} f'(x_0)=\dfrac{f(x_1)-f(x_0)}{h}-\dfrac{h}{2}f''(\xi), \\ f'(x_1)=\dfrac{f(x_1)-f(x_0)}{h}+\dfrac{h}{2}f''(\xi), \end{cases} \quad \xi \in [x_0,x_1], \tag{2.7.4}$$

前一公式的实质是用$f(x)$在x_0处的向前差商作为$f'(x_0)$的近似值，后一公式则是用$f(x)$在x_1处的向后差商作为$f'(x_1)$的近似值.

当$n=2$且节点为$x_k=x_0+kh(k=0, 1, 2)$时，由式（2.7.3）可得带余项的三点公式：

$$\begin{cases} f'(x_0)=\dfrac{1}{2h}[-3f(x_0)+4f(x_1)-f(x_2)]+\dfrac{h^2}{3}f'''(\xi), \\ f'(x_1)=\dfrac{1}{2h}[-f(x_0)+f(x_2)]-\dfrac{h^2}{6}f'''(\xi), \\ f'(x_2)=\dfrac{1}{2h}[f(x_0)-4f(x_1)+3f(x_2)]+\dfrac{h^2}{3}f'''(\xi). \end{cases} \quad \xi \in [x_0,x_2], \tag{2.7.5}$$

中间一个公式的实质是用$f(x)$在x_1处的中心差商作为$f'(x_1)$的近似值，它与前后两公式相比较，其优越性是显然的.

用插值多项式$P_n(x)$作为$f(x)$的近似函数，还可以建立高阶的数值微分公式.

例 2.7.1　带余式的二阶三点公式

$$\begin{cases} f''(x_0)=\dfrac{1}{h^2}[f(x_0)-2f(x_1)+f(x_2)]+\left[-hf'''(\xi_1)+\dfrac{h^2}{6}f^{(4)}(\xi_2)\right], \\ f''(x_1)=\dfrac{1}{h^2}[f(x_0)-2f(x_1)+f(x_2)]-\dfrac{h^2}{12}f^{(4)}(\xi_2), \\ f''(x_2)=\dfrac{1}{h^2}[f(x_0)-2f(x_1)+f(x_2)]+\left[hf'''(\xi_1)-\dfrac{h^2}{6}f^{(4)}(\xi_2)\right]. \end{cases} \tag{2.7.6}$$

2.7.3　利用三次样条插值函数求导

由三次样条插值函数知，对于给定函数表

x	x_0	x_1	…	x_n
$y=f(x)$	y_0	y_1	…	y_n

$(a=x_0<x_1<\cdots<x_n=b)$ 和适当的边界条件，可以写出三次样条插值公式$S(x)$，并用$S(x)$近似代替$f(x)$，即

$$f(x)\approx S(x), x\in[a,b],$$

由于$S(x)$是一个分段三次多项式，在各子区间$[x_{i-1},x_i]$ $(i=1,2,\cdots,n)$ 上容易求出导数，故可建立数值微分公式

$$f'(x)\approx S'_i(x)=\frac{1}{2h_i}[M_i(x-x_{i-1})^2-M_{i-1}(x_i-x)^2]+f[x_{i-1},x_i]+\frac{h_i}{6}(M_{i-1}-M_i), \tag{2.7.7}$$

$$f''(x)\approx S''_i(x)=\frac{1}{h_i}[M_i(x-x_{i-1})+M_{i-1}(x_i-x)],\ x\in[x_{i-1},x_i], i=1,2,\cdots,n. \tag{2.7.8}$$

利用函数$f(x)=\dfrac{1}{1+25x^2}$在节点$x_i=-1+0.1i$ $(i=0, 1, \cdots, 20)$ 上的函数值和边界条件$S'(-1)=0.0740$，$S'(1)=-0.0740$，构造三次样条插值公式$S(x)$，并用它来计算$f(x)$和$f'(x)$在下列点：

$$x_k=-1+0.02k\quad(k=0,1,2,\cdots,100)$$

处的近似值，计算结果见表 2.7.1.

表 2.7.1　近似值与准确值比较表

x	近似值		准确值	
	$S(x)$	$S'(x)$	$f(x)$	$f'(x)$
-1.00	0.03846	0.074	0.03846	0.07639
-0.92	0.04513	0.09369	0.04513	0.09367

（续）

x	近似值		准确值	
	$S(x)$	$S'(x)$	$f(x)$	$f'(x)$
-0.84	0.05365	0.1209	0.05365	0.1209
-0.76	0.06476	0.1594	0.06477	0.1594
-0.68	0.07961	0.2125	0.07962	0.2155
-0.60	0.1000	0.3000	0.1000	0.3000
-0.52	0.1289	0.4319	0.1289	0.4318
-0.44	0.1711	0.6457	0.1712	0.6451
-0.36	0.2359	1.003	0.2358	1.001
-0.28	0.3375	1.579	0.3378	1.598
-0.20	0.5000	2.563	0.5000	2.500
-0.12	0.7372	3.157	0.1353	3.244
-0.04	0.9594	1.885	0.9615	1.849

由表2.7.1可以看出，利用三次样条插值函数$S(x)$及其导数来逼近被插值函数$f(x)$及其导数，其效果很好.

2.7.4　城市供水量预测

现在来解决在本章2.1.1节提出的城市供水量预测问题.

1. 用插值方法预测2007年1月份城市的用水量

预测2007年1月份城市的用水量有两种办法：一是先预测1月份每天的日用水量，求和后即得到1月用水总量；二是直接用2000~2006每年1月份的总用水量来预测.

（1）用2006年每天的日用水量预测

以预测2007年1月1日为例，这里仅用2006年全部365天的日用水量作为插值节点$(x_i, y_i)(i=1, 2, \cdots, 365)$，其中$x_i=i$，表示第$i$天，$y_i$即为第$i$天的日用水量（万吨），其散点图如图2.7.1所示. 设插值多项式为$f(x)$，则2007年1月1日的日用水量的预测值即为$f(x)$在$x=366$处的函数值.

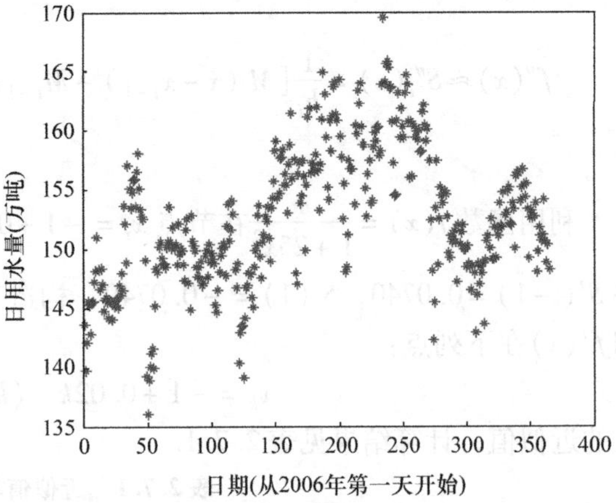

图2.7.1　2006年城市日用水量散点图

分别用拉格朗日插值法与牛顿插值法得到364次插值多项式，并计算得$f(366)$分别为1.8781×10^{109}、-9.3842×10^{167}，结果的误差显然太大. 实际中，当节点数较多时，一般用分段低次插值，现在用三次样条插值法求解，其样条曲线如图2.7.2所示，对应的插值结果为133.6641.

但若用这个三次样条函数来估计$f(x)$，$x=367, 368, \cdots, 396$，即该月后30天的日用水量，结果为 98.1477，33.0292，…，-4.8837，误差逐渐增大，由此可见，仅用2006年一年数据预测2007年1月份每天的日用水量时，即便使用低次插值，误差也会很大.

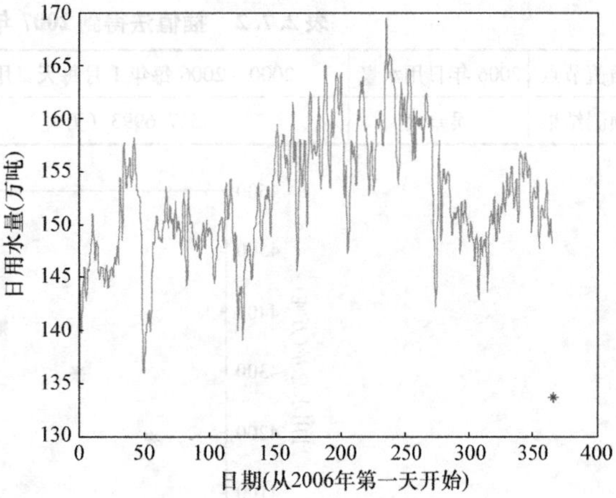

图 2.7.2　三次样条曲线

（2）用2000～2006每年1月份每天的日用水量预测

现用2000～2006每年1月每天的日用水量预测2007年1月对应天的日用水量. 同样，以预测2007年1月1日为例. 以2000～2006每年1月1日的日用水量作为插值节点(x_i, y_i) $(i=1, 2, \cdots, 7)$，则$f(8)$即为所要求的2007年1月1日用水量的估计值，同理，其他30天的日用水量也可以对应地求出.

采用拉格朗日、牛顿和三次样条插值函数进行计算，三种方法计算的结果基本相同，求得2007年1月每天日用水量分别为143.6962，139.7505，…，146.5117. 对它们求和得2007年1月份总用水量的预测值为4517.6993（万吨）. 其计算结果如图2.7.3所示（“+”号所示为217个已知的前七年日用水量节点，“*”号所示为预测的31天的用水量值）.

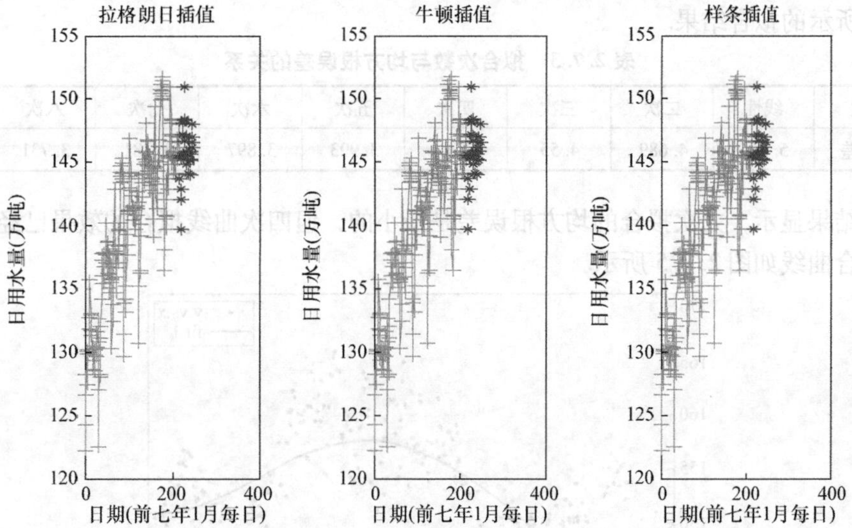

图 2.7.3　三种插值函数曲线

（3）用2000～2006每年1月城市的总用水量预测

由表2.1.2得到7个插值节点(x_i, y_i)，其中$x_i=i$，$i=1, 2, \cdots, 7$，其散点图如图2.7.4所示. 用三次样条插值得$f(8)$即所求的2007年1月用水总量的估计值为4378.1390（万吨），同理得到的2007年1月用水总量估计值如下表2.7.2所示.

表 2.7.2 插值法得到 2007 年 1 月用水总量估计值 （万吨）

插值节点	2006 年日用水量	2000～2006 每年 1 月每天日用水量	2000～2006 每年 1 月用水总量
预测结果	误差大	4517.6993（万吨）	4378.1390（万吨）

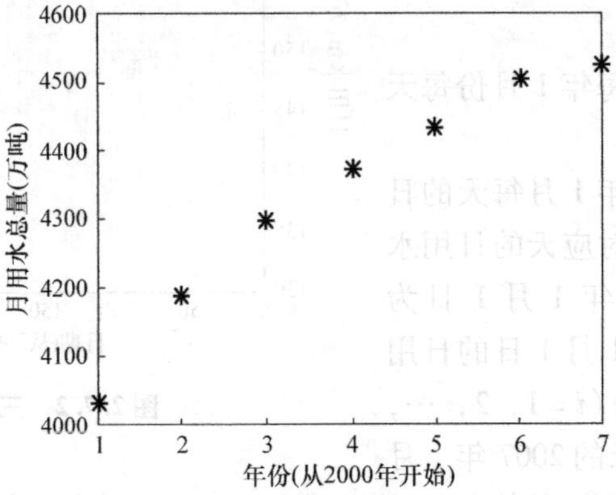

图 2.7.4 散点图

2. 用数据拟合方法预测 2007 年 1 月份城市的用水量

(1) 用 2006 年每天的日用水量预测

由 2006 年全部 365 天的日用水量散点图 2.7.1 可知，这些点并不简单地呈现线性或二次关系，但有很强的聚集性. 我们试图用几个多项式进行拟合. 用 MATLAB 工具箱得到如表 2.7.3 所示的拟合结果.

表 2.7.3 拟合次数与均方根误差的关系

拟合次数	线性	二次	三次	四次	五次	六次	七次	八次	九次
均方根误差	5.366	4.689	4.55	4.4	3.993	3.897	3.781	3.731	3.701

拟合结果显示，九次拟合的均方根误差是最小的，但四次曲线拟合的效果已经与它很接近了，拟合曲线如图 2.7.5 所示.

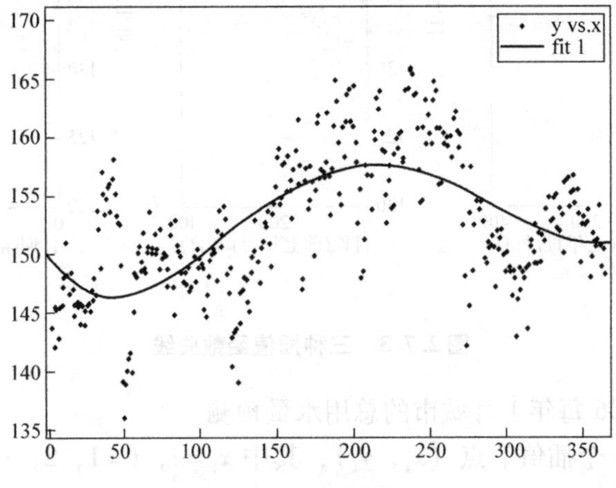

图 2.7.5 四次拟合曲线

拟合函数的表达式为：

$$f(x) = 1.389 \times 10^{-8}x^4 - 1.142 \times 10^{-5}x^3 + 0.00282x^2 - 0.18x + 149.7.$$

计算 $f(x)$ 在 $x = 366$，367，…，396 处的函数值分别得到 2007 年 1 月 31 天的日用水量为 150.8524，150.8718，…，152.9422. 对它们求和得到 1 月份总用水量的估计值为 4700.4297（万吨）.

（2）用 2000 ~ 2006 每年 1 月份每天的日用水量预测

由 2000 ~ 2006 每年 1 月 1 日的日用水量得到 7 个插值节点，利用拟合函数计算 $f(8)$ 即 2007 年 1 月 1 日日用水量估计值.

因插值节点只有 7 个，若用 6 次拟合曲线刚好可以通过所有插值节点，图 2.7.6 显示的是六次拟合结果.

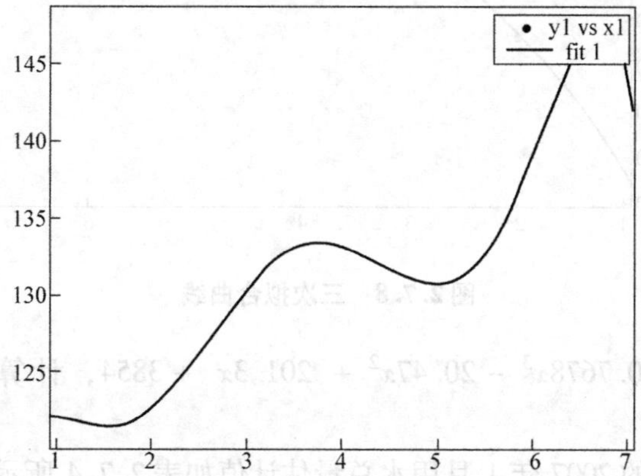

图 2.7.6　六次拟合曲线

但是计算 $f(8)$ 得 2007 年 1 月 1 日日用水量为 5.74456，产生了较大的误差.

通过 1 到 5 次拟合曲线的均方根误差指标值可知，用线性拟合结果最佳. 拟合曲线表达式为 $f(x) = 3.5088x + 117.6164$，计算 $f(8)$，得 2007 年 1 月 1 日日用水量估计值为 145.6869，拟合曲线如图 2.7.7 所示.

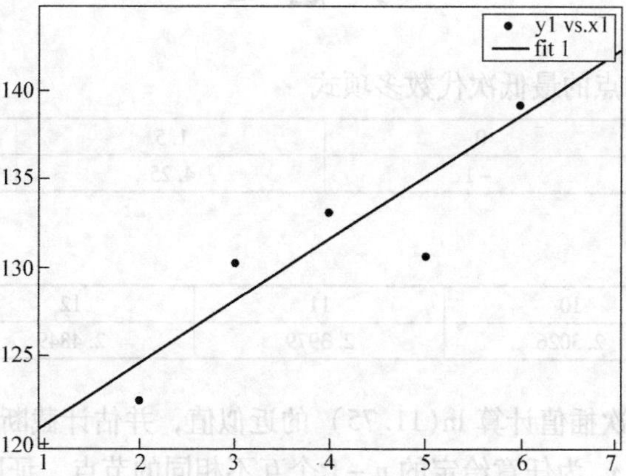

图 2.7.7　线性拟合曲线

同理用线性拟合得到第 2 到第 31 天日用水量估计值为 143.7937，…，148.3227，相加得到 1 月份用水总量的估计值为 4654.8538（万吨）.

（3）用 2000~2006 每年 1 月城市的总用水量预测

同理，尽管六次拟合曲线能完全拟合已知节点，但将对计算点产生较大误差，选用三次拟合，其拟合曲线如图 2.7.8 所示.

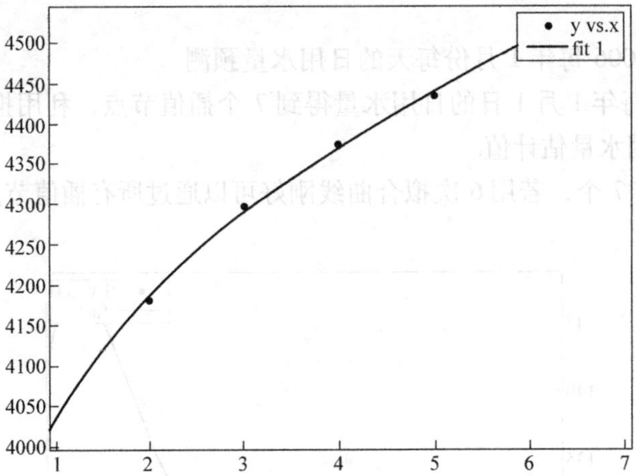

图 2.7.8　三次拟合曲线

拟合函数为：$f(x) = 0.7678x^3 - 20.47x^2 + 201.3x + 3854$，计算得 $f(8)$ 的近似值为 4547.0724（万吨）.

上述拟合方法得到的 2007 年 1 月用水总量估计值如表 2.7.4 所示：

表 2.7.4　拟合法得到 2007 年 1 月用水总量估计值（万吨）

数据	2006 年日用水量	2000 - 2006 年 1 月每天日用水量	2000 - 2006 每年 1 月用水总量
结果	4700.4297（万吨）	4654.8538（万吨）	4547.0724（万吨）

习　题　2

1. 求经过下列已知点的最低次代数多项式

x	0	1.5	5.1
y	-1	4.25	35.21

2. 已知函数表如下

x	10	11	12	13
$\ln x$	2.3026	2.3979	2.4849	2.5649

试分别用线性插值与二次插值计算 ln(11.75) 的近似值，并估计截断误差.

3. 设 x_0，x_1，…，x_n 为任意给定的 $n+1$ 个互不相同的节点，证明：

（1）若 $f(x)$ 为不高于 n 次的多项式，则 $f(x)$ 关于这组节点的 n 次插值多项式就是它本身；

（2）若 $l_k(x)(k=0, 1, \cdots, n)$ 是关于这组节点的 n 次基本插值多项式，则有恒等式

$$\sum_{k=0}^{n} x_k^m l_k(x) \equiv x^m \quad (m = 0,1,\cdots,n).$$

4. 已知函数表如下

x	0.0	0.2	0.4	0.6	0.8
e^x	1.0000	1.2214	1.4918	1.8221	2.2255

（1）分别构造向前差分表与向后差分表；

（2）分别用三点与四点前插公式计算 $e^{0.13}$ 的近似值，并估计误差；

（3）分别用三点与四点前插公式计算 $e^{0.72}$ 的近似值，并估计误差；

（4）构造差商表，并分别用三点与四点牛顿基本插值公式计算 $e^{0.12}$ 的近似值.

5. 设 $f(x)$ 为 n 次多项式，试证明：当 $k\leqslant n$ 时差商 $f[x, x_0, x_1, \cdots, x_k]$（其中 x_0，x_1，…，x_k 互异）为 $n-k$ 次多项式，而当 $k>n$ 时其值恒为零.

6. 今要在区间 $[-4, 4]$ 上构造 $f(x)=e^x$ 在等距节点下的函数表. 问怎样选取函数表的步长，才能保证用二次插值求 e^x 的近似值时，其截断误差不超过10^6.

7. 对于给定的插值条件

x	0	1	2	3
y	0	0	0	0

试分别求满足下列边界条件的三次样条插值函数：

（1）$S''(0)=1$，$S''(3)=0$；

（2）$S'(0)=1$，$S'(3)=0$.

8. 已知一组实验数据如下：

x	2	4	6	8
y	2	11	28	40

试用最小二乘法求一次和二次拟合多项式，并分别算出均方误差与最大偏差.

9. 试根据下面五组测试数据，用最小二乘法求出一个经验公式，并计算均方误差.

x_i	293	313	343	363	383
y_i	28.98	30.2	32.9	35.9	38.8

10. 用最小二乘法求一形如 $W=Ct^{\lambda}$ 的经验公式（其中，C 和 λ 为待定系数），使之与下列数据相拟合.

t_i	1	2	4	8	16	32	64
W_i	4.22	4.02	3.85	3.59	3.44	3.02	2.59

11. 用最小二乘法求形如 $y=a+bx^2$ 的多项式，使之与下列数据相拟合.

X_i	19	25	31	38	44
Y_i	19.0	32.3	49.0	73.3	97.8

12. 利用正交多项式，对第 9 题给出的实验数据，拟合一条二次曲线.

第3章 湘江流量计算问题——数值积分法

水流量是水文特征值的一个重要指标，而水文特征值对于水资源的合理利用，防洪以及抗旱具有指导性的作用，因此估计湘江水流量对于湘江流域的社会经济和人民生活具有重大的影响. 现根据实际测量得到湘江某处河宽700m，其横截面不同位置某一时刻的水深如表3.1.1所示，若知此刻湘江的流速为0.5m/s，如何计算湘江此刻的流量？要计算湘江水流量就需要知道其横截面面积，如果知道此处江的水深曲线函数 $h(x)$，则其横截面面积为 $\int_a^b h(x)\mathrm{d}x$. 但是在实际中 $h(x)$ 是不可能精确得到的，那么怎样求出足够高精度的横截面面积的近似值呢？

表3.1.1 湘江某处横截面不同位置的水深数据 单位：m

x	0	50	100	150	200	250	300	350	400	450	500	550	600	650	700
$h(x)$	4.2	5.9	5.8	5.2	4.5	5.7	5	5.5	4.8	5.9	4.1	5.1	4.6	5.7	4.7

3.1 数值积分公式的构造及代数精度

3.1.1 数值求积的必要性

在高等数学中，曾用牛顿－莱布尼茨（Newton－Leibniz）公式：

$$\int_a^b f(x)\mathrm{d}x = F(x)\big|_a^b = F(b) - F(a)$$

（其中 $F(x)$ 是 $f(x)$ 的一个原函数）来计算定积分. 但是，在工程技术和科学研究中，常常遇到如下情况：

(1) $f(x)$ 的结构复杂，求原函数困难；

(2) $f(x)$ 的原函数不能用初等函数表示；

(3) $f(x)$ 的精确表达式不知道，只给出了一张由实验提供的函数表.

对于这些情况，要计算积分的精确值都是十分困难的，这就要求建立积分的近似计算方法. 此外，积分的近似计算又为其他的一些数值计算，例如微分方程数值解、积分方程数值解等提供了基础.

3.1.2 构造数值求积公式的基本方法

可以从不同的角度出发，通过各种途径来构造数值求积公式. 但常用的一种方法是，利用插值多项式来构造数值求积公式. 具体做法如下：

在积分区间 $[a,b]$ 上取一组点：$a \leqslant x_0 < x_1 < \cdots < x_n \leqslant b$，作 $f(x)$ 的 n 次插值多项式：

$$L_n(x) = \sum_{k=0}^{n} f(x_k) l_k(x).$$

其中，$l_k(x)(k=0, 1, \cdots, n)$ 为 n 次拉格朗日插值基函数. 用 $L_n(x)$ 近似代替被积函数 $f(x)$，则得：

$$\int_a^b f(x)\,\mathrm{d}x \approx \int_a^b L_n(x)\,\mathrm{d}x = \sum_{k=0}^{n} f(x_k)\int_a^b l_k(x)\,\mathrm{d}x. \tag{3.1.1}$$

若记

$$A_k = \int_a^b l_k(x)\,\mathrm{d}x = \int_a^b \frac{(x-x_0)\cdots(x-x_{k-1})(x-x_{k+1})\cdots(x-x_n)}{(x_k-x_0)\cdots(x_k-x_{k-1})(x_k-x_{k+1})\cdots(x_k-x_n)}\mathrm{d}x, \tag{3.1.2}$$

得数值求积公式：

$$\int_a^b f(x)\,\mathrm{d}x \approx \sum_{k=0}^{n} A_k f(x_k). \tag{3.1.3}$$

形如式（3.1.3）的求积公式（将曲边梯形面积分成 $n+1$ 个已知高度的矩形面积和）称为机械求积公式. 其中 x_k 称为求积节点，A_k 称为求积系数. 若求积公式（3.1.3）中的求积系数 A_k 是由式（3.1.2）确定的，则称该求积公式为插值型求积公式.

本章主要讨论插值型求积公式.

3.1.3 求积公式的余项

积分 $\int_a^b f(x)\,\mathrm{d}x$ 的真值与由某求积公式给出的近似值之差，称为该求积公式的余项，记作 $R[f]$.

例 3.1.1 求积公式（3.1.3）的余项为：

$$R[f] = \int_a^b f(x)\,\mathrm{d}x - \sum_{k=0}^{n} A_k f(x_k).$$

如果求积公式（3.1.3）是插值型的，则由上面可知：

$$R[f] = \int_a^b f(x)\,\mathrm{d}x - \int_a^b L_n(x)\,\mathrm{d}x = \int_a^b [f(x) - L_n(x)]\,\mathrm{d}x,$$

于是，由插值余项公式得：

$$R[f] = \int_a^b \frac{f^{(n+1)}(\xi)}{(n+1)!}\omega_{n+1}(x)\,\mathrm{d}x, \tag{3.1.4}$$

其中

$$\omega_{n+1}(x) = (x-x_0)(x-x_1)\cdots(x-x_n), \xi \in (a,b).$$

3.1.4 求积公式的代数精度

为了使一个求积公式能对更多的积分具有良好的实际计算意义，就应该要求它对尽可能多的被积函数都准确地成立. 在数值计算中，常用代数精度这个概念来描述这种准确的程度.

定义 3.1.1 若求积公式：

$$\int_a^b f(x)\,\mathrm{d}x \approx \sum_{k=0}^{n} A_k f(x_k),$$

对任意不高于 m 次的代数多项式都准确成立，而对于 x^{m+1} 却不能准确成立，则称该公式的代数精度为 m.

例 3.1.2 梯形公式（在几何上就是用梯形面积近似代替曲边梯形面积，如图 3.1.1 所示）

$$\int_a^b f(x)\,\mathrm{d}x \approx \frac{b-a}{2}[f(a)+f(b)] \tag{3.1.5}$$

的代数精度 $m=1$ 吗？

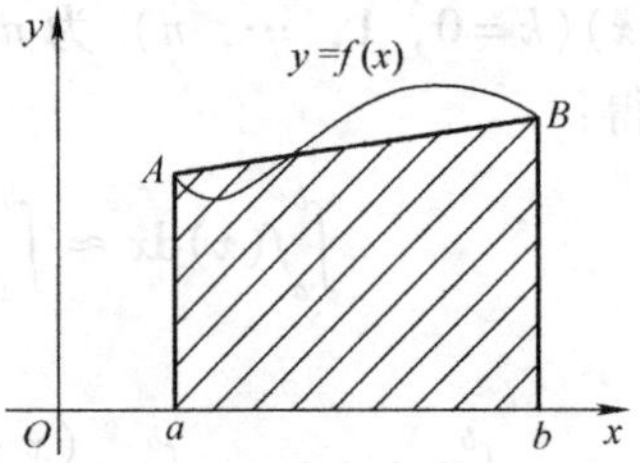

图 3.1.1 梯形求积公式几何直观示意图

解 当 $f(x)=1$ 时，在式（3.1.5）中：

$$左端 = \int_a^b 1\,\mathrm{d}x = b-a,$$

$$右端 = \frac{b-a}{2}[1+1] = b-a,$$

$$左端 = 右端,$$

这表明求积公式（3.1.5）对 $f(x)=1$ 是准确成立的；

当 $f(x)=x$ 时，在式（3.1.5）中：

$$左端 = \frac{b-a}{2}[a+b] = \frac{1}{2}(b^2-a^2),$$

$$右端 = \int_a^b x\,\mathrm{d}x = \frac{1}{2}(b^2-a^2),$$

$$左端 = 右端,$$

这表明求积公式（3.1.5）对 $f(x)=x$ 也是准确成立的；

综上所述，容易看出求积公式（3.1.5）对函数 $f(x)=1$ 和 $f(x)=x$ 的任一线性组合（不高于一次的代数多项式）都准确成立，故公式（3.1.5）的代数精度 m 至少等于 1.

但是，当 $f(x)=x^2$ 时，在式（3.1.5）中：

$$左端 = \int_a^b x^2\,\mathrm{d}x = \frac{1}{3}(b^3-a^3),$$

$$右端 = \frac{(b-a)}{2}[a^2+b^2],$$

$$左端 \neq 右端(设\ a \neq b),$$

故由定义知，梯形公式（3.1.5）的代数精度 $m=1$.

显然，一个求积公式的代数精度越高，它就越能对更多的被积函数 $f(x)$ 准确（或较准确）地成立，从而具有更好的实际计算意义. 由插值型求积公式的余项（3.1.4）容易得出下面的定理.

定理 3.1.1 含有 $n+1$ 个节点 $x_k(k=0,1,\cdots,n)$ 的插值型求积公式（3.1.3）的代数精度至少为 n.

3.2 数值求积的牛顿 – 柯特斯方法

在 3.1 节中，介绍了插值型求积公式及其构造方法，在实际应用时，考虑到计算的方便，常将积分区间等分，并取分点为求积节点. 这样构造出来的插值型求积公式就称为牛顿－柯特斯（Newton－Cotes）公式．本节在介绍一般牛顿－柯特斯公式的基础上，介绍几个常用的牛顿－柯特斯公式以及这些公式在实际计算时的用法．

3.2.1　牛顿－柯特斯公式

若将积分区间$[a,b]$ n 等分，取分点 $x_k=a+kh$（$h=\dfrac{b-a}{n}$，$k=0,1,\cdots,n$）作为求积节点，并作变量替换 $x=a+th$，那么插值型求积公式（3.1.3）的系数由式（3.1.2）可得：

$$A_k=h\int_0^n\frac{t(t-1)\cdots(t-k+1)(t-k-1)\cdots(t-n)}{k!(-1)^{n-k}(n-k)!}\mathrm{d}t$$

$$=\frac{b-a}{n}\times\frac{(-1)^{n-k}}{k!(n-k)!}\int_0^n t(t-1)\cdots(t-k+1)\times(t-k-1)\cdots(t-n)\mathrm{d}t,$$

记

$$C_k^{(n)}=\frac{(-1)^{n-k}}{n\cdot k!\cdot(n-k)!}\int_0^n t(t-1)\cdots(t-k+1)(t-k-1)\cdots(t-n)\mathrm{d}t,\tag{3.2.1}$$

则

$$A_k=(b-a)C_k^{(n)}.$$

于是，由式（3.1.3）就可写出相应的插值型求积公式：

$$\int_a^b f(x)\mathrm{d}x\approx(b-a)\sum_{k=0}^{n}C_k^{(n)}f(x_k).\tag{3.2.2}$$

这就是一般的牛顿－柯特斯公式，其中 $C_k^{(n)}$ 称为柯特斯系数．

从柯特斯系数的算式（3.2.1）可以看出，其值与积分区间$[a,b]$及被积函数 $f(x)$ 都无关，只要给出了积分区间的等分数 n，就能毫无困难地算出 $C_0^{(n)}$，$C_1^{(n)}$，…，$C_n^{(n)}$．

例 3.2.1　当 $n=1$ 时，有：

$$C_0^{(1)}=-\int_0^1(t-1)\mathrm{d}t=\frac{1}{2},$$

$$C_1^{(1)}=\int_0^1 t\mathrm{d}t=\frac{1}{2},$$

当 $n=2$ 时，有：

$$C_0^{(2)}=\frac{1}{4}\int_0^2(t-1)(t-2)\mathrm{d}t=\frac{1}{6},$$

$$C_1^{(2)}=-\frac{1}{2}\int_0^2 t(t-2)\mathrm{d}t=\frac{4}{6},$$

$$C_2^{(2)}=\frac{1}{4}\int_0^2 t(t-1)\mathrm{d}t=\frac{1}{6}$$

为了便于应用，部分柯特斯系数列见表 3.2.1

表 3.2.1　柯特斯系数表

n	$C_0^{(n)}$	$C_1^{(n)}$	$C_2^{(n)}$	$C_3^{(n)}$	$C_4^{(n)}$	$C_5^{(n)}$	$C_6^{(n)}$
1	1/2	1/2					
2	1/6	4/6	1/6				
3	1/8	3/8	3/8	1/8			

(续)

n	$C_0^{(n)}$	$C_1^{(n)}$	$C_2^{(n)}$	$C_3^{(n)}$	$C_4^{(n)}$	$C_5^{(n)}$	$C_6^{(n)}$
4	7/90	16/45	2/15	16/45	7/90		
5	19/288	25/96	25/144	25/144	25/96	19/288	
6	41/840	9/35	9/280	34/105	9/280	9/35	41/840

利用这张柯特斯系数表，由式（3.2.2）可以直接写出当 $n=1$，2，…，6 时的牛顿 - 柯特斯公式.

例 3.2.2 当 $n=1$ 时有两点公式：

$$\int_a^b f(x)\mathrm{d}x \approx \frac{b-a}{2}[f(a)+f(b)], \tag{3.2.3}$$

当 $n=2$ 时有三点公式：

$$\int_a^b f(x)\mathrm{d}x \approx \frac{b-a}{6}[f(a)+4f(\frac{a+b}{2})+f(b)], \tag{3.2.4}$$

当 $n=4$ 时有五点公式：

$$\int_a^b f(x)\mathrm{d}x \approx \frac{b-a}{90}[7f(x_0)+32f(x_1)+12f(x_2)+32f(x_3)+7f(x_4)], \tag{3.2.5}$$

其中，$x_k=a+k\cdot\frac{b-a}{4}$（$k=0$，1，2，3，4）.

求积公式（3.2.3）就是梯形公式.

求积公式（3.2.4）称为辛普森（Simpson）公式. 其几何意义就是通过 A，B，C 三点的抛物线 $y=L_2(x)$ 围成的曲边梯形面积近似地代替原曲边梯形面积，如图 3.2.1 所示. 因此，求积公式（3.2.4）又名抛物线公式，求积公式（3.2.5）称为柯特斯公式.

梯形公式、辛普森公式和柯特斯公式是三个最基本、最常用的等距节点下的求积公式.

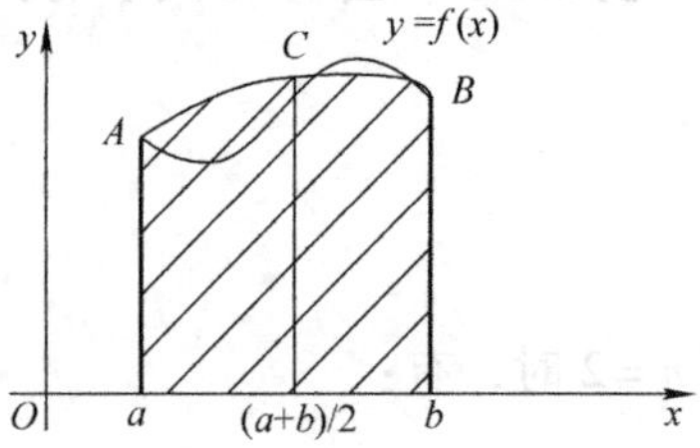

图 3.2.1 抛物线积分公式几何示意图

下述定理给出了这些求积公式的余项.

定理 3.2.1 若 $f''(x)$ 在 $[a,b]$ 上连续，则梯形公式（3.2.3）的余项为：

$$R_1[f] = -\frac{(b-a)^3}{12}f''(\xi). \tag{3.2.6}$$

若 $f^{(4)}(x)$ 在 $[a,b]$ 上连续，则辛普森公式（3.2.4）的余项为：

$$R_2[f] = \frac{1}{90}(\frac{b-a}{2})^5 f^{(4)}(\xi). \tag{3.2.7}$$

若 $f^{(6)}(x)$ 在 $[a,b]$ 上连续，则柯特斯公式（3.2.5）的余项为：

$$R_4[f] = -\frac{8}{945}(\frac{b-a}{4})^7 f^{(6)}(\xi). \tag{3.2.8}$$

其中，$\xi\in[a,b]$.

3.2.2 复合牛顿 - 柯特斯公式

由定理 3.2.1 知，当积分区间 $[a,b]$ 较大时，直接使用牛顿 - 柯特斯公式所得积分近似值的精度是很难得到保证的. 因此在实际应用中，为了既能提高结果的精度，又使算法简便且易在计算机上实现，往往采用复合求积的方法. 所谓复合求积，就是先将积分区间分成几个小区间，并在每个小区间上用低阶牛顿－柯特斯公式计算积分的近似值，然后对这些近似值求和，从而得到所求积分的近似值. 由此得到的一些具有更大实用价值的数值求积公式，统称为**复合求积公式**.

例 3.2.3　先将区间$[a,b]$$n$等分，记分点为$x_k=a+kh$（$k=0, 1, \cdots, n$），其中$h=\dfrac{b-a}{n}$，称为步长，然后在每个小区间［$x_{i-1}, x_i$］上应用梯形公式（3.2.3），即

$$\int_{x_{k-1}}^{x_k} f(x)\,\mathrm{d}x \approx \frac{h}{2}[f(x_{k-1}+f(x_k)],(k=1,2,\cdots,n).$$

就可以导出复合梯形公式：

$$\int_a^b f(x)\,\mathrm{d}x = \sum_{k=1}^{n}\int_{x_{k-1}}^{x_k} f(x)\,\mathrm{d}x \approx \frac{h}{2}\sum_{k=1}^{n}[f(x_{k-1})+f(x_k)],$$

若将所得积分近似值记为T_n，并注意到$x_0=a$，$x_n=b$，则上式即为：

$$\int_a^b f(x)\,\mathrm{d}x \approx T_n = \frac{h}{2}\Big[f(a)+2\sum_{k=1}^{n-1}f(x_k)+f(b)\Big], \tag{3.2.9}$$

同理，可得复合辛普森公式：

$$\int_a^b f(x)\,\mathrm{d}x \approx S_n = \frac{h}{6}\Big[f(a)+4\sum_{k=0}^{n-1}f(x_{k+\frac{1}{2}})+2\sum_{k=1}^{n-1}f(x_k)+f(b)\Big], \tag{3.2.10}$$

和复合柯特斯公式：

$$\int_a^b f(x)\,\mathrm{d}x \approx C_n = \frac{h}{90}\Big[7f(a)+32\sum_{k=0}^{n-1}f(x_{k+\frac{1}{4}})+$$

$$12\sum_{k=0}^{n-1}f(x_{k+\frac{1}{2}})+32\sum_{k=0}^{n-1}f(x_{k+\frac{3}{4}})+14\sum_{k=0}^{n-1}f(x_k)+7f(b)\Big]. \tag{3.2.11}$$

其中

$$x_{k+\frac{1}{4}}=x_k+\frac{1}{4}h,\ x_{k+\frac{1}{2}}=x_k+\frac{1}{2}h,\ x_{k+\frac{3}{4}}=x_k+\frac{3}{4}h.$$

定理 3.2.2　若$f(x)$在积分区间$[a,b]$上分别具有二阶、四阶和六阶连续导数，则复合求积公式（3.2.9）、公式（3.2.10）和公式（3.2.11）的余项分别为：

$$\int_a^b f(x)\,\mathrm{d}x - T_n = -\frac{b-a}{12}h^2 f''(\xi), \tag{3.2.12}$$

$$\int_a^b f(x)\,\mathrm{d}x - S_n = -\frac{b-a}{180}\Big(\frac{h}{2}\Big)^4 f^{(4)}(\xi), \tag{3.2.13}$$

$$\int_a^b f(x)\,\mathrm{d}x - C_n = -\frac{2(b-a)}{945}\Big(\frac{h}{2}\Big)^6 f^6(\xi), \tag{3.2.14}$$

其中，$\xi\in[a,b]$，且当h充分小时，又有：

$$\int_a^b f(x)\,\mathrm{d}x - T_n \approx -\frac{1}{12}h^2[f'(b)-f'(a)], \tag{3.2.15}$$

$$\int_a^b f(x)\,\mathrm{d}x - S_n \approx -\frac{1}{180}\Big(\frac{h}{2}\Big)^4[f'''(b)-f'''(a)], \tag{3.2.16}$$

$$\int_a^b f(x)\,\mathrm{d}x - C_n \approx -\frac{2}{945}\left(\frac{h}{4}\right)^6\left[f^{(5)}(b) - f^{(5)}(a)\right]. \tag{3.2.17}$$

证明 只对复合梯形公式（3.2.9）证明：余项公式（3.2.12）和公式（3.2.15）.

先证式（3.2.12）. 由于$f''(x)$在$[a,b]$上连续，故由定理3.2.1知，对每个小区间上积分

$$\int_{x_{k-1}}^{x_k} f(x)\,\mathrm{d}x.$$

使用梯形公式时，所得近似值的误差为：

$$-\frac{1}{12}h^3 f''(\xi_k)\,(\xi_k \in [x_{k-1}, x_k]),$$

故

$$\int_a^b f(x)\,\mathrm{d}x - T_n = -\frac{1}{12}h^3\left[f''(\xi_1) + f''(\xi_2) + \cdots + f''(\xi_n)\right]. \tag{3.2.18}$$

即

$$\int_a^b f(x)\,\mathrm{d}x - T_n = -\frac{b-a}{12}h^2\,\frac{1}{n}\left[f''(\xi_1) + f''(\xi_2) + \cdots + f''(\xi_n)\right].$$

因为

$$\min_{x\in[a,b]} f''(x) \leqslant \frac{1}{n}\left[f''(\xi_1) + f''(\xi_2) + \cdots + f''(\xi_n)\right] \leqslant \max_{x\in[a,b]} f''(x),$$

由介值定理知，在$[a,b]$中必有点ξ，使

$$f''(\xi) = \frac{1}{n}\left[f''(\xi_1) + f''(\xi_2) + \cdots + f''(\xi_n)\right],$$

故余项公式（3.2.12）成立.

由式（3.2.18）和定积分的定义，有：

$$\lim_{h\to 0}\frac{\int_a^b f(x)\,\mathrm{d}x - T_n}{h^2} = \lim_{h\to 0}\left[-\frac{1}{12}\sum_{k=1}^{n} f''(\xi_k)h\right] = -\frac{1}{12}\int_a^b f''(x)\,\mathrm{d}x$$

$$= -\frac{1}{12}\left[f'(b) - f'(a)\right]. \tag{3.2.19}$$

故当h充分小时，式（3.2.15）成立.

由余项公式（3.2.12）~余项公式（3.2.17）可以看出，只要所涉及的各阶导数在积分区间$[a,b]$上连续，则当$n\to\infty$（即$h\to 0$）时，T_n，S_n和C_n都收敛于积分真值$\int_a^b f(x)\,\mathrm{d}x$，而且收敛速度一个比一个快.

定义 3.2.1 对于复合求积公式

$$\int_a^b f(x)\,\mathrm{d}x \approx I_n,$$

若当$h\to 0$时有

$$\frac{\int_a^b f(x)\,\mathrm{d}x - I_n}{h^p} \to c \quad (c \neq 0),$$

则称I_n是p阶收敛的.

定理3.2.3　复合求积公式（3.2.9）、式（3.2.10）和式（3.2.11）分别具有二阶、四阶和六阶收敛性.

证明　由收敛性的定义，从式（3.2.19）可以看出，复合梯形公式（3.2.9）具有二阶收敛性. 同样，可证明复合辛普森公式（3.2.10）和复合柯特斯公式（3.2.11）分别具有四阶和六阶收敛性.

对于一个数值求积公式来说，收敛阶越高，近似值 I_n 收敛到真值 $\int_a^b f(x)\mathrm{d}x$ 的速度就越快，在相近的计算工作量下，有可能获得较精确的近似值.

例3.2.4　利用复合牛顿－柯特斯公式，计算 $\pi=\int_0^1 \frac{4}{1+x^2}\mathrm{d}x$ 的近似值.

解　这里用两种方法进行计算.

先将积分区间［0，1］八等分（分点及分点处的函数值见表3.2.2），用复合梯形公式得：

$$\pi \approx T_8=\frac{1}{16}\left\{f(0)+2\left[f\left(\frac{1}{8}\right)+f\left(\frac{1}{4}\right)+f\left(\frac{3}{8}\right)+f\left(\frac{1}{2}\right)+\right.\right.$$
$$\left.\left.f\left(\frac{5}{8}\right)+f\left(\frac{3}{4}\right)+f\left(\frac{7}{8}\right)\right]+f(1)\right\}=3.138988.$$

再将积分区间［0，1］四等分，用复合辛普森公式得：

$$\pi \approx S_4=\frac{1}{4\times 6}\left\{f(0)+4\left[f\left(\frac{1}{8}\right)+f\left(\frac{3}{8}\right)+f\left(\frac{5}{8}\right)+f\left(\frac{7}{8}\right)\right]+\right.$$
$$\left.2\left[f\left(\frac{1}{4}\right)+f\left(\frac{1}{2}\right)+f\left(\frac{3}{4}\right)\right]+f(1)\right\}=3.141593.$$

表3.2.2　分点及分点处的函数值表

x	$f(x)=\frac{4}{1+x^2}$	x	$f(x)=\frac{4}{1+x^2}$
0	4.00000000	3/8	2.87640449
1/8	3.93846154	5/8	2.56000000
1/4	3.76470588	7/8	2.26548763
3/8	3.50684932	1	2.00000000
1/2	3.20000000		

两种方法都用到表3.2.2中九个点以上的函数值，它们的计算工作量基本上相同，但所得结果与积分真值 $\pi=3.14159265\cdots$ 相比较，复合辛普森公式所得近似值 S_4 远比复合梯形公式所得近似值 T_8 要精确. 因此，在实际计算时，较多地应用复合辛普森公式.

为了便于上机计算，常将复合辛普森公式（3.2.11）改写成：

$$\int_a^b f(x)\mathrm{d}x \approx S_n=\frac{h}{6}\left\{f(a)-f(b)+2\sum_{k=1}^{n}\left[2f\left(x_{k-\frac{1}{2}}\right)+f(x_k)\right]\right\}.$$

3.2.3　误差的事后估计与步长的自动选择

虽然可用余项公式（3.2.12）~公式(3.2.17）来估计近似值的误差，也可以根据精度要求用这些公式来确定积分区间的等分数，即确定步长 h. 但由于余项公式中包含被积函数

$f(x)$的高阶导数，在具体计算时往往会遇到困难，因此，在实际应用时，常常利用误差的事后估计法来估计近似值的误差或步长 h. 将积分区间逐次分半，每分一次就用同一复合求积公式算出相应的积分近似值，并用前后两次计算结果来判断误差的大小.

其原理和具体做法是：

对于复合梯形公式（3.2.9），由余项公式（3.2.12）或余项公式（3.2.15）可以看出，当$f''(x)$在积分区间上变化不大或积分区间$[a,b]$的等分数 n 较大（即步长 h 较小）时，若将$[a,b]$的等分数改为 $2n$（即将步长缩小到原步长 h 的一半），则新近似值 T_{2n}的余项约为原近似值余项的$\frac{1}{4}$，即：

$$\frac{I-T_{2n}}{I-T_n}\approx\frac{1}{4}.$$

其中，I 表示积分$\int_a^b f(x)\,\mathrm{d}x$ 的真值. 对 I 求解得：

$$I\approx T_{2n}+\frac{1}{3}(T_{2n}-T_n). \tag{3.2.20}$$

此式表明，若用 T_{2n}作为积分真值 I 的近似值，则其误差约为$\frac{1}{3}(T_{2n}-T_n)$，故在将区间逐次分半进行计算的过程中，可以用前后计算结果 T_n 和 T_{2n}来估计误差与确定步长，具体做法是：

先算出 T_n 和 T_{2n}，若$|T_{2n}-T_n|<\varepsilon=3\varepsilon'$（$\varepsilon'$为计算结果的允许误差），则停止计算，并取 T_{2n}作为积分的近似值；否则，将区间再次分半后算出新近似值 T_{4n}，并检查不等式$|T_{4n}-T_{2n}|<\varepsilon$ 是否成立，直到得到满足精度要求的结果为止.

对于复合辛普森公式（3.2.10）和复合柯特斯公式（3.2.11），当所涉及的高阶导数在积分区间上变化不大或积分区间的等分数 n 较大时，由相应的余项公式可以看出：

$$\frac{I-S_{2n}}{I-S_n}\approx\frac{1}{16}\text{和}\frac{I-C_{2n}}{I-C_n}\approx\frac{1}{64},$$

分别对 I 求解得：

$$I\approx S_{2n}+\frac{1}{15}(S_{2n}-S_n), \tag{3.2.21}$$

$$I\approx C_{2n}+\frac{1}{63}(C_{2n}-C_n), \tag{3.2.22}$$

因此，也可以像使用复合梯形法求积分近似值那样，在将积分区间逐次分半进行计算的过程中，估计新近似值 S_{2n}和 C_{2n}的误差，并判断计算过程是否需要继续进行下去.

3.2.4 复合梯形法的递推算式

上段介绍的变步长的计算方案，虽然提供了估计误差与选取步长的简便方法，但还没有考虑到避免在同一节点上重复计算函数值的问题，故有进一步改进的余地.

先看复合梯形公式.

在利用式（3.2.9）计算 T_n 时，需要计算 $n+1$ 个点（它们是积分区间$[a,b]$$n$ 等分的分点，不妨简称为“n 分点”）上的函数值. 当 T_n 不满足精度要求时，根据上面提供的计算

方案，就应将各个小区间分半，计算出新近似值. 若利用式（3.2.9）进行计算 T_{2n}，就需要求出 $2n+1$ 个点（它们是“$2n$ 分点”）上的函数值. 而实际上，在这 $2n+1$ 个 $2n$ 分点中，包含有 $n+1$ 个 n 分点，对应的函数值在计算时 T_n 早已算出，为了避免这种重复计算，分析近似值 T_{2n} 与原有近似值 T_n 之间的联系.

由复合梯形公式（3.2.9）知：

$$T_{2n}=\frac{b-a}{4n}\left[f(a)+2\sum_{k=1}^{2n-1}f\left(a+k\frac{b-a}{2n}\right)+f(b)\right],$$

若注意到在 $2n$ 分点

$$x_k=a+k\frac{b-a}{2n}\ (k=1,\ 2,\ \cdots,\ 2n-1)$$

中，当 k 取偶数时是 n 分点，当 k 取奇数时，才是新增加的分点. 将新增加的分点处的函数值从求和记号中分离出来，就有：

$$\begin{aligned}T_{2n}&=\frac{b-a}{4n}\left\{f(a)+2\sum_{k=1}^{n-1}f\left(a+2k\frac{b-a}{2n}\right)+2\sum_{k=1}^{n}f\left[a+(2k-1)\frac{b-a}{2n}\right]+f(b)\right\}\\&=\frac{b-a}{4n}\left[f(a)+2\sum_{k=1}^{n-1}f\left(a+\frac{b-a}{n}\right)+f(b)\right]+\frac{b-a}{2n}\sum_{k=1}^{n}f\left[a+(2k-1)\frac{b-a}{2n}\right],\end{aligned}$$

即

$$T_{2n}=\frac{1}{2}T_n+\frac{b-a}{2n}\sum_{k=1}^{n}f\left[a+(2k-1)\frac{b-a}{2n}\right].\qquad(3.2.23)$$

由递推公式（3.2.23）可以看出，在已经算出 T_n 的基础上再计算 T_{2n} 时，只要计算 n 个新分点上的函数值就行了. 与直接利用复合梯形公式（3.2.9）求 T_{2n} 相比较，计算工作量几乎节省了一半.

例 3.2.5　利用递推公式（3.2.23）重新计算

$$\pi=\int_0^1\frac{4}{1+x^2}dx$$

的近似值，使误差不超过 10^{-6}.

解　在积分区间逐次分半的过程中顺次计算积分近似值 T_1，T_2，T_4，…，并用是否满足不等式 $|T_{2n}-T_n|<3\varepsilon'$（$\varepsilon'$ 为计算结果的允许误差，根据题意为 10^{-6}）来判断计算过程是否需要继续下去.

先对整个区间使用梯形公式（3.2.3），得：

$$T_1=\frac{1}{2}[f(0)+f(1)]=\frac{1}{2}(4+2)=3,$$

然后将区间二等分，出现的新分点是 $x=\frac{1}{2}$，由递推公式（3.2.23）得：

$$T_2=\frac{1}{2}T_1+\frac{1}{2}f\left(\frac{1}{2}\right)=3.1,$$

再将小区间二等分，出现了两个新分点 $x=\frac{1}{4}$ 与 $x=\frac{3}{4}$，由式（3.2.23）得：

$$T_4=\frac{1}{2}T_2+\frac{1}{4}\left[f\left(\frac{1}{4}\right)+f\left(\frac{3}{4}\right)\right]=3.13117647.$$

这样，不断将各个小区间二分下去，可利用递推公式（3.2.23）依次算出 T_8，T_{16}，…. 计算结果见表3.2.3. 因为 $|T_{512}-T_{256}|<3\varepsilon'$，故 $T_{512}=3.14159202$ 为满足精度要求的近似值.

表 3.2.3　梯形序列 T_n 数值表

n	T_n	n	T_n
1	3	32	3.14142989
2	3.1	64	3.14155196
4	3.13117647	128	3.14158248
8	3.13898849	256	3.14159011
16	3.14094161	512	3.14159202

为了便于上机计算，我们将积分区间 $[a,b]$ 的等分数依次取成 2^0，2^1，2^2，…，如表3.2.3所示，并将递推公式（3.2.23）改写成

$$\begin{cases} T_1=\dfrac{b-a}{2}[f(a)+f(b)], \\ T_{2^k}=\dfrac{1}{2}T_{2^{k-1}}+\dfrac{b-a}{2^k}\displaystyle\sum_{i=1}^{2^{k-1}}f\left[a+(2i-1)\dfrac{b-a}{2^k}\right], \end{cases} \quad (k=1,2,3,\cdots), \qquad (3.2.24)$$

其中，ε 为精度控制量，k_0 为最大二分次数（用来控制计算工作量）.

对于复合辛普森公式与复合柯特斯公式，也可以根据上述原理构造相应的递推公式. 但是，下节提供的算法给出了在积分区间逐次分半过程中，求近似值 S_{2n} 或 C_{2n} 更为简便的算法.

3.3　龙贝格算法

龙贝格（Romberg）算法是在积分区间逐次分半的过程中，对用复合梯形产生的近似值进行加权平均，以获得准确程度较高的一种方法，具有公式简练、使用方便、结果较可靠等优点，本节介绍它的基本原理和应用方法.

3.3.1　龙贝格算法的基本原理

上节中介绍的递推公式（3.2.23）或公式（3.2.24），虽然具有结构简单，易在计算机上实现等优点，但是由它产生的梯形序列 $\{T_{2^k}\}$，其收敛速度却是非常缓慢的.

例 3.3.1　用此方法计算 $\pi=\int_0^1\frac{4}{1+x^2}\mathrm{d}x$ 的近似值时，要一直算到 T_{512} 才能获得误差不超过10^{-6}的近似值（见例3.2.5）. 因此，用这种方法计算更复杂的高精度要求的积分近似值显然是费时、费力甚至是不可能的.

如何提高收敛速度，以节约计算工作量，自然是人们极为关心的课题.

由近似等式（3.2.20）可知，用 T_{2n} 作为积分真值 I 的近似值，其误差约为 $\frac{1}{3}(T_{2n}-T_n)$. 因此，如果用 $\frac{1}{3}(T_{2n}-T_n)$ 作为 T_{2n} 的一种补偿，可以期望所得到的新近似值：

$$\overline{T}_n = T_{2n} + \frac{1}{3}(T_{2n} - T_n),$$

$$\overline{T}_n = \frac{4}{3}T_{2n} - \frac{1}{3}T_n. \tag{3.3.1}$$

有可能比 T_{2n} 更好地接近于积分 $\int_a^b f(x)\mathrm{d}x$ 的真值 I.

如在例 3.2.5 中，$T_4 = 3.13117647$ 和 $T_8 = 3.13898849$ 是两个精度很差的近似值，但如果将它们按式（3.3.1）作线性组合，所得到的近似值：

$$\overline{T}_4 = \frac{4}{3}T_8 - \frac{1}{3}T_4 = 3.14159250$$

具有七位有效数字，其准确程度比 T_{512} 还要高，而计算 $\overline{T}_4$ 只涉及求九个点上的函数值，其计算工作量仅为计算 T_{512} 的 $\frac{1}{57}$.

那么，按式（3.3.1）作线性组合得到的新近似值 $\overline{T}_n$，其实质又是什么呢？通过直接验证，易知 $\overline{T}_n = S_n$，

$$S_n = \frac{4}{3}T_{2n} - \frac{1}{3}T_n = \frac{4T_{2n} - T_n}{4 - 1}. \tag{3.3.2}$$

这表明在收敛速度缓慢的梯形序列 $\{T_{2^k}\}$ 的基础上，若将 T_n 与 T_{2n} 按式（3.3.2）作线性组合，就可产生收敛速度较快的辛普森序列 $\{S_{2^k}\}$：S_1，S_2，S_4，⋯.

同理，从近似等式（3.2.21）出发，通过类似的分析，可以得到：

$$C_n = \frac{16}{15}S_{2n} - \frac{1}{15}S_n = \frac{4^2 S_{2n} - S_n}{4^2 - 1}. \tag{3.3.3}$$

故在辛普森序列 $\{S_{2^k}\}$ 的基础上，将 S_n 与 S_{2n} 按式（3.3.3）作线性组合，就可以产生收敛速度更快的柯特斯序列 $\{C_{2^k}\}$：C_1，C_2，C_4，⋯. 这种加速过程还可以继续下去.

例 3.3.2　通过 C_n 与 C_{2n} 的线性组合，可以在柯特斯序列 $\{C_{2^k}\}$ 的基础上，产生一个称为龙贝格序列的新序列 $\{R_{2^k}\}$，即：

$$R_n = \frac{64}{63}C_{2n} - \frac{1}{63}C_n = \frac{4^3 C_{2n} - C_n}{4^3 - 1}. \tag{3.3.4}$$

经过进一步的分析，可以证明，当 $f(x)$ 满足一定条件时，龙贝格序列 $\{R_{2^k}\}$ 比柯特斯序列 $\{C_{2^k}\}$ 更快地收敛到积分 $\int_a^b f(x)\mathrm{d}x$ 的真值 I.

综上可知，可以在积分区间逐次分半的过程中利用式（3.3.2）、式（3.3.3）和式（3.3.4）⋯，将粗糙的近似值 T_n 逐步"加工"成越来越精确的近似值 S_n，C_n，R_n，⋯. 也就是说，将收敛速度缓慢的梯形序列 $\{T_{2^k}\}$ 逐步地"加工"成收敛速度越来越快的新序列：$\{S_{2^k}\}$，$\{C_{2^k}\}$，$\{R_{2^k}\}$，⋯. 这种加速的方法就称为龙贝格算法，其加工过程如图 3.3.1 所示，其中

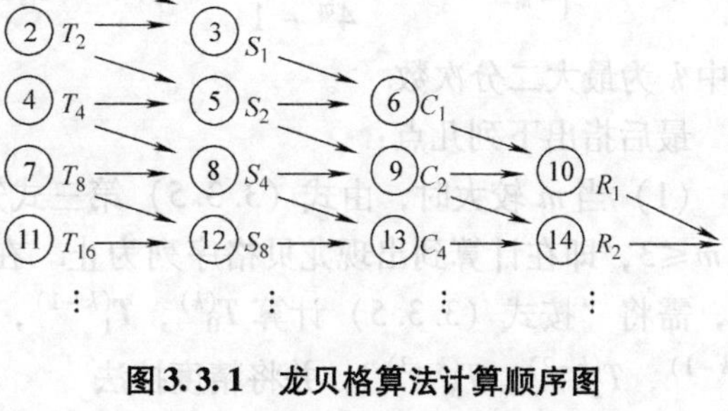

图 3.3.1　龙贝格算法计算顺序图

圆圈中的号码表示计算顺序.

例 3.3.3 利用公式（3.3.2）、公式（3.3.3）和公式（3.3.4）“加工”例 3.2.5 得到的 $\pi=\int_0^1 \frac{4}{1+x^2}dx$ 的近似值 T_1，T_2，T_3 和 T_4，计算结果见表 3.3.1，其中 k 代表二分次数.

表 3.3.1 龙贝格算法数值表

k	T_{2k}	S_{2k-1}	C_{2k-2}	R_{2k-3}
0	3			
1	3.1	3.133333		
2	3.131176	3.14569	3.142118	
3	3.138988	3.141593	3.141594	3.141588

由表 3.3.1 可以看出，“加工”的效果非常显著，而“加工”的计算量，因只需做少量的四则运算，没有涉及求函数值，故可以忽略不计.

3.3.2 龙贝格算法计算公式的简化

为了便于上机计算，引用记号 $T_m^{(k)}$ 来表示各近似值，其中 k 仍代表积分区间的二分次数，而下标 m 则指出了近似值 $T_m^{(k)}$ 所在序列的性质：当 $m=0$ 时，在梯形序列中；当 $m=1$ 时，在辛普森序列中；当 $m=2$ 时在柯特斯序列中；….

例 3.3.4 表 3.3.1 中的各近似值，若用 $T_m^{(k)}$ 记号表示，见表 3.3.2.

表 3.3.2 龙贝格算法梯形序列表

k	$T_0^{(k)}$	$T_1^{(k-1)}$	$T_2^{(k-2)}$	$T_3^{(k-3)}$
0	$T_0^{(0)}$			
1	$T_0^{(1)}$	$T_1^{(0)}$		
2	$T_0^{(2)}$	$T_1^{(1)}$	$T_2^{(0)}$	
3	$T_0^{(3)}$	$T_1^{(2)}$	$T_2^{(1)}$	$T_3^{(0)}$

引入上面的记号后，龙贝格算法所用到的各个计算公式可以统一为：

$$\begin{cases} T_0^{(0)} = \dfrac{b-a}{2}[f(a)+f(b)], \\ T_0^{(l)} = \dfrac{1}{2}T_0^{(l-1)} + \dfrac{b-a}{2^l}\displaystyle\sum_{i=1}^{2^{l-1}} f\left[a+(2i-1)\frac{b-a}{2^l}\right],(l=1,2,3,\cdots), \\ T_m^{(k)} = \dfrac{4^m T_{m-1}^{(k+1)} - T_{m-1}^{k}}{4^m-1},(k=0,1,2,\cdots;m=1,2,3,\cdots), \end{cases} \tag{3.3.5}$$

其中 k 为最大二分次数.

最后指出下列几点：

（1）当 m 较大时，由式（3.3.5）第三式知 $T_m^{(k)} \approx T_{m-1}^{(k+1)}$. 因此，在实际计算中，常规定 $m \leqslant 3$，即在计算到出现龙贝格序列为止. 在这种情况下，程序框图 3.3.1 应做相应的修改，需将“按式（3.3.5）计算 $T_0^{(k)}$，$T_1^{(k-1)}$，…，$T_k^{(0)}$”改为“按式（3.3.5）计算 $T_0^{(k)}$，$T_1^{(k-1)}$，$T_2^{(k-2)}$，$T_3^{(k-3)}$”，并将精度控法

$$|T_k^{(0)} - T_{k-1}^{(0)}| < \varepsilon,$$

改为

$$|T_3^{(k-3)} - T_3^{(k-4)}| < \varepsilon.$$

（2）为防止假收敛，可设置最小二分次数 $K_{\min}$. 当 $K < K_{\min}$ 时，跳过精度判别而继续运算；

（3）$T_m^{(k)}$ 可以用二维数组来存放与参加运算，也可用一维数组.

3.4　高斯型求积公式与测量位置的优化选取

下面介绍一种高精度的求积公式——高斯（Gauss）型求积公式.

3.4.1　高斯型求积公式的定义

在 3.2 节中，限定把积分区间的等分点作为求积节点，从而构造出一类特殊的插值型求积公式，即牛顿－柯特斯公式. 这种做法虽然简化了计算，但却降低了所得公式的代数精度.

例 3.4.1　在构造形如

$$\int_{-1}^{1} f(x)\,\mathrm{d}x \approx A_0 f(x_0) + A_1 f(x_1) \tag{3.4.1}$$

的两点公式时，如果限定求积节点 $x_0 = -1$，$x_1 = 1$，那么所得插值型求值公式：

$$\int_{-1}^{1} f(x)\,\mathrm{d}x \approx f(-1) + f(1) \tag{3.4.2}$$

的代数精度仅为1. 但是，如果我们对式（3.4.1）中的系数 A_0，A_1 和节点 x_0，x_1 都不加限制，那么就可以适当选取 A_0，A_1 和 x_0，x_1，使所得公式的代数精度 $m > 1$.

事实上，若只要求求积公式（3.4.1）对函数

$$f(x) = 1,\ x,\ x^2,\ x^3$$

都准确成立，只要 x_0，x_1 和 A_0，A_1 满足方程组：

$$\begin{cases} A_0 + A_1 = 2, \\ A_0 x_0 + A_1 x_1 = 0, \\ A_0 x_0^2 + A_1 x_1^2 = \dfrac{2}{3}, \\ A_0 x_0^3 + A_1 x_1^3 = 0. \end{cases} \tag{3.4.3}$$

解之得：

$$A_0 = A_1 = 1,\ x_0 = -\frac{\sqrt{3}}{3},\ x_1 = \frac{\sqrt{3}}{3}.$$

代入式（3.4.1）即得：

$$\int_{-1}^{1} f(x)\,\mathrm{d}x \approx f\left(\frac{-\sqrt{3}}{3}\right) + f\left(\frac{\sqrt{3}}{3}\right). \tag{3.4.4}$$

容易验证，所得公式（3.4.4）是代数精度 $m = 3$ 的插值型求积公式.

同理，对于一般求积公式：

$$\int_a^b f(x)\,\mathrm{d}x \approx \sum_{k=0}^{n} A_k f(x_k), \tag{3.4.5}$$

只要适当选择 $2n+2$ 个待定参数 x_k 和 A_k $(k=0, 1, \cdots, n)$ 使它的代数精度达到 $2n+1$ 也是完全可能的.

定义 3.4.1 若形如式（3.4.5）的求积公式代数精度达到了 $2n+1$，则称它为高斯型求积公式，并称相应的求积节点 $x_0, x_1, \cdots, x_n \in [a, b]$ 为高斯点.

3.4.2 高斯型求积公式的构造与应用

可以像构造两点高斯型求积公式（3.4.4）那样，通过解形如方程组（3.4.3）来确定高斯点 x_k 和求积系数 $A_k (k=0, 1, \cdots, n)$，从而构造 $n+1$ 个节点的高斯型求积公式.

但是，这种做法要解一个包含有 $2n+2$ 个未知数的非线性方程组，其计算量是相当大的. 一个比较简单的方法是:

(1) 先用区间 $[a, b]$ 上的 $n+1$ 次正交多项式确定高斯点 $x_k \in [a, b], (k=0, 1, \cdots, n)$;

(2) 然后利用高斯点确定求积系数 A_k, $(k=0, 1, \cdots, n)$.

当积分区间是 $[-1, 1]$ 时，两点至五点高斯型求积公式的节点、系数 T 和余项见表 3.4.1，其中 $\xi \in [-1, 1]$.

利用表 3.4.1，可以方便地写出相应的高斯型求积公式. 例如，当 $n=2$ 时，由表 3.4.1 可知:

$$x_{0,1} = \pm 0.57735027, \ A_{0,1} = 1,$$

表 3.4.1 高斯型求积公式节点和系数表

节点数 n	节点 x_k	系数 A_k	余项 $R[f]$
2	±0.57735027	1	$f^{(4)}(\xi)/135$
3	±0.77459667 0	0.55555556 0.88888889	$f^{(6)}(\xi)/15750$
4	±0.86113631 ±0.33998104	0.34785485 0.65214515	$f^{(8)}(\xi)/34872875$
5	±0.90617985 ±0.53846931 0	0.23692689 0.47862867 0.56888889	$f^{(10)}(\xi)/1237732650$

故得两点高斯型求积公式:

$$\int_{-1}^{1} f(x)\,dx \approx f(-0.57735027) + f(0.57735027).$$

又如，当 $n=3$ 时，由表 3.4.1 可以查出三个求积节点和对应的三个系数（注意，系数 0.55555556 应连用两次），从而得到三点高斯型求积公式:

$$\int_{-1}^{1} f(x)\,dx \approx 0.55555556 f(-0.77459667) + 0.88888889 f(0) + 0.55555556 f(0.77459667).$$

对于一般区间 $[a, b]$ 上的积分，也可以利用表 3.4.1 写出高斯型求积公式. 其原理与方法是:

先作变量替换，令

$$x = \frac{a+b}{2} + \frac{b-a}{2} t,$$

将区间 $[a, b]$ 上的积分转化为区间 $[-1, 1]$ 上的积分：

$$\int_a^b f(x)\,\mathrm{d}x = \frac{b-a}{2}\int_{-1}^{1} f\left(\frac{a+b}{2}+\frac{b-a}{2}t\right)\mathrm{d}t. \tag{3.4.6}$$

记

$$g(t) = f\left(\frac{a+b}{2}+\frac{b-a}{2}t\right),$$

则等式（3.4.6）右端的积分为 $\int_{-1}^{1} g(t)\,\mathrm{d}t$.

利用表3.4.1，对于给定的 $n=1, 2, 3, 4$，可以写出高斯型求积公式：

$$\int_{-1}^{1} g(t)\,\mathrm{d}t \approx \sum_{k=0}^{n} A_k g(t_k), \tag{3.4.7}$$

即

$$\int_{-1}^{1} f\left(\frac{a+b}{2}+\frac{b-a}{2}\right)\mathrm{d}t \approx \sum_{k=0}^{n} A_k\, f\left(\frac{a+b}{2}+\frac{b-a}{2}t_k\right).$$

代入式（3.4.6）得：

$$\int_b^a f(x)\,\mathrm{d}x \approx \frac{b-a}{2}\sum_{k=0}^{n} A_k f\left(\frac{a+b}{2}+\frac{b-a}{2}t_k\right). \tag{3.4.8}$$

其中系数 A_k 与节点 t_k 可在表3.4.1中查得.

由变量替换式

$$x = \frac{a+b}{2}+\frac{b-a}{2}t,$$

容易看出，由于求积公式（3.4.7）对变量 t 不高于 $2n+1$ 次的多项式准确成立，从而求积公式（3.4.8）对变量 x 不高于 $2n+1$ 次的多项式也准确成立，即式（3.4.8）是高斯型求积公式.

例3.4.2　利用四点高斯型求积公式计算 $\pi = \int_0^1 \frac{4}{1+x^2}\mathrm{d}x$ 的近似值.

解　由表3.4.1和高斯型求积公式（3.4.8）得：

$$\int_a^b f(x)\,\mathrm{d}x \approx \frac{b-a}{2}\sum_{k=0}^{3} A_k f\left(\frac{a+b}{2}+\frac{b-1}{2}t_k\right). \tag{3.4.9}$$

其中，

$$a=0,\ b=1,\ f(x)=\frac{4}{1+x^2},\ t_0=-0.86113631,\ t_1=-0.33998104,\ t_2=-t_1,\ t_3=-t_0,$$

$A_0=-0.34785485$，$A_1=0.65214515$，$A_2=A_1$，$A_3=A_0$，将各数及已知函数 $f(x)=\frac{4}{1+x^2}$ 代入式（3.4.9）进行计算，即得：

$$\pi = \int_0^1 \frac{4}{1+x^2}\mathrm{d}x \approx 3.141624.$$

在例3.4.2整个计算过程中，只涉及求四个点上的函数值. 可见高斯型求积公式具有计算工作量小，所得近似值精确程度高的优点，是一种高精度的求积公式.

高斯型求积公式的明显缺点是：当 n 改变大小时，系数和节点几乎都在改变. 同时，由

表3.4.1给出的余项，其表达式都涉及被积函数的高阶导数，要利用它们来控制精度也是十分困难的.

为了克服这些缺点，在实际计算中较多采用复合求积的方法. 例如，先把积分区间$[a,\ b]$分成m个等长的小区间$[x_{i-1},\ x_i]$ $(i=1,\ 2,\ \cdots,\ m)$，然后在每个小区间上使用同一低阶（例如两点的、三点的…）高斯型求积公式算出积分的近似值，将它们相加，即得整个区间上积分的近似值：

$$\int_a^b f(x)\,\mathrm{d}x \approx G_m = \frac{h}{2}\sum_{i=1}^{m}\sum_{k=0}^{n} A_k f\left[a+\left(i-\frac{1}{2}\right)h+ht_k\right]. \qquad (3.4.10)$$

其中，$h=\dfrac{b-a}{m}$，A_k与t_k由表3.4.1查得. 同时，在实际计算时，还常用相邻两次计算结果G_{m+1}与G_m的关系式：

$$\Delta=\frac{|G_{m+1}-G_m|}{|G_{m+1}|+1} \qquad (3.4.11)$$

来控制运算（当$|G_{m+1}|\leqslant 1$时Δ相当于绝对误差，当$|G_{m+1}|>1$时Δ相当于相对误差），即在算出G_m和G_{m+1}后，观察不等式$\Delta<\varepsilon$（ε为指定的精确度）是否满足. 若满足此不等式，则停止计算，并把G_{m+1}取作待求的积分近似值，否则计算G_{m+2}，并观察不等式：$\Delta=\dfrac{|G_{m+2}-G_{m+1}|}{|G_{m+2}|+1}<\varepsilon$是否满足，直到得到满足精度要求的近似值为止.

3.5 湘江流量的估计

现在来解决本章3.1节提出的湘江水流量估计的问题.

设湘江横截面面积为S，则$S=\int_0^{700} h(x)\,\mathrm{d}x$. 注意到已知$h(x)$的15个节点处的值，不妨设$f(i)=h(i\cdot 50)$，其中$i=0,\ 1,\ \cdots,\ 14$. 因此可以采用复合梯形公式（3.2.9）和复合辛普森公式（3.2.10）求S的近似值，分别记为S_1和S_2，于是得到

$$S_1=\frac{50}{2}\left[f(0)+2\sum_{i=1}^{13}f(i)+f(14)\right],$$

$$S_2=\frac{100}{6}\left[f(0)+4\sum_{i=0}^{6}f(2i+1)+2\sum_{i=1}^{6}f(2i)+f(14)\right],$$

利用计算机容易算出

$$S_1=3612.5,\ S_2=3960.$$

从而相对应的流量估计值分别为：$v_1=1806.3\ (\mathrm{m^3/s})$，$v_2=1980\ (\mathrm{m^3/s})$. 由本章的知识容易判断，如果$h(x)$有足够高阶导数，则第二个估计值比第一个的精度高.

习 题 3

1. 对于积分$\int_{-a}^{a} f(x)\,\mathrm{d}x$，以$x_0=-a$，$x_1=0$，$x_2=a$为节点，构造：

$$\int_{-a}^{a} f(x)\,dx \approx A_0 f(x_0) + A_1 f(x_1) + A_2 f(x_2)$$

的插值型求积公式，并讨论所求的求积公式的截断误差和代数精度.

2. 分别讨论在 $n=1, 2, 3, 4$ 下的牛顿－科特斯公式的代数精度，想一想，从中可得到什么启发？

3. 确定下列求积公式的待定参数，使其代数精度尽可能高，并指出所得公式的代数精度.

(1) $\int_0^2 f(x)\,dx \approx A_0 f(0) + A_1 f(1) + A_2 f(2)$；

(2) $\int_{-1}^{1} f(x)\,dx \approx \frac{1}{3}[f(-1) + 2f(x_1) + 3f(x_2)]$.

4. 用辛普森公式计算积分 $\int_0^1 e^{-x}dx$，并估计截断误差.

5. 利用 $f(x)$ 在五个点上的函数值：

x	1.8	2.0	2.2	2.4	2.6
$f(x)$	3.12014	4.42569	6.04241	8.03014	10.46675

用多种方法计算积分 $\int_{1.8}^{2.6} f(x)\,dx$ 的近似值.

6. 用复合梯形公式和复合辛普森公式计算下列积分：

(1) $\int_3^6 \frac{x}{4+x^2}dx$（用九个点上函数值计算）；(2) $\int_0^1 \frac{\ln(1+x)}{1+x^2}dx$（用七个点上函数值计算）.

7. 用复合梯形公式和复合辛普森公式计算积分 $\int_0^1 e^x dx$ 的近似值，使截断误差不超过 10^{-6}，需将区间 [0，1] 分成多少等份？

8. 用逐次分半梯形递推公式计算 $\int_1^3 \frac{1}{x}dx$，使截断误差不超过 10^{-6}.

9. 用龙贝格方法计算 $\int_0^1 \frac{\sin x}{x}dx$，使截断误差不超过 $\frac{1}{2}\times 10^{-6}$.

10. 用下列方法计算 $\int_1^3 \frac{1}{x}dx$.

（1）龙贝格算法；

（2）三点及五点高斯求积公式；

（3）复合高斯求积法（区间等分数，$m=4$，所用高斯型求积公式使用的节点数 $n=2$）.

11. 编出用复合高斯型求积公式（3.4.9）计算积分近似值的程序框图.

第 4 章　养老保险问题——非线性方程求根的数值解法

4.1　养老保险问题

4.1.1　问题的引入

养老保险是保险中的一类重要险种，保险公司将提供不同的保险方案以供选择，分析保险品种的实际投资价值. 也就是说，如果已知所交保费和保险收入，则按年或按月计算实际的利率是多少，或者说，保险公司需要用你的保费至少获得多少利润才能保证兑现你的保险收益?

4.1.2　模型分析

假设每月交费 200 元至 60 岁开始领取养老金，某男子 25 岁起投保，届时养老金每月 2282 元；如果其 35 岁起保，届时月养老金每月 1056 元，试求出保险公司为了兑现保险责任，每月至少应有多少投资收益率？这也就是投保人的实际收益率.

4.1.3　模型假设

这应当是一个过程分析模型问题，过程的结果在条件一定时是确定的. 整个过程可以按月进行划分，因为交费是按月进行的. 假设投保人到第 k 月为止，所交保费及收益的累计总额为 F_k，每月收益率为 r，用 p、q 表示 60 岁之前每月所交的费用和 60 岁之后每月所领取的费用，N 表示停交保险费的月份，M 表示停领养老金的月份.

4.1.4　模型建立

在整个过程中，离散变量 F_k 的变化规律满足：

$$\begin{cases} F_{k+1}=F_k(1+r)+p, k=0,1,\cdots,N-1, \\ F_{k+1}=F_k(1+r)-q, k=N,N+1,\cdots,M-1. \end{cases} \tag{4.1.1}$$

在式（4.1.1）中 $F_0=0$，F_k 实际上表示从保险人开始交纳保险费以后，保险人账户上的资金数值. 我们关心的是，在第 M 月时，F_M 是否为非负数？如果为正，则表明保险公司获得收益；若为负，则表明保险公司出现亏损；当为零时，表明保险公司最后一无所有，所有的收益全归保险人，把它作为保险人的实际收益. 从这个分析结果来看，引入变量 F_k，很好地刻画了整个过程中资金的变化关系. 特别是引入收益率 r，虽然它不是我们所求的保险人的收益率，但从问题的系统环境中来看，必然要考虑引入另一对象——保险公司的经营效益，以此作为整个过程中各量变化的表现基础.

4.1.5　模型求解

在式（4.1.1）中，取初始值 $F_0=0$，我们可以得到：

$$F_k=F_0(1+r)^k+\frac{p}{r}[(1+r)^k-1],\ k=0,1,2,\cdots,N,$$

$$F_k=F_N(1+r)^{k-N}-\frac{q}{r}[(1+r)^{k-N}-1],\ k=N+1,N+2,\cdots,M.$$

再分别取，$k=N$，和 $k=M$，并利用 $F_M=0$ 可以求出：

$$(1+r)^M-\left(1+\frac{q}{p}\right)(1+r)^{M-N}+\frac{q}{p}=0.$$

这是一个非线性方程，因此求解该模型，就转换为一个求解非线性方程的问题.

众所周知，代数方程求根问题是一个古老的数学问题．早在16世纪就找到了三次、四次方程的求根公式．但直到19世纪才证明了 $n\geqslant 5$ 次的一般代数方程是不能用代数公式求解的，因此需要研究用数值方法求得满足一定精度要求的代数方程的近似解.

工程和科学技术中许多问题常常归结为求解非线性方程的问题．正因为非线性方程求根问题是如此重要，因此非线性方程求根问题很早就引起了人们的兴趣，并得到了许多成熟的求解方法，下面我们介绍非线性方程的基本概念与重要的数值解法.

4.2　非线性方程求根的数值方法

4.2.1　根的搜索相关定义

定义4.2.1　设有一个非线性方程 $f(x)=0$，其中，$f(x)$ 为实变量 x 的非线性函数.

（1）如果有 x^* 使 $f(x^*)=0$，则称 x^* 为方程的根，或为 $f(x)$ 的零点；

（2）当 $f(x)$ 为多项式，即 $f(x)=a_nx^n+a_{n-1}x^{n-1}+\cdots+ax+a_0\quad(a_n\neq 0)$.

则称 $f(x)=0$ 为 n 次代数方程．当 $f(x)$ 包含指数函数或者三角函数等特殊函数时，则称 $f(x)=0$ 为特殊方程.

（3）如果 $f(x)=(x-x^*)^m g(x)$，其中 $g(x^*)\neq 0$．m 为正整数，则称 x^* 为 $f(x)=0$ 的 m 重根．当 $m=1$ 时，称 x^* 为 $f(x)=0$ 的单根.

定理4.2.1　设 $f(x)=0$ 为具有复系数的 n 次代数方程，则 $f(x)=0$ 在复数域上恰有 n 个根（r 重根计算 r 个根)．如果 $f(x)=0$ 为实系数方程，则复数根成对出现，即：当 $\alpha+\mathrm{i}\beta$ $(\beta\neq 0)$ 为 $f(x)=0$ 的复根，则 $\alpha-\mathrm{i}\beta$ 亦是 $f(x)=0$ 的复根.

定理4.2.2　设 $f(x)$ 在 $[a,b]$ 连续，且 $f(a)\cdot f(b)<0$，则存在 $x^*\in(a,b)$，使得 $f(x^*)=0$，即 $f(x)$ 在 (a,b) 内存在零点.

4.2.2　逐步搜索法

对于方程 $f(x)=0$，$x\in[a,b]$，为明确起见，设 $f(a)<0$，$f(b)>0$，从区间左端点 $x_0=a$ 出发按某个预定步长 h（如取 $h=\dfrac{b-a}{N}$，N 为正整数），一步一步地向右跨，每跨一步进行一次根的搜索，即检查节点$x_k = a + kh$上的函数值$f(x_k)$的符号，若$f(x_k) = 0$，则x_k即为方程解；若$f(x_k) > 0$，则方程的根在区间［x_{k-1}，x_k］中，其宽度为h.

例 4.2.1　用逐步搜索法考察方程$f(x) = x^3 - x - 1 = 0$在区间$(0, 2)$上的解的情况.

解　由于$f(0) = -1 < 0, f(2) = 5 > 0$则$f(x)$在$(0, 2)$内至少有一个根，设从$x = 0$出发，以$h = 0.5$为步长向右进行根的搜索. 列表记录各节点函数值的符号，见表 4.2.1，可见方程在［1.0，1.5］内必有一根.

表 4.2.1　$f(x)$的符号

x	0	0.5	1.0	1.5
$f(x)$的符号	−	−	−	+

该方法应用的关键是在步长h的选择上，很明显，只要步长h取得足够小，利用此法就可以得到任意精度的近似根，但随着h缩小，搜索步数增多，从而使计算量增大，用此方法对高精度要求并不简便.

4.2.3　二分法

对非线性方程：

$$f(x) = 0 \tag{4.2.1}$$

其中，$f(x)$在［a，b］上连续，且设$f(a) \cdot f(b) < 0$，不妨设$f(x)$在$[a,b]$内仅有一个零点.

求方程（4.2.1）的实根x^*的二分法的过程，就是将［a，b］逐步分半，检查函数值符号的变化，以便确定包含根的充分小的区间.

二分法的步骤如下：记$a_1 = a$，$b_1 = b$

第 1 步：

分半计算（$k=1$），即将［a_1，b_1］分半. 计算中点$x_1 = \dfrac{a_1 + b_1}{2}$及$f(x_1)$.

若$f(a_1) \cdot f(x_1) < 0$，则根必在$[a_1, x_1] \triangleq [a_2, b_2]$内，（$\triangleq$表示记为）

否则，必在［x_1，b_1］$\triangleq$［a_2，b_2］内（若$f(x_1) = 0$，则$x^* = x_1$）.

于是得到长度缩小一半的区间［a_2，b_2］内含根，即$f(a_2)f(b_2) < 0$，且

$$b_2 - a_2 = \frac{1}{2}(b_1 - a_1).$$

第k步：（分半计算）重复上述过程.

设已完成第 1 步，…，第$k-1$步的分半计算得到含根区间

$[a_1, b_1] \supset [a_2, b_2] \supset \cdots \supset [a_k, b_k]$，且满足$f(a_k)f(b_k) < 0$，

即$x^* \in [a_k, b_k], b_k - a_k = \dfrac{1}{2^{k-1}}(b - a)$，

则第k步的分半计算：$x_k = \dfrac{a_k + b_k}{2}$，且有：

$$|x^* - x_k| \leqslant \frac{b_k - a_k}{2} = \frac{1}{2^k}(b - a). \tag{4.2.2}$$

确定新的含根区间$[a_{k+1}, b_{k+1}]$，即

如果$f(a_k)f(x_k)<0$，则根必在$[a_k, x_k]\triangleq[a_{k+1}, b_{k+1}]$内，否则，必在$[x_k, b_k]\triangleq[a_{k+1}, b_{k+1}]$内，且有：

$$b_{k+1}-a_{k+1}=\frac{1}{2^k}(b-a).$$

总之，由上述二分法得到序列$\{x_k\}$，由式（4.2.2）有：$\lim\limits_{k\to\infty}x_k=x^*$.

可用二分法求方程$f(x)=0$的实根x^*的近似值达到任意指定的精度，这是因为：

设$\varepsilon>0$为给定精度要求，则由$|x^*-x_k|\leqslant\frac{b-a}{2^k}<\varepsilon$，可得分半计算次数$k$应满足：

$$k>\frac{[\ln(b-a)-\ln\varepsilon]}{\ln 2}. \tag{4.2.3}$$

二分法的优点是方法简单，且只要求$f(x)$连续即可. 可用二分法求出$f(x)=0$在$[a, b]$内的全部实根，但二分法不能求复根及偶数重根，且收敛较慢，函数值计算次数较多.

例4.2.2　用二分法求$f(x)=x^6-x-1$在$[1, 2]$内的一个实根，且要求精确到小数点后第三位.

解　由题意，$|x^*-x_k|<\frac{1}{2}\times10^{-3}$，误差$\varepsilon=0.5\times10^{-3}$代入式（4.2.3），其中$a=1$，$b=2$，可确定所需分半次数为$k=11$，计算结果部分如表4.2.2所示（显然$f(1)=-1<0$，$f(2)>0$）.

表4.2.2　部分计算结果

k	a_k	b_k	x_k	$f(x_k)$
8	1.132813	1.140625	1.136719	0.020619
9	1.132813	1.136719	1.134766	0.4268415
10	1.132813	1.134766	1.133789	−0.00959799
11	1.133789	1.134766	1.134277	−0.0045915

4.2.4　迭代法

迭代法是一种逐次逼近方法，它是求解代数方程、超越方程及方程组的一种基本方法，但该方法存在是否收敛及收敛快慢的问题.

用迭代法求解$f(x)=0$的近似根，首先需将此方程化为等价的不动方程：

$$x=g(x). \tag{4.2.4}$$

然而，将$f(x)=0$化为等价方程（4.2.4）的方法是很多的.

例4.2.3　将方程$f(x)=x-\sin x-0.5=0$化为不动方程.

解　可用不同的方法将其化为等价方程：

（1）$x=\sin x+0.5\triangleq g_1(x)$；　　（2）$x=\sin^{-1}(x-0.5)\triangleq g_2(x)$.

定义4.2.2　（迭代法）设方程为$x=g(x)$

（1）取方程根的一个初始近似x_0，且按下述逐次代入法，构造一个近似解序列：

$$x_1=g(x_0),\ x_2=g(x_1),\ \cdots,\ x_{k+1}=g(x_k)\quad k=1, 2, \cdots, n \tag{4.2.5}$$

这种方法称为迭代法（或称为单点迭代法），$g(x)$称为迭代函数.

（2）若由迭代法产生序列 $\{x_k\}$ 有极限存在，即 $\lim\limits_{k\to\infty} x_k = x^*$，称 $\{x_k\}$ 为收敛或迭代过程（4.2.5）收敛，否则称迭代法不收敛.

若 $g(x)$连续，且 $\lim\limits_{k\to\infty} x_k = x^*$，则 $x^* = \lim\limits_{k\to\infty} x_{k+1} = \lim\limits_{k\to\infty} g(x_k) = g(\lim\limits_{k\to\infty} x_k) = g(x^*)$，即 x^* 为方程（4.2.4）的解（称 x^* 为函数 $g(x)$的不动点）.

显然在由方程 $f(x)=0$ 转化为等价方程 $x=g(x)$时，选择不同的迭代函数 $g(x)$，就会产生不同的序列$\{x_k\}$（即使初值 x_0 选择相同），且这些序列的收敛情况也不一定相同.

例 4.2.4 对例 4.2.1 中方程用迭代法求根.

解 由上例给出的不动方程，构造 2 个迭代公式：

（a）$x_{k+1} = \sin x_k + 0.5 = g_1(x_k)$，$k=0, 1, 2, \cdots$；

（b）$x_{k+1} = \sin^{-1}(x_k - 0.5) = g_2(x_k)$，$k=0, 1, 2, \cdots$.

由计算可以看出，我们选取的两个函数 $g_1(x)$，$g_2(x)$，初值都取为 $x_0 = 1.0$，分别构造序列$\{x_k\}$，收敛情形不一样，在（a）中$\{x_k\}$收敛且 $x^* \approx 1.497300$，在（b）中计算出 $\sin^{-1}(x_4 - 0.5) = \sin^{-1}(-1.987761)$无定义，部分计算结果见表 4.2.3.

表 4.2.3 部分计算结果

k	(a)x_k	(b)x_k	(a)$f(x_k)$
0	1.0	1.0	
1	1.341471	0.523599	
2	1.473820	0.023601	
3	1.049530	-0.496555	
4	1.497152	-1.487761	
5	1.497289		
6	1.497300		
7	1.497300		-3.6×10^{-7}

因此对用迭代法求方程 $f(x)=0$ 的近似根，需要研究下述问题：

（1）如何选取迭代函数 $g(x)$使迭代过程 $x_{k+1} = g(x_k)$收敛；

（2）若 $\{x_k\}$ 收敛较慢时，怎样加速 $\{x_k\}$ 收敛.

迭代法的几何意义：求方程 $x=g(x)$根的问题，就是求曲线 $y=g(x)$与直线 $y=x$ 交点的横坐标 x^*，当迭代函数 $g(x)$的导数函数 $g'(x)$在根 x^*处满足下述几种条件时，从几何上来看迭代过程 $x_{k+1} = g(x_k)$的收敛情况如图 4.2.1 所示.

从曲线 $y=g(x)$上一点 $P_0(x_0, g(x_0))$出发，沿着平行于 x 轴方向前进，交 $y=x$ 于一点 Q_0，再从 Q_0 点沿平行于 y 轴方向前进，交 $y=g(x)$于 P_1 点，显然 P_1 的横坐标就是$x_1 = g(x_0)$，继续这个过程就得到序列$\{x_k\}$，且从几何上观察知道在（1），（2）情况下$\{x_k\}$收敛于 x^*，在（3），（4）情况 $\{x_k\}$ 不收敛于 x^*.

由迭代法的几何意义知，为了保证迭代过程收敛，应该要求迭代函数的导数满足条件 $|g'(x)|<1$. 当 $x\in[a, b]$时，原方程在 $[a, b]$ 中可能有几个根或迭代法不收敛，为此有关于迭代收敛性的如下定理.

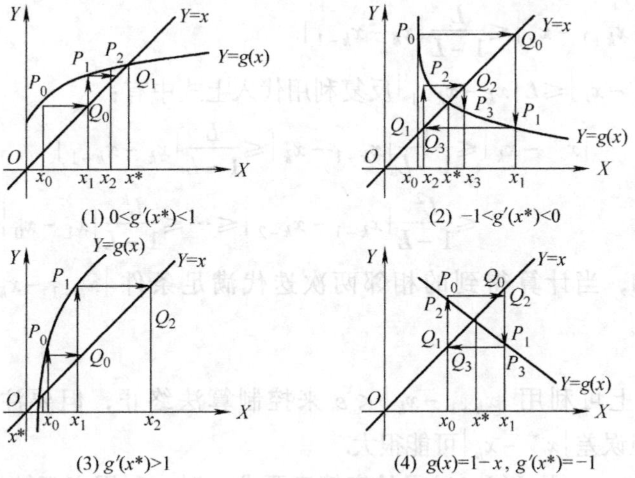

图 4.2.1　迭代法的几何意义图

定理 4.2.3　设有方程 $x=g(x)$，如图 4.2.2 所示，

（1）设 $g(x)$ 在 $[a,\ b]$ 上一阶导数存在；

（2）当 $x\in[a,\ b]$ 时，有 $g(x)\in[a,\ b]$，

（3）$g'(x)$ 满足条件：$|g'(x)|\leqslant L<1,\ \forall x\in[a,b]$，

则有：

1° $x=g(x)$ 在 $[a,b]$ 上有唯一解 x^*；

2° 对任意选取初始值 $x_0\in[a,\ b]$，迭代过程 $x_{k+1}=g(x_k)$，$k=0,1,\cdots$ 收敛即 $\lim x_k=x^*$；

3° $|x^*-x_k|\leqslant\dfrac{1}{1-L}|x_{k+1}-x_k|$；

4° 误差估计式：$|x^*-x_k|\leqslant\dfrac{L^k}{1-L}|x_1-x_0|$（$k=1,\ 2,\ \cdots$）.

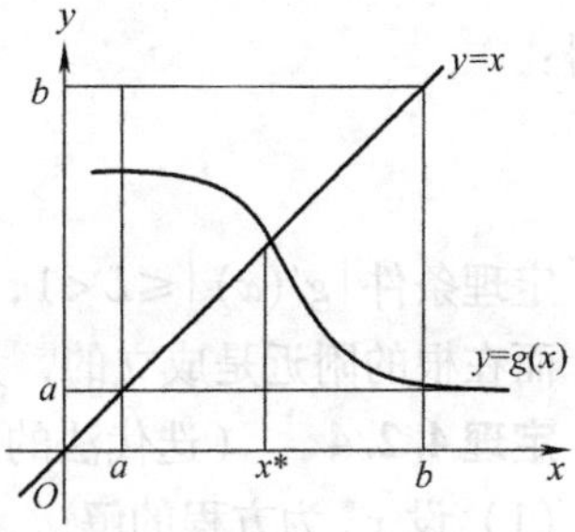

图　4.2.2

证明：只证 2°，3°，4°.

2° 由定理条件（2），当取 $x_0\in[a,\ b]$ 时，则有 $x_k\in[a,\ b]$ $(k=1,\ 2,\ \cdots)$，记误差 $e_k=x^*-x_k$，由中值定理有：

$x^*-x_{k+1}=g(x^*)-g(x_k)=g'(c)(x^*-x_k)$，

其中 c 在 x^* 与 x_k 之间，即 $c\in[a,\ b]$，又由条件（3）有：

$$|x^*-x_{k+1}|\leqslant|g'(c)||x^*-x_k|\leqslant L|x^*-x_k|,$$

由此递推可得：$|x^*-x_k|\leqslant L|x^*-x_{k-1}|\leqslant L^2|x^*-x_{k-2}|\leqslant\cdots\leqslant L^k|x^*-x_0|$，由 $0<L<1$ 故 $\lim x_k=x^*$.

3° 由迭代公式 $x_{k+1}=g(x_k)$ 有：

$|x_{k+1}-x_k|=|g(x_k)-g(x_{k-1})|=|g'(c)(x_k-x_{k-1})|\leqslant L|x_k-x_{k-1}|$，其中 c 在 x_{k-1} 与 x_k 之间，于是：

$$\begin{aligned}|x_{k+1}-x_k|&=|x^*-x_k-(x^*-x_{k+1})|\geqslant|x^*-x_k|-|x^*-x_{k+1}|\\&\geqslant|x^*-x_k|-L|x^*-x_k|=(1-L)|x^*-x_k|\end{aligned}$$

即 $|x^*-x_k|\leqslant\frac{1}{1-L}|x_{k+1}-x_k|\leqslant\frac{L}{1-L}|x_k-x_{k-1}|$.

4° 由上面 $|x_{k+1}-x_k|\leqslant L|x_k-x_{k-1}|$ 反复利用代入上式中有:

$$\begin{aligned}|x^*-x_k|&\leqslant\frac{1}{1-L}|x_{k+1}-x_k|\leqslant\frac{L}{1-L}|x_k-x_{k-1}|\\&\leqslant\frac{L^2}{1-L}|x_{k-1}-x_{k-2}|\leqslant\cdots\leqslant\frac{L^k}{1-L}|x_1-x_0|.\end{aligned}$$

由定理结果 3°可知，当计算得到的相邻两次迭代满足条件 $|x_{k+1}-x_k|<\varepsilon$ 时，则误差 $|x^*-x_k|<\frac{1}{1-L}\varepsilon$.

因此在计算机上可利用 $|x_{k+1}-x_k|<\varepsilon$ 来控制算法终止，但要注意 $L\approx1$ 时，即使 $|x_{k+1}-x_k|$ 很小，但误差 $|x^*-x_k|$ 可能很大.

另外，当已知 x_0，x_1 及 $L(L<1)$ 及给定精度要求 ε 时，利用定理结果 4°可确定使误差达到给定精度要求时所需要迭代次数 k，事实上，由 $|x^*-x_k|=\frac{L^k}{1-L}|x_1-x_0|<\varepsilon$

解得:

$$k>\left(\ln\varepsilon-\ln\frac{|x_1-x_0|}{1-L}\right)/\ln L. \tag{4.2.6}$$

定理条件 $|g'(x)|\leqslant L<1$，$x\in[a, b]$，在一般情况下，可能对大范围的含根区间不满足，而在根的附近是成立的，为此有如下迭代过程的局部收敛性结果.

定理 4.2.4 （迭代法的局部收敛性）设给定方程 $x=g(x)$，

(1) 设 x^* 为方程的解;

(2) 设 $g(x)$ 在 x^* 的邻域内连续可微，且有 $|g'(x^*)|<1$，则对任意初值 x_0（在 x^* 的邻域内），迭代过程 $x_{k+1}=g(x)$，$k=0, 1, \cdots$ 收敛于 x^*.

例 4.2.5 利用迭代法解方程 $f(x)=x-\ln(x+2)=0$.

解 (1) 显然有 $f(0)f(2)<0$, $f(-1.9)f(-1)<0$，又由 $f(x)$ 在 $[0, 2]$, $[-1.9, -1]$ 分别连续知方程在 $[0, 2]$ 及 $[-1.9, -1]$ 内有根，记为 x_1^*, x_2^*. 见图 4.2.3.

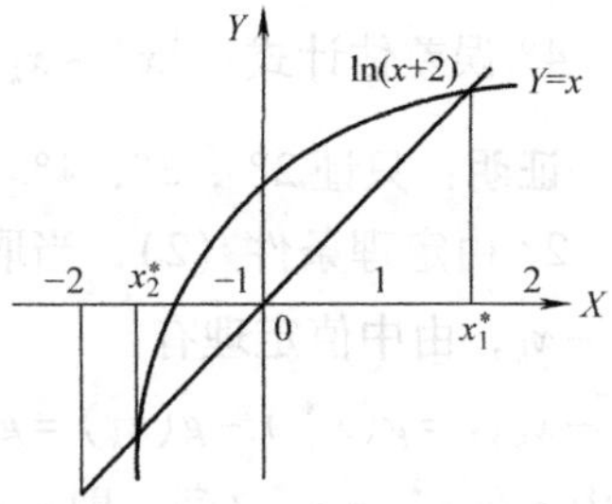

图 4.2.3

(2) 考察取初值 $x_0\in[0, 2]$，迭代过程 $x_{k+1}=\ln(x_k+2)$ 的收敛性，其中迭代函数为 $g_1(x)=\ln(x+2)$，显然 $g_1(0)=\ln(2)\approx0.693>0$，$g_1(2)=\ln(4)\approx1.368<2$，及 $g_1(x)$ 为增函数，则当 $0\leqslant x\leqslant2$ 时，$0\leqslant g_1(x)\leqslant2$，又由 $g'(x)=\frac{1}{x+2}$，则有 $|g'(x)|=\frac{1}{x+2}\leqslant g'_1(0)=\frac{1}{2}<1(\forall x\in[0, 2])$. 于是由定理 4.2.4 可知，当初值 $x_0\in[0, 2]$ 时，迭代过程 $x_{k+1}=\ln(x_k+2)$ 收敛，如果要求 x_1^* 的近似值准确到小数点后第 6 位（即要求 $|x_1^*-x_k|\leqslant\frac{1}{2}\times10^{-6}$）由计算结果可知 $|x_{15}-x_{14}|\approx10^{-7}$，且 $L=\frac{1}{2}$，则 $|x_1^*-x_{14}|=1.1461931$，$|f(x_{14})|\approx0.8\times10^{-7}$.

表 4.2.4　部分计算结果表

k	$x_{k+1}=\ln(x_k+2)$
0	0.0
1	0.6931472
2	0.9907105
⋮	⋮
14	1.1461931
15	1.1461932

（3）为了求 $[-1.9,\ -1]$ 内方程的根. 由迭代方程 $x_{k+1}=\ln(x_k+2)$，显然

$$|g'_1(x)|=\frac{1}{x+2}>g'(x_2^*)>1,$$

所以迭代过程 $x_{k+1}=\ln(x_k+2)$（初值 $x_0\in[-1.9,\ -1]$，$x_0\neq x_2^*$）不能保证收敛于 x_2^*.

（4）若将方程转化为等价方程 $e^x=x+2$ 或 $x=e^x-2\triangleq g_2(x)$，则 $g'_2(x)=e^x$，且 $|g'_2(x)|\leqslant g'_2(-1)\approx 0.386<1$（$x\in[-1.9,\ -1]$时），$g_2(x)\in[-1.9,\ -1]$，所以当选取 $x_0\in[-1.9,\ -1]$时，迭代过程$x_{k+1}=e^{x_k}-2$ 收敛，如取 $x_0=-1$，则迭代 12 次有 $x_2^*\approx x_{12}=-1.841405660$，且$|f(x_{12})|\approx 0.2\times 10^{-8}$.

由此例可见，对于方程$f(x)=0$，迭代函数 $g(x)$取不同形式，相应的迭代法产生$\{x_k\}$的收敛情况也不一样，因此，我们应该选择迭代函数使迭代过程 $x_{k+1}=g(x_k)$收敛，且收敛较快.

对于收敛的迭代过程，只要迭代足够多次，总可以使结果达到任意的精度，但有时迭代收敛缓慢，从而使计算量变得很大，因此迭代过程的加速是一个很重要的课题.

设 x_0 为根 x^* 的某个预测值，用迭代公式校正一次得：

$$x_1=g(x_0).$$

由中值定理：$x_1-x^*=g'(\xi)(x_0-x^*)$，ξ 介于 x^*，x_0 之间. 若 $g'(x)$改变不大，近似地取某常数 L，则由

$$x_1-x^*\approx L(x_0-x^*)\Rightarrow x^*\approx\frac{1}{1-L}x_1-\frac{L}{1-L}x_0,$$

可以期望按上式右端求得的

$$x_2=\frac{1}{1-L}x_1-\frac{L}{1-L}x_0=x_1+\frac{L}{1-L}(x_1-x_0)$$

是比 x_1 更好的近似值. 若将每得到一次改进值算作一步，并用$\bar{x}$和 x_k 分别表示第 k 步的校正值和改进值，则加速迭代计算方案如下：

校正：$\bar{x}_{k+1}=g(x_k)$,

改进：$x_{k+1}=\bar{x}_{k+1}+\dfrac{L}{1-L}(\bar{x}_{k+1}-x_k)$,

由于使用参数 L，这在实际应用中不方便，下面对此过程进行改进.

设 x^* 的某近似值 x_0，将校正值 $x_1=g(x_0)$再校正一次得：$x_2=g(x_1)$，由

$x_2-x^*\approx L(x_1-x^*)$与$(x_1-x^*)\approx L(x_0-x^*)$得：$\dfrac{x_1-x^*}{x_2-x^*}\approx\dfrac{x_0-x^*}{x_1-x^*}$，由此得：

$$x^*\approx\frac{x_0x_2-x_1^2}{x_0-2x_1+x_2}=x_2-\frac{(x_2-x_1)^2}{x_0-2x_1+x_2}.$$

这样将上式右端作为改进公式就不再含有导数信息了，但需要用到两次迭代的结果进行加工. 如果仍将得到一次改进值作为一步，则计算过程如下：

$$\begin{cases}\text{校正：} & \widetilde{x}_{k+1}=g(x_k),\\ \text{再校正：} & \bar{x}_{k+1}=g(\widetilde{x}_{k+1}),\\ \text{改进：} & x_{k+1}=\bar{x}_{k+1}-\dfrac{(\bar{x}_{k+1}-\widetilde{x}_{k+1})^2}{\bar{x}_{k+1}-2\widetilde{x}_{k+1}+x_k}.\end{cases}$$

上述处理过程称为**埃特金**（Aitken）方法.

4.2.5 牛顿公式

对于方程$f(x)=0$，应用迭代法时先要改写成$x=g(x)$，即需要针对$f(x)$构造不同的合适的迭代函数$g(x)$，显然可以取迭代函数为$g(x)=x+f(x)$，相应迭代公式为$x_{k+1}=x_k+f(x_k)$.

一般地，这种迭代公式不一定收敛，或者速度很慢，对此公式应用前面的加速技术，具体格式为：

$$\begin{cases}\bar{x}_{k+1}=x_k+f(x_k),\\ x_{k+1}=\bar{x}_{k+1}+\dfrac{L}{1-L}(\bar{x}_{k+1}-x_k).\end{cases}$$

记$M=L-1$，则上两式可合并写为：

$$x_{k+1}=x_k-\frac{f(x_k)}{M}.$$

此公式称为简单的牛顿公式，其迭代函数为：$g(x)=x-\dfrac{f(x)}{M}$. 又由于L为$g'(x)$的近似值，而$g(x)=x+f(x)$，因此$M=L-1$实际上是$f'(x)$的近似值，故用$f'(x)$代替上式中的M即得到下面的迭代函数：

$$g(x)=x-\frac{f(x)}{f'(x)}.$$

相应的迭代公式为：$x_{k+1}=x_k-\dfrac{f(x_k)}{f'(x_k)}$，即为牛顿公式.

4.2.6 牛顿法的几何意义

牛顿法的基本思想就是将非线性方程$f(x)=0$逐步线性化求解，设$f(x)=0$有近似的根x_k，将$f(x)$在x_k处泰勒展开得：

$$f(x)\approx f(x_k)+f'(x_k)(x-x_k).$$

从而$f(x)=0$近似地表为：

$$f(x_k)+f'(x_k)(x-x_k)=0.$$

方程 $f(x)=0$ 的根 x^* 即为曲线 $y=f(x)$ 与 x 轴交点的横坐标，如图4.2.4所示．设 x_k 为 x^* 的一个近似，过曲线 $y=f(x)$ 上横坐标为 x_k 的点 P_k 作曲线的切线，该切线与 x 轴交点的横坐标即为 x^* 的新近似值 x_{k+1}，它与 x 轴交点的横坐标为：$x_{k+1}=x_k-f(x_k)/f'(x_k)$，因此牛顿法，亦称切线法．

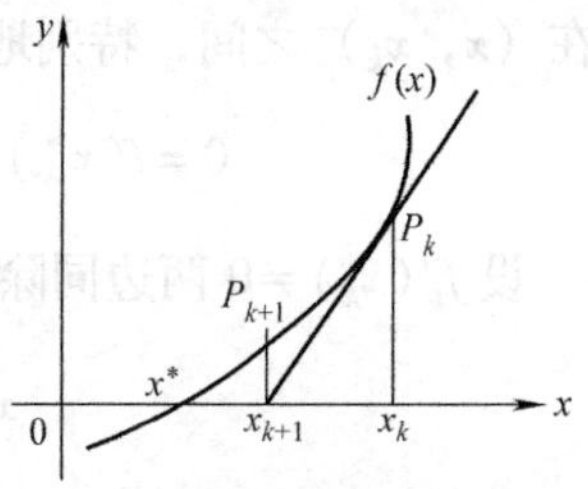

图　4.2.4

4.2.7　牛顿法的局部收敛性

定义4.2.3　设迭代过程 $x_{k+1}=g(x_k)$ 收敛于方程 $x=g(x)$ 的根 x^*，如果迭代误差 $e_k=x_k-x^*$，当 $k\to\infty$ 时有：$\dfrac{e_{k+1}}{e_k^p}\to c$（$c\neq0$，为常数）则称该迭代过程为 p 阶收敛的．

定理4.2.5　对迭代过程 $x_{k+1}=g(x_k)$，如果 $g^{(p)}(x)$ 在 x^* 附近连续，且：$g'(x^*)=g''(x^*)=\cdots=g^{(p-1)}(x^*)=0$ 且 $g^{(p)}(x^*)\neq0$，则该迭代过程在 x 附近是 p 阶收敛的．

证明：由于 $g'(x^*)=0<1$，则由前面关于迭代法的局部收敛性定理知：此迭代过程 $x_{k+1}=g(x_k)$ 具有局部收敛性，即 $x_k\to0$．将 $g(x_k)$ 在 x^* 处泰勒展开，并注意到 $g'(x^*)=\cdots=g^{(p-1)}(x^*)=0$ 有：

$$g(x_k)=g(x^*)+\frac{g^{(p)}(\xi_k)}{p!}(x_k-x^*),\xi_k\in[x_k,\ x^*],$$

并且

$$x_{k+1}=g(x_k),\ x^*=g(x^*),$$

从而上式化为：

$$x_{k+1}-x^*=\frac{g^{(p)}(\xi_k)}{p!}(x_k-x^*)^p,$$

即：

$$\frac{e_{k+1}}{e_k^p}=\frac{x_{k+1}-x^*}{(x_k-x^*)^p}=\frac{g^{(p)}(\xi_k)}{p!}\to\frac{g^{(p)}(x^*)}{p!}.$$

故知迭代过程具有 p 阶收敛性．

定理4.2.5表明迭代过程的收敛速度依赖于迭代函数 $g(x)$ 的选取，如果 $x\in[a,\ b]$ 时 $g'(x)\neq0$，则迭代过程只可能是线性收敛的．

对于牛顿法，由迭代函数：

$$g(x)=x-\frac{f(x)}{f'(x)},$$

则

$$g'(x)=1-\frac{[f'(x)]^2-f(x)f''(x)}{[f'(x)]^2}=\frac{f(x)f''(x)}{[f'(x)]^2},$$

若 x^* 为 $f(x)$ 的一个单根，即 $f(x^*)=0,f'(x^*)\neq0$，则由上式知 $g'(x^*)=0$．由上面定理4.2.5可知牛顿法在根 x^* 的邻域内是平方收敛的（二阶收敛的）．

特别地，考察牛顿公式，设 $f(x)$ 二次连续可微，则

$$f(x)=f(x_k)+f'(x_k)(x-x_k)+\frac{f''(\xi)}{2!}(x-x_k)^2,$$

ξ 在 (x, x_k) 之间，特别地取 $x=x^*$，注意 $f(x^*)=0$，则

$$0=f(x^*)=f(x_k)+f'(x_k)(x^*-x_k)+\frac{f'(\xi)}{2!}(x^*-x_k)^2.$$

设 $f'(x_k)\neq 0$ 两边同除以 $f'(x_k)$，得：

$$x^*=x_k-\frac{f(x_k)}{f'(x_k)}-\frac{f''(\xi)}{2f'(x_k)}(x^*-x_k)^2.$$

利用牛顿公式，即有：

$$\frac{x^*-x_{k+1}}{(x^*-x_k)^2}=-\frac{f''(\xi)}{2f'(x_k)}=m_k,$$

当 $k\to\infty$，则 $-\frac{f''(\xi)}{2f'(x_k)}\to-\frac{f''(x^*)}{2f'(x^*)}$，或 $x^*-x_{k+1}=e_{k+1}=-\frac{f''(\xi)}{2f'(x_k)}(x^*-x_k)^2=m_k e_k^2$，可见 e_{k+1}(误差)与 x_k 的误差 e_k 的平方成比例. 当初始误差 $e_0=x^*-x_0$ 充分小时，以后迭代的误差将减少得非常快，反之 $e_0>1$，则放大.

牛顿法每计算一步，需要计算一次函数值 $f(x_k)$ 和一次导数值 $f'(x_k)$.

例 4.2.6 用牛顿法求解 $f(x)=\mathrm{e}^{-\frac{x}{4}}(2-x)-1=0$ 的近似解.

解 显然 $f(0)f(2)<0$，则在 $[0, 2]$ 内方程有一个根，求导 $f'(x)=\mathrm{e}^{-\frac{x}{4}}(x-6)/4$，则牛顿公式为：$x_{k+1}=x_k-\frac{f(x_k)}{f'(x_k)}=x_k-\frac{\mathrm{e}^{\frac{-x_k}{4}}(2-x_k)-1}{\mathrm{e}^{\frac{-x_k}{4}}(x_k-6)/4}$. 取 $x_0=1.0$，迭代 6 次得近似根为 $x^*\approx 0.783596$，$f(x^*)\approx -3.8\times 10^{-6}$.

这表明，当初值 x_0 取值靠近 x^* 时，牛顿法收敛且收敛速度较快，否则牛顿法可能不收敛.

下面考虑牛顿法的误差估计，由中值定理有：

$$f(x_k)=f(x_k)-f(x^*)=f'(\xi_k)(x_k-x^*),$$

当 x_k 充分接近 x^* 时，有 $x^*-x_k=-\frac{f(x_k)}{f'(\xi_k)}\approx-\frac{f(x_k)}{f'(x_k)}\overset{\text{牛顿法}}{=\!=}x_{k+1}-x_k$. 因此，用牛顿法求方程单根 x^* 的近似根 x_k 的误差 $e_k=x^*-x_k$ 可用 $x_{k+1}-x_k$ 来估计.

4.2.8 牛顿法应用举例

例 4.2.7 对给定的正数 C，应用牛顿法解二次方程 $x^2-C=0$，导出求开方值 $\sqrt{C}$ 的计算格式，并证明对任意函数初值 $x_0>0$ 都是收敛的.

解 由牛顿法公式可得：

$$x_{k+1}=\frac{1}{2}\left(x_k+\frac{C}{x_k}\right), \tag{4.2.7}$$

式 (4.2.7) 对任意函数初值 $x_0>0$ 都是收敛的，这是因为：

$$\begin{cases} x_{k+1}-\sqrt{C}=\dfrac{1}{2x_k}(x_k-\sqrt{C})^2, \\ x_{k+1}+\sqrt{C}=\dfrac{1}{2x_k}(x_k+\sqrt{C})^2. \end{cases}$$

两式相除得：

$$\frac{x_{k+1}-\sqrt{C}}{x_{k+1}+\sqrt{C}}=\left(\frac{x_k-\sqrt{C}}{x_k+\sqrt{C}}\right)^2.$$

由$\frac{x_{k+1}-\sqrt{C}}{x_{k+1}+\sqrt{C}}=\left(\frac{x_0-\sqrt{C}}{x_0+\sqrt{C}}\right)^{2^k}$可知：$x_k=\frac{1+q^{2^k}}{1-q^{2^k}}\sqrt{C}$，则：

$$x_k-\sqrt{C}=(x_k+\sqrt{C})q^{2^k}=\sqrt{C}\frac{2q^{2^k}}{1-q^{2^k}}.$$

递推可得：

$$\frac{x_{k+1}-\sqrt{C}}{x_{k+1}+\sqrt{C}}=\left(\frac{x_0-\sqrt{C}}{x_0+\sqrt{C}}\right)^{2^k}=q^{2^k}\Rightarrow x_k-\sqrt{C}=\sqrt{C}\frac{2q^{2^k}}{1-q^{2^k}}.$$

而$\forall x_0>0$，$|q|=\left|\frac{x_0-\sqrt{C}}{x_0+\sqrt{C}}\right|<1$. 故由公式知$x_k\to\sqrt{C}(k\to\infty)$，即迭代法恒收敛.

例 4.2.8　求$\sqrt{10}$的近似值，要求$|x_{k+1}-x_k|<10^{-6}$终止迭代.

解　$x_{k+1}=\frac{1}{2}\left(x_k+\frac{10}{x_k}\right)$取$x_0=1.0$经 6 次迭代后：$x_5=3.16227767$，$x_6=3.16227766$，$|x_6-x_5|=0.1\times10^{-7}$，故$\sqrt{10}\approx3.16227766$.

例 4.2.9　对给定正数 C，应用牛顿法求解$\frac{1}{x}-C=0$，导出求$\frac{1}{C}$而不用除法的计算公式，并给出保证收敛性的初值范围.

解　由牛顿方法得：$x_{k+1}=x_k(2-Cx_k)$

这个算法对于没有设置除法操作的计算机是有用的. 可以证明，此算法初值满足$0<x_0<\frac{2}{C}$时是收敛的，这是因为

$$x_{k+1}-\frac{1}{C}=x_k(2-Cx_k)-\frac{1}{C}=-C\left(x_k-\frac{1}{C}\right)^2,$$

即$1-Cx_{k+1}=(1-Cx_k)^2$，令$r_k=1-Cx_k$，由递推公式$r_{k+1}=r_k^2$反复递推，得$r_k=r_0^{2^k}$. 当$|r_0|=|1-Cx_0|<1$，即$0<x_0<\frac{2}{C}$时，有$r_k\to0$即$x_k\to\frac{1}{C}$，从而迭代法收敛.

4.2.9　牛顿下山法

牛顿法的收敛性依赖于对初值 x_0 的选取，如果 x_0 偏离 x^* 较远，则牛顿法可能发散. 例如，对方程 $x^3-x-1=0$，求在 $x=1.5$ 附近的一个根 x^*. 若取初值 $x_0=1.5$，则由牛顿法：

$$x_{k+1}=x_k-\frac{x_k^3-x_k-1}{3x_k^2-1},$$

计算得 $x_1=1.34783$，$x_2=1.32520$，$x_3=1.32472$，仅迭代 3 次即得有 6 位有效数字的近似值 x_3. 但若取初值 $x_0=0.6$ 则由同一牛顿公式计算得 $x_1=17.9$，这反而比 $x_0=0.6$ 更远离所求根 $x^*=1.32472$，因此发散.

为防止发散，对迭代过程加一下降要求：$|f(x_{k+1})|<|f(x_k)|$，满足这项要求的算法称为下山法.

将牛顿法与下山法结合，即在下山法保证函数下降的条件下，用牛顿法加速收敛. 为此，可将牛顿计算结果$\bar{x}_{k+1}=x_k-\dfrac{f(x_k)}{f'(x_k)}$与每一步近似值 x_k 作加权平均：$x_{k+1}=\lambda\bar{x}_{k+1}+(1-\lambda)x_k$，其中 $\lambda(0<\lambda\leqslant 1)$作为下山因子，选择下山因子 λ 以保证下降性.

λ 的选择方法是：由 $\lambda=1$ 反复减半的试探法，若能找到 λ 使下降性成立，则下山成功，否则下山失败，改变初值 x_0 重新开始.

4.2.10 弦截法与抛物线法

牛顿法 $x_{k+1}=x_k-\dfrac{f(x_k)}{f'(x_k)}$每迭代一次计算函数值$f(x_k)$、导数值$f'(x_k)$各一次，当函数$f$本身比较复杂时，求导数值更加困难.

下面方法多利用以前各次计算的函数值$f(x_k),f(x_{k-1}),\cdots$来回避导数值 $f'(x_k)$的计算，导出这种求根方法的基本原理是插值法.

设 x_k，x_{k-1}，…，x_{k-r} 是 $f(x)=0$ 的一组近似解，利用对应的函数值 $f(x_k)$，$f(x_{k-1}),\cdots,f(x_{k-r})$，构造插值多项式 $p_r(x)$，适当选取 $p_r(x)=0$ 的一个根作为$f(x)=0$ 的新的近似根 x_{k+1}. 这样就确定了一个迭代过程，记迭代函数为 g，则 $x_{k+1}=g(x_k,x_{k-1},\cdots,x_{k-r})$，下面具体考察$r=1$（弦截法），$r=2$（抛物线法）两种情形.

(1) 弦截法

设 x_k，x_{k-1}为$f(x)=0$ 的近似根，过点$(x_k,f(x_k))$，$(x_{k+1},f(x_{k+1}))$构造一次插值多项式 $p_1(x)$，并用 $p_1(x)=0$ 的根作为$f(x)=0$ 的新的近似根 x_{k+1}. 由于

$$p_1(x)=f(x_k)+\frac{f(x_k)-f(x_{k-1})}{x_k-x_{k-1}}(x-x_k),\tag{4.2.8}$$

则由 $p_1(x)=0$ 可得：

$$x_{k+1}=x_k-\frac{f(x_k)}{f(x_k)-f(x_{k-1})}(x_k-x_{k-1}).\tag{4.2.9}$$

另外，公式（4.2.9）也可以用导数 $f'(x)$的差商$\dfrac{f(x_k)-f(x_{k-1})}{x_k-x_{k-1}}$近似取代牛顿公式中的 $f'(x)$，同样得公式 (4.2.9).

弦截法的几何意义：曲线 $y=f(x)$上横坐标为 x_k，x_{k-1}的点分别记为 P_k，P_{k-1}，则弦线$\overline{P_kP_{k-1}}$的斜率等于差商$\dfrac{f(x_k)-f(x_{k-1})}{x_k-x_{k-1}}$. $\overline{P_kP_{k-1}}$的方程为$f(x)+\dfrac{f(x_k)-f(x_{k-1})}{x_k-x_{k-1}}(x-x_k)=0$，则按式（4.2.9）求得的近似根 x_{k+1}实际上是弦线$\overline{P_kP_{k-1}}$与 x 轴交点的横坐标，因此这种算法称为弦截法，又称割线法.

弦截法与切线法（牛顿法）都是线性化方程，但两者有本质区别. 牛顿切线法在计算 x_{k+1}时只用到前一步的 x_k 及$f(x_k)$，但要计算 $f'(x_k)$，而弦截法在计算 x_{k+1}时要用前面两步的结果 x_k，x_{k-1}，$f(x_k)$，$f(x_{k-1})$，而不需计算导数，这种方法必须有两个启动值 x_0，x_1.

例 4.2.10 用弦截法求解方程$f(x)=x^3-3x^2-x+9=0$ 在（-2，-1.5）的根.

解　取初值 $x_0=-2$，$x_1=-1$，则迭代 5 次后有 $x_6=-1.525102$，$f(x_6)\approx 0.000000$. 这个例子表明弦截法仍具有较快的收敛性.

定理 4.2.6　假设 $f(x)$ 在根 x^* 邻域 Δ: $|x-x^*|\leqslant\delta$ 内具有二阶连续导数，且对 $\forall x\in\Delta$ 有 $f'(x)\neq 0$. 又初值 x_0，$x_1\in\Delta$，那么当邻域 Δ 充分小时，弦截法式（4.2.9）将按阶 $P=\dfrac{1+\sqrt{5}}{2}\approx 1.618$ 收敛到根 x^*.

下面分析弦截法用于求解 $x=g(x)$ 时，对艾肯特（Atken）加速算法的几何解释：x_0 为 $x=g(x)$ 的近似根，$x_1=g(x_0)$，$x_2=g(x_1)$ 在曲线上走了两点 $P_0(x_0,x_1)$，$P_1(x_1,x_2)$，引弦线 $\overline{P_0P_1}$ 与直线 $y=x$ 交于一点 P'_2，则 P'_2 的横坐标（与纵坐标相等）为：

$$x_3=x_1+\frac{x_2-x_1}{x_1-x_0}(x_3-x_0)\Rightarrow x_3=\frac{x_0x_2-x_1^2}{x_0-2x_1+x_2}.$$

此即为艾肯特加速计算方法的公式. 由图 4.2.5 可以看出，所求的根 x^* 是曲线 $y=g(x)$ 与 $y=x$ 的交点 P^* 的横坐标，从图形上看，尽管迭代值 x_2 比 x_0 和 x_1 更远偏离了 x^*，但按上式求得的 x_3 却明显地扭转了这种发散的趋势.

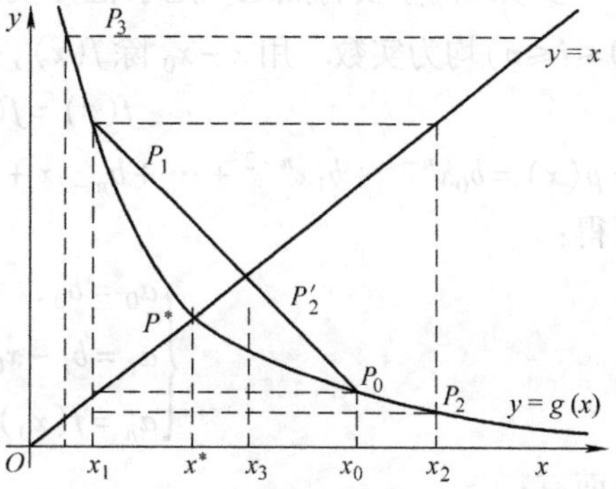

图　4.2.5

（2）抛物线法

设已知 $f(x)=0$ 的三个近似根为 x_k，x_{k-1}，x_{k-2}，以这三点为节点构造二次插值多项式 $p_2(x)$，并适当选取 $p_2(x)$ 的一个零点 x_{k+1} 作为新的近似根，这样确定的迭代过程称为抛物线法（亦称密勒法）.

抛物线插值多项式为：

$$p_2(x)=f(x_k)+f[x_k,x_{k-1}](x-x_k)+f[x_k,x_{k-1},x_{k-2}](x-x_k)(x-x_{k-1}),$$

它有两个零点：

$$x_{k+1}=x_k-\frac{2f(x_k)}{\omega\pm\sqrt{\omega^2-4f(x_k)f[x_k,x_{k-1},x_{k-2}]}}.\qquad(4.2.10)$$

其中，

$$\omega=f[x_k,x_{k-1}]+f[x_k,x_{k-1},x_{k-2}](x_k-x_{k-1}).$$

其几何意义是：用抛物线 $y=p_2(x)$ 与 x 轴的交点 x_{k+1} 作为所求根 x^* 的近似值. 为了由式（4.2.10）定出一个值 x_{k+1}，需讨论根式前正负符号的取舍问题，在 x_k，x_{k-1}，x_{k-2} 三个近似根中，自然假定以 x_k 更接近所求的根 x^*，这时为保证精度，选取式（4.2.10）中较近 x_k 的一个值作为新的近似根 x_{k+1}，为此，只要令根式前的符号与 ω 的符号相同即可.

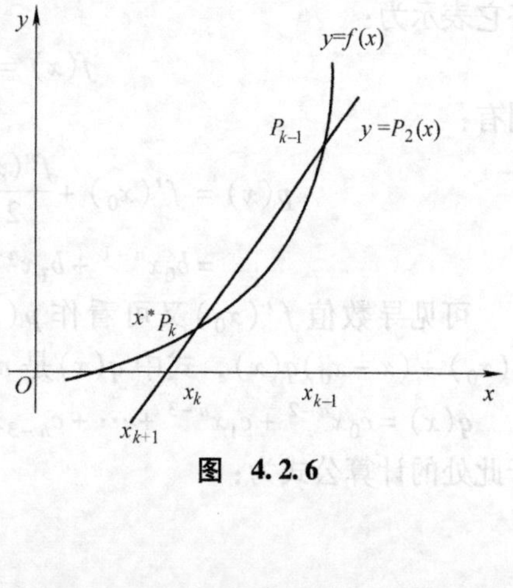

图　4.2.6

例 4.2.11　用抛物线法求解方程

$$f(x)=xe^x-1=0.$$

解 取三个初值 $x_0=0.5$，$x_1=0.6$，$x_2=0.56532$，计算 $f(x_0)=-0.175639$，$f(x_1)=-0.093271$，$f(x_2)=-0.005031$，$f[x_1,x_0]=2.68910$，$f[x_2,x_1]=2.83373$，$f[x_2,x_1,x_0]=2.21418$，$\omega=f[x_2,x_1]+f[x_2,x_1,x_0](x_2,x_1)=2.75694$，从而

$$x_3=x_2-\frac{2f(x_2)}{\omega\pm\sqrt{\omega^2-4f(x_2)f[x_2,x_1,x_0]}}=0.56714.$$

定理 4.2.7 若 $f(x)$ 在根 x^* 的邻域 Δ 内（$|x-x^*|<\delta$）有三阶连续偏导数，且对 $\forall x\in\Delta$，有 $f'(x)\neq0$，又有初值 x_0，x_1，$x_2\in\Delta$，那么当邻域 Δ 充分小时，抛物线法式（4.2.8）将按阶 $p=1.840$ 收敛于根 x^*.

可见抛物线法比弦截法收敛阶更接近于牛顿法，定理的证明略.

4.2.11 多项式求值的秦九韶算法

多项式的重要特点之一是求值方便，设 $f(x)=a_0x^n+a_1x^{n-1}+\cdots+a_{n-1}x+a_n$，系数 a_i（$0\leqslant i\leqslant n$）均为实数. 用 $x-x_0$ 除 $f(x)$，记其商为 $p(x)$，则其余项显然为 $f(x_0)$，即

$$f(x)=f(x_0)+(x-x_0)p(x). \tag{4.2.11}$$

令 $p(x)=b_0x^{n-1}+b_1x^{n-2}+\cdots+b_{n-2}x+b_{n-1}$ 代入公式（4.2.11）后与 $f(x)$ 比较同项式系数，可得：

$$\begin{cases}a_0=b_0,\\ a_i=b_i-x_0b_{i-1}, & 1\leqslant i\leqslant n-1\\ a_n=f(x_0)-x_0b_{n-1},\end{cases}$$

从而有：

$$\begin{cases}b_0=a_0,\\ b_i=a_i+x_0b_{i-1}, & 1\leqslant i\leqslant n-1\\ f(x_0)=a_n+x_0b_{n-1}\triangleq b_n,\end{cases} \tag{4.2.12}$$

式（4.2.12）提供了计算函数值 $f(x_0)$ 的有效算法称为秦九韶法. 这种算法的优点是计算量小，结构紧凑，编写计算机程序容易.

再看 $f(x)$ 的 n 阶泰勒展开式：注意（对 n 次多项式）更高阶导数为 0.

$$f(x)\equiv f(x_0)+f'(x_0)(x-x_0)+\frac{f''(x_0)}{2!}(x-x_0)^2+\cdots+\frac{f^n(x_0)}{n!}(x-x_0)^n,$$

将它表示为：

$$f(x)=f(x_0)+(x-x_0)p(x),$$

则有：

$$\begin{aligned}p(x)&=f'(x_0)+\frac{f''(x_0)}{2!}(x-x_0)+\cdots+\frac{f^n(x_0)}{n!}(x-x_0)^{n-1}\\&=b_0x^{n-1}+b_1x^{n-2}+\cdots+b_{n-2}x+b_{n-1}.\end{aligned}$$

可见导数值 $f'(x_0)$ 又可看作 $p(x)$ 用因子 $x-x_0$ 相除得出的余数，从而有：$p(x)=f'(x_0)+(x-x_0)q(x)$，式中 $q(x)$ 是 $n-2$ 次多项式. 令

$q(x)=c_0x^{n-2}+c_1x^{n-3}+\cdots+c_{n-3}x+c_{n-2}$，那么用秦九韶算法又可求出值 $f'(x_0)$. 对应于此处的计算公式为：

$$\begin{cases} c_0 = b_0, & \\ c_i = b_i + x_0 c_{i-1}, & 1 \leqslant i \leqslant n-2 \\ f'(x_0) = c_{n-1} \triangleq b_{n-1} + x_0 c_{n-2}. & \end{cases} \tag{4.2.13}$$

其中，b_i 已由公式（4.2.12）计算出.

4.2.12　代数方程的牛顿法

对 $f(x) = a_0 x^n + a_1 x^{n-1} + a_2 x^{n-2} + \cdots + a_{n-1} x + a_n = 0$，考察牛顿公式：

$$x_{k+1} = x_k - \frac{f(x_k)}{f'(x_k)}. \tag{4.2.14}$$

根据公式（4.2.12），公式（4.2.13）即可求 $f(x_k)$，$f'(x_k)$，从而由公式（4.2.14）通过 $2n$ 次乘除法、$2n$ 次加减法即可求得 x_{k+1}.

4.2.13　牛顿法对重根的处理

定理 4.2.8　设 $f(x) = (x-\alpha)^m h(x)$，$h(\alpha) \neq 0$，在点 x 附近 $f(x)$ 有连续的 $m+2$ 阶导数，则：

$$\lim_{x \to \alpha} \frac{f(x) f''(x)}{[f'(x)]^2} = 1 - \frac{1}{m}.$$

若 $m=2$，即 α 为 $f(x)$ 的二重根，则可将牛顿法中迭代函数改写为：$g(x) = x - \dfrac{2f(x)}{f'(x)}$，则：

$$g'(x) = 1 - \frac{2[f'(x)]^2 - 2f(x)f''(x)}{[f'(x)]^2} = -1 + 2\frac{f(x)f''(x)}{[f'(x)]^2},$$

$$g'(x) = \lim_{x \to \alpha}\left[-1 + 2\frac{f(x)f''(x)}{[f'(x)]^2}\right] = -1 + 2\left(1 - \frac{1}{2}\right) = 0.$$

因此仍然能保证在 α 领域内 $|g'(\alpha)| < 1$，使算法具有二阶收敛性. 在实际应用中对于 m 重根，迭代函数可改写成 $g(x) = x - \dfrac{mf(x)}{f'(x)}$. 但由于一般不能事先确定常数 m，则可考虑构造辅助函数 $\mu(x) = \dfrac{f(x)}{f'(x)}$. 如果 $f(x) = (x-\alpha)^m h(x)$，$m \geqslant 2$ 是正整数，$h(\alpha) \neq 0$，则 $\mu(x) = \dfrac{(x-\alpha)h(x)}{[mh(x) + (x-\alpha)h'(x)]}$，显然 α 是 $\mu(x)$ 的单重零点，故可将切线法（即牛顿法）用于 $\mu(x)$，得到二阶收敛的迭代函数：

$$g(x) = x - \frac{\mu(x)}{\mu'(x)},$$

或

$$g(x) = x - \frac{f(x)f'(x)}{[f'(x)]^2 - f(x)f''(x)}. \tag{4.2.15}$$

将此作为迭代函数即可找到根 α，收敛阶为 2 阶.

例 4.2.12　利用牛顿法思想求解方程 $f(x) = x^4 - 4x^2 + 4 = 0$.

解　$x^* = \sqrt{2}$ 是方程的二重根，用下面三种方法求根：

（1）牛顿法：$x_{k+1}=x_k-\frac{x_k^2-2}{4x_k}$；

（2）$\varphi(x)=x-mf(x)/f'(x)$，$m=2$ 即 $x_{k+1}=x_k-\frac{x_k^2-2}{2x_k}$；

（3）由上面式（4.2.15）所确定的修改方法化简为：$x_{k+1}=x_k-\frac{x_k(x_k^2-2)}{x_k^2+2}=\frac{4x_k}{x_k^2+2}$三种方法均取初值 $x_0=1.5$，计算结果为：

表 4.2.5　部分计算结果表

x	方法 1	方法 2	方法 3
x_1	1.5	1.5	1.5
x_2	1.458333333	1.416666667	1.411764706
x_3	1.436607143	1.414215686	1.414211438
x_4	1.425497619	1.414213562	1.414213562

经 3 次迭代，方法 2、方法 3 均达到10^{-9}精度，它们都是二阶收敛的方法，而方法 1 是一阶的，要进行 30 次迭代才能达到同样的精度.

4.3　养老保险模型的求解

对 4.1.5 小节中建立的养老保险模型，以 25 岁起保为例，假设男性平均寿命为 75 岁，则 $p=200$，$q=2282$；$N=420$，$M=600$，初始值为 $F_0=0$，我们可以得到：

$$F_k=F_0(1+r)^k+\frac{p}{r}[(1+r)^k-1],\ k=0,1,2,\cdots,N$$

$$F_k=F_N(1+r)^{k-N}-\frac{q}{r}[(1+r)^{k-N}-1],\ k=N+1,N+2,\cdots,M$$

在上面两式中，分别取 $k=N$ 和 $k=M$ 并利用 $F_M=0$ 可以求出：

$$(1+r)^M-\left(1+\frac{q}{p}\right)(1+r)^{M-N}+\frac{q}{p}=0.$$

在上述介绍的非线性方程求根法中选取牛顿法进行求解，利用迭代公式：

$$r_{k+1}=r_k-\frac{f(r_k)}{f'(r_k)}$$

其中，$f(r)=(1+r)^{600}-12.41(1+r)^{180}+11.41$，$f'(r)=600(1+r)^{599}-12.41\times180(1+r)^{179}$. 利用 MATLAB 编程编写牛顿迭代法程序，令初值为 $r_0=0$，迭代最大次数为 10000，求出方程的根为：

$$r=0.00485,$$

同样方法可以求出：35 岁和 45 岁起保所获得的月利率分别为

$$r=0.00461,\ r=0.00413,$$

习　题　4

1. 用迭代法求解如下方程在（1，2）内的实根

$$f(x)=x^3-x-1=0.$$

2. 用牛顿法求 $f(x)=x-\cos x=0$ 的近似解.
3. 用弦截法求方程 $f(x)=x^3-x-1=0$ 在区间（1，2）内的实根.
4. 利用二分法求方程 $2\sin\pi x+\cos\pi x=0$ 在［0，1］内的根（$\varepsilon=0.01$）.

第 5 章　小行星轨道方程计算问题——线性方程组的数值解法

5.1　小行星轨道方程问题

5.1.1　问题的引入

一位天文学家要确定一颗小行星绕太阳运行的轨道，他在轨道平面内建立以太阳为原点的直角坐标系，其单位为天文测量单位，在 5 个不同的时间对小行星作了 5 次观察，测得轨道上 5 个点的坐标数据见表 5.1.1：

表 5.1.1　轨道上的 5 个点的坐标数据

	1	2	3	4	5
x	5.764	6.286	6.759	7.168	7.408
y	0.648	1.202	1.823	2.526	3.360

试确立小行星的轨道方程，并画出小行星的运动轨线图形.

5.1.2　模型的分析

由开普勒第一定律知，小行星轨道为一椭圆，设椭圆的一般方程为：

$$a_1x^2+2a_2xy+a_3y^2+2a_4x+2a_5y+1=0,$$

需要确定系数 $a_i(i=1,2,3,4,5)$.

利用已知的数据，不妨设$(x_i,y_i)(i=1,2,3,4,5)$，欲确定系数 a_i 等价于求解一个线性方程组：

$$\begin{cases}a_1x_1^2+2a_2x_1y_1+a_3y_1^2+2a_4x_1+2a_5y_1+1=0,\\a_1x_2^2+2a_2x_2y_2+a_3y_2^2+2a_4x_2+2a_5y_2+1=0,\\a_1x_3^2+2a_2x_3y_3+a_3y_3^2+2a_4x_3+2a_5y_3+1=0,\\a_1x_4^2+2a_2x_4y_4+a_3y_4^2+2a_4x_4+2a_5y_4+1=0,\\a_1x_5^2+2a_2x_5y_5+a_3y_5^2+2a_4x_5+2a_5y_5+1=0.\end{cases}$$

可写成矩阵的形式：$\boldsymbol{AX}=\boldsymbol{b}$

其中，

$$\boldsymbol{A}=\begin{pmatrix}x_1^2&2x_1y_1&y_1^2&2x_1&2y_1\\x_2^2&2x_2y_2&y_2^2&2x_2&2y_2\\x_3^2&2x_3y_3&y_3^2&2x_3&2y_3\\x_4^2&2x_4y_4&y_4^2&2x_4&2y_4\\x_5^2&2x_5y_5&y_5^2&2x_5&2y_5\end{pmatrix},\ \boldsymbol{X}=\begin{pmatrix}a_1\\a_2\\a_3\\a_4\\a_5\end{pmatrix},\ \boldsymbol{b}=\begin{pmatrix}-1\\-1\\-1\\-1\\-1\end{pmatrix}.$$

5.1.3　模型的假设

假设：

（1）小行星轨道方程满足开普勒第一定律；

（2）以上测得数据真实有效.

5.1.4　模型的建立

该问题的模型为：

$$\begin{pmatrix} 33.2237 & 7.4701 & 0.4199 & 11.5280 & 1.2960 \\ 39.5138 & 15.1115 & 1.4448 & 12.5720 & 2.4040 \\ 45.6841 & 24.6433 & 3.3233 & 13.5180 & 3.6460 \\ 51.3802 & 36.2127 & 6.3807 & 14.3360 & 5.0520 \\ 54.8785 & 49.7818 & 11.2896 & 14.8160 & 6.7200 \end{pmatrix} \begin{pmatrix} a_1 \\ a_2 \\ a_3 \\ a_4 \\ a_5 \end{pmatrix} = \begin{pmatrix} -1 \\ -1 \\ -1 \\ -1 \\ -1 \end{pmatrix},$$

可见，解答上述问题就需要对线性方程组进行求解.

5.2　线性方程组数值解法概述

线性方程组的数值解法主要有两类：直接法和迭代法.

直接法：利用有限次算术运算，能直接得到方程组的精确解. 当然，实际计算结果仍有误差，譬如，由于计算机字长限制引起的舍入误差以及舍入误差的积累，这些误差有时甚至会严重影响解的精度.

求解线性方程组最基本的一种直接法是消元法，这是一个众所周知的古老方法，但用在现代计算机上仍然十分有效. 消元法的基本思想是，通过将一个方程乘以或除以某个常数，以及将一个方程乘以或除以某个常数与另一个方程相加减这两种运算，即方程组的初等行变换，逐步减少方程中变元的数目，最终使每个方程仅含一个变元，从而得出所求的解. 其中高斯（Gauss）消元法是广泛应用的方法，其求解过程分为消元过程和回代过程两个环节，消元过程是将所给的方程组通过初等行变换化成上三角系数矩阵的方程组，然后再通过回代过程得出它的解. 高斯消元法由于添加了回代的过程，其算法结构稍复杂，但这种算法的改进明显减少了计算量.

直接法比较适用于中小型方程组. 对高阶方程组来说，即使系数矩阵是稀疏的，但在运算中很难保持其稀疏性，而且有计算量大、存储量大，程序复杂等不足.

迭代法：即用某种极限过程逐步逼近线性方程组精确解的方法. 迭代法具有需要计算机存储较少、程序设计简单、原始系数矩阵在计算过程中始终不变等优点，但有收敛性和收敛速度的问题. 迭代法是求解大型稀疏矩阵方程组的重要方法，迭代法能保持矩阵的稀疏性，具有计算简单、编制程序容易的优点，并在许多情况下收敛较快，故能有效地解一些高阶方程组.

迭代法的基本思想是构造一串收敛到解的序列，即建立一种从已有近似解计算新的近似解的规则，由不同的计算规则得到不同的迭代法.

5.3 直接解法

5.3.1 高斯消元法

高斯消元法是一个古老的求解线性方程组的方法，由它改进的选主元法是目前计算机上常用的有效的求解低阶稠密矩阵线性方程组的方法.

例 5.3.1 用高斯消元法解方程组

$$\begin{cases} 2x_1+2x_2+2x_3=1, & (5.3.1)\\ 3x_1+2x_2+4x_3=\dfrac{1}{2}, & (5.3.2)\\ x_1+3x_2+9x_3=\dfrac{5}{2}. & (5.3.3)\end{cases}$$

解 第1步，式 (5.3.1) $\times\left(-\dfrac{3}{2}\right)$加到式 (5.3.2)，式(5.3.1)$\times\left(-\dfrac{1}{2}\right)$加到式(5.3.3)，得等价方程组:

$$\begin{cases} 2x_1+2x_2+2x_3=1, \\ -x_2+x_3=-1, & (5.3.4)\\ 2x_2+8x_3=2. & (5.3.5)\end{cases}$$

第2步，式 (5.3.4)×2 加到式 (5.3.5) 得等价的方程组:

$$\begin{cases} 2x_1+2x_2+2x_3=1, \\ -x_2+x_3=-1, \\ 10x_3=0. \end{cases} \tag{5.3.6}$$

第3步，回代法求解式 (5.3.6) 即可求得该方程组的解为:

$$x_3=0,\quad x_2=1,\quad x_1=-\frac{1}{2}.$$

用矩阵法描述的约化过程即为:

$$(\boldsymbol{A},\boldsymbol{b})=\begin{pmatrix}2&2&2&1\\3&2&4&\dfrac{1}{2}\\1&3&9&\dfrac{5}{2}\end{pmatrix}\xrightarrow[\substack{r_1\times(-\frac{3}{2})+r_2\Rightarrow r_2\\ r_1\times(-\frac{1}{2})+r_3\Rightarrow r_3}]{(1)}\begin{pmatrix}2&2&2&1\\0&-1&1&-1\\0&2&8&2\end{pmatrix}$$

$$\xrightarrow[r_2\times2+r_3\Rightarrow r_3]{(2)}\begin{pmatrix}2&2&2&1\\0&-1&1&-1\\0&0&10&0\end{pmatrix}.$$

这种求解过程称为具有回代的高斯消元法.

此例可见高斯消元法的基本思想是：用矩阵的初等行变换将系数矩阵 $\boldsymbol{A}$ 化为具有简单形式的矩阵（如上三角阵，单位矩阵等），而三角形方程组是很容易回代求解的.

一般的，设有 n 个未知数的线性方程组为：

$$\begin{cases} a_{11}x_1+a_{12}x_2+\cdots+a_{1n}x_n=b_1, \\ a_{21}x_1+a_{22}x_2+\cdots+a_{2n}x_n=b_2, \\ \quad\vdots \\ a_{n1}x_1+a_{n2}x_2+\cdots+a_{nn}x_n=b_n. \end{cases} \tag{5.3.7}$$

设 $\boldsymbol{A}=(a_{ij})_{n\times n}$，$\boldsymbol{X}=(x_1,x_2,\cdots,x_n)^{\mathrm{T}}$，$\boldsymbol{b}=(b_1,b_2,\cdots,b_n)^{\mathrm{T}}$，则式（5.3.7）简化为 $\boldsymbol{AX}=\boldsymbol{b}$，为方便，记 $\boldsymbol{A}=\boldsymbol{A}^{(1)}=(a_{ij}^{(1)})_{n\times n}$，$\boldsymbol{b}=\boldsymbol{b}^{(1)}=(b_1^{(1)},b_2^{(1)},\cdots b_n^{(1)})^{\mathrm{T}}$，设 $\det\boldsymbol{A}\neq0\quad a_{ii}\neq0$. 则消元法为：

第1步：$a_{11}^{(1)}\neq0$，计算 $m_{i1}=\dfrac{a_{i1}^{(1)}}{a_{11}^{(1)}}(i=2,3,\cdots,n)$，用（$-m_{i1}$）乘式（5.3.7）的第一个方程加到第 i 个方程中（$i=2,3,\cdots,n$）（即实行行的初等变换），即：$R_i-m_{i1}\cdot R_1\to R_i(i=2,3,\cdots,n)$消去第2个到第 n 个方程中的未知数 x_1，得与式（5.3.7）等价方程组：

$$\begin{pmatrix} a_{11}^{(1)} & a_{12}^{(1)} & \cdots & a_{in}^{(1)} \\ & a_{22}^{(2)} & \cdots & a_{2n}^{(2)} \\ & \vdots & \cdots & \vdots \\ & a_{n2}^{(2)} & \cdots & a_{nn}^{(2)} \end{pmatrix}\begin{pmatrix} x_1 \\ x_2 \\ \vdots \\ x_n \end{pmatrix}=\begin{pmatrix} b_1^{(1)} \\ b_2^{(2)} \\ \vdots \\ b_n^{(2)} \end{pmatrix}. \tag{5.3.8}$$

记为：$\boldsymbol{A}^{(2)}\boldsymbol{X}=\boldsymbol{b}^{(2)}$.

其中，式（5.3.8）中元素 $a_{ij}^{(2)}$ 为进一步需要计算的元素，公式为：

$$a_{ij}^{(2)}=a_{ij}^{(1)}-m_{i1}a_{1j}^{(1)},\ i,j=2,3,\cdots,n,\ b_i^{(2)}=b_i^{(1)}-m_{i1}b_1^{(1)},\ i=2,3,\cdots,n.$$

第 $k(k=1,2,\cdots n-1)$步，继续上述消元过程. 设第1步到第 $k-1$ 步计算已完成，得到与原方程组等价的方程组：

$$\begin{pmatrix} a_{11}^{(1)} & a_{12}^{(1)} & \cdots & \cdots & a_{1n}^{(1)} \\ & a_{22}^{(2)} & & & a_{2n}^{(2)} \\ & & \ddots & & \\ & & a_{kk}^{(k)} & \cdots & a_{kn}^{(k)} \\ & & \vdots & & \vdots \\ & & a_{nk}^{(k)} & \cdots & a_{nn}^{(k)} \end{pmatrix}\begin{pmatrix} x_1 \\ x_2 \\ x_3 \\ \vdots \\ x_n \end{pmatrix}=\begin{pmatrix} b_1^{(1)} \\ b_2^{(2)} \\ \vdots \\ b_k^{(k)} \\ \vdots \\ b_n^{(k)} \end{pmatrix}, \tag{5.3.9}$$

记为 $\boldsymbol{A}^{(k)}\boldsymbol{X}=\boldsymbol{b}^{(k)}$，下面进行第 k 步消元法：

设 $a_{kk}^{(k)}\neq0$，计算乘数 $m_{ik}=a_{ik}^{(k)}/a_{kk}^{(k)}(i=k+1,\cdots,n-1)$，用 $-m_{ik}$乘式（5.3.9）中的第 k 个方程加到第 i 个方程（$i=k+1,\cdots,n$），消去式（5.3.9）中第 $i(i=k+1,\cdots,n)$个方程的未知数 x_k，得到与原方程组等价的方程组：

$$
\begin{pmatrix}
a_{11}^{(1)} & a_{12}^{(1)} & \cdots & a_{1k}^{(1)} & a_{1,k+1}^{(1)} & \cdots & a_{1n}^{(1)} \\
 & a_{22}^{(2)} & \cdots & a_{2k}^{(2)} & a_{2,k+1}^{(2)} & \cdots & a_{2n}^{(2)} \\
 & & \ddots & \vdots & \vdots & & \vdots \\
 & & & a_{kk}^{(k)} & a_{k,k+1}^{(k)} & \cdots & a_{kn}^{(k)} \\
 & & & & a_{k+1,k+1}^{(k+1)} & \cdots & a_{k+1,n}^{(k+1)} \\
 & & & & \vdots & & \vdots \\
 & & & & a_{n,k+1}^{(k+1)} & \cdots & a_{n,n}^{(k+1)}
\end{pmatrix}
\begin{pmatrix} x_1 \\ x_2 \\ \vdots \\ x_k \\ \vdots \\ x_n \end{pmatrix}
=
\begin{pmatrix} b_1^{(1)} \\ b_2^{(2)} \\ \vdots \\ b_k^{(k)} \\ b_{k+1}^{(k+1)} \\ \vdots \\ b_n^{(k+1)} \end{pmatrix}. \tag{5.3.10}
$$

记为$\boldsymbol{A}^{(k+1)}\boldsymbol{X}=\boldsymbol{b}^{(k+1)}$. 其中$\boldsymbol{A}^{(k+1)}$, $\boldsymbol{b}^{(k+1)}$中元素计算公式为:

$$
\begin{cases}
a_{ij}^{(k+1)}=a_{ij}^{(k)}-m_{ik}a_{kj}^{(k)},(i,j=k+1,\cdots,n) \\
b_i^{(k+1)}=b_i^{(k)}-m_{ik}b_k^{(k)},(i=k+1,\cdots,n) \\
\boldsymbol{A}^{(k+1)}\text{与}\boldsymbol{A}^{(k)}\text{前}k\text{行元素相同},\boldsymbol{b}^{(k+1)}\text{与}\boldsymbol{b}^{(k)}\text{前}k\text{个元素相同}
\end{cases} \tag{5.3.11}
$$

最后, 重复上述过程, 即$k=1, 2, \cdots, n-1$; 且设$a_{kk}^{(k)}\neq 0(k=1, 2, \cdots, n-1)$, 共完成$n-1$步消元计算, 得到与式 (5.3.7) 等价的三角形系数矩阵的方程组:

$$
\begin{pmatrix}
a_{11}^{(1)} & a_{12}^{(1)} & \cdots & a_{1n}^{(1)} \\
 & a_{22}^{(2)} & \cdots & a_{2n}^{(2)} \\
 & & \ddots & \vdots \\
 & & & a_{nn}^{(n)}
\end{pmatrix}
\begin{pmatrix} x_1 \\ x_2 \\ \vdots \\ x_n \end{pmatrix}
=
\begin{pmatrix} b_1^{(1)} \\ b_2^{(2)} \\ \vdots \\ b_n^{(n)} \end{pmatrix}, \tag{5.3.12}
$$

再用回代法求解式 (5.3.12) 的解, 计算公式为:

$$
\begin{cases}
x_n=\dfrac{b^{(n)}}{a_{nn}^{(n)}}, \\
x_i=\dfrac{\left(b_i^{(i)}-\sum\limits_{j=i+1}^{n}a_{ij}^{(i)}x_j\right)}{a_{ii}^{(i)}},(i=n-1,n-2,\cdots,1).
\end{cases} \tag{5.3.13}
$$

元素$a_{kk}^{(k)}$称为约化的主元素. 将式 (5.3.7) 化为式 (5.3.12) 的过程称为消元过程.

由消元过程和回代过程求解线性方程组的方法称为高斯消元法, 方程组 (5.3.12) 的求解过程式 (5.3.13) 称为回代过程.

定理 5.3.1 (高斯消元法)设$\boldsymbol{AX}=\boldsymbol{b}$, $\boldsymbol{A}\in\mathbf{R}^{n\times n}$, 若约化的主对角元素$a_{kk}^{(k)}\neq 0$ ($k=1,2,\cdots,n$)则可通过高斯消元法 (不进行两行交换位置的初等变换) 将方程组化为等价的上三角形方程组 (5.3.12). 消元和求解的计算公式为:

1°消元计算

$$
\begin{cases}
m_{ik}=\dfrac{a_{ik}^{(k)}}{a_{kk}^{(k)}}, (i=k+1, \cdots, n), \\
a_{ij}^{(k+1)}=a_{ij}^{(k)}-m_{ik}a_{kj}^{(k)}, (i, j=k+1, \cdots, n), k=1, 2, \cdots, n-1 \\
b_i^{(k+1)}=b_i^{(k)}-m_{ik}b_k^{(k)}, (i=k+1, \cdots, n),
\end{cases}
$$

2°回代计算

$$\begin{cases} x_n = \dfrac{b^{(n)}}{a_{nn}^{(n)}}, \\ x_i = \dfrac{(b_i^{(i)} - \sum\limits_{j=i+1}^{n} a_{ij}^{(i)} x_j)}{a_{ii}^{(i)}}, i = n-1, n-2, \cdots, 1. \end{cases}$$

5.3.2　矩阵的三角分解

下面用矩阵理论来进一步分析高斯消元法，设约化主对角线上元素 $a_{kk}^{(k)} \neq 0 (k=1, 2, \cdots, n-1)$，由于对 $\boldsymbol{A}$ 实行的初等变换相当于用初等矩阵左乘 $\boldsymbol{A}$，于是，高斯消元法第1步：$\boldsymbol{A}^{(1)}\boldsymbol{X}=\boldsymbol{b}^{(1)} \to \boldsymbol{A}^{(2)}\boldsymbol{X}=\boldsymbol{b}^{(2)}$，有：

$$\boldsymbol{L}_1\boldsymbol{A}^{(1)} = \boldsymbol{A}^{(2)},\ \boldsymbol{L}_1\boldsymbol{b}^{(1)} = \boldsymbol{b}^{(2)},$$

其中：

$$\boldsymbol{L}_1 = \begin{pmatrix} 1 & 0 & \cdots & 0 \\ -m_{21} & 1 & & 0 \\ \vdots & & \ddots & \vdots \\ -m_{n1} & 0 & \cdots & 1 \end{pmatrix},$$

（$\boldsymbol{L}_1$ 为单位三角矩阵）高斯消元法第 k 步消元过程：

$$\boldsymbol{A}^{(k)}\boldsymbol{X} = \boldsymbol{b}^{(k)} \to \boldsymbol{A}^{(k+1)}\boldsymbol{X} = \boldsymbol{b}^{(k+1)},$$

则有

$$\boldsymbol{L}_k\boldsymbol{A}^{(k)} = \boldsymbol{A}^{(k+1)},\ \boldsymbol{L}_k\boldsymbol{b}^{(k)} = \boldsymbol{b}^{(k+1)},\ k=1, 2, \cdots, n-1. \tag{5.3.14}$$

其中：

$$\boldsymbol{L}_k = \begin{pmatrix} 1 & & & \text{第}k\text{列} & & & \\ & 1 & & & & & \\ & & \ddots & & & & \\ & & & 1 & & & \\ & & & -m_{k+1,k} & 1 & & \\ & & & \vdots & & \ddots & \\ & & & -m_{n,k} & & & 1 \end{pmatrix},\quad \boldsymbol{L}_k^{-1} = \begin{pmatrix} 1 & & & \text{第}k\text{列} & & & \\ & 1 & & & & & \\ & & \ddots & & & & \\ & & & 1 & & & \\ & & & m_{k+1,k} & 1 & & \\ & & & \vdots & & \ddots & \\ & & & m_{n,k} & & & 1 \end{pmatrix}.$$

利用递推公式（5.3.14）则有：

$$\boldsymbol{L}_{n-1}\boldsymbol{L}_{n-2}\cdots\boldsymbol{L}_2\boldsymbol{L}_1\boldsymbol{A}^{(1)} = \boldsymbol{A}^{(n)} \equiv \boldsymbol{U},\quad \boldsymbol{L}_{n-1}\boldsymbol{L}_{n-2}\cdots\boldsymbol{L}_2\boldsymbol{L}_1\boldsymbol{b}^{(1)} = \boldsymbol{b}^{(n)}, \tag{5.3.15}$$

由式（5.3.15）得：

$$\boldsymbol{A} = (\boldsymbol{L}_1^{-1}\boldsymbol{L}_2^{-1}\cdots\boldsymbol{L}_{n-1}^{-1})\boldsymbol{U} = \boldsymbol{L}\boldsymbol{U}. \tag{5.3.16}$$

其中

$$L=\begin{pmatrix}1 & & & \\ m_{21} & 1 & & \\ m_{31} & m_{32} & 1 & \\ \vdots & \vdots & \ddots & \\ m_{n1} & m_{n2} & \cdots & 1\end{pmatrix},\ U=\begin{pmatrix}a_{11}^{(1)} & a_{12}^{(1)} & \cdots & a_{1n}^{(1)} \\ & a_{22}^{(2)} & \cdots & a_{2n}^{(2)} \\ & & \ddots & \vdots \\ & & & a_{nn}^{(n)}\end{pmatrix}$$

$\boldsymbol{L}$ 为由若干下三角矩阵相乘构成的下三角阵，$\boldsymbol{U}$ 为上三角矩阵，式（5.3.16）表明，用矩阵理论来分析高斯消元法，会得到一个重要结果，即在 $a_{kk}^{(k)}\neq 0$（$k=1$，2，…，$n-1$）的条件下高斯消元法实质上是将 $\boldsymbol{A}$ 分解成两个三角矩阵 $\boldsymbol{A}=\boldsymbol{LU}$.

显然，可由高斯消元法及行列式的性质可知，如果 $a_{ii}^{(i)}\neq 0(i=1,2,\cdots,k)$，则有 $\det(\boldsymbol{A}_1)=a_{11}^{(1)}\neq 0$，$\det(\boldsymbol{A}_i)=a_{11}^{(1)}a_{22}^{(2)}\cdots a_{ii}^{(i)}\neq 0(i=2,3,\cdots,k)$.
其中

$$\boldsymbol{A}_1=(a_{11}),\ \boldsymbol{A}_i=\begin{pmatrix}a_{11} & \cdots & a_{1i}\\ \vdots & & \vdots \\ a_{i1} & \cdots & a_{ii}\end{pmatrix},\ (\boldsymbol{A}\text{ 的 } i \text{ 阶顺序主子式}),$$

反之，可用归纳法证明：如果 $\boldsymbol{A}$ 的顺序主子式 $\boldsymbol{A}_i$ 满足：

$$\det(\boldsymbol{A}_i)\neq 0\quad (i=1,2,\cdots,k)$$

则 $a_{ii}^{(i)}\neq 0$，$i=1$，2，…，k，总结以上讨论，可得如下重要的定理：

定理 5.3.2 （矩阵的三角分解）设 $\boldsymbol{A}\in\mathbf{R}^{n\times n}$，如果 $\boldsymbol{A}$ 的顺序主子式有 $\det(\boldsymbol{A}_i)\neq 0(i=1,2,\cdots,n-1)$，则 $\boldsymbol{A}$ 可分解为一个单位下三角矩阵与一个上三角矩阵的乘积，即 $\boldsymbol{A}=\boldsymbol{LU}$，且分解是唯一的，单位三角矩阵是主对角线上元素为 1 的三角矩阵.

证明 通过上面的分析已经说明了分解的存在性. 现仅就 $\det(\boldsymbol{A}_i)\neq 0(i=1,2,\cdots,n-1)$ 证明唯一性. 假若

$$\boldsymbol{A}=\boldsymbol{L}_1\boldsymbol{U}_1=\boldsymbol{LU},\tag{5.3.17}$$

且对 $\boldsymbol{A}$ 非奇异时考虑，$\boldsymbol{L}_1$，$\boldsymbol{L}$ 为单位下三角阵，$\boldsymbol{U}_1$，$\boldsymbol{U}$ 为上三角阵，由假设知 $\boldsymbol{U}_1^{-1}$ 存在（因为 $\det\boldsymbol{A}\neq 0$，$\boldsymbol{L}_1$ 可逆，$\boldsymbol{A}=\boldsymbol{L}_1\boldsymbol{U}_1$，故 $\boldsymbol{U}_1$ 可逆），从而由式（5.3.17）有 $\boldsymbol{L}^{-1}\boldsymbol{L}_1=\boldsymbol{U}\boldsymbol{U}_1^{-1}$. 上式右端为上三角阵，左端为单位下三角阵，因此左右两端应为单位矩阵，故 $\boldsymbol{L}_1=\boldsymbol{L}$，$\boldsymbol{U}_1=\boldsymbol{U}$，即分解是唯一的.

称矩阵的三角分解 $\boldsymbol{A}=\boldsymbol{LU}$ 为杜利特尔（Doolittle）分解.
其中

$$\boldsymbol{L}=\begin{pmatrix}1 & & & \\ l_{21} & 1 & & \\ \vdots & \vdots & \ddots & \\ l_{n1} & l_{n2} & \cdots & 1\end{pmatrix},\ \boldsymbol{U}=\begin{pmatrix}u_{11} & u_{12} & \cdots & u_{1n}\\ & u_{22} & \cdots & u_{2n}\\ & & \ddots & \vdots \\ & & & u_{nn}\end{pmatrix}.$$

在以上定理的条件下，同样可以有下面的三角分解：$\boldsymbol{A}=\boldsymbol{LU}$. 其中 $\boldsymbol{L}$ 为下三角矩阵，$\boldsymbol{U}$ 为单位上三角矩阵，称之为克劳特（Crout）分解.

如前例中系数矩阵 $\boldsymbol{A}$ 的杜利特尔分解为：

$$A=\begin{pmatrix}2&2&2\\3&2&4\\1&3&9\end{pmatrix}=\begin{pmatrix}1&&\\\frac{3}{2}&1&\\\frac{1}{2}&-2&1\end{pmatrix}\begin{pmatrix}2&2&2\\&-1&1\\&&10\end{pmatrix}=LU.$$

现设 $AX=b$，若有分解 $A=LU$，则

$$AX=b\Leftrightarrow LUX=b\Leftrightarrow (1)LY=b\quad (2)UX=Y\Rightarrow X,$$

而求解这两个三角形系数矩阵的线性方程组是很容易的.

5.3.3　高斯消元法的计算量

定理 5.3.3　设 A 为 n 阶非奇异矩阵，则用高斯消元法解 $AX=b$ 所需要的乘除法次数及加减法的次数分别为：

(1) $MD=\frac{n^3}{3}+n^2-\frac{n}{3}\approx\frac{n^3}{3}$,

(2) $AS=n(n-1)(2n+5)/6\approx\frac{n^3}{3}$.

但如果用克拉默（Gramer）法则解 $AX=b$，就需要计算 $n+1$ 个 n 阶行列式，若行列式用子式展开，总共需要 $(n+1)!$ 次乘法，如 $n=10$ 时，高斯消元法需要 430 次乘除法，而克拉默法则需要 39916800 次乘法，由此可见，用克拉默法则求解方程组的工作量太大，不便于使用. 如果计算是在每秒进行10^5 次乘、除法运算的计算机上进的，那么用高斯消元法解 20 阶方程组约需 0.03 秒即可完成，而用克拉默法则大约需 1.3×10^{11} 小时才能完成（大约相当于10^7 年）. 可见，克拉默法则完全不适于在计算机上求解高维方程组.

5.3.4　高斯主元素消元法

用高斯消元法解 $AX=b$ 时，设 A 非奇异，可能出现 $a_{kk}^{(k)}=0$，这时必须进行行交换的高斯消元法，但在实际计算中即使 $a_{kk}^{(k)}\neq0$，但当其绝对值很小时，用 $a_{kk}^{(k)}$ 作除数，会导致中间结果矩阵 $A^{(k)}$ 的元素数量级严重增长和舍入误差的扩散，导致最后的结果不可靠.

例 5.3.2　设有方程组

$$\begin{cases}0.0001x_1+x_2=1,\\ x_1+x_2=2.\end{cases}$$

解　方程组的解 $X^*=(0.99989999,\ 1.00010001)$.

方法一：用高斯消元法求解（用具有舍入的 3 位浮点数进行运算）.

$$(A,\ b)=\begin{pmatrix}0.000100&1&1\\1&1&2\end{pmatrix}\xrightarrow{m_{21}=10000}\begin{pmatrix}0.000100&1&1\\0&-10000&-10000\end{pmatrix}.$$

回代得解 $x_2=1.00$，$x_1=0.00$，与精确解比较，这个结果很差.

方法二：用具有行交换的高斯消元法（避免小主元）.

$$(A,\ b)\xrightarrow{r_1\leftrightarrow r_2}\left(\begin{array}{cc:c}1&1&2\\0.000100&1&1\end{array}\right)\xrightarrow{m_{21}=0.000100}\left(\begin{array}{cc:c}1&1&2\\0&1.00&1.00\end{array}\right).$$

回代得解：$x_2=1.00$，$x_1=1.00$.

这个解对于具有舍入的3位浮点数进行计算，是一个很好的结果.

方法一计算失败的原因，是用了一个绝对值很小的数作除数，乘数绝对值很大，引起约化中间结果数量误差很严重地增长，再舍入就使得计算结果不可靠了.

这个例子告诉我们，在采用高斯消元法解方程组时，小主元可能导致计算失败，故在消元法中应避免采用绝对值很小的主元素.

对一般矩阵方程组，需要引进主元的技巧，即在高斯消元法的每一步应该选取系数矩阵或消元后的低阶矩阵中的绝对值最大的元素作为主元素，保持乘数 $|m_{ik}|\leqslant 1$ 以便减少计算过程中的舍入误差对计算结果的影响.

这个例子还告诉我们，对同一个数值问题，用不同的计算方法，得到的精度大不一样. 对于一种计算方法，如果用此方法的计算过程中舍入误差得到控制，对计算结果影响较小，称此方法为**数值稳定的**；否则，如果用此计算方法的计算过程中舍入误差增长迅速，计算结果受舍入误差影响较大，则称此方法为**数值不稳定的**. 因此，我们在做数值计算问题时，应选择和使用数值稳定的计算方法，否则，如果使用数值不稳定的计算方法去解数值计算问题，就可能导致计算失败.

5.3.5 完全主元素消元法

设有线性方程组 $\boldsymbol{AX}=\boldsymbol{b}$，其中 $\boldsymbol{A}$ 为非奇异矩阵. 方程组的增广矩阵为

$$(\boldsymbol{A},\boldsymbol{b})=\begin{pmatrix} a_{11} & a_{12} & \cdots & \cdots & a_{1n} & b_1 \\ a_{21} & a_{22} & \cdots & \cdots & a_{2n} & b_2 \\ \vdots & \vdots & & a_{i_1j_1} & \vdots & \vdots \\ \vdots & \vdots & & & \vdots & \vdots \\ a_{n1} & a_{n2} & \cdots & \cdots & a_{nn} & b_n \end{pmatrix}.$$

第1步（$k=1$）：首先在 $\boldsymbol{A}$ 中选主元素，即选择 i_1，j_1，使 $|a_{i_1,j_1}|=\max\limits_{\substack{1\leqslant i\leqslant n\\1\leqslant j\leqslant n}}|a_{ij}|\neq 0$，再交换 $(\boldsymbol{A},\boldsymbol{b})$ 的第一行与第 i_1 行元素，交换 $\boldsymbol{A}$ 的第一列与第 j_1 列元素（相当于交换未知数 x_1 与 x_{j_1}），将 a_{i_1,j_1} 调到（1，1）位置（交换后的增广矩阵为 $(\boldsymbol{A},\boldsymbol{b})$，其元素仍记为 (a_{ij},b_i)，然后进行消元法计算.

第 k 步：继续上述过程，设已完成第1步到第 $k-1$ 步计算，$(\boldsymbol{A},\boldsymbol{b})$ 约化为下述形式（为简单起见，仍记 $\boldsymbol{A}^{(k)}$ 元素为 a_{ij}，$\boldsymbol{b}^{(k)}$ 元素为 b_i）：

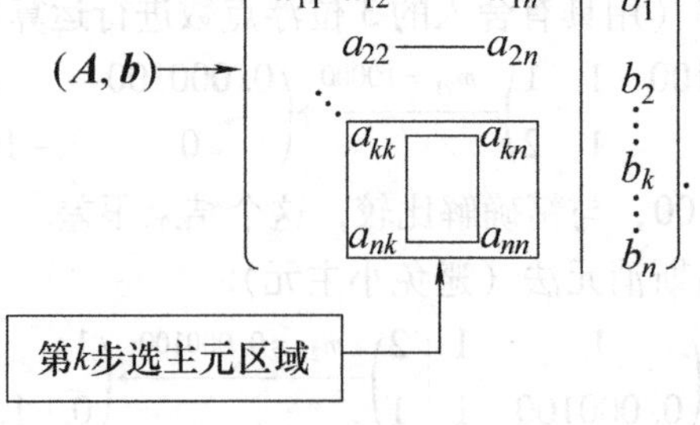

于是第 k 步计算：对于 $k=1, 2, \cdots, n-1$ 按下述步骤从（1）计算到（3）：

（1）选主元素：选择 i_k，j_k 使 $|a_{i_k,j_k}|=\max\limits_{\substack{k\leqslant i\leqslant n\\ k\leqslant j\leqslant n}}|a_{ij}|\neq 0$；

（2）如果 $i_k\neq k$，则交换（$\boldsymbol{A}$，$\boldsymbol{b}$）第 k 行与第 i_k 行元素，如果 $j_k\neq k$，则交换 $\boldsymbol{A}$ 的第 k 列与第 j_k 列元素；

（3）消元计算 $m_{ik}=\dfrac{a_{ik}}{a_{kk}}$ $(i=k+1, \cdots, n)$，

$$a_{ij}\longleftarrow a_{ij}-m_{ik}a_{kj}\ (i, j=k+1, \cdots, n),$$

$$b_i\longleftarrow b_i-m_{ik}b_k\ (i=k+1, \cdots, n);$$

（4）回代求解．经过上面的过程，即从第 1 步到第 $n-1$ 步完成选主元，交换两行，交换两列，消元计算．原方程组约化为：

$$\begin{pmatrix} a_{11} & a_{12} & \cdots & a_{1n} \\ & a_{22} & \cdots & a_{2n} \\ & & \ddots & \vdots \\ & & & a_{nn} \end{pmatrix}\begin{pmatrix} y_1 \\ y_2 \\ \vdots \\ y_n \end{pmatrix}=\begin{pmatrix} b_1 \\ b_2 \\ \vdots \\ b_n \end{pmatrix},$$

其中，y_1，y_2，…，y_n 为未知数 x_1，x_2，…，x_n 调换后的顺序．回代求解：

$$\begin{cases} y_n = \dfrac{b_n}{a_{nn}}, \\ y_i = \dfrac{\left(b_i - \sum\limits_{j=i+1}^{n} a_{ij}y_j\right)}{a_{ii}}, \ i = n-1, \cdots, 2, 1. \end{cases}$$

用完全主元素消元法解 $\boldsymbol{AX}=\boldsymbol{b}$，可用一整型数组 $IZ(n)$ 开始记录未知数 x_1，x_2，…，x_n 次序，即 $IZ(n)=\{1, 2, \cdots, n\}$，最后记录调整后未知数的坐标，系数阵 $\boldsymbol{A}$ 存在二维数组 $A(n, n)$ 内，常数项 $\boldsymbol{b}$ 存在 $b(n)$ 内，解存在数组 $X(n)$ 内．

5.3.6　列主元消元法

完全主元素消元法是解低阶稠密矩阵方程组的有效方法，但完全主元素法在选主元时要花费一定的时间．现介绍一种在实际计算中常用的部分选主元（即列主元）消元法．列主元消元法，即每次选主元时，仅依次按列选取绝对值最大的元素作为主元素，且仅交换两行，再进行消元计算．

设列主元消元法已经完成第 1 步到第 $k-1$ 步的按列选主元，交换两行，消元计算得到与原方程组等价的方程组：

$$
A^{(k)}=\begin{pmatrix}
a_{11}^{(1)} & a_{12}^{(1)} & \cdots & \cdots & a_{1n}^{(1)} \\
 & a_{22}^{(2)} & \cdots & \cdots & a_{2n}^{(2)} \\
 & & a_{kk}^{(k)} & & a_{kn}^{(k)} \\
 & & \vdots & & \vdots \\
 & & a_{nk}^{(k)} & & a_{nn}^{(k)}
\end{pmatrix}, \quad
b^{(k)}=\begin{pmatrix}
b_1^{(1)} \\ b_2^{(2)} \\ b_k^{(k)} \\ b_n^{(k)}
\end{pmatrix}.
$$

第k步选主元区域

第 k 步计算如下：对于 $k=1，2，\cdots，n-1$ 按下述步骤从（1）计算到（4）：

（1）按列主元，即确定 i_k 使 $|a_{i_k,k}|=\max\limits_{k\leqslant i\leqslant n}|a_{ik}|\neq 0$；

（2）如果 $a_{i_k,k}=0$，则 $\boldsymbol{A}$ 为非奇异，停止计算；

（3）如果 $i_k\neq k$，则交换（$\boldsymbol{A}$，$\boldsymbol{b}$）第 i_k 行第 k 行元素；

（4）消元计算：

$$
\begin{aligned}
&a_{ik}\longleftarrow m_{ik}=a_{ik}/a_{kk} \quad (i=k+1,\ k+2,\ \cdots,\ n);\\
&a_{ij}\longleftarrow a_{ij}-m_{ik}a_{kj} \quad (i,\ j=k+1,\ k+2,\cdots,n);\\
&b_i\longleftarrow b_i-m_{ik}b_k \quad (i=k+1,\ k+2,\cdots,n);
\end{aligned}
$$

（5）回代计算：$\begin{cases} b_n\longleftarrow b_n/a_{nn}, \\ b_i\longleftarrow \left(b_i\sum\limits_{j=i+1}^{n}a_{ij}b_j\right)/a_{ii}, \end{cases} \quad (i=n-1,\cdots,2,1)$

计算解（$x_1，x_2，\cdots，x_n$）在常数项内 b_n 得到.

例 5.3.3 用列主元消元法求解方程组

$$
\begin{cases}
0.729x_1+0.81x_2+0.9x_3=0.6867, \\
x_1+\quad x_2+\quad x_3=0.8338, \\
1.331x_1+1.21x_2+1.1x_3=1.000.
\end{cases}
$$

解 精确解为（舍入值）：$\boldsymbol{x}^*=(0.2245,\ 0.2841,\ 0.3279)^{\mathrm{T}}$.

$$
(\boldsymbol{A},\ \boldsymbol{b})=\begin{pmatrix}
0.7290 & 0.8100 & 0.9000 & \vdots & 0.6867 \\
1.000 & 1.000 & 1.000 & \vdots & 0.8338 \\
1.331 & 1.210 & 1.100 & \vdots & 1.000
\end{pmatrix}
$$

$$
\xrightarrow{(r_1\leftrightarrow r_3,\ m_{21}=0.7513,\ m_{31}=0.5477)}
\begin{pmatrix}
1.331 & 1.210 & 1.100 & \vdots & 1.000 \\
0 & 0.09090 & 0.1736 & \vdots & 0.08250 \\
0 & 0.1473 & 0.2975 & \vdots & 0.1390
\end{pmatrix}
$$

$$\xrightarrow{(r_3\leftrightarrow r_2,\ m_{32}=0.6171)}\left(\begin{array}{ccc:c}1.331 & 1.210 & 1.100 & 1.000\\ 0 & 0.1473 & 0.2975 & 0.1390\\ 0 & 0 & -0.01000 & -0.003280\end{array}\right).$$

回代计算得到计算解：$\boldsymbol{x}=(0.2246,0.2812,0.3280)^{\mathrm{T}}$.

本例是对具有舍入的4位浮点数进行运算，所得的计算解还是比较准确的.

例5.3.4 若在计算过程中，只取3位有效数字，试用列主元素法求解：

$$\begin{cases}0.50x_1+1.10x_2+3.10x_3=6.00, & (5.3.18)\\ 2.00x_1+4.50x_2+0.36x_3=0.02, & (5.3.19)\\ 5.00x_1+0.96x_2+6.50x_3=0.96. & (5.3.20)\end{cases}$$

解 第一步，选5.00为主列元，将式（5.3.18）和式（5.3.20）对调位置，

$$\begin{cases}5.00x_1+0.96x_2+6.50x_3=0.96,\\ 2.00x_1+4.50x_2+0.36x_3=0.02,\\ 0.50x_1+1.10x_2+3.10x_3=6.00.\end{cases}$$

$m_{21}=\dfrac{2.00}{5.00}=0.40$，$m_{31}=\dfrac{0.50}{5.00}=0.10$.

$$\begin{cases}\xrightarrow{(5.3.19)\ -m_{21}\ (5.3.18)} 4.12x_2-2.24x_3=-0.364, & (5.3.19)^*\\ \xrightarrow{(5.3.20)\ -m_{31}\ (5.3.18)} 1.00x_2+2.45x_3=5.90, & (5.3.20)^*\end{cases}$$

第二步，选4.12为列主元，不需换行，$m_{32}=\dfrac{1.00}{4.12}\approx 0.243$.

$$\xrightarrow{(5.3.20)^*-m_{32}(5.3.19)^*} 2.99x_3=5.99, \qquad (5.3.20)^{**}$$

由式（5.3.18）、式(5.3.19)*、式(5.3.20)** 回代求解得：$x_3=2.00$，$x_2=1.00$，$x_1=-2.60$与原方程组准确解 $x_1=-2.60$，$x_2=1.00$，$x_3=2.00$ 比较可知，本题用3位有效数字计算的列主元素法，其精度较高.

下面用矩阵运算来描述列主元素法.

对$\boldsymbol{AX}=\boldsymbol{b}$应用列主元素法相当于对$(\boldsymbol{A}\mid\boldsymbol{b})$先进行一系列行变换后，对$\boldsymbol{PAX}=\boldsymbol{Pb}$再应用高斯消元法. 在实际计算中我们只能在计算过程中做关于行的变换. 有如下结论：

定理5.3.4 （列主元素三角分解定理）

若$\boldsymbol{A}$为非奇异矩阵，则存在排列矩阵$\boldsymbol{P}$使$\boldsymbol{PA}=\boldsymbol{LU}$. 其中$\boldsymbol{L}$为单位下三角阵，$\boldsymbol{U}$为上三角阵.

$\boldsymbol{L}$存放$\boldsymbol{A}$的下三角部分，$\boldsymbol{U}$存放$\boldsymbol{A}$的上三角部分. 由整数型数组$IP(n)$记录行的交换信息，可知P的情况.

5.3.7 高斯-约当消元法

高斯消元法总是消去对角线下方的元素. 现考虑一种修正，即消去对角线下方和上方的元素. 这即为高斯-约当（G-J）消元法.

设用G-J消元法已完成（$k-1$）步，于是$\boldsymbol{Ax}=\boldsymbol{b}$化为等价方程组$\boldsymbol{A}^{(k)}\boldsymbol{x}=\boldsymbol{b}^{k}$，其中：

$$
(A^{(k)} \vdots b^{(k)}) = \left(\begin{array}{cccccc:c}
1 & & & a_{1,k} & \cdots & a_{1,n} & b_1 \\
 & 1 & & \vdots & & \vdots & \vdots \\
 & & \ddots & \vdots & & \vdots & \vdots \\
 & & & 1\ a_{k-1,k} & \cdots & a_{k-1,n} & \vdots \\
 & & & a_{k,k} & \cdots & a_{k,n} & b_k \\
 & & & \vdots & & \vdots & \vdots \\
 & & & a_{n,k} & \cdots & a_{n,n} & b_n
\end{array}\right), \tag{5.3.21}
$$

在第 k 步计算时，考虑对上述矩阵的第 k 行上、下都进行消元计算（$k=1,\ 2,\ \cdots,\ n$）

（1）按列选主元素，即定义 i_k 使 $|a_{i_k,k}|=\max\limits_{k\leqslant i\leqslant n}|a_{ik}|$；

（2）换行（当 $ik\neq k$）：交换（A，b）第 k 行与第 ik 行元素；

（3）计算乘数 $m_{ik}=-a_{ik}/a_{kk}$，$i=1,\ 2,\ \cdots,\ n$；$i\neq k$，$m_{kk}=1/a_{kk}$，

m_{ik}可存放在 a_{ik}的单元中　（$|m_{ik}|\leqslant 1$）；

（4）消元计算$a_{ij}+m_{ik}a_{kj}\to a_{ij}$，（$i=1,\ 2,\ \cdots,\ n$；$j=k+1,\ \cdots,\ n$ 且 $i\neq k$）

$b_i+m_{ik}b_k\to b_i$，（$i=1,\ 2,\ \cdots,\ n$，且 $i\neq k$）；

（5）计算主元素$a_{kj}m_{kk}\to a_{kj}$,（$j=k,\ k+1,\ \cdots,\ n$）

$b_k m_{kk}\to b_k$.

上述过程全部执行完后有：

$$
(\boldsymbol{A},\ \boldsymbol{b})(\boldsymbol{A}^{(k+1)}\quad \boldsymbol{b}^{(k+1)}) = \left(\begin{array}{cccc:c}
1 & & & & \hat{b}_1 \\
 & 1 & & & \hat{b}_2 \\
 & & \ddots & & \vdots \\
 & & & 1 & \hat{b}_n
\end{array}\right). \tag{5.3.22}
$$

这表明用 G－J 方法将 $\boldsymbol{A}$ 约化为单位矩阵，方程组的解在常数项位置得到，因此不需回代求解. 用 G－J 方法解方程组的计算量大约需要 $n^3/2$ 次乘除法，比高斯消元法大些. 但用 G－J 方法求一个矩阵的逆矩阵还是比较合适的.

定理 5.3.5　（G－J 法求逆矩阵）求 $\boldsymbol{A}$ 的逆矩阵 $\boldsymbol{A}^{-1}$，即求 n 阶矩阵 $\boldsymbol{X}$，使得 $\boldsymbol{AX}=\boldsymbol{I}_n$，其中 $\boldsymbol{I}_n$ 为单位矩阵，将 $\boldsymbol{X}$ 按列写成：

$\boldsymbol{X}=(x_1,\ x_2,\ \cdots,\ x_n)$，$\boldsymbol{I}_n=(e_1,\ e_2,\ \cdots,\ e_n)$，$\boldsymbol{x}_i$ 为列向量，$\boldsymbol{e}_i$ 为单位列向量.

于是求解 $\boldsymbol{AX}=\boldsymbol{I}_n$，等价于求解 n 个方程组：$\boldsymbol{Ax}_i=\boldsymbol{e}_i(i=1,\ 2,\ \cdots,\ n)$，所以可以用 G－J 法求解 $\boldsymbol{AX}=\boldsymbol{I}_n$.

例 5.3.5　对 $\boldsymbol{A}=\begin{pmatrix}-1 & 8 & -2\\ -6 & 49 & -10\\ -4 & 34 & -5\end{pmatrix}$ 求 $\boldsymbol{A}^{-1}$.

解

$$
(\boldsymbol{A} \,\vdots\, \boldsymbol{I}_3) = \left(\begin{array}{ccc:ccc} -1 & 8 & -2 & 1 & 0 & 0 \\ -6 & 49 & -10 & 0 & 1 & 0 \\ -4 & 34 & -5 & 0 & 0 & 1 \end{array}\right)
$$

$$
\xrightarrow{r_1 \times (-1)} \left(\begin{array}{ccc:ccc} 1 & -8 & 2 & -1 & 0 & 0 \\ -6 & 49 & -10 & 0 & 1 & 0 \\ -4 & 34 & -50 & 0 & 1 & \end{array}\right)
$$

$$
\xrightarrow[r_1 \times 4 + r_3]{r_1 \times 6 + r_2} \left(\begin{array}{ccc:ccc} 1 & -8 & 2 & -1 & 0 & 0 \\ 0 & 1 & 2 & -6 & 1 & 0 \\ 0 & 2 & 3 & -4 & 0 & 1 \end{array}\right)
$$

$$
\xrightarrow[r_2 \times (-2) + r_3]{r_2 \times 8 + r_1} \left(\begin{array}{ccc:ccc} 1 & 0 & 18 & -49 & 8 & 0 \\ 0 & 1 & 2 & -6 & 1 & 0 \\ 0 & 0 & -1 & 8 & -2 & 1 \end{array}\right)
$$

$$
\xrightarrow[\substack{r_3 \times (-2) + r_2 \\ r_3 \times (-18) + r_1}]{r_3 \times (-1) \to r_3} \left(\begin{array}{ccc:ccc} 1 & 0 & 0 & 95 & -28 & 18 \\ 0 & 1 & 0 & 10 & -3 & 2 \\ 0 & 0 & 1 & -8 & 2 & -1 \end{array}\right).
$$

故

$$
\boldsymbol{A}^{-1} = \begin{pmatrix} 95 & -28 & 18 \\ 10 & -3 & 2 \\ -8 & 2 & -1 \end{pmatrix}.
$$

5.3.8　高斯消元法的变形

（1）直接三角分解

为求解 $\boldsymbol{AX}=\boldsymbol{b}$ 将 $\boldsymbol{A}$ 进行三角分解，即 $\boldsymbol{A}=\boldsymbol{LU}$，将原问题转化为求解两个三角形方程组：（1）$\boldsymbol{Ly}=\boldsymbol{b}$，求 $\boldsymbol{y}$；（2）$\boldsymbol{Ux}=\boldsymbol{y}$，求 $\boldsymbol{x}$.

（A）不选主元的三角分解法

设 $\det\boldsymbol{A}\neq 0$，且有 $\boldsymbol{A}=\boldsymbol{LU}$，其中 $\boldsymbol{L}$ 为单位下三角阵，$\boldsymbol{U}$ 上三角阵，即

$$
\boldsymbol{A} = \begin{pmatrix} 1 & & & & \\ l_{21} & 1 & & & \\ l_{31} & l_{32} & 1 & & \\ \vdots & \vdots & \vdots & \ddots & \\ l_{n1} & l_{n2} & l_{n3} & \cdots & 1 \end{pmatrix} \begin{pmatrix} u_{11} & u_{12} & \cdots & u_{1n} \\ & u_{22} & \cdots & u_{2n} \\ & & \ddots & \vdots \\ & & & u_{nn} \end{pmatrix}. \tag{5.3.23}
$$

下面说明：$\boldsymbol{L}$、$\boldsymbol{U}$ 的元素可由 n 步直接计算出来，其中第 r 步定出 $\boldsymbol{U}$ 的第 r 行和 $\boldsymbol{L}$ 的第 r 列元素.

由式（5.3.23）有：

$$
a_{1j} = u_{1j},\ (j=1,\ 2,\ \cdots,\ n). \tag{5.3.24}
$$

得 $\boldsymbol{U}$ 的第 1 行元素，又

$$
a_{i1} = l_{i1}u_{11} \to l_{i1} = \frac{a_{i1}}{u_{11}},\ i=2,\ 3,\ \cdots,\ n. \tag{5.3.25}
$$

得$\boldsymbol{L}$的第1列元素. 假设如此计算得到$\boldsymbol{U}$的第$r-1$行、$\boldsymbol{L}$的第$r-1$列元素. 由式 (5.3.23)利用矩阵的乘法有:

$$a_{rj} = \sum_{k=1}^{n} l_{rk}u_{kj} = \sum_{k=1}^{r-1} l_{rk}u_{kj} + u_{rj}, (\text{因为 } r < k \text{ 时 } l_{rk} = 0).$$

故

$$u_{rj} = a_{rj} - \sum_{k=1}^{r-1} l_{rk}u_{kj}, \quad j = r, r+1, \cdots, n. \tag{5.3.26}$$

又由式 (5.3.23) 有:

$$a_{ir} = \sum_{k=1}^{n} l_{ik}u_{kr} = \sum_{k=1}^{r-1} l_{ik}u_{kr} + l_{ir}u_{rr},$$

故:

$$l_{ir} = \frac{a_{ir} - \sum_{k=1}^{r-1} l_{ik}u_{kr}}{u_{rr}}, i = r, r+1, \cdots, n. \tag{5.3.27}$$

因此可得$\boldsymbol{U}$的第r行和$\boldsymbol{L}$的第r列的全部元素.

当$\boldsymbol{L}$、$\boldsymbol{U}$确定后, 求解$\boldsymbol{Ly}=\boldsymbol{b}$和$\boldsymbol{Ux}=\boldsymbol{y}$的计算公式为:

$$\begin{cases} y_1 = b_1, \\ y_i = b_i - \sum_{k=1}^{i-1} l_{ik}y_k, (i = 2, 3, \cdots, n), \end{cases} \tag{5.3.28}$$

$$\begin{cases} x_n = \dfrac{y_n}{u_{nn}}, \\ x_i = \dfrac{y_i - \sum_{k=i+1}^{n} u_{ik}x_k}{u_{ii}}, i = n-1, n-2, \cdots, 1. \end{cases} \tag{5.3.29}$$

直接分解法约需$n^3/3$次乘、除法, 和高斯消元法计算量基本相当, 对计算求和式, 可采用双精度累加以提高精度.

(B) 选主元的三角分解法

在直接三角分解中, 如果$u_{rr}=0$计算将要中断, 或者当u_{rr}绝对值很小时, 按分解公式计算可能引起舍入误差的积累. 但当$\boldsymbol{A}$为非奇异时, 可通过交换$\boldsymbol{A}$的行实现矩阵$\boldsymbol{PA}$的三角分解. 因此可采用与列主元消元法类似的方法将直接三角分解法修改为部分选主元的三角分解法.

设已完成第$r-1$步分解, 这时有:

$$A \to \begin{pmatrix} u_{11} & u_{12} & \cdots & \cdots & \cdots\ \cdots & u_{1n} \\ l_{21} & u_{22} & \cdots & \cdots & \cdots & u_{2n} \\ l_{31} & l_{32} & u_{33} & \cdots & \cdots & \vdots \\ & & & u_{r-1,r-1} & \cdots & u_{r-1,n} \\ \vdots & \vdots & \cdots & l_{r,r-1} & a_{rr} & a_{rn} \\ & & & \vdots & \vdots & \vdots \\ l_{n1} & l_{n2} & \cdots & l_{n,r-1} & a_{nr}\ \cdots & a_{nn} \end{pmatrix},$$

第 r 步分解需要用到式（5.3.26）和式（5.3.27）两式，为避免式（5.3.27）中用小的数 u_{rr} 作除数，先引进量：$S_i = a_{ir} - \sum_{k=1}^{r-1} l_{ik}u_{kr}(i = r, r+1, \cdots, n)$，由式（5.3.26）及 S_i 的定义，易见 $u_{rr} = S_r$ 则由式（5.3.27）有：

$$l_{ir} = \frac{S_i}{S_r}, i = r+1, r+2, \cdots, n.$$

若 $|S_{i_r}| = \max_{r \leqslant i \leqslant n} |S_i|$，则我们可以用 S_{i_r} 作为 u_{rr} 交换 A 的第 r 行与 i_r 行（但将交换后的新元素仍记为 l_{ij} 及 a_{ij}）于是有 $|l_{ir}| \leqslant 1$（$i = r+1$，$r+2$，$\cdots$，n），控制了误差传播，再进行第 r 步分解.

对一般的非奇异矩阵 $\boldsymbol{A}$ 求逆的方法：$\boldsymbol{PA} = \boldsymbol{LU}$，则：$\boldsymbol{A}^{-1} = \boldsymbol{U}^{-1}\boldsymbol{L}^{-1}\boldsymbol{P}$.

5.3.9　平方根法

利用对称正定矩阵的三角分解可以得到求解对称正定方程组的一种有效方法——平方根法.

设 $\boldsymbol{A}$ 为对称阵，即 $\boldsymbol{A}^{\mathrm{T}} = \boldsymbol{A}$，且 $\boldsymbol{A}$ 的所有顺序主子式均非零，则知 $\boldsymbol{A}$ 可以唯一分解为：$\boldsymbol{A} = \boldsymbol{LU}$.

利用 $\boldsymbol{U}$ 的非奇异性，将 $\boldsymbol{U}$ 再分解为：

$$\boldsymbol{U} = \begin{pmatrix} u_{11} & & & \\ & u_{22} & & \\ & & \ddots & \\ & & & u_{nn} \end{pmatrix} \begin{pmatrix} 1 & \frac{u_{12}}{u_{11}} & \cdots & \frac{u_{1n}}{u_{11}} \\ & & \ddots & \vdots \\ & & 1 & \frac{u_{n-1,n}}{u_{n-1,n-1}} \\ & & & 1 \end{pmatrix} \triangleq \boldsymbol{DU}_0.$$

$\boldsymbol{D}$ 为对角矩阵，$\boldsymbol{U}_0$ 为单位上三角阵，则：

$$\boldsymbol{A} = \boldsymbol{LU} = \boldsymbol{LDU}_0. \tag{5.3.30}$$

又 $\boldsymbol{A} = \boldsymbol{A}^{\mathrm{T}} = \boldsymbol{U}_0^{\mathrm{T}}(\boldsymbol{DL}^{\mathrm{T}})$，由分解的唯一性即得：$\boldsymbol{U}_0^{\mathrm{T}} = \boldsymbol{L}$，代入上面式（5.3.30）中得：$\boldsymbol{A} = \boldsymbol{LDL}^{\mathrm{T}}$.

定理 5.3.6　（对称阵的三角分解）设 $\boldsymbol{A}$ 为 n 阶对称阵，且 $\boldsymbol{A}$ 的所有顺序主子式均非零，则 $\boldsymbol{A}$ 可唯一分解为：$\boldsymbol{A} = \boldsymbol{LDL}^{\mathrm{T}}$，其中 $\boldsymbol{L}$ 为单位下三角阵，$\boldsymbol{D}$ 为对角阵.

当 $\boldsymbol{A}$ 为对称正定矩阵时，则 $\boldsymbol{A}$ 的所有顺序主子式 $D_i > 0$，而 $\boldsymbol{A} = \boldsymbol{LDL}^{\mathrm{T}}$，设 $\boldsymbol{D} = \mathrm{diag}(d_1$，

$d_2, \cdots, d_n$)，则 $d_1 = D_1 > 0$，$d_i = \dfrac{D_i}{D_{i-1}} > 0$ ($i = 2, 3, \cdots, n$) 于是：

$$D = \begin{pmatrix} d_1 & & & \\ & d_2 & & \\ & & \ddots & \\ & & & d_n \end{pmatrix}$$

$$= \begin{pmatrix} \sqrt{d_1} & & & \\ & \sqrt{d_2} & & \\ & & \ddots & \\ & & & \sqrt{d_n} \end{pmatrix} \begin{pmatrix} \sqrt{d_1} & & & \\ & \sqrt{d_2} & & \\ & & \ddots & \\ & & & \sqrt{d_n} \end{pmatrix} = D^{\frac{1}{2}} D^{\frac{1}{2}}.$$

从而：

$$A = LDL^{\mathrm{T}} = LD^{\frac{1}{2}} D^{\frac{1}{2}} L^{\mathrm{T}} = (LD^{\frac{1}{2}})(LD^{\frac{1}{2}})^{\mathrm{T}} = L_1 L_1^{\mathrm{T}},$$

其中 $L_1 = LD^{\frac{1}{2}}$ 为下三角阵.

定理 5.3.7 （对称正定矩阵的楚列斯基（Cholesky）分解）

若 A 为 n 阶对称正定矩阵，则存在一个实的非奇异下三角矩阵 L，使 $A = LL^{\mathrm{T}}$，当限定 L 的对角元素为正时，这种分解是唯一的.

下面来考虑计算 L 元素的方法，由

$$A = \begin{pmatrix} l_{11} & & & \\ l_{21} & l_{22} & & \\ \vdots & \vdots & \ddots & \\ l_{n1} & l_{n2} & \cdots & _{nn} \end{pmatrix} \begin{pmatrix} l_{11} & l_{21} & \cdots & l_{n1} \\ & l_{22} & \cdots & l_{n2} \\ & & \ddots & \vdots \\ & & & l_{nn} \end{pmatrix}, \quad l_{ii} > 0 \quad (i = 1, 2, \cdots, n).$$

利用矩阵乘法及 $l_{jk} = 0 (j < k$ 时)有：$a_{ij} = \sum\limits_{k=1}^{n} l_{ik} l_{jk} = \sum\limits_{k=1}^{j-1} l_{ik} l_{jk} + l_{jj} l_{ij}$. 于是得到正定矩阵 A 的平方根分解法计算公式：

$$l_{11} = \sqrt{a_{11}}, \quad l_{jj} = (a_{jj} - \sum_{k=1}^{j-1} l_{jk}^2)^{\frac{1}{2}} > 0 \quad (j = 1, 2, \cdots, n) \tag{5.3.31}$$

$$l_{21} = \frac{a_{21}}{\sqrt{a_{11}}}, \quad l_{ij} = \frac{a_{ij} - \sum\limits_{k=1}^{j-1} l_{ik} l_{jk}}{l_{jj}} \quad (j = 1, 2, \cdots, n; i = j+1, j+2, \cdots, n) \tag{5.3.32}$$

求解 $AX = b$，即求解两个三角形方程组：

（1）$Ly = b$ 求 y，

（2）$L^{\mathrm{T}} x = y$ 求 x，

$$y_i = \frac{b_i - \sum\limits_{k=1}^{i-1} l_{ik} y_k}{l_{ii}} \quad (i = 1, 2, \cdots, n), \tag{5.3.33}$$

$$x_i = \frac{y_i - \sum_{k=i+1}^{n} l_{ki}x_k}{l_{ii}} \quad (i = n, n-1, \cdots, 1), \tag{5.3.34}$$

由式（5.3.31）知 $a_{jj} = \sum_{k=1}^{j} l_{jk}^2 \quad (j = 1, 2, \cdots, n)$，则 $l_{jk}^2 \leqslant a_{jj} \leqslant \max_{1\leqslant j\leqslant n}\{a_{jj}\}$，从而

$$\max_{j,k}\{l_{jk}^2\} \leqslant \max_{1\leqslant j\leqslant n}\{a_{jj}\} < M.$$

这表明分解过程中元素 l_{jk} 的数量级不会增长太快且对角元素 l_{jj} 恒为正数，于是不选主元素的平方根是一个数值稳定的方法.

当求出 $\boldsymbol{L}$ 的第 j 列元素时，$\boldsymbol{L}^{\mathrm{T}}$ 的第 j 行亦可得出，所以平方根法大约需要 $\frac{n^3}{6}$ 次乘除法，约为一般直接三角分解法计算量的一半. 由于 $\boldsymbol{A}$ 为对称阵，因此在计算机中只需存储 $\boldsymbol{A}$ 的下三角部分元素，共需 $n(n+1)/2$ 个元素，并且可以用一维数组存储，即：

$$A(n(n+1)/2) = \{a_{11}, a_{21}, a_{22}, \cdots, a_{n1}, a_{n2}, \cdots, a_{nn}\}.$$

矩阵 $\boldsymbol{A}$ 的元素 a_{ij} 一维数组的表示为：$A\left(\frac{i(i-1)}{2}+j\right)$，$\boldsymbol{L}$ 的元素存放在 $\boldsymbol{A}$ 的相应位置.

例 5.3.6　用平方根法求解：$\begin{pmatrix} 6 & 7 & 5 \\ 7 & 13 & 8 \\ 5 & 8 & 6 \end{pmatrix}\begin{pmatrix} x_1 \\ x_2 \\ x_3 \end{pmatrix} = \begin{pmatrix} 9 \\ 10 \\ 9 \end{pmatrix}$ 精确解为 $\boldsymbol{x}^* = (1, -1, 2)^{\mathrm{T}}$.

解　(1) 分解计算：

$$\boldsymbol{A} = \boldsymbol{L}\boldsymbol{L}^{\mathrm{T}}, l_{11} = \sqrt{a_{11}} = \sqrt{6} = 2.4495;$$

$$l_{21} = a_{21}/l_{11} = 7/\sqrt{6} = 2.8577;$$

$$l_{22} = \sqrt{a_{22} - l_{21}^2} = \sqrt{13 - \frac{49}{6}} = 2.1985;$$

$$l_{31} = a_{31}/l_{11} = 5/\sqrt{6} = 2.0412; l_{32} = (a_{32} - l_{31}l_{21})/l_{22} = 0.9856;$$

$$l_{33} = \sqrt{a_{33} - l_{31}^2 - l_{32}^2} = 0.9285.$$

故

$$\boldsymbol{L} = \begin{pmatrix} l_{11} & 0 & 0 \\ l_{21} & l_{22} & 0 \\ l_{31} & l_{32} & l_{33} \end{pmatrix} = \begin{pmatrix} 2.4495 & 0 & 0 \\ 2.8577 & 2.1985 & 0 \\ 2.0412 & 0.9856 & 0.9285 \end{pmatrix}.$$

(2) 求解两个三角方程：解 $\boldsymbol{L}\boldsymbol{y} = \boldsymbol{b}$，得 $\boldsymbol{y} = (3.6741, -0.2273, 1.8570)^{\mathrm{T}}$，代入 $\boldsymbol{L}^{\mathrm{T}}\boldsymbol{x} = \boldsymbol{y}$，解得：$\boldsymbol{x} = (1.0, -1.0, 2.0)^{\mathrm{T}}$.

5.3.10　追赶法

在一些实际问题中常有解三对角线性方程组 $\boldsymbol{A}\boldsymbol{x} = \boldsymbol{f}$ 的问题，即：

$$
\begin{pmatrix}
b_1 & c_1 & & & & & \\
a_2 & b_2 & c_2 & & & & \\
 & \ddots & \ddots & \ddots & & & \\
 & & a_i & b_i & c_i & & \\
 & & & \ddots & \ddots & \ddots & \\
 & & & & a_{n-1} & b_{n-1} & c_{n-1} \\
 & & & & & a_n & b_n
\end{pmatrix}
\begin{pmatrix} x_1 \\ x_2 \\ \vdots \\ x_i \\ \vdots \\ x_n \end{pmatrix}
=
\begin{pmatrix} f_1 \\ f_2 \\ \vdots \\ f_i \\ \vdots \\ f_n \end{pmatrix},
\tag{5.3.35}
$$

其中 $\boldsymbol{A}$ 满足条件：

$$
\left.
\begin{array}{l}
(1)\ |b_1| > |c_1| > 0, \\
(2)\ |b_i| \geqslant |a_i| + |c_i| \quad (a_i c_i \neq 0,\ i = 2, 3, \cdots, n-1), \\
(3)\ |b_n| > |a_n| > 0,
\end{array}
\right\}
\tag{5.3.36}
$$

对于具有条件（5.3.36）的方程组（5.3.35），我们介绍下面的追赶法求解. 追赶法具有计算量少、方法简单、算法稳定的特点.

定理 5.3.8 设有三对角线性方程组 $\boldsymbol{Ax}=\boldsymbol{f}$，且 $\boldsymbol{A}$ 满足条件方程组（5.3.36），则 $\boldsymbol{A}$ 为非奇异矩阵.

证明 用归纳法证明. 显然 $n=2$ 时，有：

$$
\det \boldsymbol{A} = \begin{vmatrix} b_1 & c_1 \\ a_2 & b_2 \end{vmatrix} = b_1 b_2 - c_1 a_2 \neq 0,
$$

否则$\dfrac{b_1}{c_1} = \dfrac{a_2}{b_2}$，由条件方程组（5.3.36）知，$1 < \left|\dfrac{b_1}{c_1}\right| = \left|\dfrac{a_2}{b_2}\right| < 1$，矛盾.

现假设定理对 $n-1$ 阶的满足条件（2）的三对角矩阵成立，求证对满足条件（2）的 n 阶三对角矩阵定理亦成立. 由条件 $b_1 \neq 0$，利用消元法的第 1 步有：

$$
\boldsymbol{A} \to
\begin{pmatrix}
b_1 & c_1 & 0 & \cdots & 0 & 0 \\
0 & b_2 - \dfrac{c_1}{b_1} a_2 & c_2 & \cdots & 0 & 0 \\
 & a_3 & b_3 & c_3 & & 0 \\
 & & \ddots & \ddots & \ddots & \vdots \\
 & & & a_{n-1} & b_{n-1} & c_{n-1} \\
 & & & & a_n & c_n
\end{pmatrix}
= \boldsymbol{A}^{(1)},
$$

显然 $\det \boldsymbol{A} = b_1 \det \boldsymbol{B}$，其中 $\boldsymbol{B} = \begin{pmatrix} \alpha_2 & c_2 & & & \\ a_3 & b_3 & c_3 & & \\ & \ddots & \ddots & \ddots & \\ & & a_{n-1} & b_{n-1} & c_{n-1} \\ & & & a_n & b_n \end{pmatrix}$，$\alpha_2 = b_2 - \dfrac{c_1}{b_1} a_2$，且有 $|\alpha_2| = $

$\left|b_2 - \dfrac{c_1}{b_1} a_2\right| \geqslant |b_2| - \left|\dfrac{c_1}{b_1}\right| |a_2| > |b_2| - |a_2| \geqslant |c_2| \neq 0$，故知 $\boldsymbol{B}$ 满足条件（5.3.36），利用归

纳设知 $\det\boldsymbol{B}\neq 0$，故 $\det\boldsymbol{A}\neq 0$.

定理 5.3.9　设 $\boldsymbol{Ax}=\boldsymbol{f}$，$\boldsymbol{A}$ 为满足条件方程组（5.3.36）的三对角阵，则 $\boldsymbol{A}$ 的所有顺序主子式都不为零. 即：$\det\boldsymbol{A}_k\neq 0$ $(k=1,2,\cdots,n)$.

证明　由于 $\boldsymbol{A}$ 是满足条件方程组（5.3.36）的 n 阶三对角阵，因此 $\boldsymbol{A}$ 的任一个顺序主子式亦是满足条件方程组（5.3.36）的 n 阶三对角矩阵，由上一个定理即知：$\det\boldsymbol{A}_k\neq 0$ $(k=1,2,\cdots,n)$.

根据这一结论以及三角分解定理知，这种矩阵 $\boldsymbol{A}$ 可进行三角分解：

由 $\boldsymbol{A}=\boldsymbol{LU}$. 在这里特别地有：

$$\begin{pmatrix} b_1 & c_1 & & & \\ a_2 & b_2 & c_2 & & \\ & \ddots & \ddots & \ddots & \\ & & a_{n-1} & b_{n-1} & c_{n-1} \\ & & & a_n & b_n \end{pmatrix} = \begin{pmatrix} \alpha_1 & & & & \\ r_2 & \alpha_2 & & & \\ & r_3 & \alpha_3 & & \\ & & \ddots & \ddots & \\ & & & r_n & \alpha_n \end{pmatrix} \begin{pmatrix} 1 & \beta_1 & & & \\ & 1 & \beta_2 & & \\ & & 1 & \beta_3 & \\ & & & \ddots & \ddots \\ & & & & \beta_{n-1} \\ & & & & 1 \end{pmatrix} \tag{5.3.37}$$

其中待定系数$\{\alpha_i\}$，$\{\beta_i\}$，$\{\gamma_i\}$可由式（5.3.36）利用矩阵乘法规则立即得出：

$$\begin{cases} b_1=\alpha_1, c_1=\alpha_1\beta_1\Rightarrow\beta_1=\dfrac{c_1}{\alpha_1} \\ a_i=r_i, b_i=\alpha_i+r_i\beta_{i-1}=a_i\beta_{i-1}+\alpha_i \quad (i=2,3,\cdots,n) \\ c_i=\alpha_i\beta_i \quad (i=2,3,\cdots,n) \end{cases} \tag{5.3.38}$$

由 $\alpha_1=b_1\neq 0$，$|b_1|>|c_1|>0, \beta_1=\dfrac{c_1}{b_1}$，故 $0<|\beta_1|<1$.

下面归纳证明：$|\alpha_i|>|c_i|\neq 0$，从而，

$$0<|\beta_i|<1 \quad (i=1,2,\cdots,n-1) \tag{5.3.39}$$

上面已经验证式（5.3.39）对 $i=1$ 成立，现设式（5.3.39）对 $i=1$ 成立，证明式（5.3.39）对 i 成立.

由假设 $0<|\beta_{i-1}|<1$，再由式（5.3.38）及假设条件方程组（5.3.36）有：

$$|\alpha_i|=|b_i-a_i\beta_{i-1}|\geqslant|b_i|-|a\beta_{i-1}|>|b_i|-|a_i|\geqslant|c_i|\neq 0, \text{故}, 0<|\beta_i|<1.$$

由式（5.3.38）可知：

$$\begin{cases} r_i=a_i,\ \alpha_1=b,\ \beta_1=\dfrac{c_1}{b_1}, & (i=2,\ 3,\cdots,\ n), \\ \alpha_i=b_i-a_i\beta_{i-1}, & (i=2,\ 3,\ \cdots,\ n), \\ \beta_i=\dfrac{c_i}{(b_i-a_i\beta_{i-1})}, & (i=2,\ 3,\ \cdots,\ n). \end{cases}$$

可见由矩阵 $\boldsymbol{A}$ 的假设条件，我们完全求出了$\{\alpha_i\}\{\beta_i\}\{r_i\}$，实现了对 $\boldsymbol{A}$ 的三角分解. 从而求解 $\boldsymbol{Ax}=\boldsymbol{f}$ 等价于求解两个三对角方程组：

（1）$\boldsymbol{Ly}=\boldsymbol{f}\Rightarrow\boldsymbol{y}$,（2）$\boldsymbol{Ux}=\boldsymbol{y}\Rightarrow\boldsymbol{x}$

由此可得求解三对角线性方程组的**追赶法**：

（1）计算 $\{\beta_i\}$ 的递推公式：

$$\beta_i=\frac{c_1}{b_1},\ \beta_i=\frac{c_i}{b_i-a_i\beta_{i-1}}\quad(i=2,\ 3,\ \cdots,\ n-1).$$

（2）求解 $\boldsymbol{Ly}=\boldsymbol{f}$ 的公式：

$$y_1=\frac{f_1}{b_1},\ y_i=\frac{f_i-a_iy_{i-1}}{b_i-a_i\beta_{i-1}}\quad(i=2,\ 3,\ \cdots,\ n).$$

（3）求解 $\boldsymbol{Ux}=\boldsymbol{y}$ 的公式：

$$x_n=y_n,\ x_i=y_i-\beta_ix_{i+1}\quad(i=n-1,\ n-2,\ \cdots,\ 1).$$

我们将计算

$$\beta_1\to\beta_2\to\cdots\to\beta_n \text{ 及 } y_1\to y_2\to\cdots\to y_n$$

的过程称为追的过程.

计算方程组的解

$$x_n\to x_{n-1}\to\cdots\to x_1$$

的过程称为赶的过程.

用追赶法求解 $\boldsymbol{Ax}=\boldsymbol{f}$ 仅需 $5n-4$ 次乘除运算，工作量较小.

在计算机上，只需用 3 个一维数组分别存储 $\boldsymbol{A}$ 的系数 $\{a_i\}\{b_i\}\{c_i\}$ 以及两个一维数组保存计算的中间结果 $\{\beta_i\}$ 和 $\{y_i\}$ 或 $\{x_i\}$.

例 5.3.7 用追赶法求解：$\begin{pmatrix}2&-1&0&0\\-1&2&-1&0\\0&-1&2&-1\\0&0&-1&2\end{pmatrix}\begin{pmatrix}x_1\\x_2\\x_3\\x_4\end{pmatrix}=\begin{pmatrix}1\\0\\0\\1\end{pmatrix}.$

解 （1）计算 $\{\beta_i\}$：$\beta_1=\dfrac{c_1}{b_1}=-\dfrac{1}{2},\ \beta_2=\dfrac{c_2}{b_2-a_2\beta_1}=-\dfrac{2}{3},$

$$\beta_3=\frac{c_3}{b_3-a_3\beta_2}=-\frac{3}{4}.$$

（2）计算 $\{y_i\}$：$y_1=\dfrac{f_1}{b_1}=\dfrac{1}{2},\ y_2=\dfrac{f_2-a_2y_1}{b_2-a_2\beta_1}=\dfrac{1}{3},$

$$y_3=\frac{f_3-a_3y_2}{b_3-a_3\beta_2}=\frac{1}{4},\ y_4=1.$$

（3）计算 $\{x_i\}$：$x_4=y_4=1,\ x_3=y_3-\beta_3x_4=\dfrac{1}{4}-\left(-\dfrac{3}{4}\right)\times1=1,$

$$x_2=1,\ x_1=1.$$

对于追赶法，由于已证明：$0<|\beta_i|<1(i=1,\ 2,\cdots,\ n-1)$ 及

$$0<|c_i|\leqslant|b_i|-|a_i|<|\alpha_i|<|b_i|+|a_i|,\ i=2,\ 3,\ \cdots,\ n-1,$$

$$0<|b_n|-|a_n|<|\alpha_n|<|b_n|+|a_n|.$$

因此追赶法中不会出现中间结果迅速增长和舍入误差产生积累现象.

5.4 迭代法

对线性方程组 $\boldsymbol{AX}=\boldsymbol{b}$，其中，$\boldsymbol{A}=(a_{ij})_{n\times n}$ 为非奇异矩阵，$\boldsymbol{b}=(b_1,\ b_2,\ \cdots,\ b_n)^{\mathrm{T}}$. 构造

形如 $x = Bx + f$ 的同解方程组，其中 B 为 n 阶方阵，$f \in \mathbf{R}^n$.

任取初始向量 $x_0 \in \mathbf{R}^n$，代入迭代公式 $x^{(k+1)} = Bx^{(k)} + f(k = 0, 1, 2, \cdots)$ 产生向量序列 $\{x^{(k)}\}$，当 k 充分大时，$x^{(k)}$ 可作为方程组 $AX = b$ 的近似解，这就是求解线性方程组的单步定常线性迭代法，B 称为迭代矩阵.

5.4.1 雅可比迭代法

对线性方程组

$$Ax = b, \tag{5.4.1}$$

设 $\det(A) \neq 0,\ a_{ii} \neq 0\ (i = 1,2,\cdots,n).$

将 A 改写成：

$$A = \begin{pmatrix} a_{11} & & & \\ & a_{22} & & \\ & & \ddots & \\ & & & a_{nn} \end{pmatrix} - \begin{pmatrix} 0 & & & & \\ -a_{21} & 0 & & & \\ -a_{31} & -a_{32} & 0 & & \\ \vdots & \vdots & & \ddots & \\ -a_{n1} & -a_{n2} & \cdots & -a_{n,n-1} & 0 \end{pmatrix} - \tag{5.4.2}$$

$$\begin{pmatrix} 0 & -a_{12} & -a_{13} & \cdots & -a_{1n} \\ & 0 & -a_{23} & \cdots & -a_{2n} \\ & & 0 & & \vdots \\ & & & \ddots & -a_{n-1,n} \\ & & & & 0 \end{pmatrix} = D - L - U.$$

如果 A 可以分解为：$A = M - N$，则式（5.4.1）等价于

$$Mx = Nx + b \tag{5.4.3}$$

其中 M 应选择为一个非奇异阵，并使 $Mz = f$ 容易求解.

对应式（5.4.3）可构造一个迭代过程：初始向量为 $x^{(0)}$，

$$x^{(k+1)} = M^{-1}Nx^{(k)} + M^{-1}b \quad (k = 0, 1, \cdots). \tag{5.4.4}$$

特别地，若选取 $M = D$，则 $N = M - A = L + U$，从而式（5.4.1）化为：

$$Dx = (L + U)x + b,$$

可得雅可比（Jacobi）迭代公式：$x^{(0)}$（初始向量），$x^{(k+1)} = Jx^{(k)} + f$，其中：

$$J = D^{-1}(L + U),\ f = D^{-1}b, \tag{5.4.5}$$

J 称为雅可比迭代的迭代矩阵.

雅可比迭代的分量形式：

引进记号：$x^{(k)} = (x_1^{(k)},\ \ x_2^{(k)},\ \ \cdots\ \ x_n^{(k)})^{\mathrm{T}}$ 为第 k 次迭代近似值，由式（5.4.5）有：

$$x^{(0)} = (x_1^{(0)},\ x_2^{(0)},\ \cdots,\ x_n^{(0)})^{\mathrm{T}},$$

$$x_i^{(k+1)} = \frac{1}{a_{ii}}\Big(b_i - \sum_{\substack{j=1 \\ j\neq i}}^{n} a_{ij}x_j^{(k)}\Big),\ i = 1,2,\cdots,n, k = 0,1,\cdots. \tag{5.4.6}$$

雅可比迭代公式简单，由式（5.4.5）和式（5.4.6）可知，每迭代一次只需计算一次矩阵与向量乘法，在计算机中也只需要两组工作单元用来保存 $x^{(k)}$ 及 $x^{(k+1)}$ 且可以用

$\| x^{(k+1)} - x^{(k)} \|_\infty < \varepsilon$ 来控制迭代终止，由迭代计算公式可知，迭代法的一个重要特征是计算过程中原来矩阵 A 的数据始终不变.

例 5.4.1 用雅可比迭代法求下面线性方程组，其精确解是$x^* = (1, 2, -1, 1)^T$.

$$\begin{cases} 10x_1 - x_2 + 2x_3 = 6, \\ -x_1 + 11x_2 - x_3 + 3x_4 = 25, \\ 2x_1 - x_2 + 10x_3 - x_4 = -11, \\ 3x_2 - x_3 + 8x_4 = 15. \end{cases}$$

解 先将 $Ax = b$ 转化为等价方程组：

$$\begin{cases} x_1 = \dfrac{1}{10}(6 + x_2 - 2x_3), \\ x_2 = \dfrac{1}{11}(25 + x_1 + x_3 - 3x_4), \\ x_3 = \dfrac{1}{10}(-11 - 2x_1 + x_2 + x_4), \\ x_4 = \dfrac{1}{8}(15 - 3x_2 + x_3), \end{cases}$$

迭代公式：选取初始向量 $x^{(0)} = (0,0,0,0)^T$，

$$\begin{cases} x_1^{(k+1)} = \dfrac{1}{10}(6 + x_2^{(k)} - 2x_3^{(k)}), \\ x_2^{(k+1)} = \dfrac{1}{11}(25 + x_1^{(k)} + x_3^{(k)} - 3x_4^{(k)}), \\ x_3^{(k+1)} = \dfrac{1}{10}(-11 - 2x_1^{(k)} + x_2^{(k)} + x_4^{(k)}), \\ x_4^{(k+1)} = \dfrac{1}{8}(15 - 3x_2^{(k)} + x_3^{(k)}). \end{cases} \quad k = 0, 1, 2\cdots$$

经 10 次迭代得到近似解：

$x^{(10)} = (1.0001, 1.9998, -0.9998, 0.9998)^T$，误差为：$\| x^* - x^{(10)} \|_\infty = 0.0002$.

5.4.2 高斯-赛德尔迭代法

在式（5.4.3）中选取 $M = D - L$（下三角阵），则 $N = M - A = U$，从而式（5.4.1）化为等价的：

$$(D - L)x = Ux + b, \tag{5.4.7}$$

可得高斯-赛德尔（Gauss-Seidel）迭代公式：初始向量 $x^{(0)}$，$x^{(k+1)} = Gx^{(k)} + f$，其中

$$G = (D - L)^{-1}U, \ f = (D - L)^{-1}b. \tag{5.4.8}$$

G 称为高斯-赛德尔迭代矩阵.

G-S 迭代法的分量形式：记 $x^{(k)} = (x_1^{(k)}, x_2^{(k)}, \cdots, x_n^{(k)})^T$，有下面的分量迭代公式：

$$
\begin{cases}
\boldsymbol{x}^{(0)} = (x_1^{(0)}, x_2^{(0)}, \cdots x_n^{(0)})^{\mathrm{T}}, \\
x_i^{(k+1)} = \dfrac{1}{a_{ii}}\left(b_i - \sum_{j=1}^{i-1} a_{ij}x_j^{(k+1)} - \sum_{j=i+1}^{n} a_{ij}x_j^{(k)}\right), \\
i = 1,2,\cdots,n,\ k = 0,1,2,\cdots
\end{cases}
\tag{5.4.9}
$$

G－S 迭代法每迭代一次只需计算一次矩阵与向量的乘法，但 G－S 迭代法比雅可比迭代法有一个明显的优点，那就是在计算机上仅需一组工作单元用来保存 $\boldsymbol{x}^{(k)}$ 分量(或 $\boldsymbol{x}^{(k+1)}$ 分量)，当计算出 $x_j^{(k+1)}$ 就冲掉旧的分量 $x_j^{(k)}$，由 G－S 迭代公式（5.4.9）可看出在 $\boldsymbol{x}^{(k)} \to \boldsymbol{x}^{(k+1)}$ 的一步迭代中，计算分量 $x_i^{(k+1)}$ 时利用了已经计算出来的新分量 $x_j^{(k+1)}$ $(j=1,2,\cdots,i-1)$，因此，G－S 迭代法可以看作是雅可比迭代法的一个修正.

例 5.4.2　用 G－S 方法解下面方程组，其精确解为：$\boldsymbol{x}^* = (1, 2, -1, 1)^{\mathrm{T}}$.

$$
\begin{cases}
10x_1 - x_2 + 2x_3 = 6, \\
-x_1 + 11x_2 - x_3 + 3x_4 = 25, \\
2x_1 - x_2 + 10x_3 - x_4 = -11, \\
3x_2 - x_3 + 8x_4 = 15.
\end{cases}
$$

解　由式（5.4.9）可得本题 G－S 迭代公式为：

$$
\begin{cases}
x_1^{(k+1)} = \dfrac{1}{10}(6 + x_2^{(k)} - 2x_3^{(k)}), \\
x_2^{(k+1)} = \dfrac{1}{11}(25 + x_1^{(k+1)} + x_3^{(k)} - 3x_4^{(k)}), \\
x_3^{(k+1)} = \dfrac{1}{10}(-11 - 2x_1^{(k+1)} + x_2^{(k+1)} + x_4^{(k)}), \\
x_4^{(k+1)} = \dfrac{1}{8}(15 - 3x_2^{(k+1)} + x_3^{(k+1)}).
\end{cases}
\quad k = 0, 1, 2\cdots
$$

经 5 次迭代得：$\boldsymbol{x}^{(0)} = (0,0,0,0)^{\mathrm{T}}$，$\boldsymbol{x}^{(5)} = (1.0001, 2.0000, -1.0000, 1.0000)^{\mathrm{T}}$，$\|\boldsymbol{x}^* - \boldsymbol{x}^{(5)}\|_\infty \approx 0.0001$.

从此例可见，G－S 迭代法比雅可比迭代法收敛速度快（初始向量相同时，达到同样精度，所需迭代步数较少），但这个结论对 $\boldsymbol{Ax}=\boldsymbol{b}$ 的矩阵 $\boldsymbol{A}$ 满足某些条件才是对的，甚至有这样的线性方程组，用雅可比方法是收敛的，而用 G－S 迭代法却是发散的，这将在下一小节中举例说明.

5.4.3　迭代法的收敛性

定义 5.4.1　设有矩阵序列 $\boldsymbol{A}_k = (a_{ij}^{(k)})_{n\times n}$ $(k=1, 2, \cdots)$ 及 $\boldsymbol{A} = (a_{ij})$，如果 $\lim\limits_{k\to\infty} a_{ij}^{(k)} = a_{ij}$ $(i, j=1,2,\cdots, n)$ 成立，则称 $\{\boldsymbol{A}_k\}$ 收敛于 $\boldsymbol{A}$，记为 $\lim\limits_{k\to\infty}\boldsymbol{A}_k = \boldsymbol{A}$.

例如，矩阵序列 $\boldsymbol{A} = \begin{pmatrix} \lambda & 1 \\ 0 & \lambda \end{pmatrix}$，$\boldsymbol{A}^2 = \begin{pmatrix} \lambda^2 & 2\lambda \\ 0 & \lambda^2 \end{pmatrix}$，…，$\boldsymbol{A}^k = \begin{pmatrix} \lambda^k & k\lambda^{k-1} \\ 0 & \lambda^k \end{pmatrix}$，…，当 $|\lambda| < 1$ 时，$\boldsymbol{A}^k \to \begin{pmatrix} 0 & 0 \\ 0 & 0 \end{pmatrix}$（当 $k\to\infty$ 时）.

矩阵序列收敛的概念可以用矩阵范数来描述. 下面介绍向量、矩阵的范数定义、常用的范数形式以及相关性质.

定义 5.4.2 （向量范数）如果 $\boldsymbol{x}\in\mathbf{R}^n$ 的某个实值函数$N(\boldsymbol{x})\equiv\|\boldsymbol{x}\|$，

（1）正定性：$\|\boldsymbol{x}\|\geqslant0$，$\|\boldsymbol{x}\|=0\Leftrightarrow\boldsymbol{x}=\boldsymbol{0}$；

（2）$\|c\boldsymbol{x}\|=|c|\cdot\|\boldsymbol{x}\|$，$c$ 为实数；

（3）三角不等式：$\|\boldsymbol{x}+\boldsymbol{y}\|\leqslant\|\boldsymbol{x}\|+\|\boldsymbol{y}\|\ \forall\boldsymbol{x},\boldsymbol{y}\in\mathbf{R}^n$，则称$N(\boldsymbol{x})\equiv\|\boldsymbol{x}\|$为 $\mathbf{R}^n$ 上的一个向量范数（或向量的模）；

利用三角不等式容易证明：

（4）$\big|\|\boldsymbol{x}\|-\|\boldsymbol{y}\|\big|\leqslant\|\boldsymbol{x}-\boldsymbol{y}\|$.

在 $\mathbf{R}^n$ 中，三角不等式即为三角形两边长之和大于等于第三边长，如下图所示.

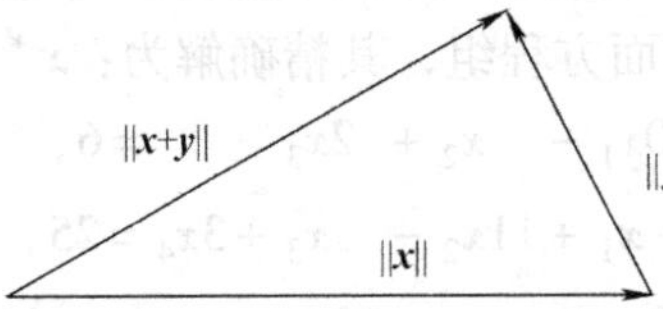

定义 5.4.3 设 $\boldsymbol{x}=(x_1,x_2,\cdots,x_n)^{\mathrm{T}}\in\mathbf{R}^n$，定义 $\mathbf{R}^n$ 上四种常用向量范数如下：

（1）向量的 1－范数：$\|\boldsymbol{x}\|_1=\sum\limits_{i=1}^{n}|x_i|$；

（2）向量的∞－范数：$\|\boldsymbol{x}\|_\infty=\max\limits_{1\leqslant i\leqslant n}|x_i|$；

（3）向量的 2－范数：$\|\boldsymbol{x}\|_2=(x,x)^{\frac{1}{2}}=\left(\sum\limits_{i=1}^{n}x_i^2\right)^{\frac{1}{2}}$；

（4）向量的 p－范数：$\|\boldsymbol{x}\|_p=\left(\sum\limits_{i=1}^{n}|x_i|^p\right)^{\frac{1}{p}},p\in[1,+\infty)$.

容易证明：它们均满足向量范数的定义 5.4.2，且前三种向量范数均为第四种的向量范数的特例，其中$\|\boldsymbol{x}\|_\infty=\lim\limits_{p\to\infty}\|\boldsymbol{x}\|_p$.

例 5.4.3 设 $\boldsymbol{x}=(-1,2,3)^{\mathrm{T}}\in\mathbf{R}^3$，计算 $\|\boldsymbol{x}\|_1$，$\|\boldsymbol{x}\|_\infty$，$\|\boldsymbol{x}\|_2$.

解

$$\|\boldsymbol{x}\|_1=1+2+3=6,$$

$$\|\boldsymbol{x}\|_\infty=\max\{1,2,3\}=3$$

$$\|\boldsymbol{x}\|_2=(1^2+2^2+3^2)^{\frac{1}{2}}=\sqrt{14}.$$

定理 5.4.1 设非负实值函数 $N(\boldsymbol{x})=\|\boldsymbol{x}\|$ 为 $\mathbf{R}^n$ 上任一向量范数，则 $N(\boldsymbol{x})$是 $\boldsymbol{x}$ 分量 $x_1,x_2,\cdots,x_n$ 的连续函数.

定理 5.4.2（范数等价性）设 $\|\boldsymbol{x}\|_s$，$\|\boldsymbol{x}\|_z$ 为 $\mathbf{R}^n$ 上任意两种范数，则存在常数 c_1，$c_2>0$，使得：$c_1\|\boldsymbol{x}\|_s\leqslant\|\boldsymbol{x}\|_z\leqslant c_2\|\boldsymbol{x}\|_s$，$\forall\boldsymbol{x}\in\mathbf{R}^n$.

定理 5.4.3 在 $\mathbf{R}^n$ 中，$\lim\limits_{k\to\infty}\boldsymbol{x}^{(k)}=\boldsymbol{x}^*\Leftrightarrow\|\boldsymbol{x}^{(k)}-\boldsymbol{x}^*\|\to0(k\to\infty$ 时)其中$\|\cdot\|$为向量的任意一种范数.

定义 5.4.4 （矩阵的范数）若矩阵 $\boldsymbol{A}\in\mathbf{R}^{n\times n}$的某个非负实值函数$N(\boldsymbol{A})=\|\boldsymbol{A}\|$满足以下条件：

（1）正定性：$\|\boldsymbol{A}\|\geqslant0$ 且$\|\boldsymbol{A}\|=0\leftrightarrow\boldsymbol{A}=\boldsymbol{0}$；

（2）正齐次性：$\|cA\| = |c| \cdot \|A\|$，$c \in \mathbf{R}^1$；

（3）三角不等式：$\|A+B\| \leqslant \|A\| + \|B\|$；

（4）$\|AB\| \leqslant \|A\| \cdot \|B\|$.

则称 $N(A)$ 为上 $\mathbf{R}^{n\times n}$ 的一个矩阵范数或模.

如果将矩阵 A 看成 $\mathbf{R}^{n\times n}$ 向量空间中的元素，则由向量 2－范数定义有：

$$F(A) = \|A\|_F = \left(\sum_{i,j=1}^{n} a_{i,j}^2\right)^{\frac{1}{2}},$$

这就是矩阵的弗罗贝尼乌斯（Frobenius）范数，明显它满足上面的定义.

在大多数与估算有关的问题中，矩阵和向量会同时参与讨论，所以还希望引进一种矩阵的范数，它和向量范数相联系且和向量范数是相容的，即：

$$\|Ax\| \leqslant \|A\| \cdot \|x\|,\ \forall x \in \mathbf{R}^n,\ \forall A \in \mathbf{R}^{n\times n}$$

定义 5.4.5　（矩阵的算子范数）设 $x \in \mathbf{R}^n$，$A \in \mathbf{R}^{n\times n}$ 给出一种向量范数 $\|x\|_\nu$（如 $\nu=1$，2 或 $+\infty$），相应地定义一种矩阵的非负函数：$\|A\|_\nu = \max\limits_{\|x\|\neq 0} \dfrac{\|Ax\|_\nu}{\|x\|_\nu}$（最大比值）满足矩阵范数的定义 5.4.4，即，$\|A\|_\nu$ 是 $\mathbf{R}^{n\times n}$ 上的一个范数，称之为 A 的算子范数.

定理 5.4.4　设 $\|x\|_\nu$ 是 $\mathbf{R}^n$ 上的一个向量范数，则 $\|A\|_\nu$ 是 $\mathbf{R}^{n\times n}$ 上的矩阵范数，且满足相容条件：$\|Ax\|_\nu \leqslant \|A\|_\nu \|x\|_\nu$.

定理 5.4.5　设 $x \in \mathbf{R}^n$，$A \in \mathbf{R}^{n\times n}$ 则：

（1）$\|A\|_\infty = \max\limits_{1\leqslant i\leqslant n} \sum\limits_{j=1}^{n} |a_{ij}|$，（称为 A 的行范数）；

（2）$\|A\|_1 = \max\limits_{1\leqslant j\leqslant n} \sum\limits_{i=1}^{n} |a_{ij}|$，（称为 A 的列范数）；

（3）$\|A\|_2 = \sqrt{\lambda_{\max}(A^{\mathrm{T}}-A)}$，（称为 A 的 2－范数）.

其中 $\lambda_{\max}(A^{\mathrm{T}}A)$ 表示 $(A^{\mathrm{T}}A)$ 的最大特征值.

在计算上，（1）、（2）比较容易，而（3）比较困难，但（3）在理论分析上十分有用.

例 5.4.4　设 $A = \begin{pmatrix} 1 & 3 \\ -4 & 5 \end{pmatrix}$，求 A 的各种范数.

解

$$\|A\|_1 = \max\{1+|-4|,\ 3+5\} = 8,$$

$$\|A\|_\infty = \max\{1+3,\ |-4|+5\} = 9,$$

$$\|A\|_F = \sqrt{1^2+3^2+(-4)^2+5^2} = \sqrt{51},$$

$$\|A\|_2 = \sqrt{\frac{51+17\sqrt{5}}{2}}.$$

定理 5.4.6　$\lim\limits_{k\to\infty} A_k = A$ 充要条件是 $\|A_k - A\| \to 0$（$k\to\infty$）.

我们要考虑解线性方程组迭代法的收敛性，即要研究 B 在什么条件下使误差向量趋于零向量，即 $\boldsymbol{\varepsilon}^{(k)} = x^{(k)} - x^* = B^k \boldsymbol{\varepsilon}^{(0)} \to \mathbf{0}$（$k\to\infty$）.

定理 5.4.7　设 $B = (b_{ij})_{n\times n}$，则 $B^k \to O$（零矩阵）（$k\to\infty$）的充要条件是：$\rho(B) < 1$.

定理 5.4.8　（迭代法基本定理）设有方程组 $x = Bx + f$，对于任意初始向量 $x^{(0)}$ 及任意

$\boldsymbol{f}$，解此方程组的迭代法（即 $\boldsymbol{x}^{(k+1)}=\boldsymbol{B}\boldsymbol{x}^{(k)}+\boldsymbol{f}$）收敛的充要条件是：$\rho(\boldsymbol{B})<1$.

例 5.4.5 对线性方程组：$\begin{cases} x_1+2x_2-2x_3=1, \\ x_1+\ x_2+\ x_3=1, \\ 2x_1+2x_2+\ x_3=1 \end{cases}$ 判断雅可比迭代法和 G－S 迭代法的敛散性.

解

$$\boldsymbol{G}=(\boldsymbol{D}-\boldsymbol{L})^{-1}\boldsymbol{U}=\begin{pmatrix}1 & & \\ 1 & 1 & \\ 2 & 2 & 1\end{pmatrix}^{-1}\cdot\begin{pmatrix}0 & -2 & 2\\ 0 & 0 & -1\\ 0 & 0 & 0\end{pmatrix}$$

$$=\begin{pmatrix}1 & 0 & 0\\ -1 & 1 & 0\\ 0 & -2 & 1\end{pmatrix}\cdot\begin{pmatrix}0 & -2 & 2\\ 0 & 0 & -1\\ 0 & 0 & 0\end{pmatrix}=\begin{pmatrix}0 & -2 & -2\\ 0 & 2 & -3\\ 0 & 0 & 2\end{pmatrix}.$$

$$\rho(\boldsymbol{G})=2>1,$$

所以，G－S 迭代法发散.

$$\boldsymbol{J}=\boldsymbol{D}^{-1}(\boldsymbol{L}+\boldsymbol{U})=\begin{pmatrix}1 & & \\ & 1 & \\ & & 1\end{pmatrix}\begin{pmatrix}0 & -2 & 3\\ -1 & 0 & -1\\ -2 & -2 & 0\end{pmatrix},$$ 特征方程 $\lambda^3=0$，$\rho(\boldsymbol{G}_J)=0<1$，所以雅可比迭代法收敛.

而 n 较大时，计算矩阵特征值（谱半径）比较困难，基本定理的条件比较难验证，所以最好建立与矩阵元素直接相关的条件来判断迭代法的收敛性.

由于 $\rho(\boldsymbol{B})_\nu\leqslant\|\boldsymbol{B}\|_\nu$，所以可用 $\|\boldsymbol{B}\|_\nu$ 作为 $\rho(\boldsymbol{B})_\nu$ 上界的一种估计，这样的结果即为迭代法收敛的充分性条件.

定理 5.4.9 （迭代法收敛的充分条件）设有方程组 $\boldsymbol{x}=\boldsymbol{B}\boldsymbol{x}+\boldsymbol{f}$，且 $\{\boldsymbol{x}^{(k)}\}$ 为由迭代法产生的序列 $\boldsymbol{x}^{(k+1)}=\boldsymbol{B}\boldsymbol{x}^{(k)}+\boldsymbol{f}$，$\boldsymbol{x}^{(0)}$ 为初始任意向量，若迭代矩阵 $\boldsymbol{B}$ 的某种范数满足 $\|\boldsymbol{B}\|=q<1$，则：

（1）$\{\boldsymbol{x}^{(k)}\}$ 收敛于方程组 $(\boldsymbol{I}-\boldsymbol{B})\boldsymbol{x}=\boldsymbol{f}$ 的唯一解 $\boldsymbol{x}^*$；

（2）$\|\boldsymbol{x}^*-\boldsymbol{x}^{(k)}\|\leqslant\dfrac{1}{1-q}\|\boldsymbol{x}^{(k+1)}-\boldsymbol{x}^{(k)}\|$；

（3）误差估计：$\|\boldsymbol{x}^*-\boldsymbol{x}^{(k)}\|\leqslant\dfrac{q^k}{1-q}\|\boldsymbol{x}^{(1)}-\boldsymbol{x}^{(0)}\|$.

证明 （1）由于 $\|\boldsymbol{B}\|=q<1$，则 $\boldsymbol{I}-\boldsymbol{B}$ 可逆，有唯一解. 设为 $\boldsymbol{x}^*$，$\boldsymbol{x}^*=\boldsymbol{B}\boldsymbol{x}^*+\boldsymbol{f}$，引进误差向量 $\boldsymbol{e}^{(k)}=\boldsymbol{x}^{(k)}-\boldsymbol{x}^*$，即得误差 $\boldsymbol{e}^{(k)}$ 的递推公式：

$$\boldsymbol{e}^{(k+1)}=\boldsymbol{B}\boldsymbol{e}^{(k)}=\cdots=\boldsymbol{B}^{k+1}\boldsymbol{e}^{(0)},k=0,1,\cdots,\boldsymbol{e}^{(0)}=\boldsymbol{x}^{(0)}-\boldsymbol{x}^*,$$

于是 $k\to\infty$ 时，$\|\boldsymbol{e}^{(k)}\|\leqslant\|\boldsymbol{B}\|^k\|\boldsymbol{e}^{(0)}\|=q^k\|\boldsymbol{e}^{(0)}\|\to 0$.

（2）由迭代公式有 $\|\boldsymbol{x}^{(k+1)}-\boldsymbol{x}^{(k)}\|\leqslant\|\boldsymbol{B}\|\cdot\|\boldsymbol{x}^{(k)}-\boldsymbol{x}^{(k-1)}\|$，又

$$\|\boldsymbol{e}^{(k+1)}\|\leqslant\|\boldsymbol{B}\|\cdot\|\boldsymbol{e}^{(k)}\|$$

则

$$\begin{aligned}\|\boldsymbol{x}^{(k+1)}-\boldsymbol{x}^{(k)}\| &=\|\boldsymbol{x}^*-\boldsymbol{x}^{(k)}-(\boldsymbol{x}^*-\boldsymbol{x}^{(x+1)})\|\\ &\geqslant\|\boldsymbol{x}^*-\boldsymbol{x}^{(k)}\|-\|\boldsymbol{x}^*-\boldsymbol{x}^{(k+1)}\|\\ &\geqslant(1-q)\|\boldsymbol{x}^*-\boldsymbol{x}^{(k)}\|\end{aligned}$$

即 $$\|x^{(k)}-x^*\|\leqslant\frac{1}{1-q}\|x^{(k+1)}-x^{(k)}\|\leqslant\frac{q}{1-q}\|x^{(k)}-x^{(k-1)}\|$$

利用此递推式即可得误差估计式（3）.

例 5.4.6　考察用雅可比方法求解如下线性方程组的收敛性.

$$\begin{cases}10x_1-x_2+2x_3=6,\\-x_1+11x_2-x_3+3x_4=25,\\2x_1-x_2+10x_3-x_4=-11,\\3x_2-x_3+8x_4=15.\end{cases}$$

解 $$A=\begin{pmatrix}10&-1&2&0\\-1&11&-1&3\\2&-1&10&-1\\0&3&-1&8\end{pmatrix}=\begin{pmatrix}10&&&\\&11&&\\&&10&\\&&&8\end{pmatrix}-\begin{pmatrix}0&&&\\1&0&&\\-2&1&0&\\0&-3&1&0\end{pmatrix}-\begin{pmatrix}0&1&-2&0\\&0&1&-3\\&&0&1\\&&&0\end{pmatrix}.$$

则雅可比迭代矩阵为：

$$J=D^{-1}(L+U)=\begin{pmatrix}0&\frac{1}{10}&\frac{-2}{10}&0\\\frac{1}{11}&0&\frac{1}{11}&\frac{-3}{11}\\\frac{-2}{10}&\frac{1}{10}&0&\frac{1}{10}\\0&\frac{-3}{8}&\frac{1}{8}&0\end{pmatrix}.$$

$\|J\|_\infty=\max\left\{\frac{3}{10},\ \frac{5}{11},\ \frac{4}{10},\ \frac{4}{8}\right\}=\frac{1}{2}<1$. 故解此方程组的雅可比方法收敛.

下面考察迭代法的收敛速度. $\varepsilon^{(k)}=x^{(k)}-x^*=B^k\varepsilon^{(0)}$，设 B 有 n 个线性无关的特征向量 u_1，u_2，…，u_n，将它们作为线性空间 $\mathbf{R}^n$ 的基，相应的特征值为 λ_1，λ_2，…，λ_n，则

$$\varepsilon^{(0)}=\sum_{i=1}^n a_iu_i,\varepsilon^{(k)}=B^k\varepsilon^{(0)}=\sum_{i=1}^n a_iB^ku_i=\sum_{i=1}^n a_i\lambda_i^ku_i.$$

可以看出当 $\rho(B)<1$ 越小时，$\lambda_i^k\to0(i=1,2,\cdots,n)(k\to\infty)$ 越快，即 $\varepsilon^{(k)}\to0$ 越快，故可用 $\rho(B)$ 来刻画迭代法的收敛快慢.

为确定迭代次数 k，使 $[\rho(B)]^k\leqslant10^{-s}$，可以通过取对数得：$k\geqslant\frac{s\ln10}{-\ln\rho(B)}$.

定义 5.4.6　称 $R(B)=-\ln\rho(B)$ 为迭代法的收敛速度.

由此可见，$\rho(B)<1$ 越小，$-\ln\rho(B)$ 越大，则所需的迭代次数就越少.

由定理 5.4.9 充分性条件的结果（3）可见，$\|B\|=q<1$ 越小，收敛越快. 另外，由其结果（2）可知：若 $\|x^{(k)}-x^{(k-1)}\|<\varepsilon$，则 $\|x^*-x^{(k)}\|<\frac{q}{1-q}\varepsilon_0$，因此可以用 $\|x^{(k)}-x^{(k-1)}\|<\varepsilon$ 作为控制迭代终止的条件.

但要注意当 $q\approx1$ 时，$\frac{q}{q-1}$ 较大，尽管 $\|x^{(k)}-x^{(k-1)}\|$ 很小，误差向量的模 $\|\varepsilon^{(k)}\|=$

$\| x^* - x^{(k)} \|$ 却有可能很大，迭代法收敛很慢，而且此充分性条件的结果（3）可以用来事先确定需要迭代多少次才能保证 $\| \varepsilon^{(k)} \| < \varepsilon$.

定理 5.4.10 解方程组 $Ax=b$ 的 G－S 迭代法收敛的充分必要条件是 $\rho(G)<1$，其中 G 为 G－S 迭代矩阵.

定义 5.4.7 （对角占优矩阵）设 $A=(a_{ij})_{n\times n}$

（1）若 $|a_{ii}| > \sum_{\substack{j=1\\ j\neq 1}}^{n} |a_{ij}| > 0(i=1,2,\cdots,n)$，即 A 的每一行对角元素绝对值严格大于同行其他元素绝对值之和，则称 A 为严格对角占优矩阵；

（2）若 $|a_{ii}| \geqslant \sum_{\substack{j=1\\ j\neq i}}^{n} |a_{ij}| > 0(i=1,2,\cdots,n)$，且至少有一个不等式严格成立，则称 A 为弱对角占优矩阵.

定义 5.4.8 （可约矩阵与不可约矩阵）设 $A=(a_{ij})_{n\times n}$，当 $n\geqslant 2$ 时，如果存在 n 阶排列矩阵 P 使 $P^{\mathrm{T}}AP=\begin{pmatrix} A_{11} & A_{12} \\ 0 & A_{22} \end{pmatrix}$ 成立，其中 A_{11} 为 r 阶子矩阵，A_{22} 为 $n-r$ 阶子矩阵 $(1\leqslant r<n)$，则称矩阵 A 为可约的，若不存在排列矩阵 P 使上式成立，则称 A 为不可约矩阵.

当 A 为可约矩阵时，则 $Ax=b$ 可经过若干次行列重排化为两个低阶方程组求解.

事实上，由 $Ax=b$ 化为：$P^{\mathrm{T}}AP(P^{\mathrm{T}}x)=P^{\mathrm{T}}b$，设 $y=P^{\mathrm{T}}x=\begin{pmatrix} y_1 \\ y_2 \end{pmatrix}$，$P^{\mathrm{T}}b=\begin{pmatrix} d_1 \\ d_2 \end{pmatrix}$，其中，$y_1$，$d_1$ 为 r 维向量.

于是，求解 $Ax=b$ 可以转化为求解：$\begin{cases} A_{11}y_1+A_{12}y_2=d_1, \\ A_{22}y_2=d_2. \end{cases}$ 另外 A 为可约矩阵的充要条件是存在指标集 $J\subset\{1,2,\cdots,n\}$，$J\neq\varnothing$ 使 $a_{kj}=0$，$k\in J$，$j\notin J$.

定理 5.4.11 （对角占优定理）：若 $A=(a_{ij})_{n\times n}$ 为严格对角占优阵或为不可约弱对角占优阵，则 A 是非奇异阵.

证明 （1）A 为严格对角占优阵，采用反证法. 若 $\det A=0$，则 $Ax=0$ 有非零的解，设为 $x=(x_1,x_2,\cdots,x_n)^{\mathrm{T}}\neq 0$，设 $|x_k|=\max\limits_{\substack{1\leqslant i\leqslant n\\ x_i\neq 0}}|x_i|$ 由齐次方程中的第 k 个方程得：

$$\sum_{i=1}^{n} a_{ki}x_j=0,$$

则可得：

$$|a_{kk}x_k| = \left|\sum_{\substack{j=1\\ j\neq k}}^{n} a_{kj}x_j\right| \leqslant \sum_{\substack{j=1\\ j\neq k}}^{n} |a_{kj}|\cdot|x_j| \leqslant |x_k|\sum_{\substack{j=1\\ j\neq k}}^{n}|a_{kj}|, \tag{5.4.10}$$

即有：$|a_{kk}| \leqslant \sum_{\substack{j=1\\ j\neq k}}^{n} |a_{kj}|$ 这与严格对角占优阵矛盾，故 $\det A\neq 0$.

(2) $\boldsymbol{A}$ 为不可约弱对角占优阵，采用反证法.

设存在 $\boldsymbol{x}\neq\boldsymbol{0}$，$\boldsymbol{x}=(x_1, x_2, \cdots, x_n)^{\mathrm{T}}$ 使 $\boldsymbol{Ax}=\boldsymbol{0}$，并令 m 使 $|a_{mm}|>\sum\limits_{\substack{j=1\\j\neq m}}^{n}|a_{mj}|$.
式 (5.4.11)（由弱对角占优定义）成立. 再定义下标集合：

$$J=\{k\,|\,|x_k|\geqslant|x_i|, i=1,2,\cdots,n, |x_k|>|x_j|. \text{对某个} j\}.$$

在式 (5.4.10) 中取 $k=m$，将导致与式 (5.4.11) 得矛盾，故 $J\neq\varnothing$（空集合）. 对任意 $k\in J$，有 $|a_{kk}|\leqslant\sum\limits_{\substack{j=1\\j\neq k}}^{n}|a_{kj}|\cdot|x_j|/|x_k|$（由式 (5.4.10)），由此可见，当 $|x_k|>|x_j|$ 时，有 $a_{kj}=0$，否则，上式就与 $\boldsymbol{A}$ 为弱对角占优阵矛盾.

但对任意 $k\in J$ 和 $j\notin J$，必有 $|x_k|>|x_j|$，因而 $a_{kj}=0$，$k\in J$，$j\notin J$ 从而 $\boldsymbol{A}$ 为可约矩阵，这与 $\boldsymbol{A}$ 为不可约矩阵假设矛盾.

定理 5.4.12　若 $\boldsymbol{A}\in\mathbf{R}^{n\times n}$ 为严格对角占优矩阵或为不可约弱对角占优矩阵，则对任意的初始向量 $\boldsymbol{x}^{(0)}$，方程组 $\boldsymbol{Ax}=\boldsymbol{b}$ 的雅可比迭代法和 G－S 迭代法均收敛，且 G－S 迭代法比雅可比迭代法收敛速度快.

证明　设 $\boldsymbol{A}$ 为不可约对角占优矩阵，先证明 G－S 迭代法收敛. 由弱对角占优阵假设知 $a_{ii}\neq0$ $(i=1,2,\cdots,n)$，而 G－S 迭代矩阵为 $\boldsymbol{G}=(\boldsymbol{D}-\boldsymbol{L})^{-1}\boldsymbol{U}$，又 $\det(\boldsymbol{D}-\boldsymbol{L})^{-1}\neq0$，$\det(\lambda\boldsymbol{I}-\boldsymbol{G})=\det(\lambda\boldsymbol{I}-(\boldsymbol{D}-\boldsymbol{L})^{-1}\boldsymbol{U})=\det(\boldsymbol{D}-\boldsymbol{L})^{-1}$，$\det(\lambda(\boldsymbol{D}-\boldsymbol{L})-\boldsymbol{U})=0$. 即 $\det(\lambda(\boldsymbol{d}-\boldsymbol{l})-\boldsymbol{U})=0$，记 $\boldsymbol{C}=\lambda(\boldsymbol{D}-\boldsymbol{L})-\boldsymbol{U}$，则：

$$\boldsymbol{C}=\begin{pmatrix}\lambda a_{11} & a_{12} & a_{13} & \cdots & a_{1n}\\ \lambda a_{21} & \lambda a_{22} & a_{23} & \cdots & a_{2n}\\ \vdots & \vdots & \vdots & & \vdots\\ \lambda a_{n1} & \lambda a_{n2} & \lambda a_{n3} & \cdots & \lambda a_{nn}\end{pmatrix}.$$

下面证明当 $|\lambda|\geqslant1$ 时，$\det\boldsymbol{C}\neq0$，这是因为 $\boldsymbol{A}$ 为不可约阵，则 $\boldsymbol{C}$ 也不可约，由 $\boldsymbol{A}$ 为弱对角矩阵，可得：

$$(\text{当}|\lambda|\geqslant1)\quad |c_{ii}|=|\lambda||a_{ii}|\geqslant\sum_{j=1}^{i-1}|\lambda a_{ij}|+\sum_{j=i+1}^{n}|a_{ij}|=\sum_{j\neq i}|c_{ij}|,\qquad(5.4.11)$$

且至少有一个不可约等式严格成立，这表明当 $|\lambda|\geqslant1$ 时，$\boldsymbol{C}$ 为不可约弱对角占优矩阵，于是由前一个定理可知当 $|\lambda|\geqslant1$ 时，$\det\boldsymbol{C}\neq0$，这一结论表明 $\det\boldsymbol{C}=0$ 的根 λ 满足：$|\lambda|<1$，即 $\rho(\boldsymbol{G})<1$，故 G－S 法收敛.

在同一条件下，对于雅可比方法（$\boldsymbol{J}=\boldsymbol{D}^{-1}(\boldsymbol{L}+\boldsymbol{U})$）完全类似可证，当 $\boldsymbol{A}$ 为严格对角占优阵时，证明方法完全类似.

5.4.4　超松弛迭代法

逐次超松弛迭代法（Successive Over Relaxation Method，简称为 SOR 法）是 G－S 法的一种加速方法，这是解大型矩阵方程组的有效方法之一，具有计算公式简单、程序设计容易、占用计算机内存较少等优点，但需要选择好的加速因子，即最佳的加速因子.

对线性方程组

$$Ax=b, \tag{5.4.12}$$

其中 $A\in \mathbf{R}^{n\times n}$ 为奇异矩阵，且设 $a_{ii}\neq 0(i=1,2,\cdots,n)$，分解：

$$A=D-L-U, \tag{5.4.13}$$

设已知第 k 次迭代向量 $x^{(k)}$，及第 $k+1$ 次迭代向量 $x_i^{(k+1)}$ 的分量 $x_j^{(k+1)}(j=1,2,\cdots,i-1)$，现在来计算分量：

先用 G－S 迭代法求出辅助量 $\widetilde{x}_i^{(k+1)}$，即预测：

$$\widetilde{x}_i^{(k+1)}=\frac{1}{a_{ii}}\Big(b_i-\sum_{j=1}^{i-1}a_{ij}x_j^{(k+1)}-\sum_{j=i+1}^{n}a_{ij}x_j^{(k)}\Big),\ i=1,2,\cdots,n. \tag{5.4.14}$$

再取 $x_i^{(k+1)}$ 为 $x_i^{(k)}$ 与 $\widetilde{x}_i^{(k+1)}$ 的某种平均值（即加权平均），即校正：

$$x_i^{(k+1)}=(1-\omega)x_i^{(k)}+\omega\widetilde{x}_i^{(k+1)}=x_i^{(k)}+\omega(\widetilde{x}_i^{(k+1)}-x_i^{(k)}). \tag{5.4.15}$$

将式（5.4.14）代入式（5.4.15）即得解 $Ax=b$ 的逐次超松弛迭代公式：

$$\begin{cases}x_i^{(k+1)}=x_i^{(k)}+\dfrac{\omega}{a_{ii}}\Big(b_i-\displaystyle\sum_{j=1}^{i-1}a_{ij}x_j^{(k+1)}-\sum_{j=i}^{n}a_{ij}x_j^{(k)}\Big),\\ x^{(k)}=(x_1^{(k)},x_2^{(k)},\cdots,x_n^{(k)})\quad(k=0,1,\cdots,i=1,2,\cdots,n),\end{cases} \tag{5.4.16}$$

其中，称 ω 为松弛因子，或写为：

$$\begin{cases}x_i^{(k+1)}=x_i^{(k)}+\Delta x_i,\\ \Delta x_i=\dfrac{\omega}{a_{ii}}\Big(b_i-\displaystyle\sum_{j=1}^{i-1}a_{ij}x_j^{(k+1)}-\sum_{j=i}^{n}a_{ij}x_j^{(k)}\Big),\\ (k=0,1,\cdots,i=1,2,\cdots,n).\end{cases}$$

显然 $\omega=1$ 时，解方程组（5.4.12）的 SOR 法即为 G－S 迭代法.

SOR 法中每迭代一次，主要计算量是计算一次矩阵与向量乘法，由式（5.4.16）可见在计算机上用 SOR 法解方程组只需一组工作单位元，以便存放近似解. 在迭代计算时，可用 $|p|=\max\limits_i|\Delta x_i|=\max\limits_{1\leqslant i\leqslant n}|x_i^{(k+1)}-x_i^{(k)}|<\varepsilon$ 来控制迭代终止.

当 $\omega<1$ 时，称式（5.4.16）为低松弛法；当 $\omega>1$ 时，称式（5.4.16）为超松弛法.

例 5.4.7 用 SOR 法解：

$$\begin{pmatrix}-4&1&1&1\\1&-4&1&1\\1&1&-4&1\\1&1&1&-4\end{pmatrix}\begin{pmatrix}x_1\\x_2\\x_3\\x_4\end{pmatrix}=\begin{pmatrix}1\\1\\1\\1\end{pmatrix}.$$

其精确解为 $x^*=(-1,-1,-1,-1)^{\mathrm{T}}$.

解 取 $x^{(0)}=0$，则 SOR 迭代公式为：

$$\begin{cases}x_1^{(k+1)}=x_1^{(k)}-\omega(1+4x_1^{(k)}-x_2^{(k)}-x_3^{(k)}-x_4^{(k)})/4,\\ x_2^{(k+1)}=x_2^{(k)}-\omega(1-x_1^{(k+1)}+4x_2^{(k)}-x_3^{(k)}-x_4^{(k)})/4,\\ x_3^{(k+1)}=x_3^{(k)}-\omega(1-x_1^{(k+1)}-x_2^{(k+1)}+4x_3^{(k)}-x_4^{(k)})/4,\\ x_4^{(k+1)}=x_4^{(k)}-\omega(1-x_1^{(k+1)}-x_2^{(k+1)}-x_3^{(k+1)}+4x_4^{(k)})/4.\end{cases}$$

取 $\omega=1.3$，第11次迭代结果为：

$$x^{(11)}=(-0.99999646,-1.00000310,-0.99999953,-0.99999912)^{\mathrm{T}}$$

$$\|\varepsilon^{(11)}\|_2=\|x^{(11)}-x^*\|_2\leqslant 0.46\times 10^{-5},$$

对 ω 取其他值，迭代次数如下表5.4.1所示，由此例可见，松弛因子选择得好，会使SOR迭代的收敛大大加速，本例中，$\omega=1.3$ 是最佳松弛因子.

表5.4.1　SOR计算结果表

松弛因子	满足误差 $\|x^{(k)}-x^*\|\leqslant 10^{-5}$ 的迭代次数
1.0	22
1.1	17
1.2	12
1.3*	11* 最少迭代次数
1.4	14
1.5	17
1.6	23
1.7	33
1.8	53
1.9	109

下面考察SOR迭代公式的矩阵形式，由式（5.4.16）可改写为：

$$a_{ii}x_i^{(k+1)}=(1-\omega)a_{ii}x_i^{(k)}+\omega\left(b_i-\sum_{j=1}^{i-1}a_{ij}x_j^{(k+1)}-\sum_{j=i+1}^{n}a_{ij}x_j^{(k)}\right),i=1,2,\cdots,n. \tag{5.4.17}$$

由 $A=D-L-U$，则：$Dx^{(k+1)}=\omega(b+Lx^{(k+1)}+Ux^{(k)})+(1-\omega)Dx^{(k)}$ 即 $(D-\omega L)x^{(k+1)}=((1-\omega)D+\omega U)x^{(k)}+\omega b$，由于对任意 ω，$(D-\omega L)$ 均为奇异阵（设 $a_{ii}\neq 0$，$i=1,2,\cdots,n$，而 L 为下三角阵，且对角线元素为0）则：

$$x^{(k+1)}=(D-\omega L)^{-1}[(1-\omega)D+\omega U]x^{(k)}+\omega(D-\omega L)^{-1}b.$$

因此，若 $a_{ii}\neq 0$，$i=1,2,\cdots,n$，则SOR迭代公式为：

$$x^{(k+1)}=L_\omega x^{(k)}+f, \tag{5.4.18}$$

其中，$L_\omega=(D-\omega L)^{-1}[(1-\omega)D+\omega U]$，$f=\omega(D-\omega L)^{-1}b$，称 L_ω 为SOR方法的迭代矩阵，应用关于迭代法的收敛性定理于式（5.4.18）可得：

定理5.4.13　对 $Ax=b$，且 $a_{ii}\neq 0\ (i=1,2,\cdots,n)$，则解方程组的SOR迭代法收敛的充要条件是：$\rho(L_\omega)<1$.

引进超松弛法的想法是希望能选择松弛因子使迭代过程（5.4.16）收敛较快，也就是应选择因子 ω^* 使 $\rho(L_{\omega^*})=\min\limits_{\omega}\rho(L_{\omega^*})$.

下面考虑对于方程组（5.4.12）（$a_{ii}\neq 0$，$i=1,2,\cdots,n$），超松弛因子在什么范围内取值才可能收敛.

定理5.4.14（必要条件）对 $Ax=b$（$a_{ii}\neq 0$，$i=1,2,\cdots,n$）的SOR方法若收敛，

则：$0<\omega<2$.

证明 由SOR法收敛及上定理，知$\rho(\boldsymbol{L}_\omega)<1$，设$\boldsymbol{L}_\omega$的特征值为$\lambda_1, \lambda_2, \cdots, \lambda_n$则：$|\det(\boldsymbol{L}_\omega)|=|\lambda_1\lambda_2\cdots\lambda_n|\leqslant(\rho(\boldsymbol{L}_\omega))^n$，即$|\det(\boldsymbol{L}_\omega)|^{\frac{1}{n}}\leqslant\rho(\boldsymbol{L}_\omega)<1$，而

$$\det(\boldsymbol{L}_\omega)=\det((\boldsymbol{D}-\omega\boldsymbol{L})^{-1})\det((1-\omega)\boldsymbol{D}+\omega\boldsymbol{U})=(1-\omega)^n,$$

因此$|1-\omega|<1$，即：$0<\omega<2$.

此结果表明要使SOR法收敛，松弛因子ω必须在（0，2）中. 那么，反过来，若选取ω在（0，2）中，SOR法是否一定收敛呢？

定理5.4.15 （充分条件）若$\boldsymbol{A}$为对称正定矩阵，且$0<\omega<2$，则解（5.4.12）的SOR法必收敛.

证明 若能证明在定理条件下，对$\boldsymbol{L}_\omega$的任一特征值λ有：$-1<\lambda<1$，则定理得证. 事实上，设$\boldsymbol{y}$为对应λ的$\boldsymbol{L}_\omega$的特征向量，即：

$$\boldsymbol{L}_\omega\boldsymbol{y}=\lambda\boldsymbol{y},\ \boldsymbol{y}=(y_1, y_2, \cdots, y_n)^{\mathrm{T}}\neq\boldsymbol{0},\ 即(\boldsymbol{D}-\omega\boldsymbol{L})^{-1}((1-\omega)\boldsymbol{D}+\omega\boldsymbol{U})\boldsymbol{y}=\lambda\boldsymbol{y}.$$

亦即：$((1-\omega)\boldsymbol{D}+\omega\boldsymbol{U})\boldsymbol{y}=\lambda(\boldsymbol{D}-\omega\boldsymbol{L})\boldsymbol{y}$，为找$\lambda$的表达式，考虑内积：

$$([(1-\omega)\boldsymbol{D}+\omega\boldsymbol{U}]\boldsymbol{y}, \boldsymbol{y})=\lambda((\boldsymbol{D}-\omega\boldsymbol{L})\boldsymbol{y}, \boldsymbol{y})$$

则有

$$\lambda=\frac{(\boldsymbol{D}\boldsymbol{y}, \boldsymbol{y})-\omega(\boldsymbol{D}\boldsymbol{y}, \boldsymbol{y})+\omega(\boldsymbol{U}\boldsymbol{y}, \boldsymbol{y})}{(\boldsymbol{D}\boldsymbol{y}, \boldsymbol{y})-\omega(\boldsymbol{L}\boldsymbol{y}, \boldsymbol{y})}.$$

而：

$$(\boldsymbol{D}\boldsymbol{y}, \boldsymbol{y})=\sum_{i=1}^{n}a_{ii}|y_i|^2\triangleq\sigma>0. \tag{5.4.19}$$

设$-(\boldsymbol{L}\boldsymbol{y}, \boldsymbol{y})=\alpha+\mathrm{i}\beta$，由于$\boldsymbol{A}=\boldsymbol{A}^{\mathrm{T}}$则$\boldsymbol{U}=\boldsymbol{L}^{\mathrm{T}}$，从而：

$$-(\boldsymbol{U}\boldsymbol{y}, \boldsymbol{y})=-(\boldsymbol{y}, \boldsymbol{L}\boldsymbol{y})=-\overline{(\boldsymbol{L}\boldsymbol{y}, \boldsymbol{y})}=\alpha-\mathrm{i}\beta,$$

$$0<(\boldsymbol{A}\boldsymbol{y}, \boldsymbol{y})=((\boldsymbol{D}-\boldsymbol{L}-\boldsymbol{U})\boldsymbol{y}, \boldsymbol{y})=\sigma+2\alpha, \tag{5.4.20}$$

因此：

$$\lambda=\frac{(\sigma-\omega\sigma-\alpha\omega)+\mathrm{i}\omega\beta}{(\sigma+\alpha\omega)+\mathrm{i}\omega\beta}.$$

从而：

$$|\lambda|^2=\frac{(\sigma-\omega\sigma-\alpha\omega)^2+\omega^2\beta^2}{(\sigma+\alpha\omega)^2+\omega^2\beta^2}, \tag{5.4.21}$$

当$0<\omega<2$由式（5.4.20）和式（5.4.21）有：

$$(\sigma-\omega\sigma-\alpha\omega)^2-(\sigma+\alpha\omega)^2=\omega\sigma(\sigma+2\alpha)(\omega-2)<0.$$

从而由式（5.4.21）可知$|\lambda|<1$，故SOR收敛.

5.5 误差分析

5.5.1 矩阵的条件数及误差分析

$\boldsymbol{Ax}=\boldsymbol{b}$，$\boldsymbol{A}$为非奇异阵，设$\boldsymbol{x}$为方程组的精确解.

由于$\boldsymbol{A}$（或$\boldsymbol{b}$）的元素是由测量或计算得到的，所以常带有某些测量的误差或有舍入误

差，因此我们处理的实际矩阵是 $A+\delta A$ 或 $b+\delta b$.

下面考察方程组的数据 A（或 b）的微小误差对解的影响，即估计 $x-y$，其中 y 为 $(A+\delta A)y=b$ 的解.

例 5.5.1　设有方程组如下，其精确解为 $(0.0,\ 0.1)^{\mathrm{T}}$

$$\begin{cases}5x_1+\ 7x_2=0.7,\\ x_1+10x_2=1.\end{cases}$$

解　现考虑常数项有微小误差，即 $b\to b+\delta b=(0.69,1.01)^{\mathrm{T}}$，其中，$\delta b=(-0.01,1.01)^{\mathrm{T}}$，得到一个扰动方程组：

$$\begin{cases}5y_1+\ 7y_2=0.69,\\ 7y_1+10y_2=1.01.\end{cases}\Rightarrow y=(0.17,\ 0.22)^{\mathrm{T}}$$

可见，方程组常数项分量只有微小变化（1%），而方程组的解却有较大的变化，即方程组的解对常数项 b 很灵敏，这样的方程组称为病态方程组.

定义 5.5.1　如果矩阵 A 或常数项 b 的微小变化能引起方程组 $Ax=b$ 的解的巨大变化．则称此方程组为“病态”方程组，矩阵 A 称为“病态”矩阵．否则称此方程组为“良态”方程组，矩阵 A 称为“良态”矩阵．

矩阵的“病态”性质是矩阵本身的特征，下面我们希望找出刻画矩阵“病态”性质的度量指标.

先考察常数项 b 的微小误差对解的影响.

设 A 是精确的，且为非奇异矩阵，b 有误差（或扰动）δb. x 为 $Ax=b$ 的精确解，方程组

$$A\hat{x}=b+\delta b,$$

的解与 x 的差记为：

$$\hat{x}-x=\delta x.$$

即 $A(x+\delta x)=b+\delta b$，从而 $A\delta x=\delta b$，（假设 $Ax=b\neq 0$）
有

$$\|\delta x\|\leqslant\|A^{-1}\|\cdot\|\delta b\|,\tag{5.5.1}$$

又 $Ax=b\neq 0$ 则 $\|b\|\leqslant\|A\|\cdot\|x\|$

即

$$\frac{1}{\|x\|}\leqslant\frac{\|x\|}{\|b\|}.\tag{5.5.2}$$

由式（5.5.1）、式（5.5.2）可以得到下面的结论：

定理 5.5.1　（b 扰动对解的影响）设：

1）设 $Ax=b\neq 0$，x 为精确解，$\det A\neq 0$，

2）且设 $A(x+\delta x)=b+\delta b$，则有：

$$\frac{\|\delta x\|}{\|x\|}\leqslant\|A^{-1}\|\cdot\|A\|\cdot\frac{\|\delta b\|}{\|b\|}.\tag{5.5.3}$$

式（5.5.3）说明：当 b 有一定相对误差时，导致 $Ax=b$ 解的变化的相对误差上界由式（5.5.3）给出，解的相对误差是常数项相对误差的 $\|A^{-1}\|\cdot\|A\|$ 倍.

再考察矩阵 A 的扰动对 $Ax=b$ 的解 x 的影响.

设 A 有微小扰动 δA，即 $A\to A+\delta A$，b 是精确的，记

$(A+\delta A)(x+\delta x)=b$ 的解为 $x+\delta x$，由 $Ax=b\neq 0$ 有：

$$(A+\delta A)\delta x=-(\delta A)x. \tag{5.5.4}$$

设 $\|A^{-1}\|\cdot\|\delta A\|<1$，则 $A+\delta A=A(I+A^{-1}\delta A)$ 为非奇异性矩阵且：

$$\|(A+\delta A)^{-1}\|\leqslant\|A^{-1}\|/(1-\|A^{-1}\|\cdot\|\delta A\|), \tag{5.5.5}$$

由式（5.5.4）$\delta x=-(A+\delta A)^{-1}\delta Ax$，则由式（5.5.5）得：

$$\frac{\|\delta x\|}{\|x\|}\leqslant\frac{\|A^{-1}\|\cdot\|A\|\cdot\dfrac{\|\delta A\|}{\|A\|}}{1-\|A^{-1}\|\cdot\|A\|\cdot\dfrac{\|\delta A\|}{\|A\|}} \tag{5.5.6}$$

定理 5.5.2（A 扰动对解的影响）设 $Ax=b$，A 为非奇异矩阵，x 为精确解，且 $(A+\delta A)(x+\delta x)=b$. 以及 $\|\delta A\|<1/\|A^{-1}\|$，则由 A 的微小扰动引起的解的相对误差满足估计式（5.5.6）.

式（5.5.3）和式（5.5.6）均说明：b 或 A 的微小扰动对解的相对误差的影响与 $\|A^{-1}\|\cdot\|A\|$ 有关，因而 $\|A^{-1}\|\cdot\|A\|$ 数的大小刻画了方程组的解对数据 A（或 b）的灵敏程度.

定义 5.5.2 设 A 为非奇异矩阵，称数 $\text{Cond}(A)_\nu=\|A^{-1}\|_\nu\cdot\|A\|_\nu$ 为矩阵 A 的条件数（$\nu=1$，2 或 ∞）.

可见矩阵的条件数与范数有关，A 的条件数越大，方程组的病态就越严重，也就难以得到方程组比较准确的解.

常用的条件数有：

（1）$\text{Cond}(A)_\infty=\|A^{-1}\|_\infty\cdot\|A\|_\infty$；

（2）A 的谱条件 $\text{Cond}(A)_2=\|A^{-1}\|_2\cdot\|A\|_2=\sqrt{\dfrac{\lambda_{\max}(A^TA)}{\lambda_{\min}(A^TA)}}$.

当 A 为对称矩阵时，$\text{Cond}(A)_2=|\lambda_1|/|\lambda_n|$.

其中，λ_1，λ_n 为 A 的绝对值最大和绝对值最小的特征值.

条件数的性质：

（1）对任何非奇异矩阵 A，有：$\text{Cond}(A)_\nu\geqslant 1$，因为：

$$\text{Cond}(A)_\nu=\|A^{-1}\|_\nu\cdot\|A\|_\nu\geqslant\|A^{-1}A\|_\nu=1;$$

（2）设 A 为非奇异矩阵 且 $c\neq 0$（常数），则 $\text{Cond}(cA)=\text{Cond}(A)$；

（3）若 A 为正交矩阵，则 $\text{Cond}(A)_2=1$，若 A 为非奇异阵，R 为正交矩阵，则 $\text{Cond}(RA)_2=\text{Cond}(AR)_2=\text{Cond}(A)_2$.

例 5.5.2 已知希尔伯特（Hilbert）矩阵 $H_n=\begin{pmatrix}1 & \frac{1}{2} & \cdots & \frac{1}{n}\\ \frac{1}{2} & \frac{1}{3} & \cdots & \frac{1}{n+1}\\ \vdots & \vdots & & \vdots\\ \frac{1}{n} & \frac{1}{n+1} & \cdots & \frac{1}{2n-1}\end{pmatrix}$，计算 H_3 的条件数.

解

$$H_3=\begin{pmatrix}1 & 1/2 & 1/3\\ 1/2 & 1/3 & 1/4\\ 1/3 & 1/4 & 1/5\end{pmatrix},\ H_3^{-1}=\begin{pmatrix}9 & -36 & 30\\ -36 & 192 & -180\\ 30 & -180 & 180\end{pmatrix}.$$

下面计算 H_3 的条件数

$$\mathrm{Cond}\,(H_3)_\infty,\text{由}\ \|H_3\|_\infty=11/6,\ \|H_3^{-1}\|_\infty=408,$$

则：

$$\mathrm{Cond}\,(H_3)_\infty=\|H_3\|_\infty\|H_3^{-1}\|_\infty=11/6\times408=748.$$

同样可计算　$\mathrm{Cond}\,(H_6)_\infty=2.9\times10^6$.

一般 H_n 矩阵当 n 越大时，病态越严重．再考察方程组　$H_3x=b=(11/16,13/12,47/60)^{\mathrm T}$

设 H_3 与 b 有微小误差（取3位有效数字），则有：

$$\begin{pmatrix}1.000 & 0.500 & 0.333\\ 0.500 & 0.333 & 0.250\\ 0.333 & 0.250 & 0.200\end{pmatrix}\begin{pmatrix}x_1+\delta x_1\\ x_2+\delta x_2\\ x_3+\delta x_3\end{pmatrix}=\begin{pmatrix}1.830\\ 1.080\\ 0.783\end{pmatrix}. \tag{5.5.7}$$

简记为 $(H_3+\delta H_3)\cdot(x+\delta x)=b+\delta b$.

方程组 $H_3x=b$ 与式（5.5.7）的解分别为 $x=(1,\ 1,\ 1)^{\mathrm T}$,

$x+\delta x=(1.089512583\quad 0.489767062\quad 1.491002798)^{\mathrm T}$,

于是 $\delta x=(0.0895,\ -0.5120,0.4910)^{\mathrm T}$.

$\|\delta H\|_3/\|H_3\|_\infty\approx0.18\times10^{-3}<0.02\%$,

$\|\delta b\|_\infty/\|b\|_\infty\approx0.182\%$, $\|\delta x\|_\infty/\|x\|_\infty\approx51.2\%$.

这表明 H_3 与 b 的相对误差不超过0.2%，而导致的解的相对误差却超过了50%.

要判断一个矩阵是否病态，需计算矩阵条件数：$\mathrm{Cond}(A)=\|A^{-1}\|\cdot\|A\|$，而计算 A^{-1} 是比较困难的．那么在实际中如何发现病态情况呢？下面分几种情况考虑：

（1）若在 A 的三角约化时（尤其是用元素消去法解 $Ax=b$ 时）出现小元，对大多数矩阵来说，A 是病态矩阵.

例如用选主元素的直接三角分解法求解方程组（5.5.7）（用双精度累加计算 $\sum a_ib_i$，结果舍入为3位浮点数）．则：

$$I_{3,2}(H_3+\delta H_3)=\begin{pmatrix}1 & & \\ 0.333 & 1 & \\ 0.500 & 0.994 & 1\end{pmatrix}\begin{pmatrix}1 & 0.500 & 0.333\\ & 0.0835 & 0.0811\\ & & -0.00507\end{pmatrix}=LU.$$

（2）若 A 的最大特征值和最小特征值之比（按照绝对值）较大，则 A 是病态的.

A 的特征值：$|\lambda_1|\geqslant|\lambda_2|\geqslant\cdots\geqslant|\lambda_n|>0$　由于：

$|\lambda_1|\leqslant\|A\|$, $1/\|\lambda_n\|\leqslant\|A^{-1}\|$，因而

$$\mathrm{Cond}(A)\geqslant|\lambda_1|/|\lambda_n|\gg1.$$

（3）若系数矩阵的行列式值相对很小，或系数矩阵某些行近似线性相关，这时 A 可能为病态.

(4) 若系数矩阵 $\boldsymbol{A}$ 的元素间数量级相差很大，并且无一定规则，则 $\boldsymbol{A}$ 可能病态.

5.5.2 迭代改善法

对于病态方程组，用选主元素法求解很难找到精确解．可以考虑迭代改善法. 对 $\boldsymbol{Ax}=\boldsymbol{b}$, $\det\boldsymbol{A}\neq 0$，若方程组不过分病态．用高斯消去法（或部分选主元素法）求得计算解 $\boldsymbol{x}_1$（精度不变)，我们希望获得方程组的高精度解. 可采用下述迭代改善法来改善解 $\boldsymbol{x}_1$ 的精度.

$$\begin{cases}\text{计算剩余向量}: \boldsymbol{r}_1=\boldsymbol{b}-\boldsymbol{Ax}_1, & (5.5.8)\\ \text{求解}: \boldsymbol{Ad}_1=\boldsymbol{r}_1, & (5.5.9)\\ \text{再求解}: \boldsymbol{x}_2=\boldsymbol{x}_1+\boldsymbol{d}_1. & (5.5.10)\end{cases}$$

若计算 $\boldsymbol{r}_1$ 及 $\boldsymbol{d}_1$ 均无误差. 则 $\boldsymbol{x}_2$ 为方程组 $\boldsymbol{Ax}=\boldsymbol{b}$ 的精确解．

因为：$\boldsymbol{Ax}_2=\boldsymbol{A}(\boldsymbol{x}_1+\boldsymbol{d}_1)=\boldsymbol{Ax}_1+\boldsymbol{Ad}_1=\boldsymbol{Ax}_1+\boldsymbol{r}_1=\boldsymbol{b}$,

但在实际计算中由于存在舍入误差，因此 $\boldsymbol{x}_2$ 仍为一个近似解，对 $\boldsymbol{x}_2$ 再重复上述过程式(5.5.8)～式(5.5.10)，即可求得 $\boldsymbol{r}_2$，$\boldsymbol{d}_2$，$\boldsymbol{x}_3$.

如此可得一个近似解序列 $\{x_n\}$，当 $\boldsymbol{Ax}=\boldsymbol{b}$ 不是过分病态时，通常 $\{x_n\}$ 可以很快收敛到方程组的解 $\boldsymbol{x}^*$.

例 5.5.3 用迭代法解

$$\begin{pmatrix}7.000 & 6.990\\ 4.000 & 4.000\end{pmatrix}\begin{pmatrix}x_1\\ x_2\end{pmatrix}=\begin{pmatrix}34.97\\ 20.00\end{pmatrix}.$$

方程组精确解 $\boldsymbol{x}^*=(2,3)^{\mathrm{T}}$.

解

$$\boldsymbol{A}=\begin{pmatrix}7.000 & 6.990\\ 4.000 & 4.000\end{pmatrix},\quad \boldsymbol{A}^{-1}\approx\begin{pmatrix}100.05 & -174.84\\ -100.05 & -175.09\end{pmatrix}.$$

则 $\mathrm{Cond}(\boldsymbol{A})_\infty=\|\boldsymbol{A}^{-1}\|_\infty\|\boldsymbol{A}\|_\infty\approx 13.99\times 275.14\approx 3849>>1$

因此方程组为病态的.

(1) 用高斯消元法求解 $\boldsymbol{Ax}=\boldsymbol{b}$（用具有舍入的 4 位浮点数进行计算）实现

$$\boldsymbol{A}\approx\boldsymbol{LU}$$

则 $\boldsymbol{A}=\begin{pmatrix}1 & 0\\ 0.5714 & 1\end{pmatrix}\cdot\begin{pmatrix}7.00 & 6.990\\ 0 & 0.006\end{pmatrix}=\boldsymbol{LU}.$

解得 $\boldsymbol{x}_1=(1.667,3.333)^{\mathrm{T}}$.

(2) 计算 $\boldsymbol{r}_1=\boldsymbol{b}-\boldsymbol{Ax}_1=(0.00333,0)^{\mathrm{T}}$.

解 $\boldsymbol{Ad}_1=\boldsymbol{r}_1$ 或 $\boldsymbol{LUd}_1=\boldsymbol{r}_1\Rightarrow\boldsymbol{d}_1=(0.3214,-0.3172)^{\mathrm{T}}$,

$\boldsymbol{x}_2=\boldsymbol{x}_1+\boldsymbol{d}_1=(1.988,3.016)^{\mathrm{T}}$.

(3) 计算 $\boldsymbol{r}_2=\boldsymbol{b}-\boldsymbol{Ax}_2=(-0.02784,-0.01600)^{\mathrm{T}}$.

$$\boldsymbol{LUd}_2=\boldsymbol{r}_2\Rightarrow\boldsymbol{d}_2=(0.1600,-0.0200)^{\mathrm{T}},$$

$$\boldsymbol{x}_3=\boldsymbol{x}_2+\boldsymbol{d}_2=(2.004,2.996)^{\mathrm{T}}.$$

(4) 计算 $\boldsymbol{r}_3=\boldsymbol{b}-\boldsymbol{Ax}_3=(-0.00004,0)^{\mathrm{T}}$.

求解 $\boldsymbol{LUd}_3=\boldsymbol{r}_3\Rightarrow\boldsymbol{d}_3=(-0.00381,0.00381)^{\mathrm{T}}$,

$\boldsymbol{x}_4=\boldsymbol{x}_3+\boldsymbol{d}_3=(2.000,3.000)^{\mathrm{T}}$（精确解).

迭代改善法步骤：

$Ax=b \quad \det A\neq 0$，A 不过分病态.

（1）用高斯消去法或列主元法求计算解 x_1，且实现分解

$$A\approx LU \text{ 或 } pA\approx LU,\ k:=1,\ \text{转}(2)$$

（2）计算 $r_k=b-Ax_k$；

（3）$LUd_k=r_k$（求解两个三角形方程组）；

（4）$x_{k+1}=x_k+d_k$，$\dfrac{\|d_k\|_\infty}{\|x_k\|_\infty}<10^{-n}$　计算终止，否则 $k+1=k$ 返回（2）

另外也可以采用高精度代数运算技术或者预处理方法来处理病态问题，即将 $Ax=b$ 化为一个等价方程组：

$$\begin{cases}PAQy=Pb,\\ y=Q^{-1}x.\end{cases}$$

即选择非奇异阵 P，Q 使 $\mathrm{Cond}(PAQ)<\mathrm{Cond}(A)$，一般选择 P，Q 为对角阵或三角阵．当 A 的元素变化较大时，对 A 的行（或列）引进适当的比例因子（使矩阵 A 的所有行或列按∞范数大体上有相同的长度，使 A 的系数均衡），对 A 的条件数是有影响的，这种方法不能保证 A 的条件数一定得到改善.

例 5.5.4　求解 $\begin{pmatrix}1 & 10^{-4}\\ 1 & 1\end{pmatrix}\begin{pmatrix}x_1\\ x_2\end{pmatrix}=\begin{pmatrix}10^4\\ 2\end{pmatrix}$.

解

由　$A=\begin{pmatrix}1 & 10^4\\ 1 & 1\end{pmatrix}$, $A^{-1}=\dfrac{1}{10^4-1}\begin{pmatrix}-1 & 10^4\\ 1 & -1\end{pmatrix}$.

$$\mathrm{Cond}\,(A)_\infty=\|A^{-1}\|_\infty\|A\|_\infty=\frac{10^4+1}{10^4-1}\cdot 10^4+1\approx 10^4>>1.$$

对 A 的第一行引进比例因子，如 $s_1=\max\limits_{1\leqslant i\leqslant 2}|a_{1i}|=10^4$ 除第 1 个方程，得

$$A'x=b',\text{即}\begin{pmatrix}10^{-4} & 1\\ 1 & 1\end{pmatrix}\begin{pmatrix}x_1\\ x_2\end{pmatrix}=\begin{pmatrix}1\\ 2\end{pmatrix}. \tag{5.5.11}$$

而 $A^{-1}=\dfrac{1}{1-10^{-4}}\begin{pmatrix}-1 & 1\\ 1 & -10^{-4}\end{pmatrix}$.

则 $\mathrm{Cond}\,(A)_\infty=\dfrac{1}{1-10^{-4}}\approx 1.$

（1）如用列主元素法解原方程组时（三位浮点数）

$$(A\quad b)\to\begin{pmatrix}1 & 10^4 & 10^4\\ 0 & -10^{-4} & -10^{-4}\end{pmatrix},$$

于是得到个很坏的结果：$x_2=1.00$，$x_1=0.00$.

（2）如用列主元素法解式（5.5.11）时，得到

$$(A\quad b)\to\begin{pmatrix}1 & 1 & 2\\ 10^{-4} & 1 & 1\end{pmatrix}\to\begin{pmatrix}1 & 1 & 2\\ 0 & 1 & 1\end{pmatrix}.$$

从而得到较好的计算解 $x_2=1.00$，$x_1=1.00$.

设 $\bar{x}$ 为 $Ax=b$ 的近似解，于是可计算$\bar{x}$的剩余向量 $r=b-A\bar{x}$，当 r 很小时，$\bar{x}$是否为 $Ax=b$ 的一个较好的近似解呢？以下定理给出了回答

定理 5.5.3 （事后误差估计）设 A 为非奇异阵，x 为精确解，$Ax=b\neq 0$，又设$\bar{x}$为方程组的近似解. $r=b-A\bar{x}$，则：

$$\frac{\|x-\bar{x}\|}{\|x\|}\leqslant \mathrm{Cond}(A)\frac{\|r\|}{\|b\|}.$$

5.5.3 舍入误差分析

在复杂的计算中，由浮点运算而引入误差积累对计算结果有影响，因此对任何算法均需进行舍入误差分析，看其是否过度影响所得的结果.

下面考察采用选主元素高斯消去法解 $Ax=y$ 的计算过程中舍入误差对解的影响.

设 $\bar{x}$ 为用选主元的高斯消元法解 $Ax=y$ 的计算解，x 为精确解，如果直接计算每一步舍入误差对解的影响以获得解的估计 $\|x-\bar{x}\|$，那将很困难.

我们采用“向后误差分析方法”，其基本思想是把计算过程中舍入误差对解的影响归结为原始数据变化对解的影响，即计算$\bar{x}$是下述扰动方程组的精确解$(A+\delta A)x=b$. 其中 δA 为某个“小”的矩阵.

下面这个定理就回答了这个结果.

定理 5.5.4 （选主元素高斯消去法误差分析）如果：

（1）A 为 n 阶非奇异阵；

（2）用列主元素法（或完全主元素法）解 $Ax=b$；

（3）$a_k=\max\limits_{1\leqslant i,j\leqslant n}|a_{i,j}^{(k)}|$，$a=\max\limits_{1\leqslant i,j\leqslant n}|a_{ij}|$

$r=\max\limits_{1\leqslant k\leqslant n}\dfrac{a_k}{a}$——元素增长固子，$A^{(k)}\triangleq(a_{ij}^{(k)})$；

（4）t 为计算机字长（指尾数部分），矩阵阶数满足：$n2^{-t}\leqslant 0.01$.

则有下面结论：

（1）用选主元高斯消去法计算的三角阵 L、U 满足 $LU=A+E$ 其中

$$|E_{ij}|\leqslant 2(n-1)ra2^{-t}.$$

（2）用选主元的高斯消去法得到的计算解精确满足：$(A+\delta A)x=b$.

其中 $\|\delta A\|_\infty\leqslant 1.01(n^3+3n^2)ar2^{-t}\leqslant 1.01(n^3+3n^2)r\|A\|_\infty 2^{-t}$

（3）计算解精度估计（x 为 $Ax=b$ 的精确解）

$$\frac{\|x-\bar{x}\|_\infty}{\|x\|_\infty}\leqslant\frac{\mathrm{Cond}(A)_\infty}{1-\mathrm{Cond}(A)_\infty\dfrac{\|\delta A\|_\infty}{\|A\|_\infty}}\times 1.01(n^3+3n^2)r2^{-t}.$$

上述计算解 $\bar{x}$ 精度的估计式说明，$\bar{x}$的相对误差界依赖于矩阵条件数 $\mathrm{Cond}(A)_\infty$，元素增长因子 δ，方程组阶数 n 及计算机字长 t.

5.6 小行星轨道方程问题的模型求解

上面介绍了求解方程组的数值解法，针对此题，我们采用直接解法中的三角分解方法求

解，即 LU 分解法求解：

$$\text{系数矩阵}\ \boldsymbol{A}=\begin{pmatrix}33.2237 & 7.4701 & 0.4199 & 11.5280 & 1.2960\\ 39.5138 & 15.1115 & 1.4448 & 12.5720 & 2.4040\\ 45.6841 & 24.6433 & 3.3233 & 13.5180 & 3.6460\\ 51.3802 & 36.2127 & 6.3807 & 14.3360 & 5.0520\\ 54.8785 & 49.7818 & 11.2896 & 14.8160 & 6.7200\end{pmatrix},$$

用 MATLAB 软件求解，将系数矩阵分为单位下三角矩阵和上三角矩阵，如下：

$$\boldsymbol{L}=\begin{pmatrix}1.0000 & 0 & 0 & 0 & 0\\ 1.1893 & 1.0000 & 0 & 0 & 0\\ 1.3750 & 2.3079 & 1.0000 & 0 & 0\\ 1.5465 & 3.9601 & 3.5236 & 1.0000 & 0\\ 1.6518 & 6.0129 & 8.7079 & -3.0107 & 1.0000\end{pmatrix},$$

$$\boldsymbol{U}=\begin{pmatrix}33.2237 & 7.4701 & 0.4199 & 11.5280 & 1.2960\\ 0 & 6.2271 & 0.9454 & -1.1385 & 0.8626\\ 0 & 0 & 0.5640 & 0.2941 & -0.1269\\ 0 & 0 & 0 & -0.0196 & 0.0789\\ 0 & 0 & 0 & 0 & 0.7351\end{pmatrix},$$

最后结果为：$\boldsymbol{x}=(0.0507\quad -0.0351\quad 0.0381\quad -0.2265\quad 0.1321)$.

因此小行星的轨线方程为：

$$0.0507x^2-0.0702xy+0.0381y^2-0.4530x+0.2642y+1=0.$$

习　题　5

1. 用高斯消元法求解如下线性方程组

$$\begin{cases}2x_1+3x_2+4x_3=6,\\ 3x_1+5x_2+2x_3=5,\\ 4x_1+3x_2+30x_3=32.\end{cases}$$

2. 用主元素消元法求解如下方程组

$$\begin{cases}0.0001x_1+1.00x_2=1.00,\\ 1.00x_1+1.00x_2=2.00.\end{cases}$$

3. 用列主元高斯消元法求解如下方程组

$$\begin{cases}2x_1-x_2+3x_3=1,\\ 4x_1+2x_2+5x_3=4,\\ x_1+2x_2=7.\end{cases}$$

4. 用直接三角分解法解如下方程组

$$\begin{pmatrix}1 & 2 & 3\\ 2 & 5 & 2\\ 3 & 1 & 5\end{pmatrix}\begin{pmatrix}x_1\\ x_2\\ x_3\end{pmatrix}=\begin{pmatrix}14\\ 18\\ 20\end{pmatrix}.$$

5. 用杜利特尔分解法求方程

$$\begin{pmatrix}2&1&1\\1&3&2\\1&2&2\end{pmatrix}\begin{pmatrix}x_1\\x_2\\x_3\end{pmatrix}=\begin{pmatrix}4\\6\\5\end{pmatrix}$$的解.

6. 用平方根法求以下方程组的解

$$\begin{pmatrix}4&-1&1\\-1&4.25&2.75\\1&2.75&3.5\end{pmatrix}\begin{pmatrix}x_1\\x_2\\x_3\end{pmatrix}=\begin{pmatrix}6\\-0.5\\1.25\end{pmatrix}.$$

7. 用高斯－约当法求解如下矩阵的逆矩阵

$$\boldsymbol{A}=\begin{pmatrix}1&2&3\\2&4&5\\3&5&6\end{pmatrix}.$$

8. 用直接三角分解法求解如下方程组

$$\begin{pmatrix}1&2&3\\2&5&2\\3&1&5\end{pmatrix}\begin{pmatrix}x_1\\x_2\\x_3\end{pmatrix}=\begin{pmatrix}14\\18\\20\end{pmatrix}.$$

9. 用追赶法求解如下方程组

$$\begin{pmatrix}3&1&0&0\\1&4&1&0\\0&1&6&1\\0&0&2&8\end{pmatrix}\begin{pmatrix}x_1\\x_2\\x_3\\x_4\end{pmatrix}=\begin{pmatrix}10\\11\\30\\48\end{pmatrix}.$$

10. 取初始向量 $\boldsymbol{X}^{(0)}=(0,0,0)^{\mathrm{T}}$，用雅可比迭代法求解线性方程组

$$\begin{cases}x_1+2x_2-2x_3=1,\\x_1+x_2+x_3=3,\\2x_1+2x_2+x_3=5.\end{cases}$$

11. 用 G－S 迭代法解线性方程组：

$$\begin{cases}x_1+5x_2-x_3-x_4=-1,\\x_1-2x_2+x_3+3x_4=3,\\3x_1+8x_2-x_3+x_4=1,\\x_1-9x_2+3x_3+7x_4=7.\end{cases}$$

12. 取 $\omega=1.4$，$\boldsymbol{x}^{(0)}=(1,1,1)^{\mathrm{T}}$，用 SOR 迭代法解线性方程组：

$$\begin{cases}2x_1-x_2=1,\\-x_1+2x_2-x_3=0,\\-x_2+2x_3=1.8.\end{cases}$$

第 6 章　常微分方程数值解法

微分方程在科学和工程技术中有很广泛的应用，许多实际问题的数学模型都可以用微分方程来描述，归结为常微分方程的定解问题；很多偏微分方程问题，也可以化为常微分方程问题来近似求解，但是求出所需的解绝非易事. 实际上，除了极特殊的情形以外，人们不可能求出微分方程的解析解，只能用各种近似方法得到满足一定精度的近似解. 在常微分方程的求解中，已经熟悉了级数解法和皮卡（Picard）逐步逼近法，这些方法可以给出解的近似表达式，称为近似解析方法. 另一类方法只给出解在一些离散点上的值，称为数值方法，后一类方法应用范围更广，特别适合用计算机计算. 本章主要介绍常用的常微分方程数值解法.

6.1　实际问题的微分方程模型

函数是事物的内部联系在数量方面的反映，如何寻找变量之间的函数关系，在实际应用中具有重要的意义. 在许多实际问题中，往往不能直接找出变量之间的函数关系，但是有时却容易找出变量的改变量之间的关系，从而建立描述问题的微分方程模型.

例 6.1.1　将初始温度为 $u_0=150$℃的一碗汤放置于环境温度 u_a 保持为24℃的桌上，10min 后测得汤的温度为100℃，如果汤的温度低于55℃才可以喝，试问再过 20min 后这碗汤能喝了吗?

解　为了解决这一问题，需要了解有关热力学的一些基本规律. 热量总是从高温物体向低温物体传导的；在一定的温度范围内，一个物体的温度变化速度与这个物体的温度和其所在的介质温度的差值成正比.

设物体在 t 时刻的温度为 $u=u(t)$，当 $t\to t+\Delta t$ 那么温度 $u(t)\to u(t+\Delta t)$，注意到热量总是从高温物体向低温物体传导，因而 $u_0>u_a$，所以温度差 $u-u_a$ 恒正，又因物体随时间逐渐冷却；则温度的改变量为：

$$\Delta u=u(t+\Delta t)-u(t)=-k(u(t+\Delta t)-u_a)\Delta t,$$

两边除以 Δt，并令 $\Delta t\to 0$ 得温度变化速度为：

$$\frac{\mathrm{d}u}{\mathrm{d}t}=-k(u-u_a).$$

这里 $k>0$ 是比例常数，从而得出描述物体冷却过程的微分方程模型为：

$$\begin{cases}\dfrac{\mathrm{d}u}{\mathrm{d}t}=-k(u-u_a),\\ u(0)=u_0.\end{cases}\tag{6.1.1}$$

容易求出这个一阶微分方程初值问题的解为：

$$u=u_a+(u_0-u_a)\mathrm{e}^{-kt},\tag{6.1.2}$$

根据所给问题的条件知当 $t=10$ 时，$u=u_1=100$℃，得到：

$$u_1=u_a+(u_0-u_a)\mathrm{e}^{-10k}.$$

将 $u_0=150℃$，$u_a=24℃$代入得到：

$$k=\frac{1}{10}\ln\frac{u_0-u_a}{u_1-u_a}\approx\frac{1}{10}\ln 1.66\approx 0.051.$$

从而得这碗汤的温度随时间变化的函数关系为：

$$u=u(t)=u_a+(u_0-u_a)\mathrm{e}^{-0.051t}=24+126\mathrm{e}^{-0.051t}. \tag{6.1.3}$$

于是，将 $t=30$ 代入计算可知，再过20min后汤的温度就是 $u_2\approx 51℃$，说明再过20min后这碗汤能喝了.

不过并不是所有的微分方程模型都可求出解析解，从而得出对实际问题的解释. 例如看似简单的微分方程$\frac{\mathrm{d}y}{\mathrm{d}x}=x^2+y^2$，自德国数学家莱布尼茨提出100多年后才被法国数学家刘维尔证明它没有解析解，只能借助于数值的方法求其数值解.

例 6.1.2 某地区发现一种具有免疫性的传染病，为了控制疫情扩散故对该地区人群进行隔离处理，为了分析受感染人数的变化规律，需要建立描述传染病传播过程的数学模型.

解 设该地区的总人数为常数 N，任意 t 时刻病人、健康人和病人治愈后移出感染系统的移出者的比例分别为 $i(t)$，$s(t)$，$r(t)$，病人的日接触率 λ，日治愈率 μ，则容易得出从 $t\to t+\Delta t$ 时刻，病人和健康人的改变量为：

$$\begin{cases}N[i(t+\Delta t)-i(t)]=\lambda Ns(t)i(t)\Delta t-\mu Ni(t)\Delta t,\\ N[s(t+\Delta t)-s(t)]=-\lambda Ns(t)i(t)\Delta t.\end{cases}$$

每个方程两边除以 Δt，并令 $\Delta t\to 0$，化简后得：

$$\begin{cases}\dfrac{\mathrm{d}i}{\mathrm{d}t}=\lambda si-\mu i,\\ \dfrac{\mathrm{d}s}{\mathrm{d}t}=-\lambda si,\\ i(0)=i_0,\ s(0)=s_0.\end{cases} \tag{6.1.4}$$

其中，对任意的 t，$s(t)+i(t)+r(t)=1$.

式（6.1.4）就是描述病人和健康人的比例 $i(t)$和 $s(t)$随时间变化的微分方程模型，这是一个关于微分方程组的初值问题. 但是这一初值问题的解析解是无法求出的，因此不能直接利用 $i(t)$和 $s(t)$的解析式来分析和解决问题.

在数学建模课程中学到的大量数学模型都是由微分方程的形式给出的，各类微分方程本身和它们的解所具有的特性已在常微分方程及数学物理方程中得以解释. 虽然求解微分方程有许多解析方法，但解析方法只能够求解一些特殊类型的方程，在实际应用中人们更关心的是某些特定的自变量在某一个定义范围内的一系列离散点上的近似值，这样一组近似解称为微分方程在该范围内的**数值解**，寻找微分方程数值解的过程称为微分方程的**数值解法**.

6.2 简单的数值方法与基本概念

6.2.1 常微分方程初值问题

设$f(x,y)$在区域 $G=\{a\leqslant x\leqslant b, |y|<\infty\}$上连续，求 $y=y(x)$满足

$$\begin{cases}\dfrac{dy}{dx}=f(x,\ y),\ a<x\leqslant b,\\ y(a)=y_0.\end{cases}\tag{6.2.1}$$

其中，y_0 是已知常数，这就是一阶常微分方程的初值问题. 为使问题（6.2.1）的解存在、唯一且连续依赖初值 y_0，即初值问题（6.2.1）适定，还必须对右端项 $f(x,\ y)$ 增加适当的限制，通常要求 $f(x,\ y)$ 关于 y 满足是已知函数，且满足利普希茨（Lipschitz）条件：存在常数 L，使

$$|f(x,\ y_1)-f(x,\ y_2)|\leqslant L|y_1-y_2|.\tag{6.2.2}$$

对所有 $x\in[a,\ b]$ 和 $y_1,\ y_2\in(-\infty,\ +\infty)$ 成立，本章总假定 f 满足此条件.

6.2.2 欧拉法及改进的欧拉法

1. 欧拉法的导出与几何意义

最简单的数值解法是欧拉（Euler）法. 将区间［0，T］作 N 等分，小区间的长度 $h=T/N$ 称为步长，点列 $x_i=a+ih$（$i=0,\ 1,\ \cdots,\ N$）称为节点，$x_0=a$. 由已知初值 $y(x_0)=y_0$，可算出 $y(x)$ 在 $x=x_0$ 的导数 $y'(x_0)=f(x_0,\ y(x_0))=f(x_0,\ y_0)$. 下面用三种方法导出欧拉法，本章用 $y(x_i)$ 表示函数 $y(x)$ 在 x_i 点的精确值、y_i 表示 $y(x_i)$ 的近似值.

（1）幂级数展开法

利用泰勒（Taylor）展开式

$$\begin{aligned}y(x_1)&=y(x_0+h)=y(x_0)+hy'(x_0)+\frac{h^2}{2}y''(x_0)+\frac{h^3}{6}y'''(\xi)\\&=y_0+hf(x_0,y_0)+R_0.\end{aligned}\tag{6.2.3}$$

其中，$\xi\in(x_0,\ x_1)$，并略去二阶无穷小量 R_0，得 $y_1=y_0+hf(x_0,\ y_0)$，y_1 就是 $y(x_1)$ 的近似值. 利用 y_1 又可算出 y_2，如此下去可算出 $y(x)$ 在所有节点上的值，一般递推公式为：

$$y_{n+1}=y_n+hf(x_n,\ y_n),\ n=0,\ 1,\ \cdots,\ N-1,\tag{6.2.4}$$

这就是欧拉法.

欧拉法有明显的几何意义，实际上，初值问题（6.2.1）的解是 xOy 平面上过点（x_0，y_0）的一条积分曲线. 按欧拉法，过初始点（x_0，y_0）作经过此点的积分曲线的切线（斜率为 $f(x_0,\ y_0)$），沿切线取点（x_1，y_1）（y_1 按式（6.2.4）计算）作为点（x_1，$y(x_1)$）的近似，然后过点（x_1，y_1）作经过此点的积分曲线的切线（斜率为 $f(x_1,\ y_1)$），沿切线取点（x_2，y_2）（y_2 按式（6.2.4）计算）作为点（x_2，$y(x_2)$）的近似，如此下去，即得一以（x_n，y_n）为顶点的折线，这就是用欧拉法得到的近似积分曲线，如图 6.1.1 所示. 从图形上看，h 越小，此折线逼近积分曲线越好，因此也称欧拉法为欧拉折线法.

（2）数值微分法

利用向前差商近似导数

$$y'(x_n)\approx\frac{y(x_{n+1})-y(x_n)}{h}.$$

$$y(x_{n+1})\approx y(x_n)+hy'(x_n)=y_n+hf(x_n,y_n).$$

从而得出欧拉法的一般递推公式：

$$y_{n+1}=y_n+hf(x_n, y_n), n=0, 1, \cdots, N-1.$$

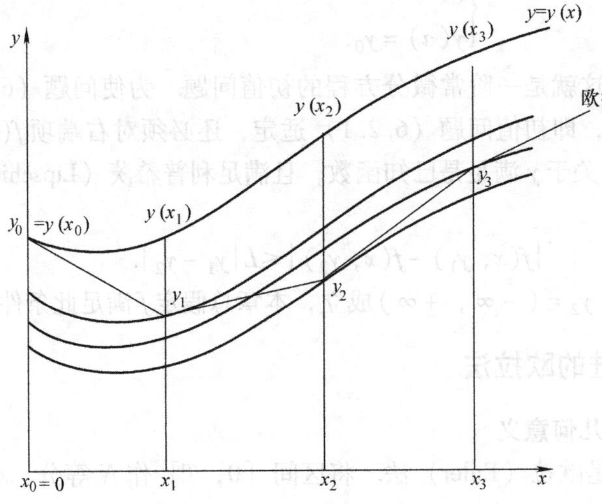

图 6.1.1 欧拉近似积分曲线

(3) 数值积分法

将初值问题(6.2.1)写成等价的积分形式:

$$y(x) = y(x_0) + \int_{x_0}^{x} f(t, y(t))\mathrm{d}t,$$

取 $x=x_1$ 时得

$$y(x_1) = y(x_0) + \int_{x_0}^{x_1} f(t,y(t))\mathrm{d}t. \tag{6.2.5}$$

用左矩形公式近似右端积分,并用 y_1 替代 $y(x_1)$,即得 $y_1=y_0+hf(x_0, y_0)$,从而也可得出欧拉法的一般递推公式为:

$$y_{n+1}=y_n+hf(x_n, y_n), n=0, 1, \cdots, N-1.$$

2. 改进的欧拉法

由欧拉法的数值积分导出法可知只要给出式(6.2.5)右端定积分的一种近似计算方法,就可得出初值问题(6.2.1)的一种数值求解方法.

如果用右矩形公式近似式(6.2.5)右端积分,则可得 $y_1=y_0+hf(x_1, y_1)$,从而也可得出一般递推公式为:

$$y_{n+1}=y_n+hf(x_{n+1}, y_{n+1}), n=0, 1, \cdots, N-1. \tag{6.2.6}$$

称式(6.2.6)为**后退欧拉法**.

如果用梯形公式近似式(6.2.5)右端定积分,则可得

$$y_1=y_0+\frac{h}{2}[f(x_0, y_0)+f(x_1, y_1)],$$

从而得出一般递推公式为:

$$y_{n+1}=y_n+\frac{h}{2}[f(x_n,y_n)+f(x_{n+1},y_{n+1})],n=0, 1, \cdots, N-1. \tag{6.2.7}$$

称式(6.2.7)为**改进的欧拉法**,显然改进的欧拉法比欧拉法精度更高. 后退欧拉法和改进的欧拉法,由于未知数 y_{n+1} 同时出现在等式的两边,故称为**隐式**;如果未知数 y_{n+1} 由已知

量直接计算即不出现在等式右端，则称为**显式**，对于隐式算法每步计算需要解关于 y_{n+1} 的方程，而这样的方程往往是非线性的，通常将初值取为 $y_{n+1}^{(0)}=y_n$ 用迭代法求解，一般只需迭代几步即可收敛，一般先用显式公式计算一个初值，再用隐式公式迭代求解.

如果先用显式欧拉公式作预测，算出 $\bar{y}_{n+1}=y_n+hf(x_n,y_n)$，再将 $\bar{y}_{n+1}$ 代入隐式梯形公式的右边作校正，得到 $y_{n+1}=y_n+\frac{h}{2}[f(x_n,y_n)+f(x_{n+1},\bar{y}_{n+1})]$，从而可得

$$y_{n+1}=y_n+\frac{h}{2}[f(x_n,y_n)+f(x_{n+1},y_n+hf(x_n,y_n))],\ n=0,1,\cdots,N-1.$$

这种方法称为**预估 - 校正法**，同时可以看到它是显示格式，比隐式公式的迭代求解过程简单. 后面将看到，它的稳定性高于显式欧拉法.

如果在区间 $[x_{n-1},x_{n+1}]$ 上对初值问题（6.2.1）的方程两边积分，则有

$$y(x_{n+1})-y(x_{n-1})=\int_{x_{n-1}}^{x_{n+1}}f(x,y(x))\mathrm{d}x.$$

并用中矩形求积公式近似对右端的定积分，则得出一般递推公式为：

$$y_{n+1}=y_{n-1}+2hf(x_n,y_n),\ n=0,1,\cdots,N-1. \tag{6.2.8}$$

称式（6.2.8）为**欧拉中点公式**.

如果计算 $y(x_{n+1})$ 的近似值 y_{n+1} 时只用到前一节点的值 y_n，则从初值 y_0 出发可逐一计算出以后各节点的值；这样的方法称为**单步法**. 而欧拉中点公式法计算 y_{n+1} 时需要用到前两个节点的值 y_n 和 y_{n-1}，称这样的方法为**双步法**或**二步法**；计算 y_{n+1} 时需要用到前面多个节点值的方法称为**多步法**，多步法附加初值才能逐一计算出以后各节点的值.

6.2.3　截断误差与算法精度的阶

从欧拉法的几何意义可知，由欧拉法所得的折线明显偏离了积分曲线，可见此方法非常粗糙，即误差太大. 现在分析一下求解初值问题（6.2.1）的数值方法误差的来源，为使问题简化，不考虑因计算机字长限制引起的舍入误差.

在假设 $y_n=y(x_n)$，即第 n 步计算是精确的前提下，称第 $n+1$ 步计算 $y(x_{n+1})$ 的截断误差 $R_n=y(x_{n+1})-y_{n+1}$ 为**局部截断误差**，若某算法的局部截断误差为 $O(h^{p+1})$ 即为 h^{p+1} 的同阶无穷小，则称该算法有 p **阶精度**. 若局部截断误差

$$R_n=y(x_{n+1})-y_{n+1}=\psi(x_n,y_n)h^{p+1}+O(h^{p+2}),$$

则称 $\psi(x_n,y_n)h^{P+1}$ 为**误差主项**，称 $\psi(x_n,y_n)$ 为**误差主项系数**.

（1）欧拉法的局部截断误差

由欧拉法的一般递推公式和 $y(x_{n+1})$ 的泰勒展式得

$$\begin{aligned}R_n&=y(x_{n+1})-y_{n+1}=y(x_n+h)-[y_n+hf(x_n,y_n)]\\&=[y(x_n)+y'(x_n)h+\frac{y''(x_n)}{2!}h^2+\frac{y'''(x_n)}{3!}h^3+\cdots]-[y_n+hy'(x_n)]\\&=\frac{y''(x_n)}{2!}h^2+\frac{y'''(x_n)}{3!}h^3+\cdots=\frac{h^2}{2}y''(x_n)+O(h^3).\end{aligned}$$

所以欧拉法的局部截断误差为 $O(h^2)$，即欧拉法为 1 阶精度算法，其误差主项为 $\frac{h^2}{2}y''(x_n)$.

（2）后退欧拉法的局部截断误差

同理，由后退欧拉法的一般递推公式、$y(x_{n+1})$和$y'(x_{n+1})$的泰勒展式得

$$\begin{aligned}R_n &= y(x_{n+1}) - y_{n+1} = y(x_n + h) - [y_n + hf(x_{n+1}, y_{n+1})]\\&= [y(x_n) + y'(x_n)h + \frac{y''(x_n)}{2!}h^2 + \frac{y'''(x_n)}{3!}h^3 + \cdots] - [y_n + hy'(x_n + h)]\\&= [y(x_n) + y'(x_n)h + \frac{y''(x_n)}{2!}h^2 + \frac{y'''(x_n)}{3!}h^3 + \cdots] -\\&\quad [y_n + y'(x_n)h + y''(x_n)h^2 + \frac{y'''(x_n)}{2!}h^3 + \cdots]\\&= -\frac{y''(x_n)}{2}h^2 - \frac{y'''(x_n)}{3}h^3 - \cdots = -\frac{h^2}{2}y''(x_n) + O(h^3).\end{aligned}$$

所以后退欧拉法的局部截断误差也是$O(h^2)$，即后退欧拉法也是1阶精度算法，其误差主项为$-\frac{h^2}{2}y''(x_n)$.

(3) 改进欧拉法的局部截断误差

由改进欧拉法的一般递推公式可得其局部截断误差为

$$\begin{aligned}R_n &= y(x_{n+1}) - y_{n+1} = y(x_n + h) - \left[y_n + \frac{h}{2}(f(x_n, y_n) + f(x_{n+1}, y_{n+1}))\right]\\&= y(x_n + h) - y_n - \frac{h}{2}[y'(x_n) + y'(x_{n+1})]\\&= [y(x_n) + hy'(x_n) + \frac{h^2}{2!}y''(x_n) + \frac{h^3}{3!}y'''(x_n) + \cdots] - y_n - \frac{h}{2}[y'(x_n) + y'(x_n + h)]\\&= hy'(x_n) + \frac{h^2}{2!}y''(x_n) + \frac{h^3}{3!}y'''(x_n) + \cdots - \frac{h}{2}[y'(x_n) + (y'(x_n) + y''(x_n)h + \frac{y'''(x_n)}{2!}h^2 + \cdots)]\\&= -\frac{1}{12}y'''(x_n)h^3 + O(h^4).\end{aligned}$$

所以改进欧拉法的局部截断误差为$O(h^3)$，即改进欧拉法是2阶精度算法，其误差主项为$-\frac{1}{12}y'''(x_n)h^3$.

(4) 整体截断误差

当然人们更关心的是近似解y_n的误差，即$\varepsilon_n = y(x_n) - y_n$，称为**整体截断误差**. 由$y(x_{n+1})$的泰勒展式与欧拉法的一般递推公式相减得：

$$\begin{aligned}\varepsilon_{n+1} &= y(x_{n+1}) - y_{n+1} = y(x_n) + hy'(x_n) + \frac{h^2}{2!}y''(x_n) + \frac{h^3}{3!}y'''(x_n) + \cdots - [y_n + hf(x_n, y_n)]\\&= \varepsilon_n + h[f(x_n, y(x_n) - f(x_n, y_n))] + \frac{h^2}{2!}y''(x_n) + \frac{h^3}{3!}y'''(x_n) + \cdots\\&= \varepsilon_n + h[f(x_n, y(x_n) - f(x_n, y_n))] + R_n.\end{aligned}$$

记$R = \max\limits_n |R_n|$，因$f(x, y)$关于y满足利普希茨条件，所以

$$|\varepsilon_{n+1}| \leqslant |\varepsilon_n| + Lh|\varepsilon_n| + R = (1 + Lh)|\varepsilon_n| + R,$$

以此类推，得

$$\begin{aligned}|\varepsilon_n| &\leqslant (1+Lh)|\varepsilon_{n-1}|+R \leqslant (1+Lh)^2|\varepsilon_{n-2}|+(1+Lh)R+R\\ &\leqslant \cdots \leqslant (1+Lh)^n|\varepsilon_0|+R\sum_{j=0}^{n-1}(1+Lh)^j\\ &=(1+Lh)^n|\varepsilon_0|+\frac{R}{Lh}[(1+Lh)^n-1].\end{aligned}$$

注意到 $x_n=x_0+nh\leqslant b$，$n\leqslant(b-a)/h$，于是

$$|\varepsilon_n|\leqslant e^{L(b-a)}|\varepsilon_0|+\frac{R}{Lh}(e^{L(b-a)}-1),n=1,2,\cdots,N.$$

右端依赖于初始误差 ε_0 和局部截断误差的界 R. 对于欧拉法，可取 $R=Ch^2$（C 是与 n 无关的常数）. 若 $\varepsilon_0=0$，即 $y_0=y(x_0)$ 无误差，则

$$|\varepsilon_n|\leqslant\frac{R}{Lh}(e^{L(b-a)}-1)=\frac{C}{L}(e^{L(b-a)}-1)h.$$

所以 $\varepsilon_n=O(h)$，比局部截断误差低一阶. 用同样方法可以证明改进欧拉法的整体截断误差的阶为 $O(h^2)$，也比局部截断误差低一阶.

（5）欧拉算法的稳定性

在实际计算中，由于测量误差、舍入误差等因素的影响，初值 y_0 往往不能被精确给出，其误差将依次传递下去. 如果传递误差能够被控制，精确来说，传递误差连续依赖于初始误差，则称**算法稳定**，否则就说不稳定. 显然不稳定的算法是不能用的，下面仅考察欧拉法的稳定性.

设从初值 u_0 和 v_0 算出的节点值分别为 $\{u_n\}$ 和 $\{v_n\}$，则满足

$$u_n=u_{n-1}+hf(x_{n-1},u_{n-1}),\ \nu_n=\nu_{n-1}+hf(x_{n-1},\nu_{n-1}),\ n=1,2,\cdots,N.$$

两式相减，并令 $e_n=u_n-\nu_n$，则

$$e_n=e_{n-1}+h[f(x_{n-1},u_{n-1})-f(x_{n-1},\nu_{n-1})],$$

从而

$$|e_n|\leqslant|e_{n-1}|+Lh|e_{n-1}|=(1+Lh)|e_{n-1}|\leqslant\cdots\leqslant(1+Lh)^n|e_0|\leqslant e^{L(b-a)}|e_0|.\ (\text{因为}\ nh\leqslant b-a).$$

这说明 e_n 连续依赖初始误差 e_0，即欧拉法稳定，同样可证改进的欧拉法也稳定.

例 6.2.1 取步长 $h=0.02$，分别用欧拉法、后退欧拉法和中点法求解初值问题：

$$\begin{cases}y'(x)=-\dfrac{0.9y}{1+2x},\ 0\leqslant x\leqslant 0.1,\\ y(0)=1.\end{cases}$$

解 因为步长 $h=0.02$，所以各节点 $x_i=0.02i$，$i=0,1,2,3,4,5$.

因为 $y_0=1$，利用欧拉法的计算公式

$$y_{i+1}=y_i-\frac{0.9hy_i}{1+2x_i},$$

可取 $y_1=0.9820$，$y_2=0.9650$，$y_3=0.9489$，$y_4=0.9337$，$y_5=0.9192$.

利用后退欧拉法的计算公式：

$$y_{i+1}=y_i-\frac{0.9hy_{i+1}}{1+2x_{i+1}},$$

可解得 y_{i+1} 的显示表达：

$$y_{i+1}=\frac{y_i}{1+\dfrac{0.9h}{1+2x_{i+1}}},$$

于是

$$y_1 = 0.9830,\ y_2 = 0.9669,\ y_3 = 0.9516,\ y_4 = 0.9370,\ y_5 = 0.9232.$$

按中点法的计算公式

$$y_{i+1} = y_{i-1} - \frac{1.8hy_i}{1+2x_i},$$

需要知道两个初值. 在此，我们利用后退欧拉法计算的结果 $y_1 = 0.9830$，再依次计算得

$$y_2 = 0.9660,\ y_3 = 0.9508,\ y_4 = 0.9354,\ y_5 = 0.9218.$$

而该初值问题的解析解是 $y = (1+2x)^{-0.45}$，用它计算各节点的函数值可得

$$y_1 = 0.9825055161,\ y_2 = 0.9659603719,\ y_3 = 0.9502806582,$$
$$y_4 = 0.9353925462, y_5 = 0.9212307783.$$

把上述三种方法计算的结果同准确值对照，可以看出它们确实都是准确值的近似值，只是误差不一样. 欧拉法的误差偏小，后退欧拉法误差偏大，中点法误差最小.

6.3 线性多步法

用欧拉法计算节点 $x_n = x_0 + nh$ 的近似值 y_n 时只用到前一节点的值 y_{n-1}，是线性的单步法. 为了提高解的精度，需要构造线性多步法，其一般形式为

$$\sum_{j=0}^{k} \alpha_j y_{n+j} = h \sum_{j=0}^{k} \beta_j f_{n+j}, \tag{6.3.1}$$

其中，$f_{n+j} = f(x_{n+j}, y_{n+j})$，$\alpha_j$ 和 β_j 是常数，且 $\alpha_k \neq 0$，α_0 和 β_0 不同时为 0. 按式（6.3.1）计算 y_{n+k} 时要用到前面 k 个节点的值 y_n，y_{n+1}，…，y_{n+k-1}，因此式（6.3.1）是多步法或称为 k - 步法. 又因为方程（6.3.1）关于 y_{n+j}，f_{n+j} 是线性的，所以称为**线性多步法**. 显然，若 $\beta_k = 0$，则线性多步法（6.3.1）是显式的；若 $\beta_k \neq 0$，则线性多步法（6.3.1）是隐式的. 用线性多步法进行计算时，除需要给定 y_0 外，还要附加初值 y_1，y_2，…，y_{k-1}，这可用其他方法计算. 由于多步法每计算一步用到的信息更多，因此我们希望构造出精度更高的算法.

6.3.1 数值积分法

将微分方程 $y'(x) = f(x, y)$ 在 $[x_n, x_{n+1}]$ 上积分得

$$y(x_{n+1}) = y(x_n) + \int_{x_n}^{x_{n+1}} f(x, y(x))\,\mathrm{d}x, \tag{6.3.2}$$

适当取 $k+1$ 各节点，作被积函数 $f(x, y(x))$ 的 k 次拉格朗日插值多项式 $L_{n,k}(x)$，并用 $L_{n,k}(x)$ 近似代替 $f(x, y(x))$，就可得到形如式（6.3.1）的线性多步法. 基于插值节点的不同取法就可得出不同的线性多步法.

（1）Adams 外插法

取 x_n，x_{n-1}，…，x_{n-k} 为节点，构造 $f(x, y(x))$ 的拉格朗日插值多项式 $L_{n,k}(x)$，则

$$f(x, y(x)) = L_{n,k}(x) + r_{n,k}(x), \tag{6.3.3}$$

其中，$r_{n,k}(x)$ 是插值余项. 将式（6.3.3）代入式（6.3.2），得

$$y(x_{n+1}) = y(x_n) + \int_{x_n}^{x_{n+1}} L_{n,k}(x)\mathrm{d}x + \int_{x_n}^{x_{n+1}} r_{n,k}(x)\mathrm{d}x. \tag{6.3.4}$$

舍去余项

$$R_{n,k} = \int_{x_n}^{x_{n+1}} r_{n,k}(x)\mathrm{d}x, \tag{6.3.5}$$

并用 y_j 代替 $y(x_j)$，即得

$$y_{n+1} = y_n + \int_{x_n}^{x_{n+1}} L_{n,k}(x)\mathrm{d}x. \tag{6.3.6}$$

由此可见，Adams 方法的局部截断误差为 $R_{n,k} = \int_{x_n}^{x_{n+1}} r_{n,k}(x)\mathrm{d}x$.

下面给出 Adams 方法式（6.3.7）的具体形式. 假设前 $k+1(k>0)$ 个节点处的函数值已知，即 $y(x_j)\,(j=n,\ n-1,\ n-2,\ \cdots,\ n-k)$ 的近似值 y_j 已算出，从而函数值 $f_j = f(x_j,\ y_j)\,(j=n,\ n-1,\ n-2,\ \cdots,\ n-k)$ 也已知. 这样就可以利用 $k+1$ 组数据点：

$$(x_n, f(x_n, y_n)), (x_{n-1}, f(x_{n-1}, y_{n-1})), \cdots, (x_{n-r}, f(x_{n-r}, y_{n-r})),$$

构造被积函数 $f(x,\ y(x))$ 的 k 次插值多项式

$$L_{n,k}(x) = \sum_{j=0}^{k} f(x_{n-j},\ y_{n-j})\, l_j(x),$$

其中，$l_j(x)\,(j=0,\ 1,\ \cdots,\ r)$ 是拉格朗日插值基函数，从而可得

$$y_{n+1} = y_n + \sum_{j=0}^{k} f(x_{n-j}, y_{n-j}) \int_{x_i}^{x_{i+1}} l_j(x)\mathrm{d}x. \tag{6.3.7}$$

记 $f_{n-j} = f(x_{n-j},\ y_{n-j})$，$\alpha_{kj} = \dfrac{1}{h}\int_{x_i}^{x_{i+1}} l_j(x)\mathrm{d}x$, 则有

$$y_{n+1} = y_n + h\sum_{j=0}^{k} \alpha_{rj} f_{n-j}. \tag{6.3.8}$$

这就是求解初值问题的 **Adams 显式公式**，y_{n+1} 是关于 y_j（$j=n,\ n-1,\ n-2,\ \cdots,\ n-k$）的线性表达式，所以它是线性 $k+1$ 步法.

在上述 Adams 显式公式的推导中，选用了 $x_n,\ x_{n-1},\ \cdots,\ x_{n-k}$ 作为 $k+1$ 插值节点，但构造的 k 次插值多项式 $L_{n,k}(x)$ 是代替区间 $[x_n, x_{n+1}]$ 上的未知函数 $f(x,\ y(x))$，因此属于“外插”，称为 **Adams 外插法**，也称为 **Adams – Bashorth 法**. 显然当 $k=0$ 时 Adams 外插法就是欧拉法.

（2）Adams 内插法

如果将 Adams 外插法推导过程中的节点改为 $x_{n+1},\ x_n,\ x_{n-1},\ \cdots,\ x_{n-k+1}$. 这时，式（6.3.8）相应地变为

$$y_{n+1} = y_n + h\sum_{j=0}^{r} \beta_{rj} f_{n-j+1}. \tag{6.3.9}$$

由于式（6.3.9）右端第二项含有 $f_{n+1} = f(x_{n+1},\ y_{n+1})$（可能是非线性表达式），所以式（6.3.9）属于隐式公式，称为 **Adams 隐式公式**，且插值区间包含了积分区间 $[x_n,\ x_{n+1}]$，因此属于“内插”，称为 **Adams 内插法**，也称为 **Adams – Moulton 法**. 显然当 $k=0$ 时，Adams 内插法就是改进的欧拉法.

当 $k=1,2,3,4$ 时，表 6.3.1 和表 6.3.2 分别给出了 Adams 显式公式和隐式公式的系数值.

表 6.3.1　Adams 外插法系数值

j	0	1	2	3	4	5
α_{0j}	1					
$2\alpha_{1j}$	3	-1				
$12\alpha_{2j}$	23	-16	5			
$24\alpha_{3j}$	55	-59	37	-9		
$720\alpha_{4j}$	1901	-2774	2616	-1274	251	
$1440\alpha_{5j}$	4277	-7923	9982	-7298	2877	-475

表 6.3.2　Adams 内插法系数值

j	0	1	2	3	4	5
β_{0j}	1					
$2\beta_{1j}$	1	1				
$12\beta_{2j}$	5	8	-1			
$24\beta_{3j}$	9	19	-5	1		
$720\beta_{4j}$	251	646	-264	106	-19	
$1440\beta_{5j}$	475	1427	-798	482	-173	27

利用插值多项式的余项可以求出 Adams 方法的局部截断误差，对指定的 k，表 6.3.3 列出了它们的局部截断误差主项.

表 6.3.3　Adams 方法的局部截断误差主项

k	1	2	3
显式公式	$\frac{5}{12}h^3y^{(3)}(x_i)$	$\frac{3}{8}h^4y^{(4)}(x_i)$	$\frac{251}{720}h^5y^{(5)}(x_i)$
隐式公式	$-\frac{1}{12}h^3y^{(3)}(x_i)$	$-\frac{1}{24}h^4y^{(4)}(x_i)$	$-\frac{19}{720}h^5y^{(5)}(x_i)$

应该指出，用数值积分法只能构造一类特殊的多步法，其系数满足 $\alpha_k=1$，$\alpha_0=-1$，$\alpha_j=0$ 当 $j\neq 0$，k. 下面介绍更一般的待定系数法.

6.3.2　待定系数法

为了分析一般线性多步法的局部截断误差，令

$$L[y(x),h]=\sum_{j=0}^{k}[\alpha_j y(x+jh)-h\beta_j y'(x+jh)]. \tag{6.3.10}$$

设 $y(x)$ 是初值问题的解，将 $y(x+jh)$ 和 $y'(x+jh)$ 在点 x 用泰勒公式展开，代入式 (6.3.10) 按 h 的同次幂合并同类项，得

$$L[y(x),h]=c_0y(x)+c_1hy'(x)+c_2h^2y''(x)+\cdots+c_ph^py^{(p)}(x)+\cdots.$$

其中

$$\begin{cases}c_0=\alpha_0+\alpha_1+\cdots+\alpha_k,\\ c_1=\alpha_1+2\alpha_2+\cdots+k\alpha_k-(\beta_0+\beta_1+\cdots+\beta_k),\\ \vdots \\ c_p=\dfrac{1}{p!}(\alpha_1+2^p\alpha_2+\cdots+k^p\alpha_k)-\dfrac{1}{(p-1)!}(\beta_1+2^{p-1}\beta_2+\cdots+k^{p-1}\beta_k).\end{cases}\quad p=1,2,\cdots$$

若 $y(x)$ 有 $p+2$ 次连续微商，则可选取足够大的 k 和 α_j，β_j 使 $c_0=c_1=\cdots=c_p=0$，而 $c_{p+1}\neq 0$，即选 α_j，β_j 满足

$$\begin{cases}\alpha_0+\alpha_1+\cdots+\alpha_k=0,\\ \alpha_1+2\alpha_2+\cdots+k\alpha_k-(\beta_0+\beta_1+\cdots+\beta_k)=0,\\ \vdots \\ \dfrac{1}{p!}(\alpha_1+2^p\alpha_2+\cdots+k^p\alpha_k)-\dfrac{1}{(p-1)!}(\beta_1+2^{p-1}\beta_2+\cdots+k^{p-1}\beta_k)=0.\end{cases}\tag{6.3.11}$$

此时有

$$L[y(x),h]=c_{p+1}h^{p+1}y^{(p+1)}(x)+O(h^{p+2}),$$

令 $y'(x)=f(x,y(x))$，则

$$\begin{aligned}L[y(x_n),h]&=\sum_{j=0}^{k}[\alpha_jy(x_n+jh)-h\beta_jy'(x_n+jh)]\\&=\sum_{j=0}^{k}[\alpha_jy(x_n+jh)-h\beta_jf(x_n+jh,y(x_n+jh)]\\&=c_{p+1}h^{p+1}y^{(p+1)}(x_n)+O(h^{p+2}).\end{aligned}$$

于是由满足线性方程组(6.3.11)的 α_j，β_j 得到的线性多步法式(6.3.1)的局部截断误差为 $R_{n,k}=c_{p+1}h^{p+1}y^{(p+1)}(x_n)+O(h^{p+2})=O(h^{p+1})$，可以证明此线性多步法的整体截断误差的阶是$O(h^p)$，所以此线性多步法为 **$p$ 阶 k 步法**，显然 p 的大小和 k 有关.

因为线性多步法式（6.3.1）可以相差一个非零乘数，所以不妨设 $\alpha_k=1$，当 $\beta_k=0$ 时 y_{n+k}可用 y_{n+k-1}，y_{n+k-2}，…，y_n 直接表示，称为显方法. 反之，当 $\beta_k\neq0$ 时，求 y_{n+k}需要解一个方程（一般用迭代法），称为隐方法. 用待定系数法构造线性多步法的一个基本要求是选取 α_j，β_j 使局部截断误差的阶尽可能高.

（1）Milne 方法

作为待定系数法的一个应用，下面讨论一般的二步法. 此时 $k=2$，$\alpha_2=1$，其余 5 个系数 $\alpha_0,\alpha_1,\beta_0,\beta_1,\beta_2$ 由 $c_0=c_1=c_2=c_3=0$ 确定，即满足方程组：

$$\begin{cases}c_0=\alpha_0+\alpha_1+1=0,\\ c_1=\alpha_1+2-(\beta_0+\beta_1+\beta_2)=0,\\ c_2=\dfrac{1}{2}(\alpha_1+4)-(\beta_1+2\beta_2)=0,\\ c_3=\dfrac{1}{6}(\alpha_1+8)-\dfrac{1}{2}(\beta_1+4\beta_2)=0.\end{cases}\quad\text{解之得}\quad\begin{cases}\alpha_1=-(1+\alpha_0),\\ \beta_0=-\dfrac{1}{12}(1+5\alpha_0),\\ \beta_1=\dfrac{2}{3}(1-\alpha_0),\\ \beta_2=\dfrac{1}{12}(5+\alpha_0),\end{cases}$$

其中 α_0 为任意常数.

所以一般二步法为

$$y_{n+2}-(1-\alpha_0)y_{n+1}+\alpha_0 y_n=\frac{h}{12}[(5+\alpha_0)f_{n+2}+8(1-\alpha_0)f_{n+1}-(1+5\alpha_0)f_n], \tag{6.3.12}$$

且由$c_p=\frac{1}{p!}(\alpha_1+2^p\alpha_2+\cdots+k^p\alpha_k)-\frac{1}{(p-1)!}(\beta_1+2^{p-1}\beta_2+\cdots+k^{p-1}\beta_k)$，得

$$c_4=\frac{1}{24}(\alpha_1+16)-\frac{1}{6}(\beta_1+8\beta_2)=-\frac{1}{24}(1+\alpha_0),$$

$$c_5=\frac{1}{120}(\alpha_1+32)-\frac{1}{24}(\beta_1+16\beta_2)=-\frac{1}{360}(17+13\alpha_0).$$

所以当$\alpha_0\neq-1$时$c_4\neq0$，此时的二步法式（6.3.12）是3阶2步法；当$\alpha_0=-1$时，$c_4=0$，但$c_5\neq0$，此时式（6.3.12）化为

$$y_{n+2}=y_n+\frac{h}{3}(f_{n+2}+4f_{n+1}+f_n), \tag{6.3.13}$$

这是四阶2步法，是具有最高阶的2步法，称为 **Milne 方法**，它的余项是$\frac{14}{45}h^5y^{(5)}(x_i)+O(h^6)$. 这一方法也可用辛普森公式导出，此外，若取$\alpha_0=0$，则二步法式（6.3.12）为2步 Adams 内插法；若取$\alpha_0=-5$，则二步法式（6.3.12）为显式方法.

（2）Hmaming 方法

用待定系数法容易求出，4阶3步的公式

$$y_{n+1}=\frac{1}{8}(9y_n-y_{n-2})+\frac{3}{8}h(f_{n+1}+2f_n-f_{n-1}). \tag{6.3.14}$$

这就是著名的4阶 **Hmaming 公式**，它的余项为

$$-\frac{1}{40}h^5y^{(5)}(x_i)+O(h^6).$$

更多常用的线性多步法和多步法计算中的问题等可以阅读相关参考文献，在此不再赘述.

关于线性多步法的稳定性、收敛性和误差估计，以及绝对稳定性和相对稳定性等基本理论问题也请参阅相关的参考文献.

6.4 非线性单步法——龙格-库塔法

欧拉法是最简单的单步法，单步法不需要附加初值，所需的存储量小，改变步长灵活，但是线性单步法的阶最多是2，本节介绍非线性（关于f）高阶单步法，主要介绍龙格-库塔（Runge-Kutta）法.

6.4.1 泰勒展开法

设初值问题（6.2.1）的解充分光滑，将$y(x_{i+1})$在x_i点用泰勒公式展开：

$$y(x_{n+1})=y(x_n)+hy'(x_n)+\frac{1}{2!}h^2y''(x_n)+\cdots+\frac{1}{p!}h^py^{(p)}(x_n)+\frac{1}{(p+1)!}h^{(p+1)}y^{(p+1)}(\xi_n). \tag{6.4.1}$$

其中，ξ_n是介于x_n与x_{n+1}之间的常数，$y^{(k)}(x_n),k=1,2,\cdots,p+1$是未知函数$y(x)$在$x_n$点

的 k 阶导数，但它的值可以利用微分方程本身计算：

$$\begin{cases} y'(x_n)=f(x_n,y(x_n)), \\ y''(x_n)=f'_x(x_n,y(x_n))+f'_y(x_n,y(x_n))y'(x_n), \\ y'''(x_n)=f''_{xx}(x_n,y(x_n))+2f''_{xy}(x_n,y(x_n))y'(x_n)+ \\ \qquad f''_{yy}(x_n,y(x_n))(y'(x_n))^2+f'_y(x_n,y(x_n))y''(x_n), \\ \vdots \\ y^{(p)}(x_n)=\cdots \end{cases} \tag{6.4.2}$$

舍去式（6.4.1）中的含 ξ_n 的项，则得到如下求解初值问题的非线性单步法：

$$y_{n+1}=y_n+hy'_n+\frac{1}{2!}h^2y''_n+\cdots+\frac{1}{p!}h^py_n^{(p)}. \tag{6.4.3}$$

其中，$y^{(k)}(x_n),k=1,2,\cdots,p$ 按式（6.4.2）计算. 这一方法的局部截断误差为 $O(h^{p+1})$，因此它是非线性 p 阶单步法，由于需要计算 $f(x,y)$ 的高阶偏导数，计算工作量太大，所以一般不用式（6.4.3）作数值计算，但可用它计算附加初值.

6.4.2　龙格－库塔法

单步法的一般形式为 $y_{n+1}=y_n+h\varphi(x_n,y_n,y_{n+1},h)$，$\varphi(x_n,y_n,y_{n+1},h)$ 称为增量函数. 显然，欧拉法的 $\varphi(x_n,y_n,y_{n+1},h)=f(x_n,y_n)$，泰勒展开法的增量函数

$$\varphi(x_n,y_n,y_{n+1},h)=y'_n+\frac{1}{2!}hy''_n+\cdots+\frac{1}{p!}h^{p-1}y_n^{(p)}=f_n+\frac{1}{2!}hf'_n+\cdots+\frac{1}{p!}h^{p-1}f_n^{(p-1)}.$$

泰勒展开法是用 f 在同一点（x_n,y_n）的高阶导数来计算 $\varphi(x_n,y_n,y_{n+1},h)$，计算量较大，龙格－库塔方法，简称 R－K 方法，是用 f 在区间 $[x_n,x_{n+1}]$ 上的若干函数值来计算 $\varphi(x_n,y_n,y_{n+1},h)$，使单步法局部截断误差的阶和泰勒展开法的相等，将初值问题在区间 $[x_n,x_{n+1}]$ 上写成积分形式：

$$y(x_{n+1}) = y(x_n) + \int_{x_n}^{x_{n+1}} f(x,y(x))\mathrm{d}x. \tag{6.4.4}$$

在区间 $[x_n,x_n+h]$ 上取 m 个点 $t_1=x_n\leqslant t_2\leqslant t_3\leqslant\cdots\leqslant t_m\leqslant x_n+h$，若知道 $K_i=f(t_i,y(t_i))$，$i=1,2,\cdots,m$，则用它们的一次组合去近似式（6.4.4）中的 $f(x,y(x))$，从而得到数值方法：

$$y_{n+1} = y_n + h\sum_{i=1}^{m} c_iK_i. \tag{6.4.5}$$

问题是如何计算 K_i（因 $y(t_i)$ 未知）和选取组合系数 c_i，使方法（6.4.5）局部截断误差的阶足够高. 一个直观的想法是：设 $K_1=f(x_n,y(x_n))$ 已经知道，由欧拉法，$y(t_2)=y(t_1)+(t_2-t_1)f(t_1,y(t_1))=y(t_1)+(t_2-t_1)K_1$，于是

$$K_2=f(t_2,y(t_2))=f(t_2,y(t_1)+(t_2-t_1)K_1)=f(t_2,y_n+(t_2-t_1)K_1).$$

同样利用欧拉法又可以算出

$$\begin{aligned} K_3 &=f(t_3,y(t_3))=f(t_3,y(t_1)+(t_2-t_1)K_1+(t_3-t_2)K_2) \\ &=f(t_2,y_n+(t_2-t_1)K_1+(t_3-t_2)K_2), \end{aligned}$$

如此继续下去便解决了 K_i，$i=1,2,\cdots,m$ 的计算问题.

为了便于推导，令 $t_i=t_1+a_ih=x_n+a_ih,i=1,2,\cdots,m$，则 R－K 法的一般形式如下：

$$\begin{cases}y_{n+1}=y_n+h(c_1K_1+c_2K_2+\cdots+c_mK_m),\\K_1=f(x_n,y_n),\\K_2=f(x_n+a_2h,y_n+hb_{21}K_1),\\K_3=f(x_n+a_3h,y_n+h(b_{31}K_1+b_{32}K_2)),\\\vdots\\K_m=f(x_n+a_mh,y_n+h(b_{m1}K_1+b_{m2}K_2+\cdots+b_{m,m-1}K_{m-1})).\end{cases}\tag{6.4.6}$$

其中，$0\leqslant a_i\leqslant 1,i=1,2,\cdots,m$,

$$c_1+c_2+\cdots+c_m=1,\tag{6.4.7}$$

$$\begin{cases}b_{21}=a_2,\\b_{31}+b_{32}=a_3,\\\vdots\\b_{m1}+b_{m2}+\cdots+b_{m,m-1}=a_m.\end{cases}\tag{6.4.8}$$

系数$\{a_i\}$，$\{b_{ij}\}$和$\{c_i\}$按下列原则确定：将$K_i,i=1,2,\cdots,m$关于h展开，代入增量函数$\varphi(x_n,y_n,y_{n+1},h)=(c_1K_1+c_2K_2+\cdots+c_mK_m)$中进行合并化简，令$h^k(k=1,2,\cdots,p)$的系数与泰勒展开法增量函数

$\varphi(x_n,y_n,y_{n+1},h)=y'_n+\frac{1}{2!}hy''_n+\cdots+\frac{1}{p!}h^{p-1}y_n^{(p)}=f_n+\frac{1}{2!}hf'_n+\cdots+\frac{1}{p!}h^{p-1}y_n^{(p-1)}$的同次幂的系数相等，结合式（6.4.7）和式（6.4.8）求出系数$\{a_i\},\{b_{ij}\}$和$\{c_i\}$，如此得到的算法（6.4.6）称为**m级p阶龙格－库塔法**.

下面推导一些常用的计算方案，将$y(x_n+h)$展开到h的三次幂：

$$\begin{aligned}y(x_{n+1})&=y(x_n+h)=y(x_n)+hy'(x_n)+\frac{1}{2!}h^2y''(x_n)+\frac{1}{3!}h^3y^{(3)}(x_n)+O(h^4)\\&=y(x_n)+hf(x_n,y(x_n))+\frac{h^2}{2}(f_x(x_n,y(x_n))+\\&\quad f_y(x_n,y(x_n))f(x_n,y(x_n)))+\frac{h^3}{6}[f_{xx}(x_n,y(x_n))+\\&\quad 2f_{xy}(x_n,y(x_n))f(x_n,y(x_n))+f_{yy}(x_n,y(x_n))f^2(x_n,y(x_n))+\\&\quad f_y(x_n,y(x_n))(f_x(x_n,y(x_n))+f_y(x_n,y(x_n))f(x_n,y(x_n)))]+O(h^4)\\&=y(x_n)+h[f+\frac{1}{2}hF+\frac{1}{6}h^2(Ff_y+G)+O(h^3)]=y(x_n)+h\varphi_T(x_n,y_n,h).\end{aligned}$$

其中，$F=f_x+ff_y$，$G=f_{xx}+2ff_{xy}+f^2f_{yy}$.

而且有展式

$$\begin{aligned}K_1&=f(x_n,y_n)=f,\\K_2&=f(x_n+a_2h,y_n+b_{21}K_1)=f(x_n+a_2h,y_n+a_2K_1)\\&=f+ha_2(f_x+K_1f_y)+\frac{1}{2}h^2a_2^2(f_y+2K_1f_{xy}+K_1^2f_{yy})+O(h^3)\\&=f+ha_2F+\frac{1}{2}h^2a_2^2G+O(h^3),\\K_3&=f(x_n+a_3h,y_n+b_{31}K_1+b_{32}K_2)=f+ha_3F+h^2(a_2b_{32}f_yF+\frac{1}{2}a_3^2G)+O(h^3).\end{aligned}$$

于是由龙格－库塔法得

$$y_{n+1}=y_n+h(c_1K_1+c_2K_2+c_3K_3)=y_n+h\varphi(x_n,y_n,h)$$

$$=y_n+h[(c_1+c_2+c_3)f+h(a_2c_2+a_3c_3)F+\frac{1}{2}h^2(2a_2b_{32}c_3f_yF+$$

$$(a_2^2c_2+a_3^2c_3)G)+O(h^3)].$$

比较 $\varphi_T(x_n,y_n,h)$ 和 $\varphi(x_n,y_n,h)$ 的 h 同次幂系数，可得以下具体计算方案.

（1）一级龙格－库塔法

令 $m=1$，此时 $c_1=1,c_2=c_3=0$，容易得出一级龙格－库塔法：

$$y_{n+1}=y_n+hf,$$

可见一级龙格－库塔法就是欧拉法.

（2）二级龙格－库塔法

令 $m=2$，此时 $c_1+c_2=1$，$c_3=0$，于是

$$\varphi(x_n,y_n,h)=f+ha_2c_2F+\frac{1}{2}h^2a_2^2c_2G+O(h^3),$$

与 $\varphi_T(x_n,y_n,h)$ 比较 h^0,h 的系数，则得

$$c_1+c_2=1,\ a_2c_2=\frac{1}{2},$$

这有无穷多组解，从而有无穷多个二级二阶龙格－库塔算法. 两个常见的方法分别是：

当取 $c_1=0$，$c_2=1$ 时，得 $a_2=\frac{1}{2}$，则

$$y_{n+1}=y_n+hf\left(x_n+\frac{1}{2}h,\ y_n+\frac{1}{2}hf_n\right)$$

称为**中点法**，这是一种修正的欧拉法.

当取 $c_1=c_2=\frac{1}{2}$时，得 $a_2=1$，则

$$y_{n+1}=y_n+\frac{1}{2}h(f_n+f(x_n+h,y_n+hf_n))=y_n+\frac{1}{2}h(f(x_n,y_n)+f(x_{n+1},y_n+hf_n)).$$

这是由 $y_{n+1}=y_n+hf_n$ 与改进欧拉法 $y_{n+1}=y_n+\frac{1}{2}h(f(x_n,y_n)+f(x_{n+1},y_{n+1}))$ 构成的预估－校正法，也是一种改进的欧拉法.

（3）三级龙格－库塔法

令 $m=3$，比较 $\varphi(x_n,y_n,h)$ 与 $\varphi_T(x_n,y_n,h)$，令 h^0，h，h^2 的系数相等，则得

$$c_1+c_2+c_3=1,\ a_2c_2+a_3c_3=\frac{1}{2},\ a_2^2c_2+a_3^2c_3=\frac{1}{3},\ a_2b_{32}c_3=\frac{1}{6}.$$

四个方程不能完全确定六个系数，含有两个自由参数，因此有无穷多个三级三阶龙格－库塔算法. 两个常见的方法有：

若取 $c_1=\frac{1}{4}$，$c_2=0$，$c_3=\frac{3}{4}$，$a_2=\frac{1}{3}$，$a_3=\frac{2}{3}$，$b_{32}=\frac{2}{3}$，则得算法为：

$$\begin{cases} y_{n+1}=y_n+\frac{h}{4}(K_1+3K_3), \\ K_1=f(x_n,y_n), \\ K_2=f(x_n+\frac{1}{3}h,y_n+\frac{1}{3}hK_1), \\ K_3=f(x_n+\frac{2}{3}h,y_n+\frac{2}{3}hK_2). \end{cases} \tag{6.4.9}$$

称此为 Heun **三阶方法**.

若取 $c_1=\frac{1}{6}$，$c_2=\frac{2}{3}$，$c_3=\frac{1}{6}$，$a_2=\frac{1}{2}$，$a_3=1$，$b_{32}=2$，则得算法为：

$$\begin{cases} y_{n+1}=y_n+\frac{h}{6}(K_1+4K_2+K_3), \\ K_1=f(x_n,y_n), \\ K_2=f(x_n+\frac{1}{2}h,y_n+\frac{1}{2}hK_1), \\ K_3=f(x_n+h,y_n-hK_1+2hK_2). \end{cases} \tag{6.4.10}$$

称此为**库塔三阶方法**，当 f 与 y 无关时，这就是辛普森公式.

(4) 四级龙格 - 库塔法

令 $m=4$，将 $\varphi(x_n,y_n,h)$ 与 $\varphi_T(x_n,y_n,h)$ 展开到 h^3，比较 h^0,h,h^2,h^3 的系数，则得含 13 个未知数的 11 个方程，由此得到含两个参数的四级四阶龙格 - 库塔方法类. 其中常用的有：

$$\begin{cases} y_{n+1}=y_n+\frac{1}{8}h(K_1+3K_2+3K_3+K_4), \\ K_1=f(x_n,y_n), \\ K_2=f(x_n+\frac{1}{3}h,y_n+\frac{1}{3}hK_1), \\ K_3=f(x_n+\frac{2}{3}h,y_n-\frac{1}{3}hK_1+hK_2), \\ K_4=f(x_n+h,y_n+hK_1-hK_2+hK_3). \end{cases} \tag{6.4.11}$$

和

$$\begin{cases} y_{n+1}=y_n+\frac{1}{6}h(K_1+2K_2+2K_3+K_4), \\ K_1=f(x_n,y_n), \\ K_2=f(x_n+\frac{1}{2}h,y_n+\frac{1}{2}hK_1), \\ K_3=f(x_n+\frac{1}{2}h,y_n+\frac{1}{2}hK_2), \\ K_4=f(x_n+h,y_n+hK_3). \end{cases} \tag{6.4.12}$$

这是最常用的四阶龙格 - 库塔法，称为**标准（或经典）龙格 - 库塔法**.

仿此还可以构造出更多的算法，容易证明 p 阶龙格－库塔法整体截断误差的阶为 $O(h^p)$. 龙格－库塔法和预估－校正算法是求解常微分方程初值问题的两大类有效数值方法. 龙格－库塔法的绝对稳定域一般比预估－校正算法的大，但是它需要计算 f 的次数比预估－校正算法多，这里介绍的龙格－库塔法都是显式的，为了进一步改善稳定域，可采用隐式龙格－库塔法（参见相关文献）.

例 6.4.1　分别用欧拉法、改进的欧拉法和标准龙格－库塔法求解初值问题：

$$\begin{cases} y'(x) = -y+1,\ 0\leqslant x\leqslant 0.5, \\ y(0)=0 \end{cases}$$

并比较三种方法的计算精度.

解　为了比较三种方法的计算精度，将欧拉法的步长取为 0.025，改进的欧拉法的步长取为 0.05，龙格－库塔方法的步长取为 0.1，则三种方法的变量每增加 0.1 时，都需要计算 4 个函数值，计算结果见表 6.4.1.

表 6.4.1　计算结果

x_i	欧拉法 $h=0.025$	改进的欧拉法 $h=0.05$	标准 R－K 方法 $h=0.1$	标准值 $y(x_i)$
0.1	0.096312	0.095123	0.09516250	0.09516258
0.2	0.183348	0.181193	0.18126910	0.18126925
0.3	0.262001	0.259085	0.25918158	0.25918178
0.4	0.333079	0.329563	0.32967971	0.32967995
0.5	0.397312	0.393337	0.39346906	0.39346934

从计算结果可以看出，标准龙格－库塔方法比另外两种方法的精度好很多. 在 $x=0.5$ 处，三种方法的误差分别是 3.8×10^{-3}，1.3×10^{-4}，2.8×10^{-7}.

例 6.4.2　用修正的 Milne—Hamming 组成的预估—校正法求解初值问题：

$$\begin{cases} y'(x) = -\dfrac{0.9y}{1+2x},\ 0\leqslant x\leqslant 0.1, \\ y(0)=1. \end{cases}$$

取步长 $h=0.02$，用标准的 R－K 方法提供初值.

解　$f(x,y) = -0.9y/(1+2x)$，$y_0=1, h=0.02$，利用标准的 R－K 公式：

$$\begin{cases} y_{n+1} = y_n + \dfrac{1}{6}h(K_1+2K_2+2K_3+K_4), \\ K_1 = f(x_n, y_n), \\ K_2 = f\left(x_n+\dfrac{1}{2}h, y_n+\dfrac{1}{2}hK_1\right), \\ K_3 = f\left(x_n+\dfrac{1}{2}h, y_n+\dfrac{1}{2}hK_2\right), \\ K_4 = f(x_n+h, y_n+hK_3). \end{cases}$$

可依次计算：

(1) 当 $n=0$ 时，

$$f_0 = f(x_0,y_0) = -0.9, K_1 = -0.018, K_2 = -0.017488235,$$

$K_3=-0.017492751, K_4=-0.017004933, y_1=0.9825055158.$

(2) 当 $n=1$ 时，

$f_1=f(x_1,y_1)=-0.8502451579, K_1=-0.017004903, K_2=-0.016539675.$

$K_3=-0.016543625, K_4=-0.016099365, y_1=0.9659603713.$

(3) 当 $n=2$ 时，

$f_2=f(x_2,y_2)=-0.8049669761, K_1=-0.01609934, K_2=-0.016539675.$

$K_3=-0.015678375, K_4=-0.015272389, y_1=0.9502806574.$

接下来，利用修正的 Milne—Hamming 组成的预估—校正法公式

$$\begin{cases} p_{n+1}=y_{n-3}+\dfrac{4h}{3}(2f_n-f_{n-1}+2f_{n-2}), \\ m_{n+1}=p_{n+1}+\dfrac{112}{121}(c_n-p_n), \\ c_{n+1}=\dfrac{1}{8}(9y_n-y_{n-2})+\dfrac{3h}{8}(f(x_{n+1},y_{n+1}^p)+2f_n-f_{n-1}), \\ y_{n+1}=c_{n+1}-\dfrac{9}{121}(c_{n+1}-p_{n+1}). \end{cases}$$

依次计算

(1) $n=3$ 时，

$f_3=f(x_3,y_3)=-0.7636183854, p_4=-0.9353930638, c_4=-0.9353925067.$

$y_4=0.9353925481.$

(2) $n=4$ 时，

$f_4=f(x_4,y_4)=-0.7257355977, p_5=-0.9212312021, m_5=0.9212312021$

$c_5=-0.9212307515. \ y_5=0.9212307850.$

因为 y_5 是 c_5 的修正值，其误差限应该不超过 c_5 的误差限，利用实用误差估计式知，c_5 的误差约为

$$-\frac{9}{121}(c_5-p_5)=0.0000000335.$$

所以 y_5 的误差限约为 $0.0000000335 \leqslant 0.5\times10^{-7}$，即 y_5 准确到了小数点后 7 位数.

6.5* 一阶方程组和高阶方程的初值问题

前面研究了单个方程 $y'=f(x,y)$ 初值问题的数值解法，只要把 y 和 f 理解为向量，那么，所提供的各种计算公式即可应用到一阶方程组的情形.

含 m 个方程的一阶方程组初值问题的一般形式为

$$\begin{cases} y'_i=f_i(x,y_1,y_2,\cdots,y_m), \\ y_i(a)=y_{i0}, i=1,2,\cdots,m. \end{cases} \tag{6.5.1}$$

如果实际问题不是一阶方程组而是高阶方程，也可以把它化为一阶方程组，例如 m 阶微分方程：

$$y^{(m)}=f(x,y,y',\cdots,y^{(m-1)}) . \tag{6.5.2}$$

只要引进新变量组：

$$y_1=y,y_2=y',\cdots,y_m=y^{(m-1)},$$

式（6.5.2）就化为一阶方程组：

$$\begin{cases}y'_1=y_2,\\y'_2=y_3,\\\vdots\\y'_m=f(x,y_1,y_2,\cdots,y_{m-1}).\end{cases}\tag{6.5.3}$$

此种转化不仅是理论上需要，在计算上也可能更为方便，引进向量记号：

$$\boldsymbol{Y}=(y_1,y_2,\cdots,y_m)^{\mathrm{T}},\ \boldsymbol{F}=(f_1,f_2,\cdots,f_m)^{\mathrm{T}} \text{ 和 } \boldsymbol{Y}_0=(y_{10},y_{20},\cdots,y_{m0})^{\mathrm{T}}.$$

则式（6.5.1）可写为向量形式：

$$\begin{cases}\boldsymbol{Y}'=\boldsymbol{F}(x,\boldsymbol{Y}),\\\boldsymbol{Y}(x_0)=\boldsymbol{Y}_0.\end{cases}\tag{6.5.4}$$

若 $\boldsymbol{F}(x,\boldsymbol{Y})$ 关于 $\boldsymbol{Y}$ 满足利普希茨条件，则初值问题（6.5.1）有唯一解. 前面介绍的线性多法、预估－校正法和龙格－库塔法都可以直接推广到一阶方程组，只需用向量代替相应的标量. 所有关于阶、相容性、稳定性和收敛性的定义和结论都可推广到方程组中，而将绝对号 $|\cdot|$ 换成 m 维欧氏空间的向量模 $\|\cdot\|$. 例如解方程组初值问题的线性多步法是：

$$L[\boldsymbol{Y}_n;h]=\sum_{j=0}^{k}[\alpha_j\boldsymbol{Y}_{n+j}-h\beta_j\boldsymbol{F}(x,\boldsymbol{Y}_{n+j})]=0.\tag{6.5.5}$$

α_j，β_j 是标量，$L[\boldsymbol{Y}_n;h]$ 是向量值算子.

6.6* 常微分方程边值问题的数值解法

常微分方程边值问题的一般形式为：求函数 $y=y(x)$，$x\in[a,b]$，使之满足

$$y''=f(x,y,y'),y(a)=\alpha,y(b)=\beta.\tag{6.6.1}$$

当 $f(x,y,z)$ 关于 y，z 是线性函数时，问题（6.6.1）称为**线性两点边值问题**.

常微分方程边值问题的基本数值解法分为两类，一类是将它转化成初值问题来求解，第二类方法是利用数值微商的方法将它转化成线性或非线性方程组求解.

6.6.1 试射法

将边值问题转化成如下形式初值问题：

$$y''=f(x,y,y'),y(a)=\alpha,y'(a)=m.\tag{6.6.2}$$

即依据边值条件寻求与它等价的初始条件：$y'(a)=m$.

其次，令 $z=y'(x)$，从而使问题（6.6.2）转化为如下一阶微分方程组：

$$\begin{cases}y'=z,\\z'=f(x,y,z),\\y(a)=\alpha,z(a)=m.\end{cases}\tag{6.6.3}$$

最后，令 $\boldsymbol{Y}=(y,z)^{\mathrm{T}},\boldsymbol{F}(x,y)=(f_1(x,y,z),f_2(x,y,z))^{\mathrm{T}},\boldsymbol{Y}(x_0)=\boldsymbol{Y}_0=(\alpha,m)^{\mathrm{T}}$

其中 $f_1(x,y,z)=z,f_2(x,y,z)=f(x,y,z)$，这样方程组（6.6.3）就具有形式：

$$\begin{cases}\boldsymbol{Y}'=\boldsymbol{F}(x,y),\\\boldsymbol{Y}(x_0)=\boldsymbol{Y}_0.\end{cases}\tag{6.6.4}$$

显然，式（6.6.4）与标准的常微分方程初值问题（6.2.1）具有相同形式，因而所有求解初值问题（6.2.1）的方法都可以用来求解方程组（6.6.4）. 所不同的是，只需要把原公式中 y_n，f_n 等分别换成向量 $\boldsymbol{Y}_n$，$\boldsymbol{F}_n$，下面以欧拉法为例说明试射法的基本方法，并用例子说明标准 R—K 方法的试射法求解过程.

将欧拉法写成相应的向量形式为

$$\boldsymbol{Y}_{n+1}=\boldsymbol{Y}_n+h\boldsymbol{F}(x_n,y_n),$$

或用分量形式表示成：

$$\begin{pmatrix} y_{n+1} \\ z_{n+1} \end{pmatrix}=\begin{pmatrix} y_n \\ z_n \end{pmatrix}+h\begin{pmatrix} z_n \\ f(x_n,y_n,z_n) \end{pmatrix}.$$

因此，利用试射法求解边值问题的关键是如何把边值条件转化为等价的初值条件，即确定 m，具体方法如下：

（1）凭经验提供 m 的两个预测值 m_1，m_2，并按这两个斜率值“试射”. 所谓试射，就是按上述试射法的基本步骤分别求解对应的初值问题，假设它们的解为 $\boldsymbol{Y}_{m_1}(x)$，$\boldsymbol{Y}_{m_2}(x)$，计算 $\boldsymbol{Y}_{m_1}(b)$，$\boldsymbol{Y}_{m_2}(b)$ 以得到 $y(b)$ 的两个近似值 β_1，β_2；

（2）如果 β_1，β_2 均不满足预定的精度，就用线性插值方法校正 m_1，m_2，即选择新的斜率值

$$m_3=m_1+\frac{m_2-m_1}{\beta_1-\beta_2}(\beta-\beta_1).$$

（3）用 m_3 试射，又会得到对应的初值问题的解 $\boldsymbol{Y}_{m_3}(b)$ 和 $y(b)$ 的近似值 β_3. 如果 β_3 不满足预定的精度，回到计算过程（2），即利用 m_3 和 m_2 选择新的斜率值.

重复上述计算过程，直到找到合适的斜率值的近似值，显然在该初值条件下得到的初值问题的解也是原问题（6.6.1）解.

例 6.6.1 以标准 R—K 方法为基础，用试射法求解如下问题

$$\begin{cases} 4y''+yy'=2x^2+16, \\ y(2)=8, y(3)=\dfrac{35}{3}. \end{cases}$$

解 假设 $y'(2)=m$，则对应一阶微分方程组初值问题为：

$$\begin{cases} y'=z, \\ z'=-\dfrac{yz}{4}+\dfrac{x^3}{2}+4, \\ y(2)=8, z(2)=m. \end{cases}$$

选取 $m\approx m_1=1.5$，$h=0.2$，用标准 R－K 方法求解上述方程组，求得 $y_{m_1}(3)=11.4889\neq\frac{35}{3}$；再选取 $m\approx m_1=2.5$，$h=0.2$，用标准 R－K 方法求解上述方程组，求得 $y_{m_2}(3)=11.8421\neq\frac{35}{3}$. 由 m_1，m_2 作线性插值，计算 m 的新的近似值：

$$m_3=m_2-\frac{m_2-m_1}{y_{m_2}(3)-y_{m_1}(3)}\left(y_{m_2}(3)-\frac{35}{3}\right)=2.0032241,$$

并由此得 $y_{m_3}(3)=11.6678\neq\frac{35}{3}$. 由 m_2，m_3 作线性插值，计算 m 的新的近似值：

$$m_4 = m_3 - \frac{m_3 - m_2}{y_{m_3}(3) - y_{m_2}(3)}\left(y_{m_3}(3) - \frac{35}{3}\right) = 1.999979,$$

并由此得 $y_{m_4}(3) = 11.666659 \neq \frac{35}{3}$，由 m_4，m_3 作线性插值，计算 m 的新的近似值：

$$m_5 = m_4 - \frac{m_4 - m_3}{y_{m_4}(3) - y_{m_3}(3)}\left(y_{m_4}(3) - \frac{35}{3}\right) = 2.000000,$$

$y_{m_5}(3) = 11.666666669 \approx \frac{35}{3}$ 算法终止．这时得到的原问题边值问题的数值解为：

n	0	1	2	3	4	5
x_n	2.0	2.2	2.4	2.6	2.8	3.0
y_n	8	8.4763636378	9.033333352	9.8369230785	10.6971426562	11.666666669

6.6.2　差分法

（1）差分法的计算步骤

为求解边值问题（6.6.1），差分法的思想是用向前差商

$$\frac{y(x+h) - y(x)}{h},$$

或向后差商

$$\frac{y(x) - y(x-h)}{h},$$

或中心差商

$$\frac{y(x+h) - y(x-h)}{2h},$$

代替方程中的导数 $y'(x)$；用二阶差商

$$\frac{y(x+h) - 2y(x) + y(x-h)}{h^2}.$$

代替 $y''(x)$．然后将所得方程的 x 取离散的节点，即得到关于 y_n，$n=1$，2，…，$N-1$ 的方程组，求解该方程组便得边值问题的数值解．

下面介绍利用差分法求解如下一类典型的常微分方程边值问题的计算过程．

$$\begin{cases} y''(x) - q(x)y(x) = f(x), \\ y(a) = \alpha, y(b) = \beta. \end{cases} \tag{6.6.5}$$

其中，$q(x)$，$f(x)$ 是已知函数，$q(x) \geqslant 0$，α，β 是已知值．

差分法求解问题（6.6.5）的计算过程如下：

① 把区间 $[a,b]$ 分为 N 等份，选步长 $h = \frac{b-a}{N}$．计算各节点 $x_n = x_0 + nh$，$n=0$，1，…，N

② 将边值问题离散化为差分方程：

$$\begin{cases} \dfrac{y_{n+1} - 2y_n + y_{n-1}}{h^2} - q(x_n)y = f(x_n), & n = 1,2,\cdots,N-1. \\ y_0 = \alpha, y_N = \beta. \end{cases} \tag{6.6.6}$$

或

$$\begin{cases} y_{n-1}-(2+q_nh^2)y_n+y_{n+1}=h^2f_n, & n=1,2,\cdots,N-1. \\ y_0=\alpha, y_N=\beta. \end{cases} \tag{6.6.7}$$

其中，$q_n=q(x_n)$，$f_n=f(x_n)$. 称式（6.6.7）为逼近边值问题（6.6.5）的差分方程.

③ 利用追赶法求解对角占优的三对角线性方程组（6.6.7），其解 $y_0,y_1,\cdots,y_N$ 即为原边值问题（6.6.5）的数值解，局部截断误差为：

$$R(x_n)=y(x_n)-y_n=\frac{1}{12}h^2y^{(4)}(\xi_n),$$

其中，ξ_n 是介于 x_{n-1} 与 x_{n+1} 之间的常数.

例 6.6.2 用差分法解边值问题：

$$\begin{cases} y''-y+x=0, x\in[0,1], \\ y(0)=0, y(1)=0, \end{cases}$$

步长 $h=0.25$

解 因为步长 $h=0.25$，所以 $N=\frac{1}{0.25}=4$.

边值问题的逼近差分方程为

$$\begin{cases} y_{i-1}-2.0625y_i+y_{i+1}=-0.015625i, & i=1,2,3 \\ y_0=0, y_4=0. \end{cases}$$

即如下三对角线性方程组

$$\begin{cases} y_0=0, \\ y_0-2.0625y_1+y_2=-0.015625, \\ y_1-2.0625y_2+y_3=-0.03125, \\ y_2-2.0625y_3+y_4=-0.046875, \\ y_4=0. \end{cases}$$

解得：

$$y_0=0, y_1=0.0348852, y_2=0.0563258, y_3=0.0500365, y_4=0.$$

（2）差分法的收敛性

为了研究差分法的收敛性，我们先介绍下述极限原理.

定理 6.6.1 （极限原理）对于一组不全相等的数 y_i，$i=0, 1, \cdots, N$

记

$$l(y_i)=\frac{y_{i+1}-2y_i+y_{i-1}}{h^2}-q_iy_i, q_i\geqslant 0.$$

如果 $l(y_i)\geqslant 0, i=0,1,\cdots,N-1$，那么非负 y_i 的最大值必为 y_0 或 y_N；如果 $l(y_i)\leqslant 0, i=0, 1,\cdots,N$，那么非正的 y_i 的最小值必为 y_0 或 y_N.

证 用反证法. 假设在 1, 2, …, $N-1$ 中存在 k，使得

$$y_k=\max_{y_i\geqslant 0}y_i=M>y_{k-1} \text{或} y_{k+1},$$

则

$$l(y_k)=\frac{y_{i+1}-2M+y_{k-1}}{h^2}-q_kM<\frac{M-2M+M}{h^2}-q_kM=-q_kM\leqslant 0.$$

这与条件 $l(y_i)\geqslant 0$，$i=0,1,\cdots,N-1$，矛盾，故结论成立.

$l(y_i)\leqslant 0$ 的情形类似可证. 证毕.

由极限原理可以证明：

定理 6.6.2 如果两组数 $y_0,y_2,\cdots,y_N$ 和 $Y_0,Y_1,\cdots,Y_N$ 满足条件：

$$\begin{cases}|l(y_i)|\leqslant -l(Y_i), \\ |y_0|\leqslant Y_0, |y_N|\leqslant Y_N.\end{cases} i=1,2,\cdots,N-1$$

其中

$$l(y_i)=\frac{y_{i+1}-2y_i+y_{i-1}}{h^2}-q_iy_i, q_i\geqslant 0.$$

则必有 $|y_i|\leqslant Y_i, i=1,2,\cdots,N-1$.

证 因为

$$\begin{cases}\pm l(y_i)\leqslant -l(Y_i), \\ \pm y_0\leqslant Y_0, \pm y_N\leqslant Y_N.\end{cases} i=1,2,\cdots,N-1 \text{ 或 } l(\pm y_i-Y_i)\geqslant 0$$

所以由极限原理知 $\pm y_i-Y_i\leqslant 0$，即 $|y_i|\leqslant Y_i$，$i=1,2,\cdots,N-1$. 证毕.

利用上述结论可以证明差分方程的收敛性定理.

定理 6.6.3 设 y_i 是差分方程（6.6.5）的数值解，则截断误差

$$|e_i|=|y(x_i)-y_i|\leqslant\frac{h^2}{24}m_4(x_i-a)(b-x_i)\leqslant\frac{m_4(b-a)^2}{96}h^2.$$

其中，$m_4=\max\limits_{a\leqslant x\leqslant b}|y^{(4)}(x)|$.

证 显然 $e_0=e_N=0$. 结论成立.

因为

$$\frac{y(x_{i+1})-2y(x_i)+y(x_{i-1})}{h^2}-q(x_i)y(x_i)-f(x_i)=\frac{1}{12}h^2y^{(4)}(\xi_i),$$

$$\frac{y_{i+1}-2y_i+y_{i-1}}{h^2}-q_iy_i-f_i=0,$$

两式相减得

$$l(e_i)=\frac{1}{12}h^2y^{(4)}(\xi_i), i=1,2,\cdots,N-1.$$

因为上述差分方程中 ξ_i 未知，我们考虑如下差分方程

$$\begin{cases}l(\varepsilon_i)=\dfrac{\xi_{i+1}-2\xi_i+\xi_{i-1}}{h^2}-q_iy_i=-\dfrac{1}{12}h^2M_4, \\ \varepsilon_0=\varepsilon_N=0.\end{cases} i=1,2,\cdots,N-1, \quad (6.6.8)$$

由于 $l(\varepsilon_i)\leqslant -\frac{1}{12}h^2|y^{(4)}(\xi_i)|=-|l(e_i)|$，所以

$$l(\varepsilon_i-e_i)\leqslant 0, l(\varepsilon_i+e_i)\leqslant 0.$$

因为 $\varepsilon_0-e_0=\varepsilon_N-e_N=0$，$\varepsilon_0+e_0=\varepsilon_N+e_N=0$.

故由极值原理知

$$\varepsilon_i-e_i\geqslant 0, \varepsilon_i+e_i\geqslant 0,$$

即

$$|e_i|\leqslant\varepsilon_i, i=1,2,\cdots,N.$$

因为差分方程（6.6.8）仍很难求出，我们考虑如下简单差分方程：

$$\begin{cases}\tilde{l}(\rho_i)=\dfrac{\varepsilon_{i+1}-2\varepsilon_i+\varepsilon_{i-1}}{h^2}=-\dfrac{1}{12}h^2M_4, & i=1,2,\cdots,N-1.\\ \rho_0=\rho_N=0.\end{cases}\tag{6.6.9}$$

这里 $\tilde{l}(\rho_i-\varepsilon_i)=-q_i\varepsilon_i\leqslant 0$，由极值原理可以证明 $|e_i|\leqslant\varepsilon_i\leqslant\rho_i$.

显然，差分方程（6.6.9）对应着如下边值问题：

$$\begin{cases}\rho''=-\dfrac{1}{12}h^2M_4, i=1,2,\cdots,N-1,\\ \rho(x_0)=\rho(x_N)=0.\end{cases}\tag{6.6.10}$$

其解为

$$\rho(x)=\frac{h^2}{24}m_4(x-a)(b-x),$$

从而得到要证明的结论. 证毕.

根据上述定理知，$h\to 0$ 时，$\varepsilon\to 0$，即差分法是收敛的.

习 题 6

1. 用改进的欧拉算法求解：

$$\begin{cases}\dfrac{dy}{dx}=-y+x+1,\\ y(0)=1 \quad (0\leqslant x\leqslant 1, h=0.1).\end{cases}$$

2. 取步长 $h=0.2$，用标准四阶 R－K 方法求解初值问题：

$$\begin{cases}\dfrac{dy}{dx}=x+y,\\ y(0)=1 \quad (0\leqslant x\leqslant 1).\end{cases}$$

并将计算结果与精确解比较.

3. 用欧拉法、隐式欧拉法、梯形法求解

$$y'=-y+x+1, y(0)=1,$$

取 $h=0.1$，计算到 $x=0.5$，并与精确解比较.

4. 用经典四阶 R－K 方法解初值问题 $y'=-y+x+1$，$y(0)=1$，取 $h=0.1$，计算到 $x_5=0.5$，并与改进欧拉法、梯形法在 $x_5=0.5$ 处比较其误差大小.

第7章 产品的次品率的推断——估计与检验

7.1 问题的提出

引例：某厂有一批产品，需经检验后方可出厂，按规定标准，次品率 p 不得超过 1%. 今在其中随机抽取 100 件进行检查，结果发现有 2 件次品，问这批产品的次品率是多少？能否出厂？

这个问题主要是对整个产品的次品率进行讨论，假定整个产品的个数为 N，次品个数为 M，次品率 $p=\dfrac{M}{N}$，但问题是我们没有全面检验，M 未知，因此 p 也是未知的，那么怎样来讨论次品率 p 呢？我们引进变量 X，从整个产品中任意抽取一件产品，当抽取一件产品是次品，记为 $X=1$；当抽取一件产品不是次品，记为 $X=0$；显然 $P(X=1)=p$，$P(X=0)=1-p$. 这批产品的次品率是多少就是对 p 的取值作出一个推断，称为估计，能不能出厂，就看 p 的值是超过 1% 还是没有超过 1%，这就是检验.

估计理论与假设检验是数理统计中两个最基本和最重要的内容，为此我们先介绍数理统计中的一些基本概念.

7.2 基本概念和重要结论

总体与个体：我们把研究对象的全体称为总体或母体，组成总体的每个单元称为个体. 在实际问题中，我们关心的常常是总体的某项或几项数量指标 X（可以是向量）. 例如，在研究灯泡的质量时，我们关心的是灯泡的使用寿命 X，而不是它的外观. 在研究某校男大学生的身高与体重时，我们关心的是他们的身高和体重，而不是其他特征；而数量指标 X 对不同的个体，其指标值是不同的，因而 X 可看作一个随机变量（或随机向量）；X 的概率分布就完全描述了总体中指标 X 的取值情况；称 X 的概率分布为总体分布，称 X 的数字特征为总体的数字特征. 当 X 为离散型随机变量时称总体为离散总体；当 X 为连续型随机变量时，称总体为连续总体. 当总体分布为正态分布时，称总体为正态总体；当总体分布为指数分布时，称总体为指数分布总体等. 对总体进行研究就是对总体的分布或对总体的数字特征进行研究.

样本：从总体中抽取的一部分个体称为样本或者子样，其中所含个体的个数称为样本容量. 从总体中抽取样本的过程称为抽样. 样本和总体一样也是考虑其数量指标，如果记 X_i 为样本中第 i 个个体的数量指标，则 $(X_1,X_2,\cdots,X_n)$ 表示样本容量为 n 的样本，它可以看作是对总体 X 作 n 次观测的结果，它的值随着从总体中抽取的对象的不同而不同，因此，它是随机变量. 然而，一旦确定抽取对象后，我们就得到一组具体的数值 $(x_1,x_2,\cdots,x_n)$，它可以看作是随机变量 $(X_1,X_2,\cdots,X_n)$ 的一组观测值，有时也称 $(x_1,x_2,\cdots,x_n)$ 为样本.

因此，从某种意义上来说，样本具有二重性：随机性和确定性，注意样本的这种二重性非常重要，对理论工作者而言，他们更多注意的是它的随机性，所得到的统计方法应有一定的普遍性，不单纯针对某些具体样本观测值．而对应用工作者而言，他们虽然习惯把样本看成具体数字，但仍不能忘记样本的随机性，否则对那些杂乱无章的数据无法进行统计处理．

简单随机样本：设总体 X 的样本（$X_1,X_2,\cdots,X_n$）满足

（1）独立性：每次观测结果既不影响其他结果，也不受其他结果的影响；即 $X_1,X_2,\cdots,X_n$ 相互独立；

（2）代表性：X_1，X_2，$\cdots$，X_n 中每一个个体都与总体 X 有相同分布．则称此样本为简单随机样本．

在进行统计推断时，通常采用的是简单随机样本．

统计量：设（$X_1,X_2,\cdots,X_n$）为总体 X 的一个样本，$T=T(X_1,X_2,\cdots,X_n)$ 为 $X_1,X_2,\cdots,X_n$ 的连续函数，且不含有任何未知参数，则称 T 为一个统计量．

我们对总体作统计推断就是利用统计量作统计推断．常见的统计量有

（1）样本均值
$$\overline{X}=\frac{1}{n}\sum_{i=1}^{n}X_i. \tag{7.2.1}$$

（2）样本方差
$$S^2=\frac{1}{n-1}\sum_{i=1}^{n}(X_i-\overline{X})^2. \tag{7.2.2}$$

（3）样本 k 阶原点矩
$$A_k=\frac{1}{n}\sum_{i=1}^{n}X_i^{\ k},\ k=1,2,\cdots. \tag{7.2.3}$$

（4）样本的 k 阶中心矩
$$B_k=\frac{1}{n}\sum_{i=1}^{n}(X_i-\overline{X})^k,\ k=1,2,\cdots. \tag{7.2.4}$$

（5）顺序统计量　设（$X_1,X_2,\cdots,X_n$）为总体 X 的样本，（$x_1,x_2,\cdots,x_n$）为样本观测值，将样本观测值按从小到大的顺序排列成
$$x_{(1)}\leqslant x_{(2)}\leqslant\cdots\leqslant x_{(k)}\leqslant x_{(k+1)}\leqslant\cdots\leqslant x_{(n)}. \tag{7.2.5}$$
定义 $X_{(k)}$，它的观测值就是 $x_{(k)}$，$k=1,2,\cdots,n$，不同的样本观测值有不同的 $x_{(k)}$．因此，$X_{(k)}$ 为随机变量，它也是样本 X_1，X_2，$\cdots$，X_n 的函数，故它是一个统计量，我们称它为第 k 顺序统计量，称 $X_{(1)}$ 为最小顺序统计量，$X_{(n)}$ 为最大顺序统计量．显然有
$$P(X_{(1)}\leqslant X_{(2)}\leqslant\cdots\leqslant X_{(n)})=1. \tag{7.2.6}$$

抽样分布：统计量的分布称为抽样分布．常见的分布有正态分布、卡方分布、t 分布、F 分布．正态分布在概率论中讨论很多，我们在这里着重介绍其余三个分布．

（1）卡方分布（χ^2 分布）

设 X_1，X_2，$\cdots$，X_n 为相互独立的随机变量，且均服从 $N(0,1)$，则它们的平方和
$$\chi^2=X_1^2+X_2^2+\cdots+X_n^2, \tag{7.2.7}$$
也是一个随机变量，它所服从的分布称为自由度为 n 的 χ^2 分布，记为 $\chi^2\sim\chi^2(n)$．

可以证明：若 $\chi^2\sim\chi^2(n)$，则 χ^2 的密度函数为
$$f(x)=\begin{cases}\dfrac{1}{2^{\frac{n}{2}}\Gamma\left(\dfrac{n}{2}\right)}x^{\frac{n}{2}-1}\mathrm{e}^{-\frac{x}{2}}, & x>0,\\ 0, & x\leqslant 0.\end{cases} \tag{7.2.8}$$

(2) t 分布

设 $X \sim N(0, 1)$，$Y \sim \chi^2(n)$，且 X 与 Y 相互独立，记

$$T = \frac{X}{\sqrt{Y/n}} \tag{7.2.9}$$

也是一个随机变量，它所服从的分布称为自由度为 n 的 t 分布，记为 $T \sim t(n)$.

可以证明：若 $T \sim t(n)$，则 T 的密度函数为

$$f(x) = \frac{\Gamma\left(\frac{n+1}{2}\right)}{\sqrt{n\pi}\,\Gamma\left(\frac{n}{2}\right)}\left(1 + \frac{x^2}{n}\right)^{-\frac{n+1}{2}}, \quad -\infty < x < +\infty \tag{7.2.10}$$

(3) F 分布

设如果 $X \sim \chi^2(m)$，$Y \sim \chi^2(n)$，且 X 和 Y 相互独立，记

$$F = \frac{X/m}{Y/n} \tag{7.2.11}$$

则称 F 所服从的分布为自由度是 m 与 n 的 F 分布，记为 $F \sim F(m, n)$

可以证明，若 $F \sim F(m, n)$，则 F 的密度函数为：

$$f(x) = \begin{cases} \dfrac{\Gamma\left(\frac{m+n}{2}\right)}{\Gamma\left(\frac{m}{2}\right)\Gamma\left(\frac{n}{2}\right)}\left(\dfrac{m}{n}\right)^{\frac{m}{2}} x^{\frac{m}{2}-1}\left(1 + \dfrac{m}{n}x\right)^{-\frac{m+n}{2}}, & x > 0, \\ 0, & x \leqslant 0. \end{cases} \tag{7.2.12}$$

分位数：设 X 为连续型随机变量，其分布密度函数为 $f(x)$，对 $0 < \alpha < 1$，如果存在数 x_α 满足

$$P(X > x_\alpha) = \int_{x_\alpha}^{+\infty} f(x)\,\mathrm{d}x = \alpha \tag{7.2.13}$$

则称 x_α 为此分布的 α - 分位数.

$N(0, 1)$分布、$\chi^2(n)$分布、$t(n)$分布、$F(m, n)$分布的 α - 分位数分别记作 Z_α、$\chi^2_\alpha(n)$、$t_\alpha(n)$、$F_\alpha(m, n)$. 它们的值可以通过附表查得，由分布的特点容易得到如下性质：

(1) $Z_\alpha = -Z_{1-\alpha}$，$t_\alpha(n) = -t_{1-\alpha}(n)$，$F_{1-\alpha}(m, n) = \dfrac{1}{F_\alpha(n, m)}$；

(2) 当 n 足够大时（一般 $n > 45$）有近似公式

$$\chi^2_\alpha \approx n + \sqrt{2n}Z_\alpha,\ t_\alpha(n) \approx Z_\alpha.$$

例：查表求下列分位数的值

$$Z_{0.05},\ Z_{0.90},\ \chi^2_{0.05}(20),\ \chi^2_{0.975}(20),\ \chi^2_{0.01}(200),\ t_{0.05}(10),$$
$$t_{0.975}(10),\ t_{0.01}(200),\ F_{0.05}(8,10),\ F_{0.99}(30,10).$$

解 $Z_{0.05} = 1.645$，$Z_{0.90} = -1.28$，$\chi^2_{0.05}(20) = 31.41$，

$\chi^2_{0.975}(20) = 9.591$，$\chi^2_{0.01}(200) \approx 200 + 20Z_{0.01} = 246.6$，

$t_{0.05}(10) = 1.8125$，$t_{0.975}(10) = -2.2281$，$t_{0.01}(200) \approx Z_{0.01} = 2.33$，

$F_{0.05}(8,10) = 3.07$，$F_{0.99}(30,10) = \dfrac{1}{F_{0.01}(10,30)} = \dfrac{1}{2.98} = 0.336.$

常见的几个统计量的分布

我们不加证明地给出下面的定理

定理 7.2.1 设总体 $X \sim N(\mu, \sigma^2)$，$(X_1, X_2, \cdots, X_n)$ 为 X 的一个简单随机样本，$\overline{X}$，S^2 为样本均值与样本方差，则有：

（1）$\overline{X} \sim N\left(\mu, \dfrac{\sigma^2}{n}\right)$ 或 $\dfrac{\overline{X}-\mu}{\sigma/\sqrt{n}} \sim N(0,1)$； (7.2.14)

（2）$\dfrac{(n-1)S^2}{\sigma^2} \sim \chi^2(n-1)$； (7.2.15)

（3）$\overline{X}$ 与 S^2 相互独立；

（4）$\dfrac{\overline{X}-\mu}{S/\sqrt{n}} \sim t(n-1)$. (7.2.16)

定理 7.2.2 设有两个总体 $X \sim N(\mu_1, \sigma_1^2)$，$Y \sim N(\mu_2, \sigma_2^2)$，从两个总体中分别独立抽取容量为 m，n 的简单随机样本（$X_1, X_2, \cdots, X_m$），（$Y_1, Y_2, \cdots, Y_n$）. 记 $\overline{X}$，S_X^2 为样本（$X_1, X_2, \cdots, X_m$）的样本均值与方差，$\overline{Y}$，S_Y^2 为样本（$Y_1, Y_2, \cdots, Y_n$）的样本均值与方差，则

（1）$\dfrac{(\overline{X}-\overline{Y})-(\mu_1-\mu_2)}{\sqrt{\dfrac{\sigma_1^2}{m}+\dfrac{\sigma_2^2}{n}}} \sim N(0,1)$； (7.2.17)

（2）$\dfrac{S_X^2}{\sigma_1^2}\Big/\dfrac{S_Y^2}{\sigma_2^2} \sim F(m-1, n-1)$； (7.2.18)

（3）若 $\sigma_1 = \sigma_2 = \sigma$，则

$$\frac{(\overline{X}-\overline{Y})-(\mu_1-\mu_2)}{S_w\sqrt{\dfrac{1}{m}+\dfrac{1}{n}}} \sim t(m+n-2). \tag{7.2.19}$$

其中

$$S_w^2 = \frac{(m-1)S_X^2 + (n-1)S_Y^2}{m+n-2}.$$

定理 7.2.3 设总体 X 为任意总体，$E(X) = \mu$，$D(X) = \sigma^2$ 存在，（$X_1, X_2, \cdots, X_n$）为 X 的一个样本，当 n 充分大时（称之为大样本），有

（1）$\dfrac{\overline{X}-\mu}{\sigma/\sqrt{n}} \sim N(0,1)$； (7.2.20)

（2）$\dfrac{\overline{X}-\mu}{S/\sqrt{n}} \sim N(0,1)$. (7.2.21)

定理 7.2.4 设事件 A 发生的概率为 p，在 n 次重复试验中事件 A 发生的次数为 m，当 n 充分大时（称之为大样本），近似地有

（1）$\dfrac{m-np}{\sqrt{m\left(1-\dfrac{m}{n}\right)}} \sim N(0,1)$； (7.2.22)

（2）$\dfrac{m-np}{\sqrt{np(1-p)}} \sim N(0,1)$. (7.2.23)

定理 7.2.5 设总体 X 服从参数为 λ 的指数分布，（$X_1, X_2, \cdots, X_n$）为 X 的一个简单随机样本，$\overline{X}$ 为样本均值，则

$$2n\lambda\overline{X} \sim \chi^2(2n). \tag{7.2.24}$$

7.3 估计方法

7.3.1 点估计

点估计就是依据一定的原理对参数的取值做出一个估计，常用的方法有矩估计与极大似然估计.

矩估计

设总体为 X，它的一个简单随机样本为 $(X_1,X_2,\cdots,X_n)$，由大数定律，当 n 充分大时，有 $\frac{1}{n}\sum_{i=1}^{n}X_i^{\,k} \xrightarrow{\text{a. e}} E(X^k)$. 由于 $E(X^k)$ 中含有分布中的参数，利用这种关系，可令 $\frac{1}{n}\sum_{i=1}^{n}X_i^k = E(X^k)$，$k = 1,2,3,\cdots$，这样就可以得到参数的估计量，这种估计量称为矩估计量.

极大似然估计

极大似然估计采用的是小概率原理.

小概率原理：一个概率非常小的事件在一次试验中几乎是不可能发生的；反之，若一个事件在一次实验中就发生了，就认为其概率不可能很小，而应认为其概率尽可能大.

设总体为 X，它的一个简单随机样本为 $(X_1,X_2,\cdots,X_n)$，其一次观测值为 $(x_1,x_2,\cdots,x_n)$，当总体为离散型时，事件 $(X_1=x_1,X_2=x_2,\cdots,X_n=x_n)$ 在此次观测中发生了，由小概率原理，这个事件的概率不会很小，而 $P(X_1=x_1,\ X_2=x_2,\ \cdots,\ X_n=x_n)$ 是依赖于分布中的参数的，因此可选取参数的值，使得此概率达到最大，这就是极大似然估计. 我们称

$$L(x_1,x_2,\cdots,x_n;\theta) = P\{X_1=x_1,X_2=x_2,\cdots,X_n=x_n\} \tag{7.3.1}$$

为似然函数,称

$$l(x_1,x_2,\cdots,x_n;\theta) = \ln L(x_1,x_2,\cdots,x_n;\theta) \tag{7.3.2}$$

为对数似然函数，称满足

$$L(x_1,x_2,\cdots,x_n;\hat{\theta}) = \max_{\theta\in\Theta} L(x_1,x_2,\cdots,x_n;\theta). \tag{7.3.3}$$

的 $\hat{\theta}$ 为 θ 的极大似然估计值，记为 $\hat{\theta}(x_1,x_2,\cdots,x_n)$，其中 Θ 为参数 θ 的取值范围，称为参数空间. 我们称 $\hat{\theta}(X_1,X_2,\cdots,X_n)$ 为极大似然估计量.

如果总体 X 为连续型随机变量，那么概率 $P\{X_1=x_1,X_2=x_2,\cdots,X_n=x_n\}$ 恒等于0，谈不上极值，因此不能采用上面的方法. 假设 X 的密度函数为 $f(x,\theta)$，θ 为未知参数，我们考虑事件

$$\{x_1 \leqslant X_1 < x_1+\Delta x_1, x_2 \leqslant X_2 < x_2+\Delta x_2,\cdots,x_n \leqslant X_n < x_n+\Delta x_n\}$$

其中，$\Delta x_1,\Delta x_2,\cdots,\Delta x_n$ 为较小的正数，如果 $(x_1,x_2,\cdots,x_n)$ 为一次试验观测值，则上面事件在一次试验中发生了. 它的概率

$$\begin{aligned}
&P\{x_1 \leqslant X_1 < x_1+\Delta x_1, x_2 \leqslant X_2 < x_2+\Delta x_2,\cdots x_n \leqslant X_n < x_n+\Delta x_n\} \\
&= \prod_{i=1}^{n} P\{x_i \leqslant X_i < x_i+\Delta x_i\} \\
&\approx \prod_{i=1}^{n} f(x_i,\theta)\Delta x_i = \left[\prod_{i=1}^{n} f(x_i,\theta)\right]\Delta x_1\Delta x_2\cdots\Delta x_n
\end{aligned}$$

应尽可能地大，即$\prod_{i=1}^{n}f(x_i,\theta)$尽可能地大，因此，令

$$L(x_1,x_2,\cdots,x_n;\theta) = \prod_{i=1}^{n}f(x_i,\theta) \tag{7.3.4}$$

为似然函数.

例 7.3.1 设$(X_1,X_2,\cdots,X_n)$为总体X的样本，如果X具有密度函数

$$f(x;\theta)=\frac{1}{2\theta}e^{-\frac{|x|}{\theta}}.$$

试分别求未知参数的矩估计量和极大似然估计量.

解 矩估计：由于$E(X)=0$与参数θ无关，$E(X^2)=2\theta^2$，故令$A_2=\frac{1}{n}\sum_{i=1}^{n}X_i^2=2\theta^2$，得到$\hat\theta=\sqrt{\frac{A_2}{2}}$. 而通常我们是采用下面的方法：

我们可认为$(|X_1|,|X_2|,\cdots,|X_n|)$为$|X|$的一个样本，而$E(|X|)=\theta$故由矩估计法，令$\frac{1}{n}\sum_{i=1}^{n}|X_i|=E(|X|)$，得到$\hat\theta=\frac{1}{n}\sum_{i=1}^{n}|X_i|$.

极大似然估计：似然函数

$$L(x_1,x_2,\cdots,x_n;\theta)=\prod_{i=1}^{n}f(x_i,\theta)=\prod_{i=1}^{n}\frac{1}{2\theta}e^{-\frac{|x_i|}{\theta}}$$

$$=\left(\frac{1}{2\theta}\right)^n\exp\left(-\frac{1}{\theta}\sum_{i=1}^{n}|x_i|\right).$$

对数似然函数为

$$l(x_1,x_2,\cdots,x_n;\theta)=-n\ln(2\theta)-\frac{1}{\theta}\sum_{i=1}^{n}|x_i|.$$

令$\frac{\partial l}{\partial\theta}=-\frac{n}{\theta}+\frac{1}{\theta^2}\sum_{i=1}^{n}|x_i|=0$，可得到 $\hat\theta=\frac{1}{n}\sum_{i=1}^{n}|X_i|$.

例 7.3.2 设总体X服从$[0,\theta]$上的均匀分布，求θ的矩估计与极大似然估计.

解 矩估计：由于$E(X)=\frac{\theta}{2}$，令$\frac{\theta}{2}=\overline{X}$得到$\theta$的矩估计

$$\hat\theta=2\overline{X}.$$

极大似然估计：X为连续型随机变量，似然函数为

$$L(x_1,x_2,\cdots,x_n;\theta)=\frac{1}{\theta^n},\qquad(0\leqslant x_1,x_2,\cdots,x_n\leqslant\theta),$$

它不能利用求导数的方法得到θ的估计值. 由于L的表达式中θ越小，L值就越大，但θ必须满足$0\leqslant x_1,x_2,\cdots,x_n\leqslant\theta$，故取$\theta=x_{(n)}=\max(x_i)$时，$L$的值就最大. 因此，$\theta$的极大似然估计为$\hat\theta=X_{(n)}=\max(X_i)$这与矩估计是不同的.

估计量的优良性

不同的估计方法可能得到不同的估计量，那么，什么样的估计量比较好呢？这就涉及如何去评价一个估计量的优劣的问题. 首先，我们应注意到，估计量是统计量，因而是个随机变量，它可以取许多可能的估计值，因此，我们不能就某个具体的估计值来判断它的优劣，

而只能综合地评价估计量的优劣. 其次，待估参数的真值往往是不能确定的，因此无法求出估计值与真值之间的偏差，从而也就无法利用它来评价估计量的优劣，但我们可以从下面几个方面来考虑：

（1）无偏性

进行一次抽样得到参数的估计值与它的真值之间的偏差无法知道，但经过许多次抽样得到参数的估计值与它的真值之间的偏差的平均值是可以通过计算得到的，直观地认为这个平均值越小，这个估计量越优，这就是估计量的无偏性.

设 $\hat{\theta}=\hat{\theta}(X_1,X_2,\cdots,X_n)$ 为 θ 的一个估计量，若对任意的 n 及 θ，都有

$$E(\hat{\theta})=\theta \tag{7.3.5}$$

成立，则称 $\hat{\theta}=\hat{\theta}(X_1,X_2,\cdots,X_n)$ 为 θ 的一个无偏估计量.

无偏性要求是估计量最基本的要求，一般说来，一个估计量如果不满足无偏性的要求，它不会是一个好的估计量.

（2）有效性

一个参数的无偏估计量不是唯一的，参数估计的无偏性是作多次估计，其平均值与参数的真值没有差别. 自然想到，每次的估计值应尽可能在其真值附近，这就是有效估计的要求.

设参数 θ 的两个无偏估计量 $\hat{\theta}_1$，$\hat{\theta}_2$ 满足

$$D(\hat{\theta}_1)\leqslant D(\hat{\theta}_2). \tag{7.3.6}$$

则称 $\hat{\theta}_1$ 比 $\hat{\theta}_2$ 有效. 如果 $\hat{\theta}_1$ 为 θ 的无偏估计量，且对 θ 的一切无偏估计量 $\hat{\theta}^*$，均有

$$D(\hat{\theta}_1)\leqslant D(\hat{\theta}^*). \tag{7.3.7}$$

则称 $\hat{\theta}_1$ 为 θ 的（一致）最优估计量或（一致）最小方差无偏估计量.

（3）相合性

参数估计的无偏性其确切含义是指做多次估计，其平均值与参数的真值没有多少偏差. 进行一次抽样，不知道它的估计值与参数的真值的偏差是多少，也就是说，对任意给定的正数 ε，事件 $\{|\hat{\theta}-\theta|\leqslant\varepsilon\}$ 是否发生不清楚. 如果 ε 很小，这个事件发生的概率越大越好，这就是相合性的要求.

设 $\hat{\theta}=\hat{\theta}(X_1,X_2,\cdots,X_n)$ 为 θ 的一个估计量，若对任意小的正数 ε，都有

$$\lim_{n\to\infty}P\{|\hat{\theta}-\theta|\leqslant\varepsilon\}=1 \tag{7.3.8}$$

成立，则称 $\hat{\theta}=\hat{\theta}(X_1,X_2,\cdots,X_n)$ 为 θ 的一个相合估计量或一致估计量.

从这个定义可知，估计量的相合性是一个起码的要求，如果一个估计量不具有相合性，那么无论样本容量 n 多大，都不能把未知参数估计到事先指定的精度，这种估计量是否可用是值得怀疑的. 不过，利用矩估计法和极大似然法得到的估计量在一般情况下都具有相合性.

7.3.2　区间估计

参数的区间估计就是对参数取值的范围给出估计.

定义 7.3.1　设总体 X 的分布中含有未知参数 θ，α 是任意给定的正数（$0<\alpha<1$），若能从样本出发确定出两个统计量 $\hat{\theta}_1=\hat{\theta}_1(X_1,X_2,\cdots,X_n)$，$\hat{\theta}_2=\hat{\theta}_2(X_1,X_2,\cdots,X_n)$，使得

$$P\{\hat{\theta}_1<\theta<\hat{\theta}_2\}=1-\alpha. \tag{7.3.9}$$

则称 $1-\alpha$ 为置信度或置信概率，区间 $(\hat{\theta}_1,\hat{\theta}_2)$ 为参数 θ 的置信度为 $1-\alpha$ 的置信区间，而分别称 $\hat{\theta}_1$，$\hat{\theta}_2$ 为 θ 的置信下限和置信上限.

注：如何确定置信下限和置信上限，还是要从点估计出发，利用估计量的分布来确定.

区间估计的一般步骤如下：

(1) 选取一个合适的随机变量 T，这个随机变量一方面包含了待估参数 θ，另一方面，它的分布是已知的；

(2) 根据实际需要，选取合适的置信度 $1-\alpha$；

(3) 根据相应分布的分位数概念，写出如下形式的概率表达式

$$P\{T_1<T<T_2\}=1-\alpha;$$

(4) 将上式表达式变形为 $P\{\hat{\theta}_1<\theta<\hat{\theta}_2\}=1-\alpha$；

(5) 写出参数 θ 的置信区间 $(\hat{\theta}_1,\hat{\theta}_2)$.

例 7.3.3 假定一批电子元件的寿命分布为指数分布 $E(\lambda)$. 现从中抽了容量为 10 的一个样本，并检测样本的寿命（h）分别为

1980，2800，3060，4500，2760，3270，1560，0，3200，1940

要根据这些数据来求这批电子元件的失效率 λ 的 90% 的置信区间.

解 由点估计可得 $\hat{\lambda}=\dfrac{1}{\overline{X}}$，我们可以考虑与之相关的随机变量

$$\chi^2=\frac{2n\lambda}{\hat{\lambda}}=2n\lambda\overline{X}.$$

由式（7.2.24）有 $\chi^2\sim\chi^2(2n)$，对给定的置信度 $1-\alpha$，由

$$P\{\chi^2_{1-\alpha/2}(2n)<\chi^2<\chi^2_{\alpha/2}(2n)\}=1-\alpha.$$

得到 λ 的 $1-\alpha$ 的置信区间为

$$\left(\frac{1}{2n\overline{X}}\chi^2_{1-\alpha/2}(2n),\ \frac{1}{2n\overline{X}}\chi^2_{\alpha/2}(2n)\right).$$

这里 $n=10$，$\overline{x}=2507$，$\hat{\lambda}=\dfrac{1}{\overline{x}}=0.000399$，$\alpha=0.10$，查表得

$$\chi^2_{0.95}(20)=9.237,\ \chi^2_{0.05}(20)=31.41.$$

这样就得到 λ 的 90% 的置信区间为

$$\left(\frac{0.000399}{20}\times 9.237,\frac{0.000399}{20}\times 31.41\right),\text{即}(0.000184,\ 0.000627)$$

例 7.3.4 设总体 X 服从 $[0,\theta]$ 上的均匀分布，求 θ 的区间估计.

解 由极大似然估计得 $\hat{\theta}=X_{(n)}=\max(X_i)$.

我们先求它的分布，因为 X 为服从区间 $[0,\theta]$ 上的均匀分布，所以 X 的分布函数为：

$$F(x)=\begin{cases}0, & x<0,\\ \dfrac{x}{\theta}, & 0\leqslant x\leqslant\theta,\\ 1, & x>\theta.\end{cases}$$

$X_{(n)}$ 的分布函数

$$F_{(n)}(x) = P(X_{(n)} \leqslant x) = P(X_1 \leqslant x, X_2 \leqslant x, \cdots, X_n \leqslant x)$$

$$= \prod_{i=1}^{n} P(X_i \leqslant x) = [F(x)]^n = \begin{cases} 0, & x < 0, \\ \dfrac{x^n}{\theta^n}, & 0 \leqslant x \leqslant \theta, \\ 1, & x > \theta. \end{cases}$$

从而 $X_{(n)}$ 的密度函数为

$$f_{(n)}(x) = \begin{cases} \dfrac{nx^{n-1}}{\theta^n}, & 0 \leqslant x \leqslant \theta, \\ 0, & \text{其他}. \end{cases}$$

对给定的置信度 $1-\alpha$，令 $P\left\{\dfrac{\hat{\theta}}{\theta} > c\right\} = \dfrac{\alpha}{2}$，$P\left\{\dfrac{\hat{\theta}}{\theta} < d\right\} = \dfrac{\alpha}{2}$ 可得 $c = \sqrt[n]{1-\dfrac{\alpha}{2}}$，$d = \sqrt[n]{\dfrac{\alpha}{2}}$.

因此可得 $P\left\{\sqrt[n]{\dfrac{\alpha}{2}} < \dfrac{\hat{\theta}}{\theta} < \sqrt[n]{1-\dfrac{\alpha}{2}}\right\} = 1-\alpha$，从而得到 θ 的置信区间为 $\left(\dfrac{\hat{\theta}}{\sqrt[n]{1-\dfrac{\alpha}{2}}}, \dfrac{\hat{\theta}}{\sqrt[n]{\dfrac{\alpha}{2}}}\right)$.

7.4　假设检验

7.4.1　参数假设检验

例 7.4.1　某工厂制造的产品，从过去较长一段时间的生产情况来看，其次品率不超过 0.01. 某天开工后，随机抽取了 100 件产品进行检验，发现其中 2 件次品. 问生产过程是否正常？

我们可以算得到次品出现的频率为 0.02，我们当然不能强求当频率正好等于或者小于 0.01 时才认为生产过程是正常的，这是由于我们不可能对所有生产的产品进行检验，因此即使生产过程正常，次品率不超过 0.01，在随机抽样检验中，次品率出现的频率也有可能比 0.01 大，那么，我们应该怎样根据样本来判断生产过程是否正常呢？类似这样的问题就是假设检验问题. 那一天生产出来的一批产品就是这一问题的总体，如果记“$X=1$”表示生产出来的产品为次品；“$X=0$”表示生产出来的产品为合格品，并且有 $P\{X=1\}=p$，$P\{X=0\}=1-p$.（这里参数 p 为次品率）那么生产过程正常等价于总体的分布为 0－1 分布，参数 $p \leqslant 0.01$；生产过程不正常等价于总体的分布为 0－1 分布，参数 $p > 0.01$. 关于生产过程是否正常的两种假设就转化为并于总体分布的两种假设. 今后，我们把任意一个关于总体分布的假设，称为统计假设，简称为假设. 在上述问题中，我们提出了两种假设：一个称为原假设或者零假设，假设生产过程正常，次品率没有超过 0.01，记为“H_0：$p \leqslant 0.01$”；另一个称为备择假设或者对立假设，假设生产过程不正常，次品率超过 0.01，记为“H_1：$p > 0.01$”. 则上述假设检验问题可表示为

$$H_0: p \leqslant 0.01,\ H_1: p > 0.01$$

原假设 H_0 与备择假设 H_1 应互相排斥，原假设 H_0 可能是正确的，这蕴含着备择假设 H_1 是不正确的；原假设 H_0 也可能是不正确的，这蕴含着备择假设 H_1 是正确的. 所谓假设检验问题，就是要判断原假设是否正确，也就是要做出一个决定，是接受原假设还是拒绝原假设.

如何做出选择，需要我们从总体中抽取样本 $(X_1, X_2, \cdots, X_n)$，然后根据样本的观测值

$(x_1, x_2, \cdots, x_n)$ 做出决定. 这就需要我们给出一个规则，此规则告诉我们，在有了样本观测值后，我们可以做出是接受还是拒绝原假设 H_0 的判断. 我们把这样的规则称为检验. 要给出一个有实际使用价值的检验，需要有丰富的统计思想，我们首先对样本 $(X_1, X_2, \cdots, X_n)$ 进行加工，把样本中包含的关于未知参数的信息集中起来，构造出一个适合于假设检验的统

计量 $T = T(X_1, X_2, \cdots, X_n)$. 在上面例子中，我们取 $T = \sum_{i=1}^{n} X_i$，它表示所检验的 100 件产品中次品的总数. T 是 p 的充分统计量，服从参数是 100，p 的二项分布. 一般说来，在 H_0 为真即生产过程正常时，T 的值应比较小；而在 H_0 不真即生产过程不正常时，T 的值应相对地比较大. 因此，我们可以根据 T 值的大小来制定检验法则，对样本的每个观测值 $(x_1, x_2, \cdots, x_n)$，当统计量 T 的观测值 $t = \sum_{i=1}^{n} x_i$ 较大时就拒绝 H_0，接受 H_1. 而当 $t = \sum_{i=1}^{n} x_i$ 较小时就接受 H_0，拒绝 H_1. 这就是说，按照规则

当　$t \geqslant c$ 时，拒绝原假设 H_0；

当　$t < c$ 时，接受原假设 H_0.

其中，c 是一个待定的常数. 不同的 c 值表示不同的检验，如何确定 c，需要有熟练的计算技巧和丰富的统计思想，我们称 T 为检验统计量；c 为检验临界值；$T \geqslant c$ 为拒绝域；$T < c$ 为接受域.

两类错误

每一个检验都会不同程度地犯两类错误. 上面例子中，原假设 H_0 本来正确，由于样本的随机性，检验统计量的观测值 $t \geqslant c$ 成立，就拒绝 H_0，这时称假设检验过程中犯了第一类错误，也称“弃真错误”；原假设 H_0 本来不正确，由于样本的随机性，检验统计量的观测值 $t < c$ 成立，就接受 H_0，这时称假设检验过程中犯了第二类错误，也称“存伪错误”.

一个检验的好坏可以用犯这两类错误的概率来度量. 常把犯第一类错误的概率记为 α，犯第二类错误的概率记为 β，由于它们常依赖于总体中未知参数 θ，故又常记为 $\alpha(\theta)$ 和 $\beta(\theta)$. 上面例子中

$$\alpha(p) = P\left\{ \sum_{i=1}^{100} X_i \geqslant c \mid 0 < p \leqslant 0.01 \right\}$$

$$= \sum_{j=c}^{100} C_{100}^{j} p^{j} (1-p)^{100-j}, \quad 0 < p \leqslant 0.01.$$

$$\beta(p) = P\left\{ \sum_{i=1}^{100} X_i < c \mid 0.01 < p < 1 \right\}$$

$$= \sum_{j=0}^{c} C_{100}^{j} p^{j} (1-p)^{100-j}, \quad 0.01 < p < 1.$$

可见，犯两类错误的概率均为参数 p 的函数. 犯第一类错误的概率 $\alpha(p)$ 是 $0 < p \leqslant 0.01$ 的函数；犯第二类错误的概率 $\beta(p)$ 是 $0.01 < p < 1$ 的函数.

由于 $\alpha'(p) > 0$，所以，在 $0 < p \leqslant 0.01$ 时 $\alpha(p)$ 的极大值为 $\alpha(0.01)$. 由此，当 $\alpha(0.01)$ 较小时，整个 $\alpha(p)$ 也就更小了，即原假设 H_0 为真时，犯第一类错误的概率 $\alpha(p)$ 将整个地较小. 又由于 $\beta'(p) < 0$，所以，在 $0.01 < p < 1$ 时，$\beta(p)$ 是 p 的严格减函数，我们取与 0.01 相邻近的 0.04 作为原假设 H_0 不真时 p 的代表性数值. 在检验的临界值 $c = 1, 2, 3, 4, \cdots$ 时，利用泊松分布近似计算得 $\alpha(0.01)$，$\beta(0.04)$ 的值，其值如表 7.4.1 所示：

表7.4.1　$\alpha(0.01)$，$\beta(0.04)$的值

c	1	2	3	4	5	6	…
$\alpha(0.01)$	0.632	0.264	0.080	0.019	0.004	0.003	…
$\beta(0.04)$	0.018	0.092	0.147	0.342	0.537	0.690	…

由此表可以看到，要减少$0<p\leqslant 0.01$时犯第一类错误的概率$\alpha(p)$，可以取较大的临界值c，也就缩小拒绝域，这必然导致在$0.01<p<1$时犯第二类错误的概率$\beta(p)$增大. 相反，要减少$0.01<p<1$时犯第二类错误的概率$\beta(p)$，可以取较小的临界值c，也就扩大了拒绝域，这必然导致在$0<p\leqslant 0.01$时犯第一类错误的概率$\alpha(p)$增大. 所以，在样本容量n固定时，犯两类错误的概率是相互制约的，我们无法使得它们同时尽可能地小，若要同时使犯两类错误的概率都很小，就必须有足够大的样本容量. 在上面的例子中，增大样本容量意味着我们从当天生产的产品中要随机地检验更多的产品，被检验的产品越多，我们就越有把握做出正确的决定. 但随之而来的问题是我们在人力、物力、时间上付出的代价就增加了.

鉴于上述情况，奈曼（Neyman）和皮尔逊（Pearson）提出，首先控制犯第一类错误的概率，即选定一个数$\alpha(0<\alpha<1)$，使得检验中犯第一类错误的概率不超过α. 然后，在满足这个约束条件的检验中，寻找犯第二类错误的概率尽可能小的检验. 这就是假设检验理论中的奈曼-皮尔逊原则. 寻找犯第二类错误的概率尽可能小的检验，在理论和计算中都并非容易，为简单起见，在样本容量n固定时，我们着重对犯第一类错误的概率加以控制，适当考虑犯第二类错误的概率的大小.

由于α的大小反映了检验犯第一类错误的概率的大小，所以常取α为一个较小的正数. 但是α定得太小，往往使得犯第二类错误的概率大为增加，这也是不可取的，α的大小取决于我们对所讨论的问题的实际背景的了解.

根据奈曼-皮尔逊原则，在原假设H_0为真时，我们所做出的错误的决定的概率受到了控制. 这表明，原假设受到保护，不能轻易否定，所以在具体问题中，我们往往把有把握的、不能轻易否定的一个假设作为原假设，而把没有把握的、不能轻易肯定的一个假设作为备择假设. 在上面的例子中，产品的不合格率没有超过0.01，是总结以往生产经验而得出的结论，不能轻易否定，而轻率地认为生产过程不正常，产品的不合格率超过了0.01，将有可能造成不必要的严重后果，所以我们把生产过程正常这一假设作为原假设，而把生产过程不正常这一假设作为备择假设.

称控制犯第一类错误的概率不超过α的检验为显著性检验，称α为显著性水平.

显著性检验包括参数显著性检验和非参数显著性检验. 根据统计量T的分布类型，显著性检验又分为U显著性检验、t显著性检验、F显著性检验等.

假设检验的一般步骤

综上所述，我们归纳出假设检验的一般步骤如下：

（1）根据实际问题提出原假设H_0和备择假设H_1；

（2）确定检验统计量$T=T(X_1,X_2,\cdots,X_n)$；

（3）取适当的显著性水平α，并由显著性水平α和统计量$T=T(X_1,X_2,\cdots,X_n)$的分布确定拒绝域W，使得检验中犯第一类错误的概率的最大值

$$\sup P\{T\in W \mid H_0\text{ 为真}\}.$$

尽可能地接近 α，特别在总体为连续型总体时，往往要使它等于 α.

通常情况下，拒绝域有单侧和双侧两种形式

单侧形式：$W=\{T\leqslant c\}$ 或 $W=\{T\geqslant c\}$；

双侧形式：$W=\{T\leqslant c_1\}\cup\{T\geqslant c_2\}$ 或 $W=\{|T|\geqslant c\}$.

（4）由样本观测值算得统计量 T 的观测值 t，并与拒绝域中临界值比较，如果观测值落入拒绝域 W，则拒绝原假设 H_0，否则接受原假设 H_0.

例 7.4.2 某工厂生产的一种产品的强度长期以来一直服从正态分布 $N(55, 0.01)$，现采用新的工艺进行生产后，抽取 $n=100$ 的样本，测得有 $\bar{x}=56$. 若假设方差保持不变，问在新的工艺下，产品的强度是否有所变化？（取 $\alpha=0.05$）

解 假设采用新的工艺进行生产后，产品的强度仍服从正态分布 $N(\mu,0.01)$，产品的强度是否有所变化，就是要检验假设 H_0：$\mu=\mu_0=55$ 是否正确. 按照假设检验的一般步骤，其解题过程如下：

作假设

$$H_0:\ \mu=\mu_0=55,\ H_1:\ \mu\neq 55.$$

选取统计量 $U=\dfrac{\overline{X}-\mu_0}{\sigma_0/\sqrt{n}}$，在 H_0：$\mu=\mu_0=55$ 成立的条件下 $U\sim N(0,1)$，对 $\alpha=0.05$，由 U 的分布得到拒绝域 $W=\{|U|>Z_{\alpha/2}\}$. 经计算，统计量 U 的观测值 $u=100$，查表得 $Z_{0.025}=1.96$，从而 $u>Z_{0.025}$，说明样本观测值落入了拒绝域中，应该拒绝 H_0，即在新的工艺下，产品的强度已经发生了变化.

对于正态分布的参数作假设检验，其方法可列表如下：

单个正态总体中参数的假设检验最为简单，也最为常见. 假设总体 $X\sim N(\mu,\sigma^2)$，我们从总体中随机抽取一个简单随机样本 $(X_1,X_2,\cdots,X_n)$，利用样本观测值 $(x_1,x_2,\cdots,x_n)$ 对参数 μ,σ^2 作假设检验，见表 7.4.2. 设有两个独立总体 $X\sim N(\mu_1,{\sigma_1}^2)$，$Y\sim N(\mu_2,{\sigma_2}^2)$，从两个总体中分别独立抽取容量为 m,n 的简单随机样本 $(X_1,X_2,\cdots,X_m)$，$(Y_1,Y_2,\cdots,Y_n)$. 记 $\overline{X},S_X^2$ 为样本 $(X_1,X_2,\cdots,X_m)$ 的样本均值与方差，$\overline{Y},S_Y^2$ 为样本 $(Y_1,Y_2,\cdots,Y_n)$ 的样本均值与方差. 对参数 $\mu_1,{\sigma_1}^2$；$\mu_2,{\sigma_2}^2$ 作假设检验，见表 7.4.3.

表 7.4.2 单个正态总体中参数的假设检验

假设 H_0	其他要求	选取统计量	拒绝域
$\mu=\mu_0$	$\sigma=\sigma_0$ 已知	$U=\dfrac{\overline{X}-\mu_0}{\sigma_0/\sqrt{n}}$	$W=\{\lvert U\rvert>Z_{\alpha/2}\}$
$\mu\geqslant\mu_0$			$W=\{U<-Z_\alpha\}$
$\mu\leqslant\mu_0$			$W=\{\lvert U>Z_\alpha\}$
$\mu=\mu_0$	σ 未知	$T=\dfrac{\overline{X}-\mu_0}{S/\sqrt{n}}$	$W=\{\lvert T\rvert>t_{\alpha/2}(n-1)\}$
$\mu\geqslant\mu_0$			$W=\{T<-t_\alpha(n-1)\}$
$\mu\leqslant\mu_0$			$W=\{T>t_\alpha(n-1)\}$
$\sigma=\sigma_0$	μ 未知	$\chi^2=\dfrac{(n-1)S^2}{{\sigma_0}^2}$	$W=\{\chi^2>\chi^2_{\alpha/2}(n-1)\}\cup\{\chi^2<\chi^2_{1-\alpha/2}(n-1)\}$
$\sigma\geqslant\sigma_0$			$W=\{\chi^2<\chi^2_{1-\alpha}(n-1)\}$
$\sigma\leqslant\sigma_0$			$W=\{\chi^2>\chi^2_\alpha(n-1)\}$

表 7.4.3　两个正态总体中参数的假设检验

假设 H_0	其他要求	选取统计量	拒绝域
$\mu_1=\mu_2$	σ_1,σ_2 已知	$U=\dfrac{\overline{X}-\overline{Y}}{\sqrt{\dfrac{\sigma_1^2}{m}+\dfrac{\sigma_2^2}{n}}}$	$W=\{\lvert U\rvert>Z_{\alpha/2}\}$
$\mu_1\geqslant\mu_2$			$W=\{U<-Z_\alpha\}$
$\mu_1\leqslant\mu_2$			$W=\{\lvert U\rvert>Z_\alpha\}$
$\mu_1=\mu_2$	$\sigma_1=\sigma_2$ 未知	$T=\dfrac{\overline{X}-\overline{Y}}{S_w\sqrt{\dfrac{1}{m}+\dfrac{1}{n}}}$	$W=\{\lvert T\rvert>t_{\alpha/2}(m+n-2)\}$
$\mu_1\geqslant\mu_2$			$W=\{T<-t_\alpha(m+n-2)\}$
$\mu_1\leqslant\mu_2$			$W=\{T>t_\alpha(m+n-2)\}$
$\sigma_1=\sigma_2$	μ_1,μ_2 未知	$F=\dfrac{S_X^2}{S_Y^2}$	$W=\{F>F_{\alpha/2}(m-1,n-1)\}\cup\{F<F_{1-\alpha/2}(m-1,n-1)\}$
$\sigma_1\geqslant\sigma_2$			$W=\{F<F_{1-\alpha/2}(m-1,n-1)\}$
$\sigma_1\leqslant\sigma_2$			$W=\{F>F_{\alpha/2}(m-1,n-1)\}$

我们现在来解答例 7.4.1

解　设这一开工后生产的产品的次品率为 p，我们做假设

$$H_0:p\leqslant 0.01,\ H_1:p>0.01.$$

由点估计，$\hat{p}=\dfrac{1}{n}\sum\limits_{i=1}^{n}X_i=\dfrac{m}{n}$，$m$ 为次品数，抽取的样本为大样本，我们选取统计量 $U=\dfrac{m-0.01\times n}{\sqrt{m\left(1-\dfrac{m}{n}\right)}}$，对 $\alpha=0.05$，拒绝域 $W=\{U>Z_{0.05}\}$.

这里，$n=100$，$m=2$，因此，统计量 U 的值为 $u=\dfrac{1}{\sqrt{2(1-0.02)}}=0.71$，对 $\alpha=0.05$，查表有 $Z_{0.05}=1.645$. 从而，样本观测值未落入拒绝域中，不能拒绝 H_0，即这一批产品的次品率没有超过 1%，可以出厂.

7.4.2　分布假设检验

前面讨论了关于总体分布中的未知参数的假设检验，在这些假设检验中，总体分布的类型是已知的. 然而在许多实际问题中，并不知道总体分布的类型，此时首先需要根据样本提供的信息，通过概率论有关理论推导或有关专业知识、经验等形成对总体 X 的分布类型的猜想、看法，提出假设，对这种假设的检验称为分布假设检验.

关于总体的分布假设有两种情况：单个分布的假设检验和分布族的假设检验.

单个分布的假设检验

设总体 X 的分布函数为 $F(x)$，我们对总体的分布做如下假设

$$H_0:F(x)=F_0(x),\ H_1:F(x)\neq F_0(x). \tag{7.4.1}$$

其中，$F_0(x)$为一个完全已知的分布函数，它不含任何的未知参数. 假设检验的重要步骤是要构造一个检验统计量，对分布假设检验，如何构造检验统计量呢？采用不同的统计量，就形成不同的统计方法. 常用的有皮尔逊（K. Pearson）χ^2—检验法和柯尔莫戈洛夫（Kolmogorov）检验法. 我们仅介绍皮尔逊χ^2—检验法.

设（$X_1,X_2,\cdots,X_n$）为总体 X 的样本，（$x_1,x_2,\cdots,x_n$）为样本观测值，将样本观测值分

成 m 组，分组办法（与作直方图分组办法相同）是将包含 $x_1,x_2,\cdots,x_n$ 的区间 $[a_0,a_m]$ 分成 m 个互不相交的小区间 (a_{j-1},a_j)，$j=1,2,\cdots,m$. 一般要求 m 不要太大，也不要太小，依样本容量 n 而定，每个小区间的长度可以相等，也可以不相等，但要保证在每个小区间中包含相当的样品数目. 记 n_j 为样本观测值落入第 j 个小区间的个数（称为实际频数），如果 H_0 为真，按分布函数 $F_0(x)$ 可算出理论上样本 $(X_1,X_2,\cdots,X_n)$ 落入第 j 个小区间的个数（称为理论频数）$np_j=nP(a_{j-1}<X\leqslant a_j)=n[F_0(a_j)-F_0(a_{j-1})]$，直观上，如果 H_0 为真，那么 n_j 与 np_j 差别不应该很大，或者说

$$\chi^2=\sum_{j=1}^{m}\frac{(n_j-np_j)^2}{np_j} \tag{7.4.2}$$

的值不应该很大. 如果它的值比较大，H_0 成立就值得怀疑，因此，我们得到形式为 $W=\{\chi^2>c\}$ 的拒绝域. 1900 年皮尔逊（K. Pearson）证明了下面结论：

定理 7.4.1 当 H_0 成立时，不论 $F_0(x)$ 是什么样的分布函数，当 n 充分大时有

$$\chi^2\overset{\text{近似}}{\sim}\chi^2(m-1). \tag{7.4.3}$$

由此定理可得到 H_0 的拒绝域为

$$W=\{\chi^2>\chi^2_\alpha(m-1)\}. \tag{7.4.4}$$

分布族的假设检验

设总体 X 的分布函数为 $F(x)$，我们对总体的分布做如下假设

$$H_0:F(x)=F_0(x;\theta_1,\theta_2,\cdots,\theta_k),\ H_1:F(x)\neq F_0(x;\theta_1,\theta_2,\cdots,\theta_k), \tag{7.4.5}$$

其中，$F_0(x;\theta_1,\theta_2,\cdots,\theta_k)$ 为一个已知分布函数，$\theta_1,\theta_2,\cdots,\theta_k$ 为未知参数. 这种分布的假设检验和单个参数分布假设检验类似，不同的是，首先应求出参数 $\theta_1,\theta_2,\cdots,\theta_k$ 的极大似然估计值，然后代入分布函数 $F_0(x;\theta_1,\theta_2,\cdots,\theta_k)$ 中，得到 $\hat{F}_0(x;\theta_1,\theta_2,\cdots,\theta_k)$.

和单个参数分布假设检验一样的计算，采用的检验统计量仍为

$$\chi^2=\sum_{j=1}^{m}\frac{(n_j-np_j)^2}{np_j},$$

这里的 p_j 是按分布函数 $\hat{F}_0(x;\theta_1,\theta_2,\cdots,\theta_k)$ 计算的. 此时 χ^2 的分布为自由度是 $m-k-1$ 的 χ^2 的分布，因此，拒绝域为

$$W=\{\chi^2>\chi^2_\alpha(m-k-1)\}, \tag{7.4.6}$$

例 7.4.3 设某种动物的血型有 A、B、AB 三种，根据遗传学模型，在该种动物的群体中，三种血型分配的比例应满足关系

$$P_A=p^2,\ P_B=(1-p)^2,\ P_{AB}=2p(1-p),$$

其中，$0<p<1$，现捕捉到 98 只这样的动物，测得三种血型的数目分别为 8，49，41. 在 5% 的显著性水平下检验上述数据是否满足遗传学模型？

解 这是一个分布族的假设检验问题，参数 $p(0<p<1)$ 未知，我们先对 p 做极大似然估计. 似然函数

$$L(p)=(p^2)^8[(1-p)^2]^{49}[2p(1-p)]^{41}=2^{41}p^{57}(1-p)^{139},$$

对数似然函数

$$l(p)=41\ln 2+57\ln p+139\ln(1-p),$$

对 p 求导，并令其为零，$\dfrac{\mathrm{d}l}{\mathrm{d}p}=\dfrac{57}{p}-\dfrac{139}{1-p}=0$，得到 p 的极大似然估计值为 $\hat{p}=\dfrac{57}{196}$.

我们就按血型 A，B，AB 三种分为三个组，得到 $n_1=8$，$n_2=49$，$n_3=41$，并且在 $\hat{p}=\frac{57}{196}$之下，计算得

$$p_1=\left(\frac{57}{196}\right)^2=0.085,\ p_2=\left(\frac{139}{196}\right)^2=0.503,\ p_3=\frac{2\times57\times139}{196^2}=0.412.$$

因此统计量χ^2 的值为$\chi^2=0.025$. 取 $\alpha=0.05$，查表：$\chi^2_{0.05}(3-1-1)=3.841$，由此可看出样本观测值没有落入拒绝域中，不应拒绝 H_0，即可认为上述数据满足遗传学模型.

习　题　7

1. 从一批零件中随机抽取16个，测得长度（单位：mm）为：

21.4，21.0，21.3，21.5，21.3，21.2，21.3，21.0，

21.5，21.2，21.4，21.0，21.3，21.1，21.4，21.1.

设这批零件的长度服从 $N(\mu,\sigma^2)$，μ,σ^2 未知，求μ 和 σ^2 的置信水平为0.95 的置信区间.

2. 某大学从1995年在甲、乙两市招收的新生中，分别随机抽取5名男生和6名男生，测得其身高（单位：cm）为

甲市：172，178，180.5，174，175，

乙市：174，171，176.5，168，172.5，170.

（1）设两市学生的身高 X，Y 分别服从 $X\sim N(\mu_1,\sigma^2)$，$Y\sim N(\mu_2,\sigma^2)$，求$\mu_1-\mu_2$ 的置信水平为0.95 的置信区间.

（2）设两市学生的身高 X，Y 分别服从 $X\sim N(\mu_1,{\sigma_1}^2)$，$Y\sim N(\mu_2,{\sigma_2}^2)$，求$\frac{{\sigma_1}^2}{{\sigma_2}^2}$的置信水平为0.95 的置信区间.

3. 在某次选举前的一次民意测验中，随机地抽取了400名选民进行民意测验，结果有240人支持某个指定的候选人，求在所有的选民中，这位候选人的支持率95%的置信区间.

4. 在甲、乙两市进行的职工家调查结果表明：甲市抽取的500户中平均每户月消费支出 $\bar{x}_1=3000$ 元，标准差 $s_1=400$ 元；乙市抽取的1000户中平均每户消费支出 $\bar{x}_2=4200$ 元，标准差 $s_2=500$ 元，试求两市职工家庭每户平均月消费支出之间差别 $\mu_1-\mu_2$ 的置信水平为0.95 的置信区间.

5. 从一批某种型号的电子管中抽取10支，计算得样本平均寿命 $\bar{x}=1200$h，标准差 $s=45$h，求这批电子管的期望寿命和标准差的置信水平为0.95 的置信区间.

6. 某食品厂用自动装罐机装罐头食品，每罐标准重量为500g，现从某天生产的罐头中随机抽10罐，其重量（g）分别是

510，505，498，503，492，502，502，497，506，495.

假定罐头重量服从正态分布.

（1）能否认为这批罐头重量的方差为5.5^2（$\alpha=0.05$）?

（2）机器是否工作正常（$\alpha=0.05$）?

7. 已知某厂生产的维尼纶的纤度 $X\sim N(\mu,0.048^2)$，从当天生产的维尼纶中抽取8根，其纤度分别是：

1.32, 1.41, 1.55, 1.36, 1.40, 1.50, 1.44, 1.39.

问这天生产的维尼纶纤度的方差是否变大了（$\alpha=0.05$）？

8. 设$(X_1, X_2, \cdots, X_n)$为 X 的样本，$X \sim N(\mu, 4)$. 已知假设

$$H_0: \mu=1, H_1: \mu=2.5.$$

H_0 的拒绝域为 $W=\{\overline{X}>2\}$.

（1）当 $n=9$ 时，求犯两类错误的概率 α 和 β；

（2）证明：当 $n\to\infty$时，$\alpha\to0, \beta\to0$.

9. 从甲、乙两煤矿各取若干个样品，得其含碳率（%）为

甲：24.3, 20.8, 23.7, 21.3, 17.4.

乙：18.2, 16.9, 20.2, 16.7.

假定含碳率服从正态分布，且甲、乙两煤矿的含碳率的方差相等，问甲、乙两煤矿的含碳率有无显著差异（$\alpha=0.05$）？

10. 甲、乙两车床生产同一种零件，现从这两种车床生产的零件中分别抽测 8 个和 9 个，测得其外径（单位：mm）为

甲：15.0，14.5，15.2，15.5，14.8，15.1，15.2，14.8.

乙：15.2，15.0，14.8，15.2，15.0，15.0，14.8，15.1，14.8.

假定其外径都服从正态分布，问乙车床加工精度是否比甲的高（$\alpha=0.05$）？

11. 对一台设备进行寿命试验，记录10次无故障工作时间（单位：h），并按从小到大的顺序排列得

400，480，900，1350，1500，1660，1760，2100，2300，2400.

已知设备的无故障工作时间服从指数分布. 能否认为此设备的无故障工作时间的平均值低于1500h（$\alpha=0.05$）？

12. 根据验收标准，一批产品不合格率超过2%时则拒收，不超过2%时则接受. 现随机抽取200件进行检验，结果发现6件不合格，问这一批产品是否可接受（$\alpha=0.05$）？

13. 根据验收标准，一批产品不合格率超过2%时则拒收，不超过2%时则接受. 现随机抽取200件进行检验，结果发现 a 件不合格，当 a 至少为多少时就拒收这批产品（$\alpha=0.05$）？

14. 一种特殊药品的生产厂家声称，这种药能在8h内解除一种过敏反应的效率为90%，在有这种过敏的200人中使用药品后，有160人在8h内消除了过敏反应，试问生产厂家的说法是否真实（$\alpha=0.01$）？

15. 从选区 A 中抽取300名选民的选票，选区 B 中抽取200名选民的选票，在这两组选票中，分别有168票和96票支持某个候选人，试在显著性水平0.05下，检验两个选区之间是否存在差异？

16. 一骰子掷120次，得下列结果：

点数	1	2	3	4	5	6
出现次数	23	26	21	20	15	15

问这枚骰子是否均匀（$\alpha=0.05$）？

17. 某电话站在1h内接到电话用户的呼叫次数按每分钟记录可得如下表

呼叫次数	0	1	2	3	4	5	6	≥7
频数	8	16	17	10	6	2	1	0

试问这个分布是否可以看做泊松分布（$\alpha=0.05$）？

18. 在圆周率 π 的前800位小数中，从0到9十个数字中出现的次数为：

数字	0	1	2	3	4	5	6	7	8	9
频数	74	92	83	79	80	73	77	75	76	91

试检验假设“从0到9十个数字是等可能出现的”（$\alpha=0.05$）.

19. 上海中心气象台独立测定的上海99年（1884～1982）的年降水量的数据如下（单位：mm）：

1184.4，1113.4，1203.9，1170.7，975.4，1462.3，947.8，1416.0，709.2，1147.5，
935.0，1016.3，1031.6，1105.7，849.9，1233.4，1008.6，1063.8，1004.9，1086.2，
1022.5，1330.9，1439.4，1236.5，1088.1，1288.7，1115.8，1217.0，1320.7，1078.1，
1203.4，1480.0，1269.9，1049.2，1318.4，1192.0，1016.0，1508.2，1159.6，1021.3，
986.1，794.7，1318.3，1171.2，1161.7，791.2，1143.8，1602.0，951.4，1003.2，
840.4，1061.4，958.0，1025.2，1265.0，1196.5，1120.7，1659.3，942.7，1123.3，
910.2，1398.5，1208.6，1305.5，1242.3，1572.3，1416.9，1256.1，1285.9，984.8，
1390.3，1062.2，1287.3，1477.0，1017.9，1217.7，1197.1，1143.0，1018.8，1243.7，
909.3，1030.3，1124.4，811.4，820.9，1184.1，1107.5，991.4，901.7，1176.5，
1113.5，1272.9，1200.3，1508.7，772.3，813.0，1392.3，1006.2，1108.8，

试问年降水量是否服从正态分布（$\alpha=0.05$）？

第 8 章　屈服点与含碳量和含锰量的关系——回归分析

8.1　问题的提出

引例：某厂生产的圆钢，其屈服点 η 受含碳量 x_1 和含锰量 x_2 的影响，现做了 25 次观察，测得如下数据：

x_{1i}	16	18	19	17	20	16	16	15	19	18	18	17	17	17	18
x_{2i}	39	38	39	39	38	48	45	48	48	48	46	48	49	46	44
y_i	24	24.5	24.5	24	25	24.5	24	24	24.5	24.5	24.5	24.5	25	24.5	24.5

x_{1i}	18	20	21	16	18	19	19	21	19	21
x_{2i}	45	48	48	55	55	56	58	58	49	49
y_i	24.5	25	25	25	25	25.5	25.5	26.5	24.5	26

讨论 η 与 x_1 和 x_2 的关系.

从这个试验数据来看，屈服点 η 由于受到多方面因素的影响，不能由含碳量 x_1 和含锰量 x_2 完全确定，因此不能用函数关系来描述.

8.2　一元线性回归

8.2.1　回归分析的基本思想和一般步骤

在客观现象中，普遍存在着变量与变量之间的某种关系，数学上用数量来描述这些关系. 人们通过各种实践，发现变量之间的关系概括起来可分为“确定性的”与“非确定性的”两个类型. 例如，做匀速直线运动的物体，经过的路程（S）与时间（t）的关系满足

$$S = vt.$$

这就是说，对已知的时间 t，路程 S 可由上式完全确定，反之亦然，这是确定性关系，数学上称这种确定关系为“函数关系”.

但在客观现象中，还存在着另一种类型的变量之间的关系，它们不能用函数的关系叙述. 例如，人的身高 x 与体重 Y 是两个变量，在通常情况下，即使是身高完全相同的两个人，体重也不一定一样，因而身高不能完全确定体重，但平均来说，身高者体重也重些，x 与 Y 之间的关系是“非确定性”关系. 产生这种关系的原因是一些不可控制的因素，如遗传、性别、饮食习惯等. 像这样的例子是很多的，如年龄与血压的关系，炼钢炉中铁水的含碳量与冶炼时间的关系，农作物的产量与施肥量的关系等. 数学上称这种非确定性关系为“相关关系”.

在相关关系中的变量，有的是可以控制的，如年龄与血压的关系中的变量年龄，炼钢炉中铁水的含碳量与冶炼时间中的关系中的变量冶炼时间等．但大多数变量都是不可控制的，如炼钢炉中铁水的含碳量与冶炼时间中的变量含碳量就是不可控制的，冶炼时间一定，含碳量却不能确定，这种不可控制的变量是随机变量．严格地说，讨论自变量为可控变量而因变量为随机变量的关系问题称为回归分析；讨论随机变量之间的关系问题称为相关分析．这两种问题有时也统称为回归分析，或统称为相关分析．

回归这个名词由英国统计学家高尔顿（F. Galton）在1885年首先使用，他在研究父亲身高与儿子身高之间的关系时发现：高个子父亲所生儿子比他更高的概率要小于比他矮的概率；同样，矮个子父亲所生儿子比他矮的概率小于比他高的概率，这两种高度父亲的后代，其高度有向中心（平均身高）回归的趋势．

我们怎样来研究因变量（也称响应变量）Y与自变量x之间的相关关系呢？由于Y是随机变量，故对于自变量x的每一个确定的值，Y有一定的概率分布，因此，假如Y的数学期望存在，则$E(Y/x)$显然是x的函数．统计上称Y的条件期望

$$\mu(x)=E(Y|x) \tag{8.2.1}$$

为Y对x回归函数，简称回归．

回归函数描述了因变量Y的均值$\mu(x)$与自变量x的相依关系，例如，若Y表示某种农作物的亩产量，x表示每亩的施肥量，则$\mu(x)$可理解为在相当大的面积上每亩施肥量为x时的亩平均产量，由于Y分布是未知的，故回归函数$\mu(x)$也是未知的．我们只能利用试验数据对$\mu(x)$进行估计，统计学称估计$\mu(x)$的问题为求Y对x的回归问题．

下面介绍求回归问题的一般步骤：

（1）求取试验数据

取自变量x一组不全相同的数值$x_1,x_2,\cdots,x_n$，进行n次独立试验，得到Y的相应观察值$Y_1,Y_2,\cdots,Y_n$，于是就构成n对数据

$$(x_1,Y_1),(x_2,Y_2),\cdots,(x_n,Y_n).$$

我们称这n对数据为样本观察值．

（2）选取回归模型

所谓选择模型，是指选取怎样的函数来描述$\mu(x)$．这不是一个纯数学问题，它往往要结合经验或试验来确定，统计学的方法能帮助我们根据试验初步确定这个函数的类型．具体做法是：将样本观察值在直角坐标系中描出，得到的图形称为“散点图”，它的分布状况可帮助我们粗略地选定$\mu(x)$的类型．如果“散点图”近似在一条直线上，我们就可以选取$\mu(x)=a+bx$，这时可建立回归模型

$$Y=a+bx+\varepsilon,$$

其中，a和b是待估计的参数，ε称为统计误差．统计误差由模型误差和随机误差构成，模型误差是Y与x的真实回归关系与选取的回归函数之间的误差，如果选取的回归函数正确，模型误差可忽略不计，这对ε为随机误差，$E(\varepsilon)=0,D(\varepsilon)=\sigma^2$.

（3）对回归模型中未知参数进行估计

如果回归模型已经选定，接下来的问题就是对模型中的未知参数进行估计．通常采用最小二乘法估计和极大似然估计方法得到回归函数中未知参数的估计量，矩估计得到响应变量Y的方差σ^2的估计量．若将此估计代入选定的回归函数中得到经验回归方程，如$\hat{\mu}(x)=\hat{a}+$

$\hat{b}x$ 就是一元线性回归中的经验回归方程.

(4) 对选定的模型进行检验

模型的选定是根据经验或“散点图”. 很明显，根据这些理由而选定的模型与实际数据是否有良好的吻合是不足为据的. 因此，有必要用样本观察值对选定的模型进行检验，如检验 Y 与 x 是否有线性关系，就是检验假设 H_0：$b=0$，如果通过样本观察值拒绝了 H_0，就可认为 Y 与 x 显著地存在线性关系，否则 Y 与 x 的线性关系不显著.

(5) 预测与控制

实际中，当自变量 x 取一个值时，Y 的取值如何是一个很值得考虑的问题. 也就是说，当自变量 x 取定一数值时，对 Y 的取值做一个估计（点估计和区间估计），这就是预测. 另外，如果预先将 Y 的取值控制在某一范围内来确定此时的自变量 x 的取值，这就是控制.

8.2.2 模型和参数估计

我们考虑一元线性回归模型

$$Y=a+bx+\varepsilon,\ \varepsilon\sim N(0,\sigma^2). \tag{8.2.2}$$

其中，a,b 及 σ^2 为未知参数. 设 $(x_1,Y_1),(x_2,Y_2),\cdots,(x_n,Y_n)$ 为样本，则

$$Y_i=a+bx_i+\varepsilon_i,\ i=1,2,\cdots,n, \tag{8.2.3}$$

其中，ε_i 表示第 i 次试验中的随机误差. 由于试验相互独立，试验条件没有改变，故 $\varepsilon_1,\varepsilon_2,\cdots,\varepsilon_n$ 相互独立且与 ε 同分布，$\varepsilon_1,\varepsilon_2,\cdots,\varepsilon_n$ 可看作 ε 的一个样本.

设 $(x_1,y_1),(x_2,y_2),\cdots,(x_n,y_n)$ 为样本观察值，似然函数

$$\begin{aligned}L(a,b,\sigma^2)&=\frac{1}{(2\pi\sigma^2)^{\frac{n}{2}}}\exp\left\{-\frac{1}{2\sigma^2}\sum_{i=1}^{n}\varepsilon_i^{\ 2}\right\}\\&=\frac{1}{(2\pi\sigma^2)^{\frac{n}{2}}}\exp\left\{-\frac{1}{2\sigma^2}\sum_{i=1}^{n}(y_i-a-bx_i)^2\right\}.\end{aligned} \tag{8.2.4}$$

显然，要使 L 取最大值，只要上式右边的平方和的部分为最小，即只需二元函数

$$\min Q(a,b)=\min\sum_{i=1}^{n}(y_i-a-bx_i)^2. \tag{8.2.5}$$

为求 a 和 b 的极大似然估计，注意到 $Q(a,b)$ 是 a 和 b 的非负二次函数，因此最小值点存在且唯一，满足方程组

$$\begin{cases}\dfrac{\partial Q}{\partial a}=-2\sum\limits_{i=1}^{n}(y_i-a-bx_i)=0,\\[2ex]\dfrac{\partial Q}{\partial b}=-2\sum\limits_{i=1}^{n}(y_i-a-bx_i)x_i=0.\end{cases}$$

经整理后得到

$$\begin{cases}a+b\overline{x}=\overline{y},\\L_{xx}b=L_{xy}.\end{cases} \tag{8.2.6}$$

其中

$$\overline{y} = \frac{1}{n}\sum_{i=1}^{n} y_i,\ \overline{x} = \frac{1}{n}\sum_{i=1}^{n} x_i,$$

$$L_{xx} = \sum_{i=1}^{n}(x_i - \overline{x})^2 = \sum_{i=1}^{n} x_i^{\ 2} - n\overline{x}^2,\ L_{xy} = \sum_{i=1}^{n}(x_i - \overline{x})(y_i - \overline{y}) = \sum_{i=1}^{n} x_i y_i - n\overline{x}\cdot\overline{y}.$$

由此方程组可解得到 a，b 的极大似然估计值

$$\begin{cases}\hat{a} = \overline{y} - \hat{b}\,\overline{x},\\ \hat{b} = \dfrac{L_{xy}}{L_{xx}}.\end{cases} \tag{8.2.7}$$

将式（8.2.7）中 y_i 换成随机变量 Y_i，y 换成 Y，就得 a 和 b 估计量，仍然记为 $\hat{a}$ 和 $\hat{b}$.

在一般的线性模型中，并不假定 ε 服从正态分布，此时似然函数就不是式（8.2.4），因而得不到式（8.2.5），然而式（8.2.5）表示 Y 的观察值 y_i 与 Y 的回归值 $a+bx_i$ 的偏差的平方和最小，故从式（8.2.5）出发求得 a，b 的估计量是符合“最小二乘法”原则的. 按式（8.2.5）求估计量的方法实际上就是最小二乘法，由此得到的估计量为最小二乘估计.

最小二乘法的直观想法是：在平面上找一条直线，使得“总的看来最接近散点图”中的各个点，而 $Q(a,b)$ 就是定量地描述了直线 $Y=a+bx$ 与“散点图”中各点的总的接近程度. 因此，直线 $\hat{y}=\hat{a}+\hat{b}x$，即（经验）回归直线，就是最接近“散点图”中各点的直线.

如果参数 σ^2 也是未知的，我们还需对 σ^2 进行估计. 由于 $\sigma^2=E(\varepsilon^2)=D(\varepsilon)$ 是 ε 的二阶原点距，按矩估计，可用

$$\frac{1}{n}\sum_{i=1}^{n}\varepsilon_i^2 = \frac{1}{n}\sum_{i=1}^{n}(y_i - a - bx_i)^2 \tag{8.2.8}$$

作为 σ^2 的估计. 然而 a 和 b 是未知的，我们可用 $\hat{a}$ 和 $\hat{b}$ 来代替，直观上可以想到 $\frac{1}{n}\sum\limits_{i=1}^{n}(y_i-\hat{a}-\hat{b}x_i)^2$ 作为 σ^2 的估计，但它不是 σ^2 的无偏估计，这里 $SSR=\sum\limits_{i=1}^{n}(y_i-\hat{a}-\hat{b}x_i)^2$ 称为残差平方和. σ^2 的一个无偏估计可以通过用其自由度去除 SSR 获得，其中残差的自由度 = 试验次数 − 模型中参数的个数. 对于一元回归模型，残差的自由度 $=n-2$，故 σ^2 的估计

$$\hat{\sigma}^2 = \frac{1}{n-2}\sum_{i=1}^{n}(y_i - \hat{a} - \hat{b}x_i)^2, \tag{8.2.9}$$

为使计算 $\hat{\sigma}^2$ 的数值更方便，式（8.2.9）可写为

$$\hat{\sigma}^2 = \frac{1}{n-2}(L_{yy} - \hat{b}L_{xy}). \tag{8.2.10}$$

其中，$L_{yy} = \sum\limits_{i=1}^{n}(y_i-\overline{y})^2 = \sum\limits_{i=1}^{n} y_i^{\ 2} - n\overline{y}^2$.

例 8.2.1　某车间为了制定工时定额，需要确定加工零件所消耗的时间，为此进行了10次试验，其结果如下表所示：

x/个	10	20	30	40	50	60	70	80	90	100
Y/min	62	68	75	81	89	95	102	108	115	122

其中，x 表示零件数，Y 表示时间，试求 Y 对 x 的回归方程，并求 σ^2 的无偏估计 $\hat{\sigma}^2$ 的值.

解 本题中 $n=10$，通过计算，有

$$\bar{x}=55,\bar{y}=91.7,L_{xx}=\sum_{i=1}^{10}x_i^2-10\bar{x}^2=8250,\ L_{xy}=\sum_{i=1}^{10}x_iy_i-10\bar{x}\cdot\bar{y}=5515,$$

$$L_{yy}=\sum_{i=1}^{10}y_i^2-10\bar{y}^2=3688.1.$$

故

$$\hat{b}=\frac{L_{xy}}{L_{xx}}=\frac{5515}{8250}=0.668,\hat{a}=\bar{y}-\hat{b}\bar{x}=91.7-0.668\times55=54.96.$$

从而经验回归直线方程

$$\hat{y}=54.96+0.668x,$$

σ^2 的无偏估计值

$$\hat{\sigma}^2=\frac{1}{n-2}(L_{yy}-\hat{b}L_{xy})=\frac{1}{8}(3688.1-0.668\times5515)=0.51.$$

8.2.3 模型检验

为了对参数作假设检验和区间估计，我们给出一些统计量的分布

在模型（8.2.2）下，我们有

(1) $\hat{b}\sim N\left(b,\ \frac{\sigma^2}{L_{xx}}\right)$; (8.2.11)

(2) $\hat{a}\sim N\left(a,\frac{\sigma^2}{nL_{xx}}\sum_{i=1}^{n}x_i^2\right)$; (8.2.12)

(3) $\hat{y}=\hat{a}+\hat{b}x\sim N\left(a+bx,\sigma^2\left[\frac{1}{n}+\frac{(x-\bar{x})^2}{L_{xx}}\right]\right)$; (8.2.13)

(4) 设 $SSR=\sum_{i=1}^{n}(\hat{Y}_i-\bar{Y})^2$，$SSE=\sum_{i=1}^{n}(Y_i-\hat{Y}_i)^2$，$SST=\sum_{i=1}^{n}(Y_i-\bar{Y})^2$，则

$$SST=SSR+SSE. \tag{8.2.14}$$

上式称为平方和分解式，称 SST 为总平方和，SSR 为回归平方和，SSE 为剩余平方和.

(5) 当 $b=0$ 时，$\frac{SSR}{\sigma^2}\sim\chi^2(1)$，$\frac{SSE}{\sigma^2}\sim\chi^2(n-2)$ (8.2.15)

且 SSR 和 SSE 独立.

在实际工作中，事先我们并不能确定 Y 和 x 确有线性关系，因此按极大似然法和最小二乘法求得 a 和 b 的估计 $\hat{a}$ 和 $\hat{b}$，确定的回归方程 $\hat{Y}=\hat{a}+\hat{b}x$ 不一定反映 Y 与 x 的关系，这是因为对于任何两个变量 x 与 Y 之间的一组数据（x_i，y_i），$i=1$，2，…，n，无论它们是否线性相关，都可按照上述方法建立 Y 对 x 的回归方程. 也就是说，即使 Y 与 x 之间并不存在线性相关关系，同样可以求出 Y 对 x 的回归方程，显然这样的回归方程是没有意义的. 因此，对线性问题必须进行显著性假设检验，有多种检验方法，我们只介绍 t 检验法.

对回归系数 b 提出原假设

$$H_0: b = 0. \tag{8.2.16}$$

若 H_0 被拒绝，说明 Y 与 x 之间显著存存线性关系，否则，我们不能认为 Y 与 x 有线性关系. 引起线性不显著通常有如下一些原因：①影响 Y 的数值除了变量 x 外还有其他重要因素（或变量），这样 x 固定时 Y 不服从正态分布；②Y 与 x 之间不是线性关系，而是某种非线性关系，例如二次抛物线（它的对称轴平行于 y 轴）形式的联系；③Y 的值与 x 无关.

选取统计量

$$T = \frac{\hat{b}}{\hat{\sigma}}\sqrt{L_{xx}} \sim t(n-2), \tag{8.2.17}$$

对给定显著性水平 $\alpha(0<\alpha<1)$ 得到拒绝域

$$|T| > t_{\frac{\alpha}{2}}(n-2). \tag{8.2.18}$$

利用试验数据计算统计量的值，并查表求出 $t_{\frac{\alpha}{2}}(n-2)$. 若 $|T| > t_{\frac{\alpha}{2}}(n-2)$ 成立，则拒绝 H_0，认为 Y 与 x 有线性相关关系，否则认为 Y 与 x 没有线性相关关系.

例 8.2.2　检验例 8.2.1 中 Y 与 x 之间的线性关系是否显著，取 $\alpha = 0.01$.

解　(1) 采用 T 检验法，计算 T 的值

$$T = \frac{\hat{b}}{\hat{\sigma}}\sqrt{L_{xx}} = \frac{0.688}{\sqrt{0.51}}\sqrt{8250} = 85,$$

而查表求得

$$t_{\frac{\alpha}{2}}(n-1) = t_{0.005}(8) = 3.3554.$$

从而得到 $|T| > t_{\frac{\alpha}{2}}(n-2)$，故拒绝 H_0，即 Y 与 x 之间显著地存在线性关系.

8.2.4　预测

如果得到的回归方程经检验显著，也称回归方程拟合得好，就可利用它进行预测. 预测就是指对 $x = x_0$ 时，Y 所对应的 Y_0 大致是什么或在什么范围内. 由于 Y 为随机变量，所以只能对 Y 作点估计或区间估计，预测的具体方法如下

(1) 求 Y_0 的预测值

设自变量 x 与因变量 Y 服从模型式 (8.2.2)，则有

$$\begin{cases} Y_0 = a + bx_0 + \varepsilon_0, \\ \varepsilon_0 \sim N(0, \sigma^2). \end{cases}$$

且样本 Y_0 与样本 $Y_1, Y_2, \cdots, Y_n$ 相互独立.

我们可以得到 Y_0 的预测值

$$\hat{Y}_0 = \hat{a} + \hat{b}x_0. \tag{8.2.19}$$

这样求出的预测值是有误差的，产生误差的第一个原因是 $\hat{Y}_0$ 只是 Y_0 的平均值 $E(Y_0)$ 的一个估计，Y_0 的实际值可能偏离它的平均值；第二个原因是估计量 $\hat{Y}_0$ 是以 $\hat{a}$ 和 $\hat{b}$ 为基础的，而 $\hat{a}$ 和 $\hat{b}$ 本来就有随机抽样的误差. 和参数的点估计一样，预测值只能对因变量 Y_0 的值比较粗糙的描述，对预测的误差大小不能给出很好的判断，预测区间比较好地解决了这一问题.

（2）求 Y_0 的预测区间

Y_0 的预测区间就是对 Y_0 的区间估计，它分三个步骤：首先构造一个估计量并推导其分布，可用$\hat{Y}_0=\hat{a}+\hat{b}x_0$ 做点估计，而由统计分布性质有

$$\hat{Y}_0-Y_0\sim N\left(0,\left(1+\frac{1}{n}+\frac{(x_0-\bar{x})^2}{L_{xx}}\right)\sigma^2\right). \tag{8.2.20}$$

$$\frac{(n-2)\hat{\sigma}^2}{\sigma^2}\sim\chi^2(n-2). \tag{8.2.21}$$

容易证明

$$T=\frac{Y_0-\hat{Y}_0}{\sqrt{1+\frac{1}{n}+\frac{(x_0-\bar{x})^2}{L_{xx}}}\hat{\sigma}}\sim t(n-2). \tag{8.2.22}$$

这样得到了 Y_0 的预测区间

$$(\hat{Y}_0-\delta(x_0),\hat{Y}_0+\delta(x_0)), \tag{8.2.23}$$

其中

$$\delta(x)=\sqrt{1+\frac{1}{n}+\frac{(x-\bar{x})^2}{L_{xx}}}\hat{\sigma}t_{\frac{\alpha}{2}}(n-2), \tag{8.2.24}$$

最后，利用样本数据求得具体的预测区间.

顺便指出，在 x 处 Y 的预测区间为

$$(\hat{Y}-\delta(x),\hat{Y}+\delta(x)). \tag{8.2.25}$$

区间的长度为 $2\delta(x)$. 当 x 变动时，预测区间的长度也在变化，显然当 $x=\bar{x}$ 时，预测区间最短，估计也就是最精确. 当 n 很大时，在 x 离 $\bar{x}$ 的距离不远处，有 $\delta(x)\approx u_{\frac{\alpha}{2}}\hat{\sigma}$，故在 x 处 Y 的预测区间为

$$(\hat{Y}-\hat{\sigma}u_{\frac{\alpha}{2}},\hat{Y}+\hat{\sigma}u_{\frac{\alpha}{2}}).$$

此时，预测区间的上下限近似一条直线.

例 8.2.3 已知例 8.2.1 中的 $x_0=65$，求 Y_0 的预测值与置信度为 99% 的预测区间.

解 $\bar{x}=55$，$\hat{\sigma}=\sqrt{0.51}=0.714$，$1-\alpha=0.99$，

$\hat{y}_0=\hat{a}+\hat{b}x_0=54.96+0.668\times65=98.38$，

$t_{\frac{\alpha}{2}}(n-2)=t_{0.005}(8)=3.3554$，

$$\delta(x_0)=\sqrt{1+\frac{1}{n}+\frac{(x_0-\bar{x})^2}{L_{xx}}}\hat{\sigma}t_{\frac{\alpha}{2}}(n-2)$$

$$=\sqrt{1+\frac{1}{10}+\frac{100}{8250}}\times0.714\times3.3554=2.53.$$

Y_0 的预测值为 98.38，置信度为 99% 的预测区间为

(98.38 − 2.53, 98.38 + 2.53)，即 (95.85，100.91).

8.2.5 控制

控制是预测的反问题，它是讨论当 Y 在区间(y_1,y_2)内取值时，求出自变量 x 的取值范

围的问题，然而控制问题比预测问题复杂得多.

由式（8.2.25）知，对某 x 相应的 Y 的置信度为 $1-\alpha$ 的预测区间为 $(\hat{y}-\delta(x),\hat{y}+\delta(x))$，满足

$$P\{\hat{y}-\delta(x)<Y<\hat{y}+\delta(x)\}=1-\alpha.$$

对于区间 (y_1,y_2)，为使 (y_1,y_2) 覆盖 Y 的概率为 $1-\alpha$，即

$$P\{y_1<Y<y_2\}=1-\alpha.$$

只需取

$$\begin{cases}y_1=\hat{y}_1-\delta(x_1),\\ y_2=\hat{y}_2+\delta(x_2).\end{cases}\tag{8.2.26}$$

如果能由上面两方程解出 x 的两个解 x_1,x_2，设 $x_1<x_2$，则 (x_1,x_2) 就是要求的控制区间，称为 x 的置信度为 $1-\alpha$ 的控制区间. 但是，由于 $\delta(x)$ 很复杂，一般很难由上两方程求出 x 的两个解的，不过当 n 充分大，且 x 与 $\bar{x}$ 接近时，有 $\delta(x)\approx u_{\frac{\alpha}{2}}\hat{\sigma}$. 于是得

$$\begin{cases}y_1=\hat{y}_1-\delta(x_1)=\hat{a}+\hat{b}x_1-\hat{\sigma}u_{\frac{\alpha}{2}},\\ y_2=\hat{y}_2+\delta(x_2)=\hat{a}+\hat{b}x_2+\hat{\sigma}u_{\frac{\alpha}{2}}.\end{cases}$$

解之得

$$\begin{cases}x_1=\dfrac{1}{\hat{b}}(y_1+\hat{\sigma}u_{\frac{\alpha}{2}}-\hat{a}),\\ x_2=\dfrac{1}{\hat{b}}(y_2-\hat{\sigma}u_{\frac{\alpha}{2}}-\hat{a}).\end{cases}\tag{8.2.27}$$

当 $x_2>x_1$ 时，x 的置信度为 $1-\alpha$ 的控制区间为 (x_1,x_2)；当 $x_2<x_1$ 时，x 的置信度为 $1-\alpha$ 的控制区间为 (x_2,x_1).

8.3　多元线性回归

在许多实际问题中，影响响应变量的因素常常不止一个. 例如考虑某种产品的销售额 η，一般与销售地区的总产值 x_1，人均收入 x_2，人口密度 x_3，广告费 x_4 等有关. 可以推知，多考虑几个因素即用多个变量来预测其效果要比一元回归好，而基本原理和一元回归是一致的，只是在具体的方法上前者比后者更复杂一些.

8.3.1　模型和参数估计

设因变量 η 与自变量 $x_1,x_2,\cdots,x_p$ 之间满足

$$\begin{cases}\eta=\beta_0+\beta_1x_1+\beta_2x_2+\cdots+\beta_px_p+\varepsilon,\\ \varepsilon\sim N(0,\sigma^2).\end{cases}\tag{8.3.1}$$

其中，$\beta_0,\beta_1,\cdots,\beta_p$ 均为待定的未知参数，称为回归参数. 称式（8.3.1）为多元线性模型.

为了估计参数 $\beta_0,\beta_1,\cdots,\beta_p$，我们对 $(x_1,x_2,\cdots,x_p,\eta)$ 做 $n(n>p+1)$ 次观察（试验），设 $(x_{i1},x_{i2},\cdots,x_{ip},Y_i),i=1,2,\cdots,n$ 是一个容量为 n 的独立样本，则我们可以得到式（8.3.1）的一个有限样本模型

$$
\begin{cases}
Y_1=\beta_0+\beta_1x_{11}+\beta_2x_{12}+\cdots+\beta_px_{1p}+\varepsilon_1,\\
Y_2=\beta_0+\beta_1x_{21}+\beta_2x_{22}+\cdots+\beta_px_{2p}+\varepsilon_2,\\
\quad\vdots\\
Y_n=\beta_0+\beta_1x_{n1}+\beta_2x_{n2}+\cdots+\beta_px_{np}+\varepsilon_n.
\end{cases}
\tag{8.3.2}
$$

其中，$\varepsilon_1,\varepsilon_2,\cdots,\varepsilon_p$ 相互独立且与 ε 同分布. 为了用矩阵表示上式，记

$$
\boldsymbol{Y}=\begin{pmatrix}Y_1\\Y_2\\\vdots\\Y_n\end{pmatrix},\boldsymbol{\beta}=\begin{pmatrix}\beta_0\\\beta_1\\\vdots\\\beta_p\end{pmatrix},\boldsymbol{u}=\begin{pmatrix}\varepsilon_1\\\varepsilon_2\\\vdots\\\varepsilon_n\end{pmatrix},
$$

$$
\boldsymbol{X}=\begin{pmatrix}1&x_{11}&\cdots&x_{1p}\\1&x_{21}&\cdots&x_{2p}\\\vdots&\vdots&&\vdots\\1&x_{n1}&\cdots&x_{np}\end{pmatrix}.
$$

于是模型（8.3.2）变为

$$
\begin{cases}\boldsymbol{Y}=\boldsymbol{X\beta}+\boldsymbol{u},\\\boldsymbol{u}\sim N_n(0,\sigma^2\boldsymbol{I}_n).\end{cases}\tag{8.3.3}
$$

通常称模型（8.3.3）为高斯—马尔可夫多元线性模型. 其中 $\boldsymbol{X}$ 为已知的 $n\times(p+1)$ 阶矩阵，称为回归设计矩阵；$\boldsymbol{\beta}$ 为 $p+1$ 维向量，$\boldsymbol{\beta}$ 和 σ^2 均未知；$\boldsymbol{I}_n$ 为 n 维单位矩阵. $\boldsymbol{Y}$ 是 n 维响应变量向量，$\boldsymbol{u}$ 为 n 维随机误差向量，$\boldsymbol{u}\sim N_n(0,\sigma^2\boldsymbol{I}_n)$ 表示 n 维向量 $\boldsymbol{u}$ 服从均值向量为 0，协方差矩阵为 $\sigma^2\boldsymbol{I}_n$ 的正态分布.

对 $\boldsymbol{\beta}$ 进行估计，我们还是采用最小二乘估计，即找到 $\boldsymbol{\beta}$ 的估计量 $\hat{\boldsymbol{\beta}}$，使得误差平方和

$$
Q(\boldsymbol{\beta})=\sum_{i=1}^{n}\varepsilon_i^2=u'u=(\boldsymbol{Y}-\boldsymbol{X\beta})'(\boldsymbol{Y}-\boldsymbol{X\beta})\tag{8.3.4}
$$

达到最小. 为了求 $\hat{\boldsymbol{\beta}}$，对 $Q(\boldsymbol{\beta})$ 关于 $\boldsymbol{\beta}$ 求导数，即

$$
\frac{\partial Q(\boldsymbol{\beta})}{\partial\boldsymbol{\beta}}=\boldsymbol{0}.
$$

即

$$
\begin{aligned}
\frac{\partial Q(\boldsymbol{\beta})}{\partial\boldsymbol{\beta}}&=\frac{\partial}{\partial\boldsymbol{\beta}}(\boldsymbol{Y}-\boldsymbol{X\beta})'(\boldsymbol{Y}-\boldsymbol{X\beta})\\
&=\frac{\partial}{\partial\boldsymbol{\beta}}(\boldsymbol{Y'Y}-\boldsymbol{\beta'X'Y}-\boldsymbol{Y'X\beta}+\boldsymbol{\beta'X'X\beta})\\
&=-\boldsymbol{X'Y}-\boldsymbol{X'Y}+2\boldsymbol{X'X\beta}=\boldsymbol{0}.
\end{aligned}
$$

当 $\boldsymbol{X}$ 为列满秩时，$\boldsymbol{\beta}$ 的最小二乘估计 $\hat{\boldsymbol{\beta}}$ 为

$$
\hat{\boldsymbol{\beta}}=(\boldsymbol{X'X})^{-1}\boldsymbol{X'Y}.\tag{8.3.5}
$$

称

$$
\hat{\eta}=\hat{\beta}_0+\hat{\beta}_1x_1+\hat{\beta}_2x_2+\cdots+\hat{\beta}_px_p\tag{8.3.6}
$$

为经验回归方程.

可以得到 σ^2 的无偏估计

$$\hat{\sigma}^2 = \frac{1}{n-p-1}\sum_{i=1}^{n}(Y_i - \hat{\beta}_0 - \hat{\beta}_1 x_{i1} - \cdots - \hat{\beta}_p \hat{x}_{ip})^2$$

$$= \frac{1}{n-p-1}\sum_{i=1}^{n}(Y_i - \hat{Y}_i)^2. \tag{8.3.7}$$

与一元回归模型类似，我们可以给出 $\hat{\boldsymbol{\beta}}$ 和 $\hat{\sigma}^2$ 的统计性质：

(1) $\hat{\boldsymbol{\beta}} \sim N_{p+1}(\boldsymbol{\beta}, \sigma^2(\boldsymbol{X}'\boldsymbol{X})^{-1})$； (8.3.8)

(2) $\bar{Y} = \frac{1}{n}\sum_{i=1}^{n} Y_i$ 与 $\hat{\boldsymbol{\beta}}$ 独立；

(3) 设 $SST = \sum_{i=1}^{n}(Y_i - \bar{Y})^2$, $SSR = \sum_{I=1}^{n}(\hat{Y}_i - \bar{Y})^2$, $SSE = \sum_{I=1}^{n}(Y_i - \hat{Y}_i)^2$，则

$$SST = SSR + SSE; \tag{8.3.9}$$

(4) 当 $\beta_1 = \cdots = \beta_p = 0$ 时，$\frac{SSE}{\sigma^2} = \frac{(n-p-1)\hat{\sigma}^2}{\sigma^2} \sim \chi^2(n-p-1)$，$\frac{SSR}{\sigma^2} \sim \chi^2(p)$.

且 SSR 和 SSE 独立.

例 8.3.1 某厂生产的圆钢，其屈服点 η 受含碳量 x_1 和含锰量 x_2 的影响，现做了 25 次观察，测得如下数据：

x_{1i}	16	18	19	17	20	16	16	15	19	18	18	17	17	17	18
x_{2i}	39	38	39	39	38	48	45	48	48	48	46	48	49	46	44
y_i	24	24.5	24.5	24	25	24.5	24	24	24.5	24.5	24.5	24.5	25	24.5	24.5

x_{1i}	18	20	21	16	18	19	19	21	19	21
x_{2i}	45	48	48	55	55	56	58	58	49	49
y_i	24.5	25	25	25	25	25.5	25.5	26.5	24.5	26

求 η 关于 x_1 和 x_2 的经验回归方程.

解　设 $\eta = \beta_0 + \beta_1 x_1 + \beta_2 x_2 + \varepsilon, \varepsilon \sim N(0, \sigma^2)$，因为

$$\boldsymbol{Y} = \begin{pmatrix} 24 \\ 24.5 \\ \vdots \\ 26 \end{pmatrix}, \boldsymbol{X} = \begin{pmatrix} 1 & 16 & 39 \\ 1 & 18 & 38 \\ \vdots & \vdots & \vdots \\ 1 & 21 & 49 \end{pmatrix},$$

$$\boldsymbol{X}'\boldsymbol{X} = \begin{pmatrix} 25 & 453 & 1184 \\ 453 & 8277 & 21499 \\ 1184 & 21499 & 56914 \end{pmatrix}.$$

所以

$$(\boldsymbol{X}'\boldsymbol{X})^{-1} = \begin{pmatrix} 6.378746900 & -0.235315691 & -0.043809682 \\ -0.235315691 & 0.015097264 & -0.000807574 \\ -0.043809682 & -0.000807574 & 0.001234014 \end{pmatrix}.$$

又因

$$\boldsymbol{X}'\boldsymbol{Y} = \begin{pmatrix} 619 \\ 11234 \\ 29372.5 \end{pmatrix},$$

所以

$$\hat{\boldsymbol{\beta}}=(\boldsymbol{X}'\boldsymbol{X})^{-1}\boldsymbol{X}'\boldsymbol{Y}=\begin{pmatrix}\hat{\beta}_0\\ \hat{\beta}_1\\ \hat{\beta}_2\end{pmatrix}=\begin{pmatrix}18.1078\\ 0.2218\\ 0.0556\end{pmatrix}.$$

故

$$\hat{\eta}=18.1078+0.2218x_1+0.0556x_2.$$

8.3.2 模型检验

1. 线性模型的有效性检验

与一元线性回归类似，要检验变量间有没有这种线性联系，只要检验 p 个系数 $\beta_1,\beta_2,\cdots,\beta_p$ 是不是全为零. 如果 p 个系数全为零，则认为线性回归不显著；否则认为线性回归显著. 因此，多元线性模型的检验假设

$$H_0:\beta_1=0,\beta_2=0,\cdots,\beta_p=0,$$

由 n 组观察值检验它是否成立. 若接受 H_0，则认为线性回归不显著，否则认为线性回归显著. 当 H_0 成立时，有

$$F=\frac{SSR/p}{SSE/(n-p-1)}\sim F(p,n-p-1). \tag{8.3.10}$$

因为 $SST=SSR+SSE$，SSR 反映各因素 x_1，x_2，…，x_p 对 η 的总的线性影响所起的作用，SSE 反映了其他因素对 η 的影响所起的作用. 如果比值 SSR/SSE 较大，更精确地说，如果比值 F 较大，则说明 $x_1,x_2,\cdots,x_p$ 对 η 的线性作用比其他因素对 η 的影响作用大，此时就不能认为 H_0 成立，如果 F 很小，则说明其他因素（随机因素）对 η 起主要作用，因此不能拒绝 H_0. 给定显著性水平 α，则查表可得 $F_\alpha(p,n-p-1)$ 使

$$P\{F>F_\alpha(p,n-p-1)\}=\alpha,$$

得到拒绝域

$$F>F_\alpha(p,n-p-1). \tag{8.3.11}$$

2. 回归系数的显著性检验

在多元线性模型中，虽然经检验知 η 与 $x_1,x_2,\cdots,x_p$ 之间具有显著线性关系，但是每个 x_i 对 η 的影响作用并不是一样的，因此，经检验不拒绝线性模型之后，还需从线性模型中剔除可有可无的因素 x_i，保留那些比较重要的因素，重新建立更为简单的线性回归方程，以便更利于实际应用. 因此，x_i 对 η 的影响作用的检验假设

$$H_0:\beta_i=0$$

也是很重要的. 因为 $\hat{\boldsymbol{\beta}}\sim N_{p+1}(\boldsymbol{\beta},\sigma^2(\boldsymbol{X}'\boldsymbol{X})^{-1})$，记 c_{ij} 为 $(\boldsymbol{X}'\boldsymbol{X})^{-1}$ 的第 $i+1$ 行第 $j+1$ 列元素，$i,j=0,1,2,\cdots,p$. 从而

$$T_i=\frac{\hat{\beta}_i}{\sqrt{c_{ii}}\hat{\sigma}}\sim t(n-p-1), \tag{8.3.12}$$

$$F_i=T_i^2\sim F(1,n-p-1), \tag{8.3.13}$$

得到拒绝域

$$|T_i|>t_{\frac{\alpha}{2}}(n-p-1)\text{ 或 }F_i>F_\alpha(1,n-p-1). \tag{8.3.14}$$

如果检验结果不拒绝 H_0，即 $\beta_i=0$，应将 x_i 从回归方程中剔除. 需要注意的是：在剔除对 η 影响不显著的变量时，考虑变量之间的重要作用，每次只剔除一个不显著的变量，如果有几个变量对 η 的影响都不显著，则先剔除其中 F 值最小的那个变量，剔除一个变量且由最小二乘法建立新的回归方程后，还必须对剩下的 $p-1$ 个变量再用上述方法检验它们对 η 的影响是否显著，如果有不显著的，则逐个剔除，直到保留下来的变量对 η 都影响显著为止（这就是变量选择问题）.

例 8.3.2　考虑例 8.3.1，检验线性模型是否显著和检验假设 $H_{0i}:\beta_i=0(i=1,2)$ 是否成立（$\alpha=0.05$）.

解　因为 $\bar{y}=\dfrac{1}{25}\sum_{i=1}^{25}y_i=\dfrac{619}{25}=24.76$，

$$SST=\sum_{i=1}^{25}(y_i-\bar{y})^2=9.06,$$

$$SSR=\sum_{I=1}^{25}(\hat{y}_i-\bar{y})^2=7.282708,\ SSE=SST-SSR=1.772292.$$

所以

$$F=\frac{SSR/p}{SSE/(n-p-1)}=\frac{7.282708/2}{1.772292/22}\approx 45.20125,$$

又因 $\alpha=0.05$，所以 $F_\alpha(p,n-p-1)=F_{0.05}(2,22)=3.44<F$，故线性模型显著.

因为

$$\hat{\sigma}^2=\frac{1}{n-p-1}\sum_{i=1}^{n}(y_i-\hat{y}_i)^2=\frac{SSR}{n-p-1}=\frac{1.772292}{22}\approx 0.0805587,$$

$$F_{0.05}(1,22)=4.30,$$

且 $F_1=\dfrac{\hat{\beta}_1^2}{c_{11}\hat{\sigma}^2}=40.4494>4.30$，$F_2=\dfrac{\hat{\beta}_2^2}{c_{22}\hat{\sigma}^2}=31.0969>4.30$，

所以 β_1 和 β_2 都显著不为 0.

8.3.3　预测

1. 点预测

设我们获得了 $x_1,x_2,\cdots,x_p$ 的一组新的观察值（不是样本值），它们为 $(x_{01},x_{02},\cdots,x_{0p})$，对 η 预测是对 η 做点估计和区间估计，记相应的 η 值为 Y_0，有

$$\begin{cases}Y_0=\beta_0+\beta_1x_{01}+\beta_2x_{02}+\cdots+\beta_px_{0p}+\varepsilon_0,\\ \varepsilon_0\sim N(0,\sigma^2).\end{cases}\tag{8.3.15}$$

其中，ε_0 与 $\varepsilon_1,\varepsilon_2,\cdots,\varepsilon_p$ 独立，显然可用

$$\hat{Y}_0=\hat{\beta}_0+\hat{\beta}_1x_{01}+\hat{\beta}_2x_{02}+\cdots+\hat{\beta}_px_{0p},\tag{8.3.16}$$

作为 Y_0 的点预测（估计），因为 $E(\hat{Y}_0-Y_0)=0$，所以，实际上 $\hat{Y}_0$ 是 Y_0 的无偏估计量.

2. 区间估计

对于给定的 $x_{01},x_{02},\cdots,x_{0p}$ 求 Y_0 的置信度为 $1-\alpha$ 的置信区间，可以证明

$$Y_0-\hat{Y}_0\sim N\left(0,\sigma^2\left(1+\sum_{i=0}^{p}\sum_{j=0}^{p}c_{ij}x_{0i}x_{0j}\right)\right).\tag{8.3.17}$$

其中，$x_{00}=1$，c_{ij}为$(X'X)^{-1}$的第i行第j列元素，$i,j=1,2,\cdots,p$. 同时还可以证明

$$T=\frac{Y_0-\hat{Y}_0}{\hat{\sigma}\sqrt{1+\sum_{i=0}^{p}\sum_{j=0}^{p}c_{ij}x_{0i}x_{0j}}}\sim t(n-p-1),\tag{8.3.18}$$

给定置信度$1-\alpha$，查得$t_{\frac{\alpha}{2}}(n-p-1)$的值，使

$$P\{|T|<t_{\frac{\alpha}{2}}(n-p-1)\}=1-\alpha.$$

从而可得Y_0的置信度为$1-\alpha$的预测（置信）区间为

$$\left(Y_0-t_{\frac{\alpha}{2}}(n-p-1)\hat{\sigma}\sqrt{1+\sum_{i=0}^{p}\sum_{j=0}^{p}c_{ij}x_{0i}x_{0j}},Y_0+t_{\frac{\alpha}{2}}(n-p-1)\hat{\sigma}\sqrt{1+\sum_{i=0}^{p}\sum_{j=0}^{p}c_{ij}x_{0i}x_{0j}}\right)\tag{8.3.19}$$

例 8.3.3 考虑例 8.3.1 中，当$x_{01}=21$，$x_{02}=60$时，求相应的y_0的置信度为 0.95 的预测区间.

解 因$\hat{y}_0=18.1078+0.2218\times21+0.0556\times60=26.1016$，$t_{0.05}(22)=2.0739$，

$$\hat{\sigma}=0.2838,\sqrt{1+\sum_{i=0}^{2}\sum_{j=0}^{2}c_{ij}x_{0i}x_{0j}}=1.1418,$$

y_0的置信度为 0.95 的预测区间（25.4296，26.7736）.

8.3.4 变量选择及多元共线性问题

在多元线性回归模型中，由于有多个自变量，存在一些在一元线性回归模型中不会遇到的问题. 本节讨论两个涉及变量之间关系的问题. 第一个问题是关于自变量与因变量之间的关系. 当我们就一个实际问题建立多元线性回归模型时，可能会考虑多个对因变量有潜在影响的自变量，但在对数据进行分析之前无法事先断定哪些变量是有效的（对因变量有显著影响），哪些是无效的（对因变量没有显著影响），有效变量应该保留在模型中，而无效变量应该从模型中去掉，因为无效变量在模型中会对分析结果产生干扰，从而产生误导. 那么究竟哪些变量是有效的，哪些变量是无效的呢？这就是变量选择的问题. 第二个问题是关于自变量之间的关系. 在某些实际问题中（如在实验室或某些工业生产条件下），观测者（试验者）可以控制自变量的值，这是可以在事先设计好的自变量值上观测因变量. 而在另一些情况下（研究社会、地质、水文），观测者不能控制自变量的值，或者说自变量是随机变量. 这时，自变量之间会有统计相关性，当这种统计相关性很强时就产生“多元共线性”的问题. 多元共线性的存在对回归分析的结果产生很坏的影响，因此数据分析应该了解多元共线性的影响，并知道用何种方法去克服这种影响，常见的方法有主成分分析，这里就不介绍了.

1. 变量选择的 maxR^2 法

通常在建立一个回归模型时，我们要将所有可能对因变量产生影响的自变量考虑到模型中去，以免由于遗漏了重要的变量而造成模型与实际相偏离. 但是通常在所有备选的自变量中，往往只有一部分自变量真正对因变量有影响，称之为有效变量；而其他的则可能对因变量没有影响，称之为无效变量. 从原则上讲，一个好的模型应该包含所有的有效变量，而不包含任何无效变量. 问题在于如何才能找到满足上述要求的模型？maxR^2 准则是根据 R^2 的

大小在所有可能的模型中选择“最优模型”的一种方法.

设备选的自变量共有 k 个，先假定已知有效变量的数目为 r，我们来考虑恰好包含 r 个变量的模型，这样的模型共有 C_k^r个，记恰好包含 r 个有效变量（而不包含任何无效变量）的那个模型为 M_r^k，如何从 C_k^r 个模型中来找到 M_r^k呢？由于在 M_r^k 中所有的自变量都是有效的，我们可以认为在 M_r^k 中的 r 个变量对因变量的总影响应该比其他任何 r 个变量的总影响都大. 对一个包含 r 个变量的模型，其中的自变量对因变量的总影响可以由它的决定系数 R^2 来度量，其中 $R^2=\dfrac{SSR}{SST}$（可以证明：R^2 与检验量 F 互为单调增函数）. 因此，我们可以从所有含 r 个回归变量的模型中选择 R^2 达到最大的那个，作为要找的 M_r^k. 具体地说，记备选的含 r 个回归变量的模型为 $M_{r1},M_{r2},\cdots,M_{rm}$，其中 $m=C_k^r$. 记第 l 个模型的决定系数为 R_{rl}^2，由定义 $R_{rl}^2=\dfrac{SSR_{rl}}{SST}$，其中 SST 为因变量的总平方和，在任何模型下都是一个常数，SSR_{rl}为在模型 M_{rl}下的回归平方和. 最大 R^2 准则就是要选模型 M_{rl_r}，满足 $R_{rl_r}^2=\max R_{rl}^2$. 于是我们认为 M_{rl_r}就是要找的最优模型了，这样就解决了在已知有效变量的个数为 r 时的模型选择的问题.

下一个问题是：在有效变量的个数 r 未知时，如何确定它？对这个问题，很难给出一个明确的数学准则，而只能基于某种相当模糊的判断. 考虑如下的思路，对 $j=1,2,\cdots,k$ 记 R_j^2 为在 j 个回归变量的模型中所达到的最大 R^2，不难得出，R_j^2 是随 j 单调增的：$R_1^2\leqslant R_2^2\leqslant\cdots\leqslant R_k^2$. 因为当模型中的变量个数增加时，相应的回归平方和会增大，从而 R^2 的值增大. 我们要利用上述的关系来为 r 的选择提供线索. 假设 r 为有效变量的个数，我们可以用上述的 $\max R^2$ 来确定恰由这 r 个有效变量所组成的模型，相应的 R^2 为 ${R_r}^2$，现在设想在这个模型中再增加一个变量，由于所有 r 个有效变量已经在模型中，增加的那个变量肯定是无效变量，因此 ${R_{r+1}}^2$ 相对于 ${R_r}^2$ 增加的幅度应该比较小，由于以后在模型中每增加一个变量都只可能是无效变量，因此，当 $j>r$ 时，R_j^2 随 j 增加的速度会比较缓慢，且越来越慢，反之，在已经包含了 r 个变量的模型中去掉一个变量，则会使回归平方和会大大地下降，因此，按照这个思路，如果作平面点图(j,R_j^2)，$j=1,2,\cdots,k$，可以看到，当 $j\leqslant r$ 时，R_j^2 随 j 增加而迅速上升，当 $j>r$ 时，R_j^2 随 j 增加的而比较缓慢，造成联结点(j,R_j^2)的折线在点(r,R_r^2)处形成一个明显的拐点，这样就可以找到 r. 注意，这种方法只是一个经验的模糊的准则，因为没有任何数学原理来证明上述推理的正确性，同时选取拐点也是凭感觉来判断的.

$\max R^2$ 准则要求对所有可能的回归模型计算 R^2，当备选变量的数目比较小时，用这种方法可以保证对给定的有效变量的个数 r 找到理论上的最优模型，但当备选变量的数目比较大时，用这种方法其计算量非常的大.

变量选择的向后、向前和逐步回归

基于 R^2 的模型选择程序通常都是给出一串模型，而并不自动给出一个“最终”模型. 从上一节中我们知道，可以通过 F 检验的方法来判断，（在一定的模型下）某个变量是否有理由保留在模型中. 基于 F 检验，统计学家发展出一些对变量进行系列的 F 检验，并得到一个“最终”模型的变量选择程序. 这些方法有各种各样的变种，大致可以分为三类：向后回归法、向前回归法和逐步回归法. 限于篇幅，我们只介绍这些方法的主要思路，在标准的统计回归分析软件中都有这些方法的程序.

(1) 向后回归法

其基本思路是：先将所有可能对因变量产生影响的自变量都纳入模型，然后逐个地从中剔除认为是最没有价值的变量，直至所留在模型中的变量都不能被剔除，或者模型中没有任何变量为止. 在逐步剔除的过程中，每次都对当前模型中的所有变量计算评估附加影响的 F 统计量，并找到其中最小的，如果最小 F 统计量超过指定的临界值 F_{out}，当前模型中的所有变量都保留，将当前模型作为最终模型，程序终止. 反之，如果最小 F 统计量达不到临界值，就将相应的变量加以剔除，得到一个较小的模型，在新的模型下重复以上作法. 以上步骤不断进行，直至没有变量可以剔除，或者模型中没有任何变量为止，最终的模型就是所选定的“最优”模型，标准的统计软件通常还会输出所有中间模型.

(2) 向前回归法

其基本思路是：先将所有可能对因变量产生影响的自变量作为备选的变量集，都放在模型之外，从零模型，即不包含任何自变量的模型开始，然后逐个地向模型中加入被认为是最有附加价值的变量，直至所留在模型外的变量都不能被加入，或者所有备选的变量都已加入模型为止. 在逐步加入的过程中，第一步对所有变量计算当模型中只有一个变量时的 F 统计量，并找到其中最大的. 如果最大 F 统计量不超过临界值 F_{in}，则所有在模型外的变量都不能加入到模型中去，将零模型作为最终模型，程序终止. 反之，如果最大 F 统计量超过临界值，就将相应的变量加入到模型中去. 从第二步开始，每次都对当前模型外的每一变量计算；当这个变量被加入模型后，在新模型下计算它的 F 统计量，并找到其中最大的. 如果最大 F 统计量不超过临界值，可以认为所有在当前模型外的变量都是无效变量，因此都不能加入到当前模型中去，将当前模型作为最终模型，程序终止. 反之，如果最大 F 统计量超过临界值 F_{in}，就将相应的变量加入到当前模型中去，得到一个较大的模型. 以上步骤不断进行，直至没有变量可以加入，或者模型中已经包含了所有变量为止，最终的模型就是所选定的“最优”模型，标准的统计软件通常还输出所有中间模型.

(3) 逐步回归法

逐步回归法是对向前回归的一个修正. 在向前回归中，变量逐个被加入到模型中去，一个变量一旦被加入到模型中，就再也不可能被剔除. 但是，原来在模型中的变量在引入新变量之后，可能会变得没有存在的价值而没有必要再留在模型中. 出现这种情况是因为回归变量之间存在着相关性的缘故. 因此，在逐步回归中，每当向模型中加入一个变量之后，就对原来模型中的变量在新模型下再进行一次向后剔除的检查，看是否其中有变量应该被剔除. 这种“加入—剔除”的步骤反复进行，直至所有已经在模型中的变量都不能剔除，而且所有在模型外的变量都不能加入，过程就终止，最终的模型就是被选定的“最优”模型，标准的统计软件通常还输出所有中间模型.

例 8.3.4 在有氧训练中，人的耗氧能力记为 y(ml/min · kg)，是衡量人的身体状况的重要指标，它可能与下列的变量有关：x_1：年龄；x_2：体重；x_3：1.5mile[⊖]跑所用时间；x_4：静止时心率；x_5：跑步时心率；x_6：跑步时最大心率；北卡罗来纳州立大学的健身中心做了一次试验，对 31 个自愿参加者进行了测试，得到数据如下表所示：

ID	x_1	x_2	x_3	x_4	x_5	x_6	y
1	44	89.47	11.37	62	178	182	44.609
2	40	75.07	10.07	62	185	185	45.313

⊖ mile 为英里，1mile = 1.609344km.

（续）

ID	x_1	x_2	x_3	x_4	x_5	x_6	y
3	44	85.84	8.65	45	156	168	54.297
4	42	68.15	8.17	40	166	172	59.571
5	38	89.02	9.32	55	178	180	49.874
6	47	77.45	11.63	58	176	176	44.811
7	40	75.98	11.95	70	176	180	45.681
8	43	81.19	10.85	64	162	170	49.091
9	44	81.42	13.08	63	174	176	39.442
10	38	81.87	8.63	48	170	186	60.055
11	44	73.03	10.13	45	168	168	50.541
12	45	87.66	14.03	56	186	192	37.388
13	45	66.45	11.12	51	176	176	44.754
14	47	79.15	10.60	47	162	164	47.273
15	54	83.12	10.33	50	166	170	51.855
16	49	81.42	8.95	44	180	186	79.156
17	51	69.63	10.95	57	168	172	40.836
18	51	77.91	10.00	48	162	168	46.672
19	48	91.63	10.25	48	162	164	46.774
20	49	73.37	10.08	67	168	168	50.388
21	57	73.37	12.63	58	174	176	39.407
22	54	79.38	11.07	62	156	165	46.080
23	52	76.32	9.63	48	164	166	45.441
24	50	70.87	8.92	48	146	155	54.625
25	51	67.25	11.08	48	172	172	45.118
26	54	91.63	12.88	44	168	172	45.118
27	51	73.71	10.47	59	186	188	45.790
28	57	59.08	9.93	49	148	155	50.545
29	49	76.32	9.40	56	186	188	48.673
30	48	61.24	11.50	52	170	176	47.920
31	52	82.78	10.50	53	170	172	47.467

我们考察耗氧能力与这些自变量之间的关系.

解　建立线性模型$\begin{cases}\eta=\beta_0+\beta_1x_1+\beta_2x_2+\cdots+\beta_6x_6+\varepsilon,\\ \varepsilon\sim N\ (0,\ \sigma^2).\end{cases}$

可以算出：$SSR=722.54321$，$SST=851.38154$，$SSE=128.83794$，$F=22.433$ 如果取 $\alpha=0.10$，$F_{0.10}(6,\ 24)=2.04$，$F>F_{0.05}$（6，24），说明线性模型是有效的.

我们用 SAS/STAT 中的 PROC REG 程序中的向后回归法进行变量选取择，其过程和结果如下：

第一步：首先对全模型计算模型的有效性的 F 统计量，为 $F=22.433$；模型有效，每个变量检验的 F 统计量为：

变量	x_1	x_2	x_3	x_4	x_5	x_6
F	5.17	1.85	46.42	0.11	9.51	4.93

$F_{0.10}(1,24)=2.93$，由此可得到 x_4，x_2 应剔除，首先剔除 x_4；重新建立模型；

第二步：对剔除 x_4 后的新模型计算模型有效性的 F 统计量，为 $F=27.90$;$F>F_{0.10}(5,25)=2.09$，模型有效，每个变量检验的 F 统计量为：

变量	x_1	x_2	x_3	x_5	x_6
F	5.29	1.84	61.89	10.16	5.18

$F_{0.10}(1,25)=2.92$，由此可得到 x_2 应剔除；

第三步：对剔除 x_4，x_2 后的新模型计算模型有效性的 F 统计量，为 $F=33.33$；$F>F_{0.10}(4,26)=2.17$，模型有效，每个变量检验的 F 统计量为：

变量	x_1	x_3	x_5	x_6
F	4.27	66.05	8.78	4.10

$F_{0.10}(1,26)=2.91$，由此可得到没有变量可剔除，这样就得到了最终的模型

$$\begin{cases}\eta=\beta_0+\beta_1x_1+\beta_3x_3+\beta_5x_5+\beta_6x_6+\varepsilon,\\ \varepsilon\sim N(0,\sigma^2).\end{cases}$$

程序将给出参数估计.

2. 多元共线性问题

什么是多元共线性？多元共线性对最小二乘估计有什么影响？如何判别数据中存在多元共线性？我们先从最简单的情况开始，设有两个自变量 x_1,x_2，它们的观测数据可用 n 维向量表示 $\boldsymbol{x}_1=(x_{11},x_{21},\cdots,x_{n1})$，$\boldsymbol{x}_2=(x_{12},x_{22},\cdots,x_{n2})$，这两个变量的统计相关性可用“样本相关系数”的平方

$$r^2=\frac{\left[\sum_{i=1}^{n}(x_{i1}-\overline{x}_1)(x_{i2}-\overline{x}_2)\right]^2}{\left[\sum_{i=1}^{n}(x_{i1}-\overline{x}_1)^2\right]\left[\sum_{i=1}^{n}(x_{i2}-\overline{x}_2)^2\right]}=\frac{L_{12}}{L_{11}L_{22}} \tag{8.3.20}$$

来表示. 其中，$\overline{x}_1$，$\overline{x}_2$ 表示样本平均，将数据“标准化”

$$x_{ij}^*=\frac{x_{ij}-\overline{x}_j}{\sqrt{L_{jj}}} \tag{8.3.21}$$

$\boldsymbol{x}_1^*=(x_{11}^*,x_{21}^*,\cdots,x_{n1}^*)$，$\boldsymbol{x}_2^*=(x_{12}^*,x_{22}^*,\cdots,x_{n2}^*)$ 为标准化样本. 当 $|r|=1$ 时，$\boldsymbol{x}_1^*$，$\boldsymbol{x}_2^*$ 线性相关，即两向量共线. 若两向量共线，我们将 $\boldsymbol{\beta}$ 的最小二乘估计满足的方程

$$(\boldsymbol{X}'\boldsymbol{X})\hat{\boldsymbol{\beta}}=\boldsymbol{X}'\boldsymbol{Y}, \tag{8.3.22}$$

改写为

$$\begin{pmatrix}L_{11} & L_{12}\\ L_{12} & L_{22}\end{pmatrix}\hat{\boldsymbol{\beta}}=\begin{pmatrix}L_{1y}\\ L_{2y}\end{pmatrix}. \tag{8.3.23}$$

系数矩阵的行列式 $\begin{vmatrix}L_{11} & L_{12}\\ L_{12} & L_{22}\end{vmatrix}=L_{11}L_{22}(1-r^2)=0$，即 $\boldsymbol{\beta}$ 的最小二乘估计没有唯一解，可以证

明它有无穷多解. 当若两向量接近共线时，即 $|r|\approx 1$ 时，$\boldsymbol{\beta}$ 的最小二乘估计的方差非常地大，其估计的性质很不稳定.

将两个自变量的情况可以推广到多个自变量.

8.3.5　线性回归的推广

非线性回归

在许多实际问题中，响应变量与一组自变量之间并不存在线性相关关系，但它们的关系可能是某种非线性相关关系，反映在图形上所描的点成非线性关系. 例如研究商品年销售额与流通费率就是非线性关系. 对于这类问题当然不能直接用前面所述的线性回归方法，需要将回归模型的理论加深，建立非线性最小二乘估计理论；或将非线性关系通过变量代换或线性近似化为线性关系处理，这种方法我们通常称之为非线性回归线性化方法.

例如，因变量 Y 与自变量 x 可能有关系（平均说来）：$\frac{1}{y}=a+\frac{b}{x}$，我们通过变量替换

$$y^*=\frac{1}{y},x^*=\frac{1}{x},$$

得到了线性模型

$$Y^*=a+bx+\varepsilon.$$

利用一元线性回归分析可求得回归系数 a，b 的估计值 $\hat{a}$，$\hat{b}$，得到回归方程

$$\hat{Y}^*=\hat{a}+\hat{b}x,$$

从而就得到了 Y 对 x 的回归方程

$$\frac{1}{\hat{Y}}=\hat{a}+\hat{b}\frac{1}{x}.$$

一般说来，非线性回归线性化可按如下步骤进行

（1）如果是一元回归问题，对变量 x，Y 记录 n 次试验观察值 $(x,y_i),i=1,2,\cdots,n$ 并作“散点图”，二元非线性回归类似.

（2）根据散点图的形状选择适当的非线性类型. 至于选择哪种变换才能线性化，有一个简单的判别方法，将变换后的数据点在新坐标（变换后的坐标）中，若所得的点基本上成直线状，则适合，否则不适合. 注意并不是每一个非线性函数都可以找到线性化的变换，例如 $y=ce^{ax_1}+de^{bx_2}$.

（3）利用多元线性回归方法求得回归系数的估计将其代回归非线性的表达式中，就得到了经验回归方程.

例 8.3.5　在出钢时所用的盛钢水的钢包，由于钢水对耐火材料的侵蚀，容积不断增大，我们希望找到使用次数 x 与增大的容积 Y 之间的关系，试验数据如下表所示：

使用次数 x	1	2	3	4	5	6	7	8
增大容积 Y	6.42	8.20	9.58	9.50	9.70	10.00	9.93	9.99

使用次数 x	9	10	11	12	13	14	15
增大容积 Y	10.49	10.59	10.60	10.80	10.60	10.90	10.76

试确定非线性回归方程.

解 画出“散点图”，这些点大约分布在一条曲线附近，我们选用指数曲线 $y=ae^{\frac{b}{x}}$. 对其等式两边取对数，再令 $y^*=\ln y$，$x^*=\dfrac{1}{x}$，$a^*=\ln a$，于是得到

$$y^*=a^*+bx^*,$$

从而化成了线性回归问题，按一元线性回归方法可求出回归系数的估计值.

$$L_{x^*x^*}=0.2056, L_{y^*y^*}=0.2656, L_{x^*y^*}=-0.2294, \overline{x^*}=0.1587, \overline{y^*}=2.2815,$$

$$\hat{b}=\frac{L_{x^*y^*}}{L_{x^*x^*}}=-1.1109, \hat{a^*}=\overline{y^*}-\hat{b}\,\overline{x^*}=2.4578,$$

由此得到 $\hat{a}=11.6789$.

故可得到经验回归方程 $\hat{Y}=11.6789e^{-\frac{1.1109}{x}}$.

多项式回归

当一个自变量与一个响应变量之间的关系是平滑的，但不是一条直线时，因为任何光滑的函数可以用多项式来近似，我们可以采取多项式模型. 多项式回归的基本形式如下

$$\eta=\beta_0+\beta_1x+\beta_2x^2+\cdots+\beta_px^p+\varepsilon, \tag{8.3.24}$$

其中，p 是多项式的阶；如果 $p=2$，模型是二次的，$d=3$ 为三次的，等等. 需要指出的是，当 $p=2$ 时，回归多项式是抛物线，此时多项式回归也称为抛物线回归. 我们也可以假设 $\varepsilon\sim N(0,\sigma^2)$，多项式模型一般用作近似，几乎从来不表示一个物理模型.

可以用最小二乘法分析多项式模型. 定义 p 个新变量 $x_1=x, x_2=x^2, \cdots, x_p=x^p$，则模型被写成

$$\eta=\beta_0+\beta_1x_1+\beta_2x_2+\cdots+\beta_px_p+\varepsilon. \tag{8.3.25}$$

这是典型的线性模型形式，对这种模型，我们可用前面介绍过的参数估计、假设检验和预测的方法处理. 这就是说，当某种现象应该用一种多项式来描述时，若我们取得了该种现象的样本数据进行上面介绍的线性变换，就可以用线性模型的方法去处理了. 为了说明多项式回归的应用，下面举例说明.

例 8.3.6 已知某种半成品在生产过程中的废品率 Y 与它的化学成分 x 相关，现将试验得到的数据列于下表：

x	34	36	37	38	39	39	39	40	40	41	42	43	43	45	47	48
Y	1.30	1.00	0.73	0.90	0.81	0.70	0.60	0.50	0.44	0.56	0.30	0.42	0.35	0.40	0.41	0.60

把这 16 对数据画出“散点图”或从数据直观分析，我们发现废品率最初随化学成分的增加而降低，而后废品率随化学成分的上升而上升，因此可以认为是抛物线回归

$$\eta=\beta_0+\beta_1x+\beta_2x^2+\varepsilon,$$

定义两个新变量 $x_1=x-\overline{x}$，$x_2=x^2-\overline{x^2}$，则上述模型被写成

$$\eta=\mu+\beta_1x_1+\beta_2x_2+\varepsilon,$$

其中，$\mu=\beta_0+\beta_1\overline{x}+\beta_2\overline{x^2}$. 由多元回归模型的理论我们可以得到回归系数的估计

$$\hat{\boldsymbol{\beta}}=\begin{pmatrix}\hat{\mu}\\ \hat{\beta}_1\\ \hat{\beta}_2\end{pmatrix}=(\boldsymbol{X}'\boldsymbol{X})^{-1}\boldsymbol{X}'\boldsymbol{Y}=\begin{pmatrix}0.9262\\ -0.8205\\ 0.009301\end{pmatrix},$$

因此，经验抛物线方程是

$$\hat{Y} = 18.484 - 0.8205x + 0.009301x^2.$$

习　题　8

1. 通过原点的一元线性模型为

$$Y_i = \beta x_i + \varepsilon_i,\ i = 1, 2, \cdots, n$$

其中，$\varepsilon_1, \varepsilon_2, \cdots, \varepsilon_n$ 相互独立且都有服从 $N(0, \sigma^2)$. 求 β 的最小二乘估计和 σ^2 的矩估计.

2. 设一元线性模型为

$$Y_i = \beta_0 + \beta_1 x_i + \varepsilon_i,\ i = 1, 2, \cdots, n$$

其中，$\varepsilon_1, \varepsilon_2, \cdots, \varepsilon_n$ 相互独立且都服从 $N(0, \sigma^2)$. 求 β_0，β_1 的最小二乘估计和 σ^2 的矩估计，并证明$\hat{\beta}_0$，$\hat{\beta}_1$独立的充要条件是 $\bar{x} = 0$.

3. 设有线性模型为

$$\begin{cases} Y_1 = a + \varepsilon_1, \\ Y_2 = 2a - b + \varepsilon_2, \\ Y_3 = a + 2b + \varepsilon_3, \end{cases}$$

其中，ε_1，ε_2，ε_n 相互独立且都有服从 $N(0, \sigma^2)$，求 a，b 的最小二乘估计和 σ^2 的矩估计.

4. 考察硝酸钠的可溶性程度时，在一系列不同的温度下观察它在 100ml 的水中溶解的硝酸钠的重量，得观察结果如下：

温度 x	66.7	71.0	76.3	80.6	85.7	92.9	99.4	113.6	125.1
重量 y	0	4	10	15	21	29	36	51	68

试求重量与温度的回归直线方程.

5. 下表列出在不同重量下 6 根弹簧的长度（单位：cm）

重量 x/g	5	10	15	20	25	30
长度 y	7.25	8.12	8.95	9.90	10.90	11.80

将这六对观察值用“散点图”画出，直观上能否认为长度对于重量的回归是线性的，写出经验回归直线方程.

6. 通过原点的二元线性回归模型为

$$Y_i = \beta_1 x_{i1} + \beta_2 x_{i2} + \varepsilon_i,\ i = 1, 2, \cdots, n.$$

其中，$\varepsilon_1, \varepsilon_2, \cdots, \varepsilon_n$ 相互独立且都服从 $N(0, \sigma^2)$. 求 β_1，β_2 的最小二乘估计.

7. 某种合金钢的抗拉强度 Y(Pa) 与钢的含碳量 x(%)有关系，测得数据如下：

x/%	0.06	0.07	0.08	0.09	0.10	0.11	0.12	0.13	0.14	0.16	0.18	0.20
Y/Pa	40.5	41.3	42.2	43.0	43.8	44.6	45.4	46.2	47.0	48.6	50.3	51.9

（1）求出 Y 对 x 的线性回归方程；

（2）检验回归效果是否显著？

（3）在 $x = 0.15$ 时，求 Y 的 0.95 预测区间.

(4) 要使 Y 落在（45.8，47.2）内，x 应控制在什么范围内（$\alpha=0.05$）？

8. 混凝土的抗压强度 $x(\mathrm{kg/cm^2})$ 较易测得，其抗剪强度 $Y(\mathrm{kg/cm^2})$ 不易测得. 工程式中希望能用 x 推算 Y 的模型，现随机测得一批数据如下：

抗压强度 x	141	152	168	182	195	204	223	254	277
抗剪强度 Y	23.1	24.2	27.2	27.8	28.7	31.4	32.5	34.8	36.2

试分别按

(1) $y=a+b\sqrt{x}$；(2) $y=a+b\ln x$；(3) $y=ax^b$.

建立 Y 对 x 的回归方程，并根据一元回归分析的相关系数选出其中的最优的模型.

9. 请结合本专业和查阅有关线性模型书籍，将模型 $\boldsymbol{Y}=\boldsymbol{X\beta}+\boldsymbol{u},\boldsymbol{u}\sim N(0,\sigma^2\boldsymbol{I}_n)$ 推广，比如 $\boldsymbol{X}$ 非满秩，$\sigma^2\boldsymbol{I}_n$ 改为 $\sigma^2\boldsymbol{G}$（$\boldsymbol{G}$ 非可逆阵），求 $\boldsymbol{\beta}$ 的最小二乘估计和 σ^2 的矩估计.

10. 在工业洗煤过程中，用溢出溶液中固体悬浮物的量 $y(\mathrm{mg/L})$ 来作为洗煤有效性的度量，影响洗煤有效性的变量有

x_1：输入溶液中固体百分比；

x_2：输入溶液中固体 PH 值；

x_3：清洗流速.

为研究上述变量对 y 的影响，做了一批试验，其结果如下：

试验号	x_1	x_2	x_3	y
1	1.5	6.0	1315	243
2	1.5	6.0	1315	261
3	1.5	9.0	1890	244
4	1.5	9.0	1890	285
5	2.0	7.5	1575	202
6	2.0	7.5	1575	180
7	2.0	7.5	1575	183
8	2.0	7.5	1575	207
9	2.5	9.0	1313	216
10	2.5	9.0	1315	160
11	2.5	6.0	1890	104
12	2.5	6.0	1890	110

对 y 关于变量 x_1,x_2,x_3 做线性回归，并用逐步回归的方法作变量选择.

第9章　灯丝配料对灯泡寿命的影响——方差分析与正交试验设计

9.1　问题的提出

引例：某灯泡厂用四种不同配料方案制成的灯丝生产四批灯泡（记为 A_1, A_2, A_3, A_4），在每批灯泡中取若干个做寿命试验，它们的寿命数据见表9.1.1.

表9.1.1　四批灯泡的寿命试验表

品种	寿命（h）							
A_1	1600	1610	1650	1680	1700	1720	1800	
A_2	1580	1640	1640	1700	1750			
A_3	1460	1550	1600	1620	1660	1740	1820	1640
A_4	1510	1520	1530	1570	1600	1680		

试问灯丝的不同配料方案，对灯泡寿命有无显著影响.

在这里灯泡的寿命称为试验指标，我们将每一种配料制成的灯泡，其寿命看成同一总体，而不同品种的灯泡就是不同总体，因而出现四个不同总体. 每一种的灯泡寿命都有一个理论上的平均值，即分布的数学期望，不同品种的灯泡的寿命的数学期望可能有显著差异，也可能没有显著差异，试验的目的就是通过假设检验对这个问题给出一个推断. 一般可假定母体的方差相同，由于其他试验条件相同，如果灯泡品种对灯泡寿命无显著性影响，我们可认为四个总体的概率分布相同，换句话说，灯泡品种对灯泡寿命是否有显著性影响，就是要检验四个总体的均值是否相等. 按参数估计的假设检验方法可以逐个地进行检验，但这个方法显得繁锁复杂. 特别当水平数较多时，需要做许多假设和检验，计算量也相当大. 如果能导出一个可以用来检验所有这些假设的统计量，那么解决这样的问题就方便多了，方差分析就是解决这样的问题的.

方差分析与试验设计是英国统计学家和遗传学家费希尔进行农业试验发展起来的，通过试验获取数据并进行分析的统计方法. 方差分析讨论的是生产和科学试验中有哪些因素对试验结果有显著作用，哪些因素没有显著作用. 讨论一个因素对试验结果是否有影响称为一元方差分析，讨论多个因素对试验结果是否有影响称为多元方差分析. 对于因素多于两个的方差分析，公式变得相当复杂，试验次数较多，我们介绍一个试验次数少的试验设计方案，即正交试验设计.

9.2　一元方差分析

人们常常通过试验来考察了解各种因素对产品或成品的性能、成本、产量等的影响，我们把性能、成本、产量等统称为试验指标. 有些指标可以直接用数量表示，称为定量指标；

不能直接用数量表示的，称为定性指标，可按评定结果打出分数或评出等级，这时就能用数量表示了．在试验中，影响试验指标的原因称为因素，因素在试验中所处的各种状态称为因素的水平，某个因素在试验中需要考察它的几种状态，就称它为几水平的因素，引例中灯丝的不同配料是因子，四批灯泡就构成了四种状态，即四个水平．所做的试验称为单因子四水平试验，只考虑一个因子对试验指标有没有显著性影响的分析称为单因子方差分析或者一元方差分析，考虑二个因子对试验指标有没有显著性影响的分析称为双因子方差分析或者二元方差分析．我们先考虑一个因子的情形：

假设试验只考虑一个因子 A，它有 I 个水平 $A_1, A_2, \cdots, A_I$，总共有 N 次试验 $N = n_1 + n_2 + \cdots + n_i$，$x_{ij}$ 表示第 i 水平第 j 次试验，结果其数据见表 9.2.1.

表 9.2.1　一元方差试验数据表

水平	试验结果
A_1	$x_{11}, x_{12}, \cdots, x_{1n_1}$
A_2	$x_{21}, x_{22}, \cdots, x_{2n_2}$
$\vdots$	$\vdots$
A_I	$x_{I1}, x_{I2}, \cdots, x_{In_I}$

我们再做如下假设：$X_1, X_2, \cdots, X_I$ 为 I 个子总体，且 $X_1, X_2, \cdots, X_I$ 相互独立，$X_i \sim N(\mu_i, \sigma^2)$，而 $x_{i1}, x_{i2}, \cdots, x_{in_i}$ 为 X_i 的样本．显然 I 个水平对试验结果有无显著性影响，就是看 $X_1, X_2, \cdots, X_I$ 是否为相同的总体，或它们的分布是否相同．如果它们都是正态总体，就只要看它们分布的参数是否相同；已知方差相同，这就只需判断数学期望是否相等，换句话说，只要在一定的显著性水平上检验统计假设

$$H_0: \mu_1 = \mu_2 = \cdots = \mu_I$$

令

$$\overline{X}_i = \frac{1}{n_i}\sum_{j=1}^{n_i} X_{ij}, \overline{X} = \frac{1}{N}\sum_{i=1}^{I}\sum_{j=1}^{n_i} X_{ij},$$

分别表示第 i 个子总体的样本均值（组平均值）和总体样本均值（总平均值）．总偏差平方和

$$SST = \sum_{i=1}^{I}\sum_{j=1}^{n_i}(X_{ij} - \overline{X})^2,$$

它描述全部数据离散程度（总波动）的大小．容易证明

$$SST = SSA + SSE, \tag{9.2.1}$$

其中，$SSA = \sum_{i=1}^{I} n_i(\overline{X}_i - \overline{X})^2, SSE = \sum_{i=1}^{I}\sum_{j=1}^{n_i}(X_{ij} - \overline{X}_i)^2.$

我们来看平方和的意义．将上面的问题写成如下模型

$$\begin{cases} X_{ij} = \overline{\mu} + \alpha_i + \varepsilon_{ij}, \\ \varepsilon_{ij} \sim N(0, \sigma^2)，且各\ \varepsilon_{ij}\ 相互独立, \\ \sum_{i=1}^{I}\alpha_i = 0, \end{cases} \tag{9.2.2}$$

其中，$\overline{\mu} = \frac{1}{N}\sum_{i=1}^{n} a_i\mu_i \mu_i - \overline{\mu} = \alpha_i$ α_i 称为 A 的第 i 个水平效应，则

$$SSA = \sum_{i=1}^{I} n_i(\alpha_i + \overline{\varepsilon}_i - \overline{\varepsilon})^2, SSE = \sum_{i=1}^{I}\sum_{j=1}^{n_i}(\varepsilon_{ij} - \overline{\varepsilon}_i)^2,$$

其中，$\overline{\varepsilon}_i = \dfrac{1}{n_i}\sum_{j=1}^{n_i}\varepsilon_{ij}$，$\overline{\varepsilon} = \dfrac{1}{N}\sum_{i=1}^{I}\sum_{j=1}^{n_i}\varepsilon_{ij}$.

SSA 反映的是各子总体样本均值（组平均值）的不同而引起的误差，是各组平均值与总体样本平均值的离差平方和，它表示除试验误差影响外还有各试验水平差异（效应）带来的影响，称为组间偏差平方和，也称为系统误差. SSE 反映的是每一个子总体的（组内）数据不同而引起的误差，是每个观测值与其组内平均值的离差平方和，它表示的只是试验误差的大小，称为组内偏差平方和，也称为误差平方和. 因此，通过 SSA 的大小可以反映原假设 H_0 是否成立，若 SSA 显著地大于 SSE，说明各子总体（水平）X_i 之间差异显著，那么 H_0 可能不成立. 这种比较方差大小来判断原假设 H_0 是否成立的方法就是方差分析的由来，那么 $\dfrac{SSA}{SSE}$ 的值大到什么程度可以否定 H_0 呢？在理论上已经证明在原假设 H_0 成立的条件下

$$F = \frac{SSA/(I-1)}{SSE/(N-I)} \sim F(I-1, N-I), \qquad (9.2.3)$$

统计量 F 可以作为判断 H_0 是否成立的检验统计量. 在给定显著水平 α 的情况下，当 $F > F_\alpha(I-1, N-I)$ 时，则拒绝 H_0，认为因素 A 对试验的指标是显著的，否则接受 H_0. 在实际进行一元方差分析时，通常将有关的统计量连同分析结果列在一张表上，见表 9.2.2.

表 9.2.2　一元方差分析表

方差来源	平方和	自由度	均方差	F 值
组间（因素 A）	SSA	$I-1$	$SSA/(I-1)$	$\dfrac{SSA/(I-1)}{SSE/(N-I)}$
组内（误差）	SSE	$N-I$	$SSE/(N-I)$	
总和	SST	$N-1$		

例 9.2.1　在引例中给定 $\alpha = 0.05$，问灯丝的配料方案对灯泡寿命有无影响.

解　按题意 $I=4$，$n_1=7$，$n_2=5$，$n_3=8$，$n_4=6$，$N=26$，经计算可得下列方差分析表，见表 9.2.3.

表 9.2.3　例 9.2.1 的方差分析表

方差来源	平方和	自由度	均方差	F 值
组间（因素 A）	44374.6	3	14791.5	2.17
组内（误差）	149970.8	22	6816.8	
总和	194345.4	25		

对给定的 $\alpha = 0.05$，查表得 $F_{0.05}(3,22) = 3.05$，因为 $F = 2.15 < F_{0.05}(3,22)$，所以接受 H_0，即这四种灯丝的配料方案生产的灯泡寿命之间无显著差异，换句话说，配料方案对灯泡寿命没有显著影响.

9.3　二元方差分析

9.3.1　无重复试验的方差分析

如果两个因子无交互作用，只需在各种组合水平下各做一次试验就可进行方差分析，称

为无重复试验的方差分析. 在上一小节中，我们假定对两个因子的每个水平组合都重复1次，则将既没有误差平方和，也没有自由度来刻画随机误差. 此时，因子效应的大小将失去比较的依据，从而也无法进行 F 检验. 因此，对双因子无重复试验数据，只有采用简化的模型，才能进行方差分析. 由于是无重复试验，可将数据重新记为 X_{ij}($i=1,2,\cdots,I,j=1,2,\cdots,J$)，它表示 A 的第 i 水平和 B 的第 j 水平的指标值. 假设 X_{ij} 之间相互独立，且 $X_{ij}\sim N(\mu_{ij},\sigma^2)$，则 $X_{ij}=\mu_{ij}+\varepsilon_{ij}$，其中，$\varepsilon_{ij}$ 之间相互独立，且 $\varepsilon_{ij}\sim N(0,\sigma^2)$. 类似上一小节的讨论，得到数学模型：

$$\begin{cases} X_{ij}=\mu+\alpha_i+\beta_j+\varepsilon_{ij}, \\ \varepsilon_{ij}\sim N(0,\sigma^2)\text{，且各 }\varepsilon_{ij}\text{ 相互独立，} \\ \sum_{i=1}^{I}\alpha_i=0,\ \sum_{j=1}^{J}\beta_j=0. \end{cases} \tag{9.3.1}$$

在上述表达式中，$\bar{\mu}$ 表示总均值，α_i 表示 A 因子的第 i 水平对指标的单独效果，称为 A 因子的主效应，β_j 表示 B 因子的第 j 水平对指标的单独效果，称为 B 因子的主效应. A 因子的主效应水平是否显著，对此可以检验假设：

$$H_{0A}:\alpha_1=\alpha_2=\cdots=\alpha_I=0, \tag{9.3.2}$$

B 因子的主效应是否显著，则可以检验假设：

$$H_{0B}:\beta_1=\beta_2=\cdots=\beta_J=0. \tag{9.3.3}$$

总体样本均值、A 的第 i 水平样本均值和 B 的第 j 水平的样本均值分别为

$$\bar{X}=\frac{1}{IJ}\sum_{i=1}^{I}\sum_{j=1}^{J}X_{ij},\ \bar{X}_{i\cdot}=\frac{1}{J}\sum_{j=1}^{J}\bar{X}_{ij},\ \overline{X_{\cdot j}}=\frac{1}{I}\sum_{i=1}^{I}\bar{X}_{ij}$$

可以证明

$$SST=SSA+SSB+SSE, \tag{9.3.4}$$

其中

总偏差平方和 $SST=\sum_{i=1}^{I}\sum_{j=1}^{J}(X_{ij}-\bar{X})^2$,

A 因子偏差（主效应）平方和：$SSA=J\sum_{i=1}^{I}(\bar{X}_{i\cdot}-\bar{X})^2$,

随机误差平方和：$SSE=\sum_{i=1}^{I}\sum_{j=1}^{J}(X_{ij}-\bar{X}_{\cdot j}-\bar{X}_{i\cdot}+\bar{X})^2$,

总偏差平方和 SST 的自由度（独立平方项的个数）为 $N=IJ-1$，A 因子偏差（主效应）平方和 SSA 的自由度为 $I-1$，B 因子偏差（主效应）平方和 SSB 自由度为 $J-1$，误差平方和 SSE 的自由度为 $(I-1)(J-1)$.

还可以证明在 H_1 成立的条件下

$$F_A=\frac{\frac{SSA}{(I-1)}}{\frac{SSE}{(I-1)(J-1)}}\sim F(I-1,(I-1)(J-1)), \tag{9.3.5}$$

统计量 F_A 可以作为判断 H_{0A} 是否成立的检验统计量. 在给定显著水平 α 的情况下，当 $F_A>F_\alpha(I-1,(I-1)(J-1))$ 时，则拒绝 H_{0A}，认为因子 A 对试验的指标的影响是显著的，否则

接受 H_{0A}. 同理在 H_{0B}成立的条件下

$$F_B = \frac{\frac{SSB}{(J-1)}}{\frac{SSE}{(I-1)(J-1)}} \sim F(J-1,(I-1)(J-1)). \tag{9.3.6}$$

统计量 F_B 可以作为判断 H_{0B}是否成立的检验统计量. 在给定显著水平 α 的情况下, 当 $F_B > F_\alpha(J-1,(I-1)(I-1))$时, 则拒绝 H_{0B}, 认为因子 B 对试验的指标的影响是显著的, 否则接受 H_{0B}. 在实际进行方差分析时, 通常将有关的统计量连同分析结果列在一张表上, 即如下的方差分析表:

表 9.3.1　无重复试验的二元方差分析表

方差来源	平方和	自由度	均方差	F 值
主效应 A	SSA	$I-1$	$MSSA = SSA/(I-1)$	$F_A = \frac{MSSA}{MSSE}$
主效应 B	SSB	$J-1$	$MSSB = SSB/(J-1)$	$F_B = \frac{MSSB}{MSSE}$
随机误差	SSE	$(I-1)(J-1)$	$MSSE = SSE/(I-1)(J-1)$	
总和	SST	$N-1$		

例 9.3.1　将土质基本相同的一块耕地分成均等的五个地块, 每块分成均等的四个区域, 四个品种的小麦, 在每一地块内随机种在四个区域中, 每一区域小麦的播种量相同, 测得收获量资料如下表 (单位: 斤[㊀]/块):

表 9.3.2　收获量资料表

	地块 B_1	地块 B_2	地块 B_3	地块 B_4	地块 B_5
品种 A_1	32.3	34.0	34.7	36.0	35.5
品种 A_2	33.2	33.6	36.8	34.3	36.1
品种 A_3	30.3	34.4	32.3	35.8	32.8
品种 A_4	29.5	26.2	28.1	28.5	29.4

现在考察地块和品种对小麦收获量有无显著影响, 取 $\alpha = 0.05$.

解　设有两个因子 A、B 分别表示品种和地块, 显然因子 A 有四水平 A_1、A_2、A_3、A_4, 因子 B 有五水平 B_1、B_2、B_3、B_4、B_5, 因此原问题转化为如下的数学问题:

$$H_{0A}: \alpha_1 = \alpha_2 = \alpha_3 = \alpha_4 = 0,$$

$$H_{0B}: \beta_1 = \beta_2 = \beta_3 = \beta_4 = \beta_5 = 0.$$

直接计算可以得到下列方差分析表:

表 9.3.3　例 9.3.1 的方差分析表

方差来源	平方和	自由度	均方	F 值
主效应 A	134.65	3	44.88	20.49
主效应 B	14.10	4	3.53	1.6
随机误差	26.28	12	2.19	
总和	175.03	19		

㊀ 1 斤 = 0.5kg.

对品种 A，有 $F_A=20.49>F_{0.05}(3,12)=3.49$，说明不同品种对小麦的收获量有显著的影响. 对地块 B，有 $F_B=1.6<F_{0.05}(4,12)=3.26$，说明不同地块对小麦的收获量没有显著的影响.

9.3.2 重复试验的方差分析

在许多实际问题中，往往不只出现单个因素的各个水平状态对实验指标的影响，而可能同时需考虑两个因子对实验指标的影响，这时的方差分析，不仅需要判断各因子对指标的影响是否显著，还要考虑因子各水平之间的相互组合对指标的交互作用. 如果两个因子有交互作用，则要考虑每一种组合水平下各做多少次试验才能进行方差分析.

例如，假定要比较一种新型复合肥料与传统肥料对小麦增产的效果. 又假定所使用的试验地块的地质条件也不同（酸性、碱性或中性等）. 自然我们会考虑到：除了肥料的不同可能使小麦的单产产生差异之外，地的酸碱性不同也可能使小麦的单产产生差异. 在这种情况下，如果把一种肥料撒到一块地上，而把另一种肥料撒到另一块地上，那么即使这两块地上的小麦单产有显著的差异，也无法判断这种差异是由肥料的不同造成的，还是由地的酸碱性的不同造成的. 对此，可以采取如下的做法：假定有三个试验地块，分别为酸性、碱性和中性，我们将每块地划分为 $2K$ 块小区，将它们随机地分成两组，每组 K 块小区，其中一组小区施用传统肥料，另外一组施用新型复合肥料. 这样做的结果是：每种肥料和地块的组合（共有 6 种组合）都进行了 K 次试验. 这样，数据的分组可以按肥料分组和按地块分组两种方式，等价地说，决定数据分组的因子有两个，即肥料（因子 A）和地块（因子 B）. 因子 A 有两个水下，因子 B 有三个水平. 在上述的试验方法下，两个因子的任一水平组合都做了相同次数的试验（K 次）. 这是一个完全平衡的双因子试验.

一般地，我们假定在一个试验中要考虑两个因子 A 与 B，分别有 I 水平与 J 水平，记 A 因子的 I 水平为 $A_1, A_2, \cdots, A_I$，B 因子的 J 水平为 $B_1, B_2, \cdots, B_J$. 一个完全平衡的试验，就是要对两个因子的每个不同的水平组合 $A_i\times B_j$ 都做 K 次试验，其中，$K>1$. 在水平组合 $A_i\times B_j$ 下所得到的响应变量观测值

$$X_{ijk}, i=1,2,\cdots,I, j=1,2,\cdots,J, k=1,2,\cdots,K.$$

它表示 A 的第 i 水平 B 的第 j 水平上的第 k 次实验的指标值. 假设诸 X_{ijk} 之间相互独立，且 $X_{ijk}\sim N(\mu_{ij},\sigma^2)$，则 $X_{ijk}=\mu_{ij}+\varepsilon_{ijk}$，其中 ε_{ijk} 之间相互独立，且 $\varepsilon_{ijk}\sim N(0,\sigma^2)$. 在上面的模型中，两个因子不同水平的组合对响应变量的影响的差异表现在分布的均值 μ_{ij} 的差异上. 为了更清楚地看清 μ_{ij} 的含义，我们做如下一些变换：

$$\bar{\mu}=\frac{1}{IJ}\sum_{i=1}^{I}\sum_{j=1}^{J}\mu_{ij},\ \bar{\mu}_{i\cdot}=\frac{1}{J}\sum_{j=1}^{J}\mu_{ij},\ \bar{\mu}_{\cdot j}=\frac{1}{I}\sum_{i=1}^{I}\mu_{ij},$$

$$\alpha_i=\bar{\mu}_{i\cdot}-\bar{\mu},\ \beta_j=\overline{\mu_{\cdot j}}-\bar{\mu},\gamma_{ij}=\mu_{ij}-\bar{\mu}_{\cdot j}-\bar{\mu}_{i\cdot}+\bar{\mu}.$$

于是得到数学模型：

$$\begin{cases}X_{ijk}=\bar{\mu}+\alpha_i+\beta_j+\gamma_{ij}+\varepsilon_{ijk},\\ \varepsilon_{ijk}\sim N(0,\sigma^2),\text{且各}\ \varepsilon_{ijk}\ \text{相互独立},\\ \sum_{i=1}^{I}\alpha_i=0,\sum_{j=1}^{J}\beta_j=0,\sum_{i=1}^{I}\gamma_{ij}=0,\sum_{j=1}^{J}\gamma_{ij}=0.\end{cases}\tag{9.3.7}$$

在上述表达式中，$\bar{\mu}$ 表示总均值，α_i 表示 A 因子的第 i 水平对指标的单独效果，称为 A 因子的主效应，β_j 表示 B 因子的第 j 水于对指标的单独效果，称为 B 因子的主效应，γ_{ij}表示 A 因子的第 i 水平和 B 因子的第 j 水平在主效应之外，对指标所产生的额外的联合效果，称为交互效应.

在双因子试验的模型中，我们所关心的是：

（1）因子的主效应是否显著. 假如我们关心 A 因子的主效应水平是否显著，对此可以检验假设：

$$H_{0A}:\alpha_1=\alpha_2=\cdots=\alpha_I=0, \tag{9.3.8}$$

或者，假如我们所关心的是 B 因子的主效应是否显著，则可以检验假设：

$$H_{0B}:\beta_1=\beta_2=\cdots=\beta_J=0, \tag{9.3.9}$$

（2）检验交互效应的效果是否显著. 这时我们检验假设：

$$H_{0AB}:\gamma_{11}=\gamma_{12}=\cdots=\gamma_{IJ}=0. \tag{9.3.10}$$

双因子检验数据的方差分析主要解决上述三个假设的检验问题. 上述假设的检验方法，与在单因子试验数据的方差分析中所采用的方法类似，就是将数据的总平方和分成若干项平方和，其中有的刻画因子的主效应，有的刻画因子的交互效应，有的刻画随机误差的效应，然后构造适当的 F 统计量进行检验. 令

$$\bar{X}=\frac{1}{IJK}\sum_{i=1}^{I}\sum_{j=1}^{J}\sum_{k=1}^{K}X_{ijk},\quad \bar{X}_{ij\cdot}=\frac{1}{K}\sum_{k=1}^{K}X_{ijk},$$

$$\bar{X}_{i\cdot\cdot}=\frac{1}{J}\sum_{j=1}^{J_i}\bar{X}_{ij\cdot},\quad \bar{X}_{\cdot j\cdot}=\frac{1}{I}\sum_{i=1}^{I}\bar{X}_{ij\cdot}$$

分别表示总体样本均值（总平均值），A 的第 i 水平与 B 的第 j 水平的样本均值，A 的第 i 水平的样本均值（A 组平均值）和 B 的第 j 水平的样本均值（B 组平均值）. 总偏差平方和

$$SST=\sum_{i=1}^{I}\sum_{j=1}^{J}\sum_{k=1}^{K}(X_{ijk}-\bar{X})^2,$$

它描述全部数据离散程度（总波动）的大小. 容易证明

$$SST=SSA+SSB+SSAB+SSE. \tag{9.3.11}$$

其中

A 因子偏差（主效应）平方和：$SSA=JK\sum_{i=1}^{I}(\bar{X}_{i\cdot\cdot}-\bar{X})^2$，

B 因子偏差（主效应）平方和：$SSB=IK\sum_{j=1}^{J}(\bar{X}_{\cdot j\cdot}-\bar{X})^2$，

交互效应偏差平方和：$SSAB=K\sum_{i=1}^{I}\sum_{j=1}^{J}(\bar{X}_{ij\cdot}-\bar{X}_{i\cdot\cdot}-\bar{X}_{\cdot j\cdot}+\bar{X})^2$，

随机误差平方和：$SSE=\sum_{i=1}^{I}\sum_{j=1}^{J}\sum_{k=1}^{K}(X_{ijk}-\bar{X}_{ij\cdot})^2$.

与单因子方差分析中平方和的解释及自由度的计算类似，我们可以对上述的平方和给出解释，并计算自由度. 总偏差平方和 SST 刻画样本对于样本总均值 $\bar{X}$ 的总离散程度，平方项共有 $N=IJK$，满足一个约束条件：

$$\sum_{i=1}^{I}\sum_{j=1}^{J}\sum_{k=1}^{K}(X_{ijk}-\overline{X})=0.$$

因此，SST 的自由度（独立平方项的个数）为 $N=IJK-1$. A 因子偏差（主效应）平方和 SSA 可以解释为 A 因子主效应的总体效果，平方和项为 I，满足一个约束条件：$\sum_{i=1}^{I}(\overline{X}_{i\cdot\cdot}-\overline{X})=0$，因此 SSA 的自由度为 $I-1$. 类似地，SSB 可以解释为 B 因子主效应的总体效果，自由度为 $J-1$. $SSAB$ 代表交互效应的总效果，平方和项为 IJ，它们之间满足约束条件：

$$\sum_{i=1}^{I}(\overline{X}_{ij\cdot}-\overline{X}_{i\cdot\cdot}-\overline{X}_{\cdot j\cdot}+\overline{X})=0,j=1,2,\cdots,J,\sum_{j=1}^{J}(\overline{X}_{ij\cdot}-\overline{X}_{i\cdot\cdot}-\overline{X}_{\cdot j\cdot}+\overline{X})=0,i=1,2,\cdots,I$$

这 $I+J$ 个约束条件中只有 $I+J-1$ 个是独立的，因此 $SSAB$ 的自由度为 $(I-1)(J-1)$. 最后再来看误差平方和 SSE，它可以看成是随机误差的总度量，平方和项为 IJK，满足下列约束条件：

$$\sum_{k=1}^{K}(X_{ijk}-\overline{X}_{ij\cdot})=0,i=1,2,\cdots,I,j=1,2,\cdots,J.$$

因此 SSE 的自由度为 $IJ(K-1)$.

因此，通过 SSA 的大小可以反映原假设 H_{0A} 是否成立. 若 SSA 显著地大于 SSE，A 因子水平之间差异显著，那么 H_{0A} 可能不成立. 这种比较方差大小来判断原假设 H_{0A} 是否成立的方法就是方差分析的由来，那么 $\frac{SSA}{SSE}$ 的值大到什么程度可以否定 H_{0A} 呢？在理论上已经证明在 H_{0A} 成立的条件下

$$F_A=\frac{\dfrac{SSA}{(I-1)}}{\dfrac{SSE}{IJ(K-1)}}\sim F(I-1,IJ(K-1)),\tag{9.3.12}$$

统计量 F_A 可以作为判断 H_{0A} 是否成立的检验统计量. 在给定显著水平 α 的情况下，当 $F>F_\alpha(I-1,IJ(K-1))$ 时，则拒绝 H_{0A}，认为因子 A 对试验的指标的影响是显著的，否则接受 H_{0A}. 同理在 H_{0B} 成立的条件下

$$F_B=\frac{\dfrac{SSB}{(J-1)}}{\dfrac{SSE}{IJ(K-1)}}\sim F(J-1,IJ(K-1)),\tag{9.3.13}$$

统计量 F_B 可以作为判断 H_{0B} 是否成立的检验统计量. 在给定显著水平 α 的情况下，当 $F_B>F_\alpha(J-1,IJ(K-1))$ 时，则拒绝 H_{0B} 认为因子 B 对试验的指标的影响是显著的，否则接受 H_{0B}. 同理在 H_{0AB} 成立的条件下

$$F_{AB}=\frac{\dfrac{SSAB}{(I-1)(J-1)}}{\dfrac{SSE}{IJ(K-1)}}\sim F(J-1,IJ(K-1)),\tag{9.3.14}$$

统计量 F_{AB} 可以作为判断 H_{0AB} 是否成立的检验统计量. 在给定显著水平 α 的情况下，当 $F_{AB} > F_\alpha((I-1)J-1, IJ(K-1))$ 时，则拒绝 H_{0AB}，认为因子 A 与 B 对试验的指标的交互作用的影响是显著的，否则接受 H_{0AB}.

在实际进行方差分析时，通常将有关的统计量连同分析结果列在一张表上，见表 9.3.4.

表 9.3.4　有重复试验的二元方差分析表

方差来源	平方和	自由度	均方差	F 值
主效应 A	SSA	$I-1$	$MSSA = SSA/(I-1)$	$F_A = \dfrac{MSSA}{MSSE}$
主效应 B	SSB	$J-1$	$MSSB = SSB/(J-1)$	$F_B = \dfrac{MSSB}{MSSE}$
交互效应	$SSAB$	$(I-1)(J-1)$	$MSSAB = SSAB/(I-1)(J-1)$	$F_{AB} = \dfrac{MSSAB}{MSSE}$
随机误差	SSE	$IJ(K-1)$	$MSSE = SSE/IJ(K-1)$	
总和	SST	$N-1$		

例 9.3.2　为了比较 3 种松树在 4 个不同的地区的生长情况有无差别，在每个地区对每种松树随机地选取 5 株，测量它们的胸径，得到了如下的数据，见表 9.3.5.

表 9.3.5　三种松树的胸径数据　（单位：cm）

	地区 1	地区 2	地区 3	地区 4
树种 1	23，15，26，13，21	25，20，21，16，18	21，17，16，24，27	14，17，19，20，24
树种 2	28，22，25，19，26	30，26，26，20，28	19，24，19，25，29	17，21，18，26，23
树种 3	18，10，12，22，13	15，21，22，14，12	23，25，19，13，22	18，12，23，22，19

现在考察树种和地区对树的胸径有无显著影响，取 $\alpha = 0.05$.

解　这是一批等重复的两因子数据，记树种因子为 A，地区因子为 B，则 A 因子有 3 水平，B 因子有 4 水平，总共有 12 个水平组合，每个组合有 5 个重复观测. 假定树的胸径为度量树的生长情况是否良好的数值指标，我们的目标是：由以上数据来判断不同树种及不同地区对松树的生长情况是否有影响？这时要考虑的影响有三种：树种的单独影响（A 因子主效应），地区的单独影响（B 因子主效应），以及不同树种和不同地区的结合所产生的交互影响（AB 因子的交互效应）. 方差分析的结果见表 9.3.6.

表 9.3.6　例 9.3.2 的方差分析表

方差来源	平方和	自由度	均方差	F 值
主效应 A	355.6	2	177.8	9.68
主效应 B	49.65	3	16.55	0.90
交互效应 AB	106.4	6	17.73	0.97
随机误差	882.0	48	18.38	
总和	1393.65	59		

从上面的分析结果，我们来对因子的主效应和交互效应的显著性进行检验. 现取显著性水平 $\alpha = 0.05$，查表得到 F 的临界值：

$$F_{0.05}(2,48)=3.19,\ F_{0.05}(3,48)=2.80,\ F_{0.05}(6,48)=2.29.$$

因为 $F_A=9.68>F_{0.05}(2,48)=3.19$，$F_B=0.90<F_{0.05}(3,48)=2.80$，$F_{AB}=0.97<F_{0.05}(6,48)=2.29$.

所以，A 因子主效应是显著的，或者说松树的不同种类对树的胸径有显著影响．由于 A 因子主效应是显著的，我们可以进一步考查 A 因子不同水平的均值．注意到 A 因子的第二水平为最大：23.55，而第三水平的均值为最小：17.65，可以认为树种 2 的生长情况优于树种 3．能够得出这个结论，得益于观测的等重复性．B 因子主效应不显著，或者说不同地区对树的胸径没有显著影响．AB 因子的交互效应不显著，或者说不同地区对不同的树种的生长没有特别的影响．

9.4 正交试验设计

9.4.1 方差分析法的推广和正交试验法的提出

上两节所研究的单因子、双因子试验的方差分析模型中所包含的统计思想和方法可以推广到多因子试验的场合．以三因子模型为例，设有三因子对响应变量（指标）有影响，分别记为 A、B、C，它们的水平数分别为 I、J、K．它们对响应变量的影响可以分成如下三种：

（1）各因子的主效应，即单个因子的不同水平对响应变量产生的影响；

（2）一阶交互效应，即在扣除主效应的影响之后，任意两个因子的不同水平组合（AB、AC、BC）对响应变量产生的联合影响；

（3）二阶交互效应，即在扣除主效应和一阶交互效应的影响之后，三个因子的不同水平组合（ABC）对响应变量产生的联合影响．

与双因子的情况类似，如果在 3 个因子的每个水平组合上做相同次数试验，则当试验次数 K 大于 1（有重复）时，可以用全模型（包含全部上述 3 种效应的模型）进行方差分析，而当试验次数等于 1（无重复）时，无法对二阶交互效应分析，而只能分析主效应和一阶交互效应．读者可以仿照上两节的做法，对这两种情况下 3 个因子方差分析的全部过程列出结果（模型、平方和分解、自由度、F 统计量，等等）．以上的这些做法可以推广到 4 因子、5 因子、以及 m 因子的情况．无论有多少个因子，如果在所有因子的每个水平组合上都做至少一次试验，则试验是完全的，为便于进行方差分析，试验应该是等重复的．为能够分析最高阶为（$m-1$）阶的交互效应，试验应该是有重复的（重复数大于 1）．

虽然我们在理论上可以将单因子、双因子方差分析的模型和方法推广到多因子方差分析的情况，但在实践中，做多个因子的完全试验会有实际的困难，因为完全试验所要求的试验次数太多乃至无法实现．例如，假定要考虑 5 个三水平因子，则完全试验（重复数为 1）要求做 243 次试验；假如再加一个四水平因子，则完全试验（同样重复数为 1）要作 972 次试验．如果要能够分析全部交互效应，同时还能够做平方和分解，则试验次数还需加倍！显然，如此多的试验次数在实际应用中几乎是无法实施的，那么如何解决这个困难呢？

在对一个因子试验所建立的线性模型中，独立参数（总均值、主效应、交互效应等）的个数 k 与试验次数 n 之间有下面的关系：当 $n>k$ 时，有足够的自由度来估计参数，同时还有剩余自由度来估计误差的方差；当 $n=k$ 时，有足够的自由度来估计参数，但是没有剩余自由度来估计误差的方差，当 $n<k$ 时，没有足够的自由度来估计参数，同时也没有自由度来估计误差的方差. 在因子试验中，除非可以事先确定数据中的随机误差很小，以至可以简单地忽略，否则对误差的估计是必要的，它是进行假设检验的前提. 因此，如果不能简单忽略随机误差，就应该给误差的估计留下适当的自由度. 根据上述的思路，只要试验总次数大于独立参数的个数就可以有足够的自由度来估计参数，同时还有剩余自由度来估计误差的方差，才能进行假设检验. 在一个线性模型中，参数（主效应及各种交互效应）的数目是由实际问题本身决定的，而不是由主观决定的. 在大量的因子试验实践中，人们发现：在很多情况下，因子之间的高阶交互效应是不存在的，至多存在某些一阶交互效应（即两因子的交互效应），或者只有主效应. 在这种情况下，多因子试验的模型中包含的参数实际上并不多，可能远远少于全模型的参数. 比如有6个二水平因子，如果考虑所有可能的交互作用就有64个独立参数，但是如果只考虑主效应则只有7个独立参数. 因此对6个二水平因子的无交互效应模型，理论上只需做8次试验就可以有多余的自由度来估计误差方差.

我们知道在生产经营管理活动中，经常要做许多试验. 如果试验设计得好，就能用较少的试验次数取得较满意的结果，反之，如果试验设计得不好，虽经多次试验，也不一定能取得满意的结果. 因此，如何合理地设计试验，是很值得研究的一个问题. 在模型中只有主效应的前提下，统计学家发明了一类试验设计的方法，统称为“正交因子设计”，或简单地称为“正交设计”. 它的主要内容是讨论如何合理地安排试验以及试验后的数据怎样做统计分析等. 在这种试验设计中，可以安排许多因子，而试验次数远远小于完全试验所需的试验次数.

应用正交试验进行试验设计，就是在试验前借助于一种现成的规格化的表——正交表，科学地挑选试验条件，合理地分析试验结果. 从而可以只用较少的试验次数，分清各因素对试验结果（指标）的影响，按其影响大小，找出主次关系并确定最佳搭配方案或最优工艺条件.

9.4.2　正交表及直观分析法

1. 正交表

正交表是统计学家和数学家构造的、给实际工作者安排正交试验用的表，是正交试验法中安排试验，并对数据进行直观分析和方差分析的重要工具. 正交表实际上就是一个在给定试验次数和因子水平数之后，可以容纳最多因子个数的正交试验表. 正交表可以分为两大类：单一水平正交表和混合水平正交表. 在单一水平正交表中，所有因子有相同水平，而在混合水平正交表中，因子有不同水平.

单一水平正交表表示为 $L_n(t^k)$，其中 L 表示正交表，下标 n 是正交表的行数，为试验次数，k 是正交表的列数，表示试验至多可以安排因素的个数，t 是表中不同数字的个数，为因子水平数. 例如 $L_8(2^7)$ 表示在8次试验中最多可安排7个两水平因子，见表9.4.1：

表 9.4.1 正交表 $L_8(2^7)$

试验号 \ 列号	1	2	3	4	5	6	7
1	1	1	1	1	1	1	1
2	1	1	1	2	2	2	2
3	1	2	2	1	1	2	2
4	1	2	2	2	2	1	1
5	2	1	2	1	2	1	2
6	2	1	2	2	1	2	1
7	2	2	1	1	2	2	1
8	2	2	1	2	1	1	2

在实际问题中，如果确定了因子的个数和水平数，并且确认因子之间无交互效应，就可以选用一个能够容纳指定因子的而且试验次数最少的正交表来安排试验. 由于是无交互效应模型，因此因子具体安排在表的哪一列是没有限制的. 例如，假定有 4 个两水平因子，由于试验次数最少的两水平表为 $L_4(2^3)$，最多只能安排 3 个两水平因子，因此需选用 $L_8(2^7)$，4 个因子可以安排在 7 列中的任意 4 列. 为便于读者使用，本书将常用正交表列于附录. 按照正交表安排好试验后，就可以做试验，得到试验数据后就可以进行直观分析和方差分析. 在因子试验中，二水平的因子是遇到最多的，因此 L_n（2^k）正交表也是用得最多的. 对二水平的因子，在正交表中通常用 1 和 2 分别表示两个水平. 如果将表中所有元素 2 都改成 -1，就得到一个所有元素都是 1 和 -1 的 n 行 k 列的矩阵 $\boldsymbol{X}$. 表中的每一列 1 和 2 的个数是相同的，任意两列中组合（1,1），（1,2），（2,1），（2,2）出现的次数相同，因此矩阵 X 的每一列 1 和 -1 的个数是相同，任意两列中，组合（1,1），（1,-1），（-1,1），（$-l$, -1）出现次数相同，由此可见 $\boldsymbol{X}$ 的列在“向量内积”的意义下是两两正交的. 正交表具有下列特点：任意一列中数字重复的次数相同，对于任意两列数字间的搭配是均衡的.

2. 正交试验法直观分析的一般步骤

下面通过实例说明正交表的应用和直观分析的一般步骤.

例 9.4.1 为了提高某化工产品的转化率，选择了三个有关因素，反应温度 A，反应时间 B 和用碱量 C，各因素所选取的水平见表 9.4.2.

表 9.4.2 三因素的水平选择表

水平 \ 因素	A（反映温度/℃）	B（反映时间/min）	C（用碱量/%）
1	80	90	5
2	85	120	6
3	90	150	7

如何对试验进行安排呢？我们看到：如果进行全面试验，则需要做 27 次试验，如果用正交表来安排这项试验，只需做 9 次试验就够了. 具体步骤如下：

（1）例中要考察的因素和水平都已确定. 对于一般问题是这样考虑：根据试验的目的，

确定试验要考察的因素，如果对事物的变化规律了解不多，因素可以多取一些，如果对其规律已有相当了解，可以准确判断主要因素，这时因素可取少一些. 每个因素的水平数可以相等，也可以不等，重要的因素或者特别希望详细了解的因素，水平可多取一些，其余情况水平可取少一些.

(2) 选择适合试验的正交表. 此例是三因素三水平试验，选用 $L_9(3^4)$ 比较合适. 究竟选用那种正交表，要根据因素和水平的多少以及试验费用的情况而定，一般地讲，要求试验精度高的可选试验次数多的正交表，试验费用较贵的，可选试验次数少的正交表.

(3) 因素 A、B、C 放在正交表的列上. 如果有些因素的不同水平改变起来比较困难，应当优先考虑这些因素，把它们放在适当的列上，在这种列上不同水平的改变次数较少，固定一个水平后，要连续做几次试验才会改变为另一水平.

(4) 根据表可知，9 次试验的方案是：第一号试验的工艺条件是 80℃，90min，5%；第二号试验的工艺条件是 80℃，120min，6%；第九号试验的工艺条件是 90℃，150min，6%.

(5) 按试验方案表中载明的各次试验条件进行试验. 例中，转化率是试验指标，按设计的方案进行试验，取得数据. 将所得测得转化率的数据填入试验结果分析表的最右边一栏，见表 9.4.3.

表 9.4.3　直观分析计算数据

试验号 \ 列号	1 (A)	2 (B)	3 (C)	转化率
1	1 (80)	1 (90)	1 (5)	31
2	1	2 (120)	2 (6)	54
3	1	3 (150)	3 (7)	38
4	2 (85)	1	2	53
5	2	2	3	49
6	2	3	1	42
7	3 (90)	1	3	57
8	3	2	1	62
9	3	3	2	64
k_{1i}	123	141	135	
k_{2i}	144	165	171	
k_{3i}	183	144	144	
$\overline{k}_{1i}$	41	47	45	
$\overline{k}_{2i}$	48	55	57	
$\overline{k}_{3i}$	61	48	48	
R	20	8	12	
优水平	A_3	B_2	C_2	

其中，k_{ij} 表示第 j 列中对应水平 i 的试验指标数据之和，$\overline{k}_{ij}=\dfrac{k_{ij}}{3}$.

3. 试验结果的直观分析

（1）从正交试验结果分析表中挑出较好的方案：第九次试验的结果最好，其具体条件是 $A_3B_3C_2$，这是正交试验中较好的方案.

（2）计算各因子在相应于同一水平下的试验指标之和及平均试验指标，计算各列的极差.

（3）确定因素重要性顺序依照各因素极差大小，排出重要性顺序，极差大的因素表示此因素重要，因素的重要性顺序是 A、B、C.

（4）确定最佳搭配方案或最优工艺条件，在不考虑交互作用时，只需根据该试验指标的要求（即该指标或是以最高者为优或是以最低者为优）将各因素的最优水平组合起来，再将最优水平组合与试验中的较好方案进行对比试验，从而得到最佳搭配方案或最优工艺条件. 例中我们取每个因素平均转化率最高的为优水平，因此，最优水平组合 $A_3B_2C_2$，即最优工艺条件为反应温度 90℃，反应时间 120min，用碱量 6%. 而 $A_3B_2C_2$ 不在所做的九次试验中，因此，可将这个条件与正交试验中较好的方案 $A_3B_3C_2$ 比较，对 $A_3B_2C_2$ 再做试验的试验结果的转化率为 74%，从而得最优的工艺条件 $A_3B_2C_2$.

9.4.3 正交试验法的方差分析法

正交表的直观分析其优点是简单直观，计算量小，但它不能给出误差的估计，因此就不知道分析的精度，即不知道要到怎样的程度，一个因素才算是次要因素. 至于怎样进行方差分析与单因子和双因子方差分析类似. 下面举例说明：

例 9.4.2 考虑例 9.4.1，我们建立如下数学模型. 设 y_i 为第 i 次试验中产品的转化率（%），并记 α_l 为温度因子的第 l 水平对产品的转化率的影响，β_l 为时间因子的第 l 水平对产品的转化率的影响，γ_l 为用碱量因子的第 l 水平对产品的转化率的影响，$l=1,2,3$. 根据表 9.4.3 我们容易写出这个模型如下：

$$\begin{cases} Y_1=\mu+\alpha_1+\beta_1+\gamma_1+\varepsilon_1, \\ Y_2=\mu+\alpha_1+\beta_2+\gamma_2+\varepsilon_2, \\ Y_3=\mu+\alpha_1+\beta_3+\gamma_3+\varepsilon_3, \\ Y_4=\mu+\alpha_2+\beta_1+\gamma_2+\varepsilon_4, \\ Y_5=\mu+\alpha_2+\beta_2+\gamma_3+\varepsilon_5, \\ Y_6=\mu+\alpha_2+\beta_3+\gamma_1+\varepsilon_6, \\ Y_7=\mu+\alpha_3+\beta_1+\gamma_3+\varepsilon_7, \\ Y_8=\mu+\alpha_3+\beta_2+\gamma_1+\varepsilon_8, \\ Y_9=\mu+\alpha_3+\beta_3+\gamma_2+\varepsilon_9, \end{cases} \tag{9.4.1}$$

其中，$\varepsilon_1,\cdots,\varepsilon_9$ 为独立的、服从 $N(0,\sigma^2)$ 分布的随机误差；μ 为总均值，如同在全面试验的方差分析模型中的做法一样，我们假定模型中的参数满足下面的约束条件：

$$\begin{cases} \alpha_1+\alpha_2+\alpha_3=0, \\ \beta_1+\beta_2+\beta_3=0, \\ \gamma_1+\gamma_2+\gamma_3=0, \end{cases} \tag{9.4.2}$$

容易证明在约束条件（9.4.2）下，$\sum_{i=1}^{9}\varepsilon_i^2 = \min$ 的最小二乘估计是

$$\begin{cases}\hat{\mu}=\bar{y},\\ \hat{\alpha}_1=\frac{1}{3}(y_1^*+y_2^*+y_3^*),\hat{\alpha}_2=\frac{1}{3}(y_4^*+y_5^*+y_6^*),\hat{\alpha}_3=\frac{1}{3}(y_7^*+y_8^*+y_9^*),\\ \hat{\beta}_1=\frac{1}{3}(y_1^*+y_4^*+y_7^*),\hat{\beta}_2=\frac{1}{3}(y_2^*+y_5^*+y_8^*),\hat{\beta}_3=\frac{1}{3}(y_3^*+y_6^*+y_9^*),\\ \hat{\gamma}_1=\frac{1}{3}(y_1^*+y_6^*+y_8^*),\hat{\gamma}_2=\frac{1}{3}(y_2^*+y_4^*+y_9^*),\hat{\gamma}_3=\frac{1}{3}(y_3^*+y_5^*+y_7^*).\end{cases}\tag{9.4.3}$$

其中，$\bar{y}=\frac{1}{9}\sum_{i=1}^{9}y_i, y_i^*=y_i-\bar{y}$. 还可以证明这些估计是相应的参数的最小方差估计. 得到参数估计之后，为了检验因子效应的显著性，与单因子和双因子方差分析类似进行方差分析：

$$SST=SSA+SSB+SSC+SSE,$$

其中总平方和为 $SST=\sum_{i=1}^{9}(y_i-\bar{y})^2$，它的自由度为8. 因子效应的平方和分别为

$$SSA=3\sum_{i=1}^{3}(\hat{\alpha}_i)^2,\tag{9.4.4}$$

$$SSB=3\sum_{i=1}^{3}(\hat{\beta}_i)^2,\tag{9.4.5}$$

$$SSC=3\sum_{i=1}^{3}(\hat{\gamma}_i)^2.\tag{9.4.6}$$

其自由度分别为2. 残差平方和 SSE 的自由度为2. 根据上述结果我们可以构造 F 统计量，在实际进行因子方差分析时，通常将有关的统计量连同分析结果列在一张表上，见表9.4.4.

表9.4.4 模型的方差分析表

方差来源	平方和	自由度	均方	F 值
因子 A	SSA	2	$MSSA=SSA/2$	$F_A=\frac{MSSA}{MSSE}$
因子 B	SSB	2	$MSSB=SSB/2$	$F_B=\frac{MSSB}{MSSE}$
因子 C	SSC	2	$MSSC=SSC/2$	$F_C=\frac{MSSC}{MSSE}$
随机误差	SSE	2	$MSSE=SSE/2$	
总和	SST	8		

通过直接计算，可以得到参数的估计

$$\hat{\mu}=\bar{y}=50,$$
$$\hat{\alpha}_1=-9,\hat{\alpha}_2=-2,\hat{\alpha}_3=11,$$
$$\hat{\beta}_1=-3,\hat{\beta}_2=5,\hat{\beta}_3=-2,$$
$$\hat{\gamma}_1=-5,\hat{\gamma}_2=7,\hat{\gamma}_3=-2,$$

进而得到方差分析结果见表9.4.5.

表 9.4.5　例 9.4.2 的方差分析表

方差来源	平方和	自由度	均方	F 值
因子 A	618	2	309	$F_A=34.33$
因子 B	114	2	57	$F_B=6.33$
因子 C	234	2	117	$F_C=13$
随机误差	18	2	9	
总和	984	8		

取显著性水平 $\alpha=0.05$，查表得 $F_{0.05}(2,2)=19.0$，又 $F_A>19.0, F_B<19.0, F_C<19.0$，故反应温度对产品转化率有显著影响，用碱量和反应时间对产品转化率没有影响，由参数估计知道得到最优的工艺条件为 $A_3B_2C_2$.

比较例 9.4.1 和例 9.4.2，我们知道当因子对试验结果的影响比随机误差的影响明显的大或明显的小时，可以直接判断而不必进行方差分析.

9.4.4　考虑交互作用的正交设计

在一些实际问题中，有时不仅因素的水平变化对指标有影响，而且有些因素间各水平的联合搭配对指标也产生影响，这种联合搭配作用称为交互作用. 因此，一般应该考虑某些因子的一阶交互作用. 例如，在农作物施肥试验中，在单位面积上施氮肥（N）6 斤[⊖]，能使该农作物增产 30 斤，施磷肥（P）4 斤，能增产 50 斤. 若同时施 6 斤氮肥和 4 斤磷肥，似乎应该增产 30 + 50 = 80 斤，但实际上增产了 160 斤，这说明氮肥和磷肥除了本身作用外，还有一种联合作用，这就是交互作用，记作 N × P，在这里交互作用的大小为 160 − 30 − 50 = 80 斤.

一般地，在多因素试验中，一个因素 A 对指标的影响与另一个因素 B 取什么水平有关，这就是因素 A 和因素 B 有交互作用，记为 $A\times B$. 使用正交表安排试验时，有时需要分析各因素之间的交互作用. 在常用正交表中，有的表后面附有一张“两列间的交互作用”表，这是专门为分析交互作用而使用的表，现以 $L_8(2^7)$ 的两列间的交互作用表为例，说明它的用法，见表 9.4.6.

表 9.4.6　$L_8(2^7)$ 的两列间的交互作用表

列号	1	2	3	4	5	6	7
1	(1)	3	2	5	4	7	6
2		(2)	1	6	7	4	5
3			(3)	7	6	5	4
4				(4)	1	2	3
5					(5)	3	2
6						(6)	1
7							(7)

⊖ 1 斤 = 0.5kg.

从此表上可以查出正交表中任两列的交互作用列. 此表用法如下：如果 A 放在竖排"列号1"中，B 放在"横排2"中，查此表得到第一行与第二列交叉点元素是3，则正交表上第3列就是第1列与第2列的交互作用列. 同理可得到第2列与第4列的交互作用列是第6列，其他任意两列的交互作用列可用类似方法查得. 因此，当我们用 $L_8(2^7)$ 来安排三因子 A、B 和 C 有交互作用的正交试验时，如果因子 A 放第一列，因子 B 放在第二列，则 $A\times B$ 放在第三列. 在试验时，我们把交互作用 $A\times B$ 单独作为一个因子来考虑，$A\times B$ 所在的列不能再安排其他因子. 如 C 放在第4列，再查交互作用表，$A\times C$ 和 $B\times C$ 应分别放在第5和第6列. 这样设计出的表头如下：

表 9.4.7　$L_8(2^7)$ 的表头

列号	1	2	3	4	5	6	7
因子	A	B	$A\times B$	C	$A\times C$	$B\times C$	

下面通过实例说明交互作用的正交设计.

例 9.4.3　某试验小组，为了提高水稻的产量，选取了对产量有影响的三个因素，每个因素取2个水平进行试验，以便确定生产方案. 并希望考察因素间的交互作用. 具体水平如下：

	1 (A)	2 (B)	3 ($A\times B$)	4 (C)	5 ($A\times C$)	6 ($B\times C$)	水稻产量 (斤/亩①)
1	1	1	1	1	1	1	1125

①　1斤 = 0.5kg，1亩≈666.67m².

表 9.4.8　因素与水平选择表

因素	A 品种	B 施磷肥量 (斤/亩)	C 施氮肥量 (斤/亩)
1水平	A_1	40	15
2水平	A_2	60	10

用 $L_8(2^7)$ 安排7次试验，试验结果如下表：

表 9.4.9　试验数据及直观分析表

2	1	1	1	2	2	2	1052
3	1	2	2	1	1	2	1077
4	1	2	2	2	2	1	1105
5	2	1	2	1	2	1	1100
6	2	1	2	2	1	2	950
7	2	2	1	1	2	2	1020
8	2	2	1	2	1	1	1050
k_{1i}	4359	4227	4247	4322	4202	4380	
k_{2i}	4120	4252	4232	4157	4277	4099	
$\overline{k}_{1i}$	1089	1057	1062	1081	1051	1095	
$\overline{k}_{2i}$	1030	1063	1058	1039	1069	1025	
R	59	6	4	42	18	70	

①1斤 = 0.5kg，1亩≈666.67m²

对于考虑交互作用的试验，只要我们将每个交互作用作为一个因子考虑，其分析计算的步骤完全类似无交互作用情况，不同的是如何确定最优水平问题. 由表计算数据及直观分析知，因子 B×C、A 和 C 是重要的. 显然 A 取水平 A_1，B×C 的最优水平可以将 B 和 C 的不同水平组合的实验结果比较确定，计算如下：

表 9.4.10 $B \times C$ 的最优水平的选择

	B_1	B_2
C_1	$\frac{1125+1100}{2}=1112.5$	$\frac{1077+1020}{2}=1048.5$
C_2	$\frac{1052+950}{2}=1001$	$\frac{1105+1050}{2}=1177.5$

通过比较，选取 B_1 和 C_1，于是得到最优工艺条件为 $A_1B_1C_1$.

现在进行方差分析. 总偏差平方和的分解公式为：

$$SST = SSA + SSB + SSC + SSAB + SSAC + SSBC + SSE$$

其中总偏差平方和为 $SST = \sum_{i=1}^{8}(y_i - \bar{y})^2$. 第 j 列因子（包括交互因子）效应的平方和为

$$SSJ = \frac{r_j}{n}\sum_{i=1}^{r_j}k_{ij}^2 - \frac{1}{n}\left(\sum_{i=1}^{r_j}k_{ij}\right)^2.$$

其中，r_j 代表第 j 列的水平数，k_{ij} 代表第 j 列中对应水平 i 的试验指标数据的和，n 表示试验总次数. 特别地，在二水平情况时，$SSJ=(k_{1j}-k_{2j})^2/n$. 根据上述列举的公式得方差分析表：

表 9.4.11 例 9.4.3 的方差分析表

方差来源	平方和	自由度	均方	F 值
因子 A	7140.25	1	740.25	9.15
因子 B	78.13	1	78.13	0.10
因子 C	3403.13	1	3403.13	4.36
因子 $A \times B$	28.13	1	28.13	0.04
因子 $A \times C$	703.13	1	703.13	0.90
因子 $B \times C$	9870.13	1	9870.13	12.65
随机误差	780	1	780	
总和	22003	7		

由上表知道，除因子 $B \times C$、A 和 C 显著影响指标外，其他影响都不显著，这与直观分析得到的结果是一致的.

习 题 9

1. 设有 5 种治疗荨麻疹的药，要比较它们的疗效. 假定将 30 个病人分成 5 组，每组 6 人，要求同组病人使用一种药，并记录病人从使用药物开始到痊愈所需时间，得到下面的记录：

药物	治愈所需天数
1	5，8，7，7，10，8
2	4，6，6，3，5，6
3	6，4，4，5，4，3
4	7，4，6，6，3，5
5	9，3，5，7，7，6

试检验不同药物对病人的痊愈时间有无差别？（$\alpha=0.05$）

2. 考察四种不同的催化剂对某一化工产品的转化率的影响，在不同的四种催化剂下分别做试验得如下数据：

催化剂	产品转化率
1	0.88　0.85　0.79　0.86　0.85　0.83
2	0.87　0.92　0.85　0.83　0.90
3	0.84　0.78　0.81
4	0.81　0.86　0.90　0.87

试检验在四种不同的催化剂对某一化工产品的转化率的影响有无差别？（$\alpha=0.05$）

3. 设有三个品种的小麦和两种不同的肥料，将一定面积的地块分为 6 个均等的小区，每个小区随机地试验品种和肥料 6 种交错组合的一种，在面积相等的四块上进行重复试验，观察小麦的收获量（kg）如下表：

肥料 \ 品种	1	2	3
1	9　10　9　8	11　12　9　8	13　14　15　12
2	9　10　12　11	12　13　11　12	22　16　20　18

试检验品种、肥料及其交互作用对小麦收获量的影响有无差别？（$\alpha=0.01$）

4. 火箭使用了四种燃料，三种推进器作射程试验，每种燃料与每种推进器的组合各做两次试验，得火箭射程如下：

燃料 \ 推进器	1	2	3
1	58.2　52.6	56.2　41.2	65.3　60.8
2	49.1　42.8	54.1　50.5	51.6　48.4
3	60.1　58.3	70.9　73.2	39.2　40.7
4	75.8　71.5	58.2　51.0	48.7　41.4

试检验燃料、推进器及其交互作用对火箭射程的影响有无差别？（$\alpha=0.05$）

5. 某工人使用四台机床生产某产品，进行了六天试验，日产量数据如下表所示.

机器	产量
1	93　96　91　87　90　86
2	65　69　57　60　63　64
3	79　70　75　74　79　75
4	80　83　79　81　80　79

试检验在四种不同的车床对日产量的影响有无差别？($\alpha=0.05$)

6. 试验某种钢的冲击值（$kg\times m/cm^2$），影响该指标的因素是含铜量（%）和温度（℃），不同的状态测得的数据如下：

含铜量 \ 试验温度	20	0	-20	-40
0.2	10.6	7.0	4.2	4.2
0.4	11.6	11.0	6.8	6.3
0.6	14.5	13.3	11.5	8.7

试检验含铜量和试验温度对钢冲击值的影响有无差别？($\alpha=0.05$)

7. 由四名检验员检验炸药的湿度，共有6包样品，每个检验员从6包中各取一份，分别测得其湿度，得如下数据：

检验员 \ 包号	1	2	3	4	5	6
1	9	10	9	10	11	11
2	12	11	9	11	10	10
3	11	10	10	12	11	10
4	12	13	11	14	12	10

试检验检验员之间和包之间的影响有无差别？($\alpha=0.05$)

8. 为了提高某化工产品的转化率，选择了四个有关因素，反应温度 A，反应时间 B、用碱量 C 和大气压 D，各因素所选取的水平为：

水平 \ 因素	A 反应温度/℃	B 反应时间/min	C 用碱量（%）	D 大气压（atm）
1	80	90	5	2
2	85	120	6	2.5
3	90	150	7	3

试寻找最好的生产工艺条件，用 $L_9(3^4)$ 安排试验，测得产品转化率为：31，54，38，53，49，42，57，62，64.

9. 影响水稻产量的因素有秧龄、每亩基本苗数和氮肥，其水平如下表所示：

因素	秧龄	苗数	氮肥
1水平	小苗	15万株/亩	8斤/亩①
2水平	大苗	25万株/亩	12斤/亩

① 1斤=0.5kg，1亩≈666.67m²

用 $L_8(2^7)$ 安排试验，测得产量为600，613.3，600.6，606.6，674，746.8，688，686.6. 在 $\alpha=0.05$ 下检验各因素及每两个因素的交互作用对每产量有无显著影响.

第 10 章　线性规划模型与理论

10.1　线性规划的数学模型

例 10.1.1（生产安排问题）某厂生产 A，B 两种产品. 生产 1t A 需用煤 9t，电力 4kW，劳动力 3 个（以劳动日计算）；生产 1t B 需用煤 3t，电力 5kW，劳动力 10 个. 已知 1t 产品 A 可获利 10 万元，1t 产品 B 可获利 15 万元. 该厂现有煤 360t，电力 200kW，劳动力 300 个，问：生产 A、B 各多少时获利最大，试建立这一问题的数学模型.

解　首先列出数据表 10.1.1

表　10.1.1

原料种类	单位产品所需原料（单位）		原料总数
	A	B	
煤/t	9	4	360
电力/kW	4	5	200
劳动力/个	3	10	300
收益/万元	10	15	

设生产 A 为 x_1(t)，B 为 x_2(t)，而现在煤，电力，劳动力的消耗均有限制，所以应满足限制条件：

煤耗：　　$9x_1+4x_2\leqslant 360$，

电耗：　　$4x_1+5x_2\leqslant 200$，

劳动力耗：$3x_1+10x_2\leqslant 300$，

生产数量：$x_1\geqslant 0$，$x_2\geqslant 0$

注意：约束条件两边单位要一致，从而此问题的数学模型为：

$$\max\quad 10x_1+15x_2$$

$$\begin{cases}9x_1+\ 4x_2\leqslant 360,\\4x_1+\ 5x_2\leqslant 200,\\3x_1+10x_2\leqslant 300,\\x_1\geqslant 0,\ x_2\geqslant 0\end{cases}$$

例 10.1.2　设有钢材 150 根，长 15m，需轧成配套钢料. 每套由 7 根 2m 长与 2 根 7m 长的钢梁组成，问如何下料使钢材废料最少（不计下料损耗）？

解　依题意，每根钢材的下料方法有三种可能情形：

1）截 7m 长 0 根，2m 的 7 根，余 1m 废料.

2）截 7m 长 1 根，2m 长 4 根，无废料.

3）截 7m 长 2 根，2m 长 0 根. 余 1m 废料.

设用第 j 截法，用去钢材 x_j 根（$j=1，2，3$），则这批钢材截成 7m 长的钢梁为 x_2+2x_3 根，2m 长的 $7x_1+4x_2$ 根，废料总长 x_1+x_3m. 于是，得出问题的数学模型为：

求一组变量 x_1，x_2，x_3 的值，使满足：

$$\begin{cases} x_2+2x_3=\dfrac{2}{7}(7x_1+4x_2), & \text{（配套限制）} \\ x_1+x_2+x_3=150, & \text{（钢铁限制）} \\ x_1\geqslant 0,\ x_2\geqslant 0,\ x_3\geqslant 0. & \text{（根数限制）} \end{cases}$$

并且使废料总长 $f=x_1+x_3$ 最少.

例 10.1.3 （营养问题或配料问题）一个简化了的小鸡饲料配方案例. 假定每天需要的混合饲料量 100 斤[⊖]，这分饲料必需包含：1）至少 0.8% 但不超过 1.2% 的钙，2）至少 22% 的蛋白质，3）至多 5% 的纤维素. 主要配料是：石灰石、谷物、大豆粉，其营养成分如下：

表 10.1.2

配料	每斤配料中的含量			每斤成本
	钙	蛋白质	纤维	
石灰石	0.380	0.00	0.00	0.164
谷物	0.001	0.09	0.02	0.463
大豆粉	0.002	0.50	0.08	1.250

问应如何配料，使饲料在营养和物质条件均满足的情况下成本最小？

解 设生产 100 斤饲料，需用 x_1 斤石灰石，x_2 斤谷物，x_3 斤大豆粉，于是可建立该问题的数学模型：

求 $f=0.064x_1+0.463x_2+1.250x_3$ 的最小值

$$\text{满足条件：}\begin{cases} x_1+x_2+x_3=100, \\ 0.380x_1+0.001x_2+0.002x_3\leqslant 0.012\times 100, \\ 0.380x_1+0.001x_2+0.002x_3\geqslant 0.008\times 100, \\ 0.09x_2+0.50x_3\geqslant 0.22\times 100, \\ 0.02x_2+0.08x_3\leqslant 0.05\times 100, \\ x_1\geqslant 0,\ x_2\geqslant 0,\ x_3\geqslant 0. \end{cases}$$

由以上几个例子，可以看到，建立的数学模型其目标函数和约束条件均是关于未知变量的线性函数. 目的是要求目标函数在约束下的极大或极小值，我们称这样一类模型为线性规划模型.

建立线性规划模型主要有以下三个步骤：

（1）确定决策变量，亦即选取适当的量为问题的待确定量，这是问题的基础；

（2）建立适当的约束条件；

（3）建立目标函数.

⊖ 斤为非法定单位. 1 斤 = 0.5kg.

下面我们再举一些例子说明如何建立线性规划模型.

例 10.1.4　（装配成套）某产品的一个单件包括四个 A 零件和三个 B 零件. 这两种零件由两种不同原料制成，而这两种原料可利用的数额分别为 100 个单位和 200 个单位，由三个车间按不同的方法制造. 表 10.1.3 给出每个生产班的原料耗用量和每种零件的产量. 目标是确定每个生产班数使产品得配套数最大？

表　10.1.3

车间	每班进料（单位）		每班产量（个数）	
	原料 1	原料 2	零件 1	零件 2
1	8	6	7	5
2	5	9	6	9
3	3	8	8	4

解　设 x_1，x_2，x_3 是第 1、2、3 车间的生产班数，则三个车间

生产零件 A 的总数是 $7x_1+6x_2+8x_3$，

生产零件 B 的总数是 $5x_1+9x_2+4x_3$，

而原料 1 和原料 2 对应的约束条件分别是

$$8x_1+5x_2+3x_3\leqslant 100,$$
$$6x_1+9x_2+8x_3\leqslant 200,$$

因为目标是要使产品总件数达到最大，而每件产品要 4 个零件 A 和 3 个零件 B. 所以产品的最大数额不能超过

$$\frac{7x_1+6x_2+8x_3}{4}\text{和}\frac{5x_1+9x_2+4x_3}{3},$$

中较小的一个，因此目标函数变成：求

$$y=\min\left(\frac{7x_1+6x_2+8x_3}{4},\ \frac{5x_1+9x_2+4x_3}{3}\right)\text{的最大值.}$$

这是一个非线性的目标函数，可以通过变换转换成线性规划模型：

求：$f=y$ 的最大值，满足

$$\begin{cases}y\leqslant\dfrac{7x_1+6x_2+8x_3}{4},\\ y\leqslant\dfrac{5x_1+9x_2+4x_3}{3},\\ 8x_1+5x_2+3x_3\leqslant 100,\\ 6x_1+9x_2+8x_3\leqslant 200,\\ x_1\geqslant 0,\ x_2\geqslant 0,\ x_3\geqslant 0,\ y\geqslant 0.\end{cases}$$

整理即得：

求　$f=y$ 的最大值

满足：

$$\begin{cases}7x_1+6x_2+8x_3-4y\geqslant 0,\\5x_1+9x_2+4x_3-3y\geqslant 0,\\8x_1+5x_2+3x_3\leqslant 100,\\6x_1+9x_2+8x_3\leqslant 200,\\x_1\geqslant 0,\ x_2\geqslant 0,\ x_3\geqslant 0,\ y\geqslant 0.\end{cases}$$

10.2 线性规划的标准形式

10.2.1 标准形式

由上面的实际例子已经看到，线性规划问题的模型是由一组线性等式或不等式表示的约束条件及一个线性目标函数组成的，即下面的一般形式：

求一组变量 $x_j(j=1,2,\cdots,n)$ 使满足

$$\begin{cases}a_{11}x_1+a_{12}x_2+\cdots+a_{1n}x_n\leqslant b_1,\ (\geqslant b_1,\ =b_1),\\a_{21}x_1+a_{22}x_2+\cdots+a_{2n}x_n\leqslant b_2,\ (\geqslant b_2,\ =b_2),\\\qquad\vdots\\a_{m1}x_1+a_{m2}x_2+\cdots+a_{mn}x_n\leqslant b_m,(\geqslant b_m,=b_m),\\x_1,x_2,\cdots,x_n\geqslant 0.\end{cases}$$

并且，使目标函数：$f=c_1x_1+c_2x_2+\cdots+c_nx_n$ 达到最大（或最小）.

为了便于求解线性规划，有必要将线性规划统一成一定形式，即为下面的标准形式：

求一组变量 x_1，x_2，…，x_n 的值，使满足

$$\begin{cases}a_{11}x_1+a_{12}x_2+\cdots+a_{1n}x_n=b_1,\\a_{21}x_1+a_{22}x_2+\cdots+a_{2n}x_n=b_2,\\\qquad\vdots\\a_{m1}x_1+a_{m2}x_2+\cdots+a_{mn}x_n=b_m.\\x_1\geqslant 0,\ \cdots,\ x_m\geqslant 0\end{cases}$$

并且，使目标函数：$f=c_1x_1+c_2x_2+\cdots+c_nx_n$ 达到最大.

下面介绍标准线性规划（SLP）的几种形式.

（1）缩写形式

$$\max f=\sum_{j=1}^{n}c_jx_j$$

$$(\text{SLP})\ \text{s. t.}\begin{cases}\sum\limits_{j=1}^{n}a_{ij}x_j=b_i\geqslant 0(i=1,2,\cdots,m),\\x_j\geqslant 0\quad(j=1,2,\cdots,m),\end{cases}$$

（2）矩阵形式

$$\max f=\boldsymbol{cx}$$

$$(\text{SLP})\ \text{s. t.}\begin{cases}\boldsymbol{Ax}=\boldsymbol{b}\ (\boldsymbol{b}\geqslant\boldsymbol{0})\\\boldsymbol{x}\geqslant\boldsymbol{0}\end{cases}$$

其中，$\boldsymbol{c}=(c_1,\cdots,c_n)$，$\boldsymbol{x}=(x_1,\cdots,x_n)^{\mathrm{T}}$，$\boldsymbol{b}=(b_1,\cdots,b_m)^{\mathrm{T}}$

$$\boldsymbol{A}=\begin{pmatrix} a_{11} & a_{12} & \cdots & a_{1n} \\ a_{21} & a_{22} & \cdots & a_{2n} \\ \vdots & \vdots & & \vdots \\ a_{m1} & a_{m2} & \cdots & a_{mn} \end{pmatrix},\quad \boldsymbol{0}=\begin{pmatrix} 0 \\ 0 \\ \vdots \\ 0 \end{pmatrix}.$$

注：向量非负，代表向量的各分量非负.

(3) 向量形式

设 p_1，p_2，…，p_n 是 $\boldsymbol{A}$ 的 n 个列向量，即

$$\boldsymbol{p}_1=\begin{pmatrix} a_{11} \\ \vdots \\ a_{m1} \end{pmatrix},\ \boldsymbol{p}_2=\begin{pmatrix} a_{12} \\ \vdots \\ a_{m2} \end{pmatrix},\ \cdots,\ \boldsymbol{p}_n=\begin{pmatrix} a_{1n} \\ \vdots \\ a_{mn} \end{pmatrix}$$

$$\boldsymbol{A}=(\boldsymbol{p}_1,\boldsymbol{p}_2,\cdots,\boldsymbol{p}_n)$$

$$\max f=\sum_{j=1}^{n} c_j x_j$$

$$(\mathrm{SLP})\,\mathrm{s.t.}\begin{cases} \displaystyle\sum_{j=1}^{n} p_j x_j = b,(b\geqslant 0), \\ x_j\geqslant 0\,(j=1,\cdots,n), \end{cases}$$

10.2.2　化线性规划问题为标准形式

转换方法：

第一，求目标函数 $\sum_{j=1}^{n} c_j x_j$ 的最小值，可以转化为求目标参数 $-\sum_{j=1}^{n} c_j x_j$ 的最大值问题.

第二，若约束条件中出现线性不等式　$a_{i1}x_1+a_{i2}x_2+\cdots+a_{in}x_n\leqslant b_i$

则引进松弛变量 $x_{n+1}\geqslant 0$，使上式等价于

$$\begin{cases} a_{i1}x_1+a_{i2}x_2+\cdots+a_{in}x_n+x_{n+1}=b_i, \\ x_{n+1}\geqslant 0. \end{cases}$$

若约束条件中出现不等式　$a_{i1}x_1+a_{i2}x_2+\cdots+a_{in}x_n\geqslant b_i$，

则引进剩余变量 $x_{n+1}\geqslant 0$，使上式等价于

$$\begin{cases} a_{i1}x_1+a_{i2}x_2+\cdots+a_{in}x_n-x_{n+1}=b_i, \\ x_{n+1}\geqslant 0. \end{cases}$$

第三，若有约束条件 $a_{i1}x_1+a_{i2}x_2+\cdots+a_{in}x_n=b_i$ 的右端 $b_i<0$，则可用 -1 乘上式两边，得出等价约束 $-a_{i1}x_1-a_{i2}x_2-\cdots-a_{in}x_n=-b_i>0$.

第四，若存在某些变量 x_j 的约束条件 $-\infty<x_j<+\infty$，这在物理或经济定义上均是合理的. 但为了满足标准形式对变量的要求，可做如下变换：令

$$x_j=x'_j-x''_j,\ x'_j\geqslant 0,\ x''_j\geqslant 0$$

用 $x'_j\geqslant 0$ 和 $x''_j\geqslant 0$ 代替 x_j 这就可以在原问题中消去没有非负限制的标量 x_j.

例 10.2.1　将下面的线性规划问题标准化：

$$\min(3x_1-2x_2+x_3-x_4)$$

$$\text{s. t.}\begin{cases}x_1+2x_2+3x_3+4x_4\leqslant 1,\\2x_1-x_2+x_3\geqslant 2,\\x_1-x_2+x_3-x_4=-1,\\x_1\geqslant 0,x_2\geqslant 0,x_3\geqslant 0,-\infty<x_4<+\infty.\end{cases}$$

解 引进松弛变量 $x_5\geqslant 0$，剩余变量 $x_6\geqslant 0$ 及 $x'_4\geqslant 0$，$x''_4\geqslant 0$.

令 $x_4=x'_4-x''_4$，则得标准线性规划如下：

$$\max(-3x_1+2x_2-x_3+x'_4-x''_4)$$

$$\text{s. t.}\begin{cases}x_1+2x_2+3x_3+4x'_4-4x''_4+x_5=1,\\2x_1-x_2+x_3-x_6=2,\\-x_1+x_2-x_3+x'_4-x''_4=1,\\x_1\geqslant 0,\ x_2\geqslant 0,\ x_3\geqslant 0,\ x'_4\geqslant 0,\ x''_4\geqslant 0,\ x_5>0,\ x_6\geqslant 0.\end{cases}$$

10.3 两个变量线性规划问题的图解法

我们先对二维的简单线性规划问题利用图解法进行求解，从图解法的几何直观可以启发我们的思维，探寻线性规划的一些基本性质.

例 10.3.1 利用图解法求解下面的线性规划问题：

$$\begin{cases}\max f=3x_1+2x_2\\2x_1+x_2\leqslant 4,\\-x_1+x_2\leqslant 1,\\x_1\geqslant 0,\ x_2\geqslant 0.\end{cases}$$

解 在平面上取一个直角坐标系，它的两个坐标是两个变量，首先找出平面上满足约束条件的点.

平面上满足约束条件的点为图 10.3.1 中的一个凸多边形，表明原线性规划问题的目标函数只能在这个凸多边形（含边界）上取值，那么求解线性规划问题就是如何从这个凸多边形上求出使目标函数达最大值的问题.

为此，我们先看看目标函数在凸多边形上取值的变化情形. 当目标函数取某一值 h 时，$3x_1+2x_2=h$ 表示一条直线，当参数 h 变化时，就得到了一族平行直线，它们形象地描绘了目标函数的变化状态，把它们叫做目标函数的等值线. 令 $h=0$，得直线 $3x_1+2x_2=0$ 在此直线上的所有对应的目标函数的值为 0.

当 h 由小（大）变大（小）时，我们来观察等值线在凸多边形上的变化情形. 取等值线的正（负）法向量，其方向指向目标参数值增大（减小）的方向. 当 h 由小（大）变大（小）时，直线 $3x_1+2x_2=h$ 沿正（负）法方向平行移动，目标参数值不断增大. 这样就可以看到，对于凸多边形 M_1，M_2，M_3，M_4 目标参数在 0 ~ 7 之间取值，且 $3x_1+2x_2=7$ 与凸多边形定点 M_3 相交时，目标参数值达到最大值 7，如果等值线继续沿法方向移动，将离开这个凸多边形，不满足约束条件. 于是知这个线性规划的最优解为 $x_1=1$，$x_2=2$，$\max f=7$.

最大化：目标函数等值线沿正法向移动；最小化：目标函数等值线沿负法向移动.

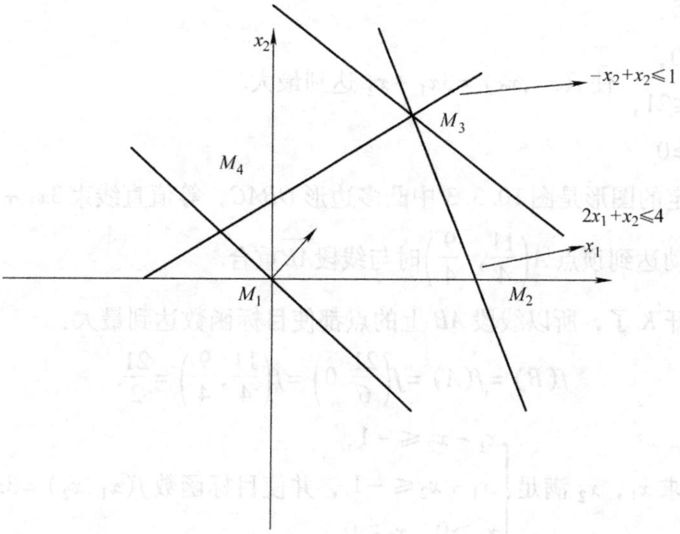

图　10.3.1

若将上面例 10.3.1 改求目标参数 $3x_1+2x_2$ 的最小值，约束条件不变，则这个问题就是：在凸多边形 $M_1M_2M_3M_4$（包括边界）上求目标函数的极小，由上面的分析知，目标参数在凸多边形顶点 M_1 达到极小.

这个事实就是线性规划的一个基本性质，如果线性规划有最优解，必然在凸多边形（或凸多面体）的顶点上达到最优，下一章我们将具体给出这一性质.

当求解线性规划问题时，图解法给人们提供了直观的思想，求解线性规划的单体形法是以解空间的凸多面体某一顶点开始进行替代，直到求出达到极值的顶点（如果问题有最优解）.

下面再举几个例子说明怎样用图解法求线性规划问题的解.

例 10.3.2　求 x_1，x_2 满足约束条件$\begin{cases}x_1+\ x_2\geqslant 1,\\ x_1-3x_2\geqslant -3,\\ x_1\geqslant 0,\ x_2\geqslant 0\end{cases}$

使目标函数 $f=-2x_1+x_2$ 达到极小.

解　画出由约束条件决定的 4 个半平面的交集 K，这是一个无界的凸多边形. 作目标函数的等值线 $-2x_1+x_2=h$，让它沿着它的负法线 $\left(\frac{2}{\sqrt{5}},\frac{-1}{\sqrt{5}}\right)$ 移动，如图 10.3.2 所示.

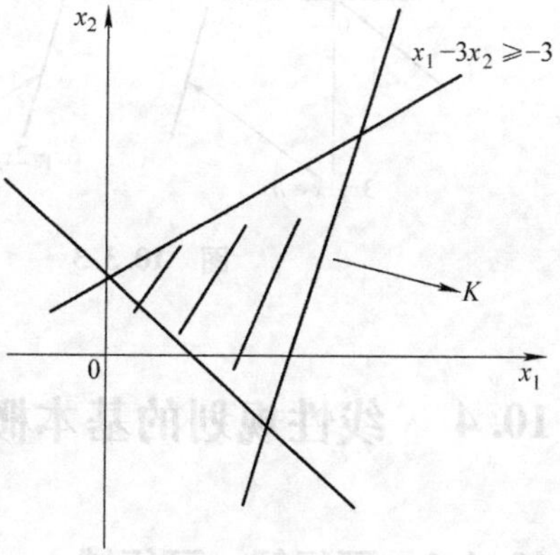

图　10.3.2

等值线可以无限向右移动，也就是问题最优值是负无穷大，或者说函数 $f(x_1,x_2)=-2x_1+x_2$ 在 K 上无下界.

例 10.3.3　求 x_1，x_2 满足约束条件

$$\begin{cases} x_1+x_2\leqslant 5, \\ -x_1+x_2\leqslant 0, \\ 6x_1+2x_2\leqslant 21, \\ x_1\geqslant 0,\ x_2\geqslant 0 \end{cases}$$ 使 $f(x_1,x_2)=3x_1+x_2$ 达到最大.

约束条件决定的图形是图 10.3.3 中凸多边形 $OBAC$，等值直线束 $3x_1+x_2=h$ 沿正法方向 $\left(\frac{3}{\sqrt{10}},\ \frac{1}{\sqrt{10}}\right)$ 移动达到顶点 $A\left(\frac{11}{4},\ \frac{9}{4}\right)$ 时与线段 $\overline{AB}$ 重合.

再移动就离开 K 了，所以线段 AB 上的点都使目标函数达到最大：

$$f(B)=f(A)=f\left(\frac{21}{6},0\right)=f\left(\frac{11}{4},\frac{9}{4}\right)=\frac{21}{2}.$$

例 10.3.4 求 x_1，x_2 满足 $\begin{cases} x_1-x_2\leqslant -1, \\ x_1+x_2\leqslant -1, \\ x_1\geqslant 0,\ x_2\geqslant 0 \end{cases}$，并使目标函数 $f(x_1,x_2)=3x_1+x_2$ 达到最大.

解 如图 10.3.4 所示：四个约束条件决定的半平面没有相交部分，即问题没有可行解.

综上可见：两个变量的线性规划问题可能有以下四种情形：

（1）有唯一最优解；（2）有最优解，但不一；（3）有可行解，但是没有最优解；（4）没有可行解.

对于一般问题也有上述结论.

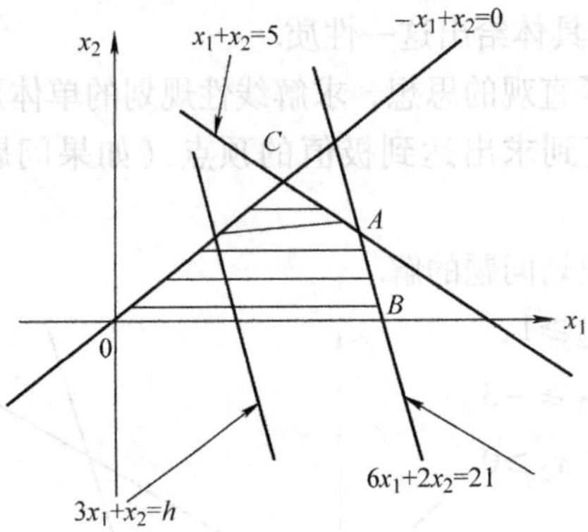

图 10.3.3

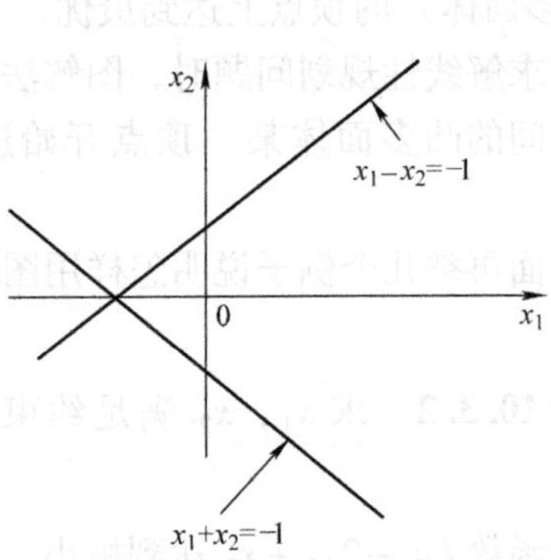

图 10.3.4

10.4 线性规划的基本概念和基本定理

10.4.1 可行解、可行域

定义 10.4.1 称满足全部约束条件的向量为可行解或可行点.

例如：(SLP)
$$\max f=\boldsymbol{Cx}$$
$$\text{s.t.}\begin{cases}\boldsymbol{Ax}=\boldsymbol{b}, \\ \boldsymbol{x}\geqslant \boldsymbol{0}.\end{cases}$$

如果 x^0 满足这些约束，即 $Ax^0=b$ 且 $x^0\geqslant 0$，则 x^0 就是（SLP）的可行解.

定义 10.4.2　称所有可行解（点）构成的集合为可行集或可行域，也称为可行解集.

例如：上面（SLP）的可行域为 $R=\{x\,|\,Ax=b,x\geqslant 0\}$.

定义 10.4.3　若一个线性规划问题的可行集为空集时，则称这一线性规划无可行解，这时线性规划的约束条件不相容.

由前面的分析可以看到：一个线性规划的可行解集可以是空集、有界非空集和无界非空集.

10.4.2　最优解、无界解

定义 10.4.4　称使目标函数值达到最优值的可行解为线性规划问题的最优解.

定义 10.4.5　对于极大化目标函数的标准线性规划问题，定义其无界解如下：对于任何给定的正数 M，存在可行解 x 满足 $Ax=b$，$x\geqslant 0$，使 $Cx>M$，那么称该线性规划问题有无界解.

由定义可知，无界解的意思是：若是极大化目标函数，则在可行域上目标函数值无上界；若是极小化目标函数，则在可行域上目标函数值无下界.

例 10.4.1　考虑线性规划问题：

$$\max(x_1+x_2)$$

$$\text{s. t.}\begin{cases}x_1-x_2\leqslant 1,\\-x_1+x_2\leqslant 1,\\x_1\geqslant 0,x_2\geqslant 0.\end{cases}$$

解　问题的可行域是如图 10.4.1 所示的无界凸多边形区域，在此无界可行域上，目标函数值无上界，所以这个线性规划问题有无界解.

例 10.4.2　$\max f=x_1-x_2$

$$\text{s. t.}\begin{cases}x_1-x_2\leqslant 1,\\-x_1+x_2\leqslant 1,\\x_1\geqslant 0,\ x_2\geqslant 0.\end{cases}$$

解　此问题的可行域如图 10.4.1，是一个无界的多边形，但极大化目标函数却以 1 为上界. 因此这个线性规划问题没有无界解，而且事实上，此问题目标函数最优值 $\max f=1$ 在可行域射线 $x_1-x_2=1$ 上均可达到.

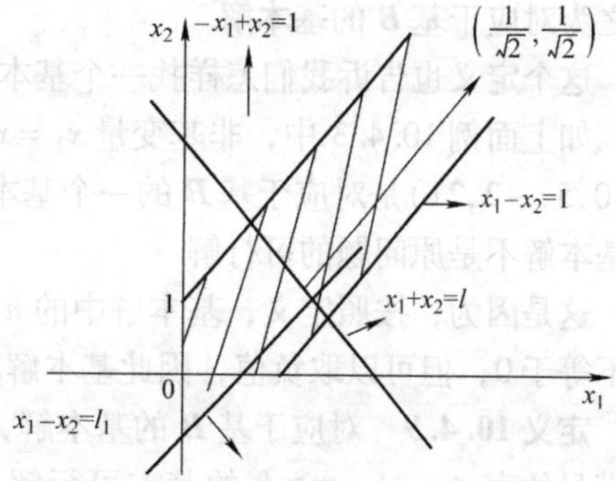

图　10.4.1

10.4.3　基本可行解

定义 10.4.6　对于约束条件 $Ax=b$，设 A 是秩为 m 的 $m\times n$ 矩阵，用 $p_j(j=1,2,\cdots,n)$ 表示 A 的第 j 列向量，即 $A=(p_1,\cdots,p_n)$. 由 A 的 m 个列向量构成的 m 阶方阵 $B=(p_{j_1},p_{j_2},\cdots,p_{j_m})$，若 B 是非奇异的，即 $\det B\neq 0$，则称 B 为一个基或称为一个基矩阵.

因为 SLP 问题中含有约束条件 $Ax=b$，因此也通常称 B 为线性规划（SLP）的一个基.

由上面定义可知，$\boldsymbol{B}$ 中 m 个列向量是线性无关的，并且它是 $\boldsymbol{A}$ 的列向量组的一个最大无关组.

按定义，$\boldsymbol{A}$ 中 m 个列向量，只要是线性无关的就可以构成一组基.

定义 10.4.7 若变量 x_j 对应 $\boldsymbol{A}$ 中列向量 $\boldsymbol{p}_j$ 包含在基 $\boldsymbol{B}$ 中，则称 x_j 为 $\boldsymbol{B}$ 的基变量；若变量 x_k 对应 $\boldsymbol{A}$ 中的列向量 $\boldsymbol{p}_k$ 不包含在基 $\boldsymbol{B}$ 中，则称 x_k 为 $\boldsymbol{B}$ 中的非基变量.

例 10.4.3 求 $x_1, x_2, \cdots, x_5$ 满足 $\begin{cases} x_1+x_2+x_3=5, \\ -x_1+x_2+x_4=-2, \\ 6x_1+2x_2+x_5=21, \\ x_i\geqslant 0,\ i=1,2,\cdots,5 \end{cases}$ 使 $f=2x_1+x_2$.

解 $\boldsymbol{A}=\begin{pmatrix} 1 & 1 & 1 & 0 & 0 \\ -1 & 1 & 0 & 1 & 0 \\ 6 & 2 & 0 & 0 & 1 \end{pmatrix}$ 则 $\boldsymbol{B}=\begin{pmatrix} 1 & 0 & 0 \\ 0 & 1 & 0 \\ 0 & 0 & 1 \end{pmatrix}$ 的列是线性无关的，即 $\boldsymbol{p}_3=\begin{pmatrix} 1 \\ 0 \\ 0 \end{pmatrix}$，$\boldsymbol{p}_4=\begin{pmatrix} 0 \\ 1 \\ 0 \end{pmatrix}$，$\boldsymbol{p}_5=\begin{pmatrix} 0 \\ 0 \\ 1 \end{pmatrix}$ 是线性无关，因此（x_3，x_4，x_5）是一组基. 而 $\boldsymbol{p}_1=\begin{pmatrix} 1 \\ -1 \\ 0 \end{pmatrix}$，$\boldsymbol{p}_2=\begin{pmatrix} 1 \\ 1 \\ 2 \end{pmatrix}$ 不在这个基中，所以 x_1，x_2 为非基变量.

定义 10.4.8 设 $\boldsymbol{Ax}=\boldsymbol{b}$，$\boldsymbol{x}\geqslant\boldsymbol{0}$ 的一个基 $\boldsymbol{B}=(\boldsymbol{p}_{j_1},\cdots,\boldsymbol{p}_{j_m})$，其对应的基变量构成的 m 维列向量记为 $\boldsymbol{x}_B=(x_{j_1},\cdots,x_{j_m})^{\mathrm{T}}$，这时若全部非基变量取 0，则 $\boldsymbol{Ax}=\boldsymbol{b}\Rightarrow\boldsymbol{Bx}_B=\boldsymbol{b}$，得唯一解 $\boldsymbol{x}_B=\boldsymbol{B}^{-1}\boldsymbol{b}$. 记为 $\boldsymbol{B}^{-1}\boldsymbol{b}=(\bar{b}_1,\cdots,\bar{b}_m)^{\mathrm{T}}$，于是得到方程组 $\boldsymbol{Ax}=\boldsymbol{b}$ 的一个解：

$$x_{j_1}=\bar{b}_1,\ x_{j2}=\bar{b}_2,\ \cdots,\ x_{j_m}=\bar{b}_m,\ \text{非基变量}\ x_j=0\ (j=1,2,\cdots,n,i\neq j_1,j_m)$$

称之为对应于基 $\boldsymbol{B}$ 的**基本解**.

这个定义也告诉我们怎样找一个基本解.

如上面例 10.4.3 中，非基变量 $x_1=x_2=0$，则可得 $x_3=5$，$x_4=-2$，$x_5=21$. 所以 $\boldsymbol{x}_0=(0,0,5,-2,21)$ 是对应于基 $\boldsymbol{B}$ 的一个基本解，但由于 $x_4=-2<0$ 不满足约束条件，所以这个基本解不是原问题的可行解.

这是因为，按照定义，基本解中的 $n-m$ 个非基变量必须取 0 值，m 个基变量取值才可能不等于 0，但可以取负值，因此基本解不一定满足（SLP）的非负要求.

定义 10.4.9 对应于基 $\boldsymbol{B}$ 的基本解，若基变量取非负值，即 $\boldsymbol{x}_B=\boldsymbol{B}^{-1}\boldsymbol{b}$，$\boldsymbol{b}\geqslant\boldsymbol{0}$，则称它为满足约束 $\boldsymbol{Ax}=\boldsymbol{b}$，$\boldsymbol{x}\geqslant\boldsymbol{0}$ 的基本可行解. 也通常称为（SLP）的基本可行解，对应地称 $\boldsymbol{B}$ 为可行基.

定义 10.4.10 使目标函数达到最优值的基本可行解，称为基本最优值.

例 10.4.4 （SLP）如例 10.4.3，试找一个基本可行解.

解 $\boldsymbol{B}=\begin{pmatrix} 1 & 1 & 0 \\ -1 & 0 & 0 \\ 6 & 0 & 1 \end{pmatrix}$ 是其一个基矩阵，$\boldsymbol{p}_1$，$\boldsymbol{p}_3$，$\boldsymbol{p}_5$ 是一个基，则 x_1，x_3，x_5 为基变量. x_2，x_4 为非基变量. 令 $x_2=x_4=0$，得 $x_1=2$，$x_3=3$，$x_5=9$. 故 $\boldsymbol{x}=(2,0,3,0,9)$ 是原问题的一个基本可行解，$\boldsymbol{B}$ 为可行基.

上面我们讲到基本解中有 $n-m$ 个非基变量必须取零值，而只有 m 个基变量取非零值.

而基本可行解，它一方面是基本解，另一方面又是可行解，因为它是基本解，所以 $n-m$ 个非基变量取 0 值；它是可行解，则 m 个基变量取非负值，从而基本可行解正分量的个数不超过 m.

那么满足 $\boldsymbol{Ax}=\boldsymbol{b}$，$\boldsymbol{x}\geqslant\boldsymbol{0}$ 的正分量个数不超过 m 的可行解是否一定是基本可行解呢？

我们举例说明这个问题.

例 10.4.5　已知约束条件为：$\begin{cases}x_1+x_2+x_3=4\\2x_1+2x_2+x_4=8\\x_1\geqslant 0,\ x_2\geqslant 0,\ x_3\geqslant 0,\ x_4\geqslant 0\end{cases}$

它有正分量个数等于 $m(m=2)$ 的可行解，$x_1=3$，$x_2=1$，$x_3=0$，$x_4=0$，但它不是基本可行解.

证明：（反证法）假设可行解 $\boldsymbol{x}=(3,1,0,0)^{\mathrm{T}}$ 是基本可行解. 因为基本可行解中非基变量取 0 值，基变量取非负值.

在这个可行解中 x_1，x_2 取正值，因此 x_1，x_2 不可能是非基变量，只能是基变量.

按定义，基变量对应的系数矩阵中的列向量 $\boldsymbol{p}_1$，$\boldsymbol{p}_2$ 应构成一个基矩阵 $\boldsymbol{B}$. 但这里 $\boldsymbol{p}_1$，$\boldsymbol{p}_2$ 是线性相关的（$\boldsymbol{p}_1=\boldsymbol{p}_2$），这与 $\boldsymbol{B}$ 是基矩阵矛盾. 故知 $\boldsymbol{x}=(2,1,0,0)^{\mathrm{T}}$ 不是基本可行解.

由此例可见，虽然可行解 $(3,1,0,0)^{\mathrm{T}}$ 正分量个数不超过 m，但它的正分量对应的列向量线性相关，不是一个基矩阵，所以它不是一个基本可行解.

现在我们把例 10.4.4 中松弛变量 x_3，x_4 去掉，约束变为

$$\begin{cases}x_1+x_2\leqslant 4,\\2x_1+2x_2\leqslant 8,\\x_1\geqslant 0,\ x_2\geqslant 0.\end{cases}$$

其可行域如图 10.4.2 所示，可行解 $(3,1,0,0)^{\mathrm{T}}$ 用 x_1，x_2 表示为图上点（3，1），由图可见这不是可行域的顶点.

可以证明基本可行解是可行域的顶点.

而在此例中 $\boldsymbol{p}_1$，$\boldsymbol{p}_3$ 线性无关，所以 $\boldsymbol{B}=(\boldsymbol{p}_1,\boldsymbol{p}_3)$ 是一个基矩阵，对应的基本解为 $(4,0,0,0)^{\mathrm{T}}$ 用坐标 x_1，x_2 表示则为平面上的点（4，0），是图 10.4.2 可行域的顶点. 对于这个基 $\boldsymbol{B}=(\boldsymbol{p}_1,\boldsymbol{p}_3)$ 的基本可行解 $(4,0,0,0)^{\mathrm{T}}$，除了非基变量 $x_2=x_4=0$ 外，还有基变量 $x_3=0$，这样的基本可行解称为**退化的基本可行解**.

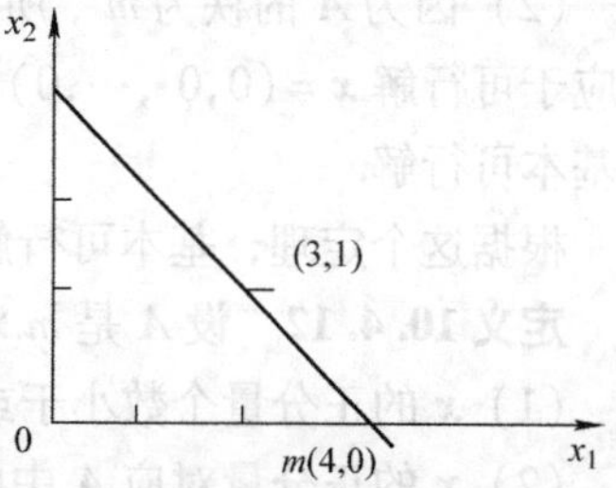

图　10.4.2

定义 10.4.11　有基变量取 0 值的基本可行解，称为退化的基本可行解，它对应的基 $\boldsymbol{B}$ 称为**退化的可行基**.

m 个基变量均取正值的基本可行解，称为**非退化的基本可行解**，对应基 $\boldsymbol{B}$ 称为非退化的可行基.

如果一个线性规划问题的所有基本可行解都是非退化的，则称这个线性规划问题是非退化的.

由以上定义可知，如果约束问题有 m 个基变量，则在退化的基本可行解中，正分量个数一定小于 m.

在基本可行解中取正值的变量一定是基变量. 这样基本可行解中正分量个数也不会超过 m. 但是上例已经说明，正分量个数不超过 m 的可行解不一定是基本可行解，还要看可行解中正分量对应的列向量是否线性无关而定.

然而基本可行解中正分量对应的系数矩阵的列向量一定线性无关.

定理 10.4.1 设 $\boldsymbol{A}$ 是 $m\times n$ 矩阵，秩为 m，对于 $\boldsymbol{Ax}=\boldsymbol{b}$，$\boldsymbol{x}\geqslant\boldsymbol{0}$ 有：

(1) 可行解 $\boldsymbol{x}^0=(x_1^0,x_2^0,\cdots,x_n^0)^{\mathrm{T}}$ 是基本可行解的充分必要条件是 x_0 的正分量 $x_{j_1}^0$，$x_{j_2}^0$，…，$x_{j_k}^0$对应 $\boldsymbol{A}$ 中的列向量$\boldsymbol{p}_{j_1}$，$\boldsymbol{p}_{j_2}$，…，$\boldsymbol{p}_{j_k}$线性无关.

(2) 如果 $\boldsymbol{x}=(0,0,\cdots,0)^{\mathrm{T}}$ 即 $\boldsymbol{x}=\boldsymbol{0}$ 是可行解，则它一定是基本可行解.

证明：(1) 必要性. 假定 $\boldsymbol{x}^0$ 是基本可行解，由基本可行解定义可知，$\boldsymbol{x}^0$ 中的正分量一定是基变量，基变量对应系数矩阵 $\boldsymbol{A}$ 中的列向量一定在基 $\boldsymbol{B}$ 中，则 p_{j_1}，p_{j_2}，…，p_{j_k}线性无关.

充分性. 假定 $\boldsymbol{x}^0$ 正分量对应 $\boldsymbol{A}$ 中的列向量线性无关，只要证明 $\boldsymbol{x}^0$ 是基本可行解.

因为矩阵$\boldsymbol{A}$的秩 m，则 $k\leqslant m$.（k 是 $\boldsymbol{x}^0$ 的正分量个数）

当 $k=m$ 时，只要 m 个线性无关的向量构成一个基，而对应 $\boldsymbol{x}^0$ 中的分量 x_{j_1}，x_{j_2}，…，x_{j_m}，取正值的列向量$\boldsymbol{p}_{j_1}$，$\boldsymbol{p}_{j_2}$，…，$\boldsymbol{p}_{j_k}$线性无关，因此也构成一个基，所以 $\boldsymbol{x}^0$ 就是对应于该基的一个非退化的基本可行解.

当 $k<m$ 时，因 $\operatorname{rank}(\boldsymbol{A})=m$ 现在$\boldsymbol{p}_{j_1}$，$\boldsymbol{p}_{j_2}$，…，$\boldsymbol{p}_{j_k}$线性无关，可以再从$\boldsymbol{A}$ 的其余列中找出适当 $m-k$ 个向量，不妨设 $\boldsymbol{p}_{j_{k+1}}\cdots\boldsymbol{p}_{j_m}$ 使 $\boldsymbol{p}_{j_1}$，$\boldsymbol{p}_{j_2}$，…，$\boldsymbol{p}_{j_k}$，$\boldsymbol{p}_{j_{k+1}}$，…，$\boldsymbol{p}_{j_m}$线性无关，从而构成$\boldsymbol{A}$ 的一个基，对应 $\boldsymbol{x}^0$ 中的基变量取值为：$x_{j_1}^0>0$，…，$x_{j_k}^0>0$，$x_{j_{k+1}}^0=0$，…，$x_{j_m}^0=0$.

因为有取 0 值的基变量，所以 $\boldsymbol{x}^0$ 是对应于基（$\boldsymbol{p}_{j_1}$，$\boldsymbol{p}_{j_2}\cdots$，$\boldsymbol{p}_{j_k}$，$\boldsymbol{p}_{j_{k+1}}$，…，$\boldsymbol{p}_{j_m}$）的一个退化基本可行基解.

(2) 因为 $\boldsymbol{A}$ 的秩为 m，所以在 $\boldsymbol{A}$ 中一定存在 m 个线性无关的列向量，将其构成一个 $\boldsymbol{B}$，对应于可行解 $\boldsymbol{x}=(0,0,\cdots,0)^{\mathrm{T}}$中的基变量取 0 值，所以可行解 $\boldsymbol{x}=\boldsymbol{0}$ 是对应于基 $\boldsymbol{B}$ 的退化的基本可行解.

根据这个定理，基本可行解也可以定义如下：

定义 10.4.12 设 $\boldsymbol{A}$ 是 $m\times n$ 矩阵，秩为 m，对于 $\boldsymbol{Ax}=\boldsymbol{b}$，$\boldsymbol{x}\geqslant\boldsymbol{0}$ 的可行解 $\boldsymbol{x}$，如果满足：

(1) $\boldsymbol{x}$ 的正分量个数小于或等于 m；

(2) $\boldsymbol{x}$ 的正分量对应 $\boldsymbol{A}$ 中的列向量线性无关.

则称 $\boldsymbol{x}$ 是一个基本可行解.

若 $\boldsymbol{x}=\boldsymbol{0}$ 是可行解，则定义它是一个基本可行解.

10.4.4 凸集

先考察二维平面中直线段上任意一点的表示形式.

取 $\boldsymbol{x}$、$\boldsymbol{y}$ 为平面上两点，用以原点为起点的向量来表示 $\boldsymbol{x}$ 和 $\boldsymbol{y}$，并设 $\boldsymbol{z}$ 是线段 $\boldsymbol{xy}$ 上任意一点，得向量 $\boldsymbol{z}-\boldsymbol{y}$，它与向量 $\boldsymbol{x}-\boldsymbol{y}$ 平行且方向相同. 于是有 $0\leqslant\dfrac{\|\boldsymbol{z}-\boldsymbol{y}\|}{\|\boldsymbol{x}-\boldsymbol{y}\|}=\lambda\leqslant1$ 当 $\lambda=0$ 时，$z=y$；$\lambda=1$ 时，$z=x$.

当 λ 由 0 连续变动到 1 时，点 z 由 y 沿此直线连续的变动到 x，且因 $z-y$ 平行 $x-y$，则有：$z-y=\lambda(x-y)$ 于是有：$z=\lambda x+(1-\lambda)y$.

这说明当 $0\leqslant\lambda\leqslant1$ 时，$\lambda x+(1-\lambda)y$ 表示以 x，y 为端点的直线段上的所有点，因而它代表以 x，y 为端点的直线段.

一般地，如果 $\boldsymbol{x}$，$\boldsymbol{y}$ 是 n 维欧氏空间 $\mathbf{R}^n$ 中的两点，则有如下定义：

定义 10.4.13　如果 $\boldsymbol{x}=(x_1,\cdots,x_n)^{\mathrm{T}}$, $\boldsymbol{y}=(y_1,\cdots,y_n)^{\mathrm{T}}$ 是 $\mathbf{R}^n$ 中任意两点，定义 $\boldsymbol{z}=\lambda\boldsymbol{x}+(1-\lambda)\boldsymbol{y}(\lambda\in[0,1])$

$\boldsymbol{z}=(z_1,z_2,\cdots,z_n)^{\mathrm{T}}$ 的点所构成的集合为以 $\boldsymbol{x}$，$\boldsymbol{y}$ 为端点的线段，对应 $\lambda=0$，$\lambda=1$ 的点 $\boldsymbol{x}$，$\boldsymbol{y}$ 叫做这线段的端点，而对应 $0<\lambda<1$ 的点叫做线段的**内点**.

定义 10.4.14　设 R 是 $\mathbf{R}^n$ 中的一个点集，（即 $R\subseteq\mathbf{R}^n$），对于任意两点 $x\in R$，$y\in R$ 以及满足 $0\leqslant\lambda\leqslant1$ 的实数 λ，恒有 $\lambda x+(1-\lambda)y\in R$　则称 R 为**凸集**.

根据以上定义 10.4.13 及 10.4.14 可以看到，凸集的几何意义是：连接凸集中任意两点的直线段仍在此集合内.

例如实心的圆，实心的矩形，实心的球体，实心的长方体等均是凸集，圆周不是凸集. 直观地看，凸集是没有凹入的部分，其内部没有孔洞.

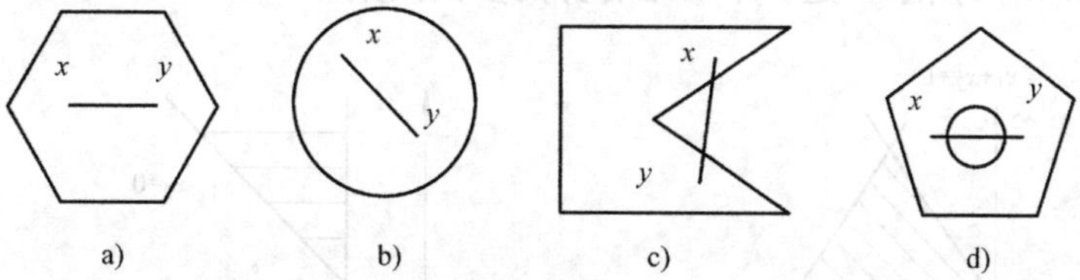

图　10.4.3

图 10.4.3 中 a、b 是凸集，而 c、d 不是凸集.

例 10.4.6　集合 $\{x|x_1+x_2-2x_3=5, x\in\mathbf{R}^3\}$ 是 $\mathbf{R}^3$ 中的一个凸集.（可按定义证明）

例 10.4.7　$R=\{\boldsymbol{x}|2x_1+x_2\leqslant4, -x_1+x_2\leqslant5, x_1\geqslant0, x_2\geqslant0, \boldsymbol{x}\in\mathbf{R}^2\}$ 是 $\mathbf{R}^2$ 中的一个凸集.

例 10.4.8　（LP）问题：$\begin{array}{c}\max \boldsymbol{cx}\\ \text{s. t}\boldsymbol{Ax}\leqslant\boldsymbol{b},\ \boldsymbol{x}\geqslant0\end{array}$ 的可行域 $R=\{\boldsymbol{x}|\boldsymbol{Ax}\leqslant\boldsymbol{b}, \boldsymbol{x}\geqslant\boldsymbol{0}, \boldsymbol{x}\in\mathbf{R}^n\}$ 是 $\mathbf{R}^n$ 中的凸集.

证明：设 $x^1\in R$，$x^2\in R$ 由定义知，只要证明 x^1，x^2 的任意凸组合 $\lambda x^1+(1-\lambda)x^2\in\mathbf{R}$，$0\leqslant\lambda\leqslant1$ 即可.

因 $Ax^1\leqslant b, x^1\geqslant0, Ax^2\leqslant b, x^2\geqslant0$, $\forall\lambda\in[0,1]$ 有 $\lambda x^1+(1-\lambda)x^2\geqslant0$,

$A[\lambda x^1+(1-\lambda)x^2]=\lambda Ax^1+(1-\lambda)Ax^2\leqslant\lambda b+(1-\lambda)b=b$.

可见 $\lambda x^1+(1-\lambda)x^2\in\mathbf{R}$，故知 R 是凸集.

注：可以用归纳法证明：如果 R 是凸集，则 R 中任意有限个点的凸组合均在 R 中.

定理 10.4.2　（SLP）问题 $\begin{array}{c}\max \boldsymbol{cx}\\ \text{s. t}\boldsymbol{Ax}\leqslant\boldsymbol{b},\ \boldsymbol{x}\geqslant0,\end{array}$ 的可行集 $R=\{x|\boldsymbol{Ax}=\boldsymbol{b}, \boldsymbol{x}\geqslant0\}$ 是 $\mathbf{R}^n$ 中的一个凸集.（证明与例 10.4.7 相似）

定义 10.4.15　设 $\boldsymbol{A}$ 是 $m\times n$ 矩阵，$\boldsymbol{b}$ 是 m 维列向量，集合 $R=\{x|\boldsymbol{Ax}\leqslant\boldsymbol{b}, x\in\mathbf{R}^n\}$ R 是凸集，称 R 为多面凸集.

注：此处 $\boldsymbol{b}$ 的分量可取负值.

一般地，我们可以把任何线性规划问题的条件都写成 $\boldsymbol{Ax}\leqslant\boldsymbol{b}$ 的形式.

例如：约束条件为 $\boldsymbol{Ax}=\boldsymbol{b}$，$\boldsymbol{x}\geqslant 0$ 写成：

$$\begin{cases}\boldsymbol{Ax}\leqslant \boldsymbol{b}\\ -\boldsymbol{Ax}\leqslant -\boldsymbol{b}\Rightarrow\\ -\boldsymbol{x}\leqslant 0\end{cases}\begin{pmatrix}\boldsymbol{A}\\ -\boldsymbol{A}\\ -\boldsymbol{I}\end{pmatrix}\boldsymbol{x}\leqslant\begin{pmatrix}\boldsymbol{b}\\ -\boldsymbol{b}\\ \boldsymbol{0}\end{pmatrix},$$

因此，（SLP）问题的可行集是一个多面凸集.

多面凸集可以有界，亦可无界.

例 10.4.9 将下面的约束条件：$\begin{cases}2x_1+x_2\leqslant 4,\\ -x_1+x_2\leqslant 1,\\ x_1\geqslant 0,\ x_2\geqslant 0.\end{cases}$ 写成 $\boldsymbol{Ax}\leqslant\boldsymbol{b}$ 的形式.

解 上面的约束条件可以转化为：$\begin{pmatrix}2&1\\-1&1\\1&0\\0&1\end{pmatrix}\begin{pmatrix}x_1\\x_2\end{pmatrix}\leqslant\begin{pmatrix}4\\1\\0\\0\end{pmatrix}$.

其图如图 10.4.4a 所示，是一个二维有界的多面凸集.

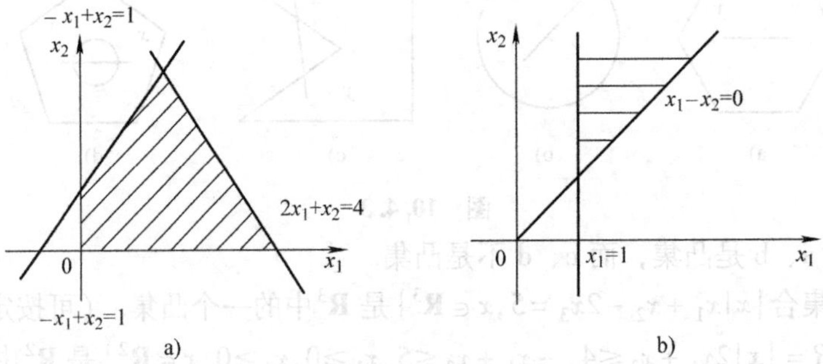

图 10.4.4

例 10.4.10 $\boldsymbol{Ax}\leqslant\boldsymbol{b}$ 为 $\begin{pmatrix}1&-1\\-1&0\end{pmatrix}\begin{pmatrix}x_1\\x_2\end{pmatrix}\leqslant\begin{pmatrix}0\\-1\end{pmatrix}$ 所确定的是一个无界的多面凸集. 如图 10.4.4b 所示.

10.5 线性规划的基本定理

定义 10.5.1 设集合 $R\subseteq\mathbf{R}^n$ 为凸集，又设 $x\in R$ 但不能为 R 中其他任意两点的凸组合，则称 x 为 R 的极点（或顶点）.

例如多边形、多面体的顶点，圆周上、球面上的点等都是顶点.

上面我们已经说明（SLP）的可行域是由直线、平面或超平面为边界构成的凸多边形或凸多面体（亦即多面凸集），因此线形规划问题可行域的顶点就是极点.

定理 10.5.1 x 是线性规划（SLP）可行域 R 的极点的充要条件是 x 是基本可行解.

定理 10.5.2 假定线性规划（SLP）的 $\boldsymbol{A}$ 是 $m\times n$ 的矩阵，秩为 m，且 $\boldsymbol{A}$ 的列向量 $\boldsymbol{p}_1$，$\boldsymbol{p}_2$，…，$\boldsymbol{p}_n$ 均为非零向量.

（1）若有可行解，则必有基本可行解（即非空可行集 R 必有极点）.

（2）若有最优解，则目标函数必定在基本可行解上（极点）达到极值.（即若有最优解，则必有基本最优解）.

（3）若目标函数在多于一个极点上达到最优，则必在这些极点的凸组合上达到最优.

上面定理 10.5.1、定理 10.5.2 是线性规划的两个很重要的基本定理，证明了线性规划的基本可行解等同于可行域的顶点. 并且，如果线性规划有最优解，则必在可行域的顶点上达到最优.

这样，一个有最优解的（SLP）问题，是一定可以从可行域的极点中（即基本可行解中）求得最优解的.

而基本可行解是对应 $\boldsymbol{A}$ 中的 m 个线性无关的列向量构成的基矩阵. $\boldsymbol{A}$ 只有 n 个列向量，从 n 个列向量中取出 m 个线性无关向量组，其数目是有限的，因此基本可行解的数量也是有限的，它不会超过 $C_n^m=\dfrac{n!}{(n-m)!m!}$个.

后面要学习的单纯形方法就是根据这一基本定理，在有限个基本可行解中寻找基本最优解.

另外，定理 10.5.2 还告诉我们，若目标函数在多于一个极点上达到最优，则在这些极点的凸组合上也达到最优.

例 10.5.1　考虑下面线性规划的解：$\max f=x_1+\dfrac{1}{2}x_2$

$$\text{s. t.}\begin{cases}2x_1+x_2\leqslant 4,\\-x_1+x_2\leqslant 1,\\x_1\geqslant 0,\ x_2\geqslant 0.\end{cases}$$

解　可行域极点为：$M_1(0,0)$, $M_2(2,0)$, $M_3(1,2)$, $M_4(0,1)$，其目标函数值分别为 $f_1=0$, $f_2=2$, $f_3=2$, $f_4=\dfrac{1}{2}$在 M_2M_3 的凸组合上（即在线段 M_2M_3 上）也达到最优. 事实上，可以用图解法来说明这一点，因目标函数等值线 $x_1+\dfrac{1}{2}x_2=2$ 与可行域的边$\overline{M_2M_3}$重合，该直线段上的点对应目标函数值均有 $f=2$.

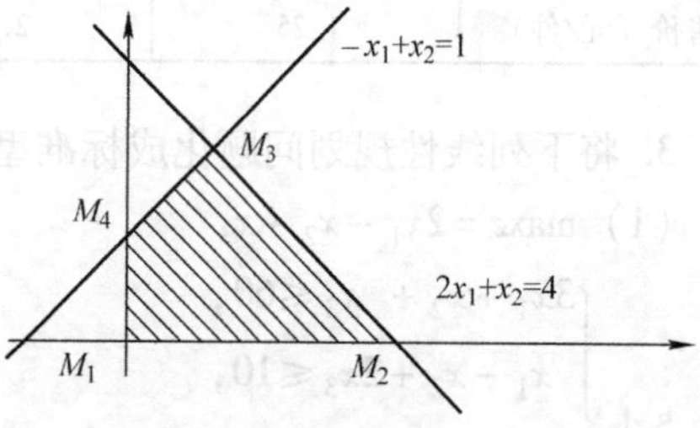

图　10.5.1

定理 10.5.3　若线性规划（SLP）的可行域 R 非空有界，则必有最优解.

这个定理表明：（SLP）的可行域 R 中非空有界，则必有最优解，或唯一，或多个（在极点及凸组合上），而不可能是有可行解而无最优解的情形.

习　题　10

1. 某汽车厂三种汽车：微型轿车、中级轿车和高级轿车. 每种轿车需要的资源和销售的利润见表 10.1. 为达到经济规模，每种汽车的月产量必须达到一定数量时才可进行生产. 工厂规定的经济规模为微型车 1500 辆，中级车 1200 辆，高级车 1000 辆，请构造一个整数规划模型使该厂的利润最大.

表 10.1

	微型车	中级车	高级车	资源可用量
钢材/t	1.5	2	2.5	6000
人工/h	30	40	50	55000
利润	2	3	4	

2. 某厂生产甲、乙、丙三种产品，都分别经 A，B 两道工序加工，A 工序在设备 A_1 或 A_2 上完成，B 工序在 B_1，B_2，B_3 三种设备上完成. 已知产品甲可在 A，B 任何一种设备上加工；产品乙可在任何规格的 A 设备上加工，但完成 B 工序时，只能在 B_1 设备上加工；产品丙只能在 A_2 与 B_2 设备上加工. 加工单位产品所需要工序时间及其他数据见表 10.2，试安排使该厂获利最大的最优生产计划，试建立这一问题的数学模型.

表 10.2

设备	产品			设备有效台时	设备加工费（元/h）
	甲	乙	丙		
A_1	5	10		6000	0.05
A_2	7	9	12	10000	0.03
B_1	6	8		4000	0.06
B_2	4		11	7000	0.11
B_3	7			4000	0.05
原料费（元/件）	0.25	0.35	0.50		
售价（元/件）	1.25	2.00	2.80		

3. 将下列线性规划问题化成标准型.

（1）$\max z = 2x_1 - x_2 + x_3$

$$\text{s.t.}\begin{cases} 3x_1 + x_2 + x_3 \leqslant 60, \\ x_1 - x_2 + 2x_3 \leqslant 10, \\ x_1 + x_2 - 2x_3 \leqslant 20, \\ x_1 \geqslant 0,\ x_2 \geqslant 0,\ x_3 \geqslant 0. \end{cases}$$

（2）$\max z = -3x_1 + x_2 + x_3$

$$\text{s.t.}\begin{cases} x_1 - 2x_2 + x_3 \leqslant 11, \\ -4x_1 + x_2 + 2x_3 \geqslant 3, \\ -2x_1 + x_3 = 1, \\ x_1 \geqslant 0,\ x_2 \geqslant 0,\ x_3 \geqslant 0. \end{cases}$$

4. 用图解法求解下列线性规划问题

（1）$\max z = x_1 + 2x_2$

$$\text{s.t.}\begin{cases} 2x_1 + x_2 \geqslant 4, \\ x_2 \leqslant 4, \\ x_1 \geqslant 0,\ x_2 \geqslant 0. \end{cases}$$

（2）$\max z = 5x_1 + x_2$

$$\text{s.t.}\begin{cases} 4x_1 + 2x_2 \leqslant 12, \\ 4x_1 + x_2 \leqslant 10, \\ x_1 + x_2 \leqslant 4, \\ x_1 \geqslant 0,\ x_2 \geqslant 0. \end{cases}$$

5. 证明下面两个线性规划问题等价；

（1） $\max z = cx$

$$\text{s. t.}\begin{cases} b_1 \leqslant \boldsymbol{Ax} \leqslant b_2, \\ \boldsymbol{x} \geqslant 0. \end{cases}$$

（2） $\max z = cx$

$$\text{s. t.}\begin{cases} \boldsymbol{Ax} + \boldsymbol{x}_a = b_2, \\ x_a \leqslant b_2 - b_1, \\ x \geqslant 0,\ x_a \geqslant 0. \end{cases}$$

6. 在数学规划问题中，目标函数为分式函数，且约束条件中的函数是线性的，则称此问题为分式规划. 现考虑如下分式规划问题

$$\max f(x) = \frac{10x_1 + 20x_2 + 10}{3x_1 + 4x_2 + 20}$$

$$\text{s. t.}\begin{cases} x_1 + 3x_2 \leqslant 50, \\ 3x_1 + 2x_2 \leqslant 80, \\ x_1 \geqslant 0,\ x_2 \geqslant 0. \end{cases}$$

将以上规划转化为等价的线性规划问题.

7. 设有两个线性规划问题

（1） $\max z = cx$

$$\text{s. t.}\begin{cases} \boldsymbol{Ax} = \boldsymbol{b}, \\ \boldsymbol{x} \geqslant 0. \end{cases}$$

（2） $\max z = ucx$

$$\text{s. t.}\begin{cases} \boldsymbol{Ax} = \lambda \boldsymbol{b}, \\ \boldsymbol{x} \geqslant 0. \end{cases}$$

其中，u，λ 为正实数，两个问题中的 $\boldsymbol{A}$，c，$\boldsymbol{b}$ 相同，现问若第一个问题有最优解，第二个问题是否有最优解？若有，那么两个问题的最优解之间有什么关系？

第 11 章 线性规划的单纯形算法

11.1 单纯形法原理

求解线性规划的单纯形方法（Simplex Method）是美国学者 G・D・Dantzig 在 1947 年提出来的，是一种有效的实用算法.

单纯形法是根据线性规划的基本原理，在基可行解上进行迭代的一种算法. 此方法的特点是：将线性规划化为标准形，从一个初始基本可行解开始迭代，使之改进得到另一个基本可行解，每迭代一次，目标函数值绝不会变小（对 max 问题），如果非退化，目标函数值就严格增大，若有最优解，经有限次迭代就得到基本最优解.

标准形式线性规划问题求解的主要途径是通过枢轴运算把约束方程组变为典范型来进行的. 这个过程实质上就是古典的高斯－约当（Gauss－Jordan）消去法求解线性规划的过程.

下列运算可以将一组线性方程变换为另一组等价的线性方程.

① 将一个方程 E_i 乘上一个常数 $c(c\neq 0)$；

② 将方程 E_k 用 E_k+cE_i 替换.

这样的运算称为线性方程组的**初等变换**，或称为**基本行运算**. 下面分别说明**枢轴运算**（Pivot Operation）和**典范型**（Canonical form）.

11.1.1 枢轴运算

枢轴运算就是通过一系列的基本行运算，使某一选定的变量在方程组的某一方程中系数是 1，而这个变量在其他方程中的系数均为 0.

具体步骤是：

① 在方程 E_r 的 s 列中选取 $a_{rs}x_s$ 作为枢轴元素，条件是 $a_{rs}\neq 0$，枢轴元素所在的行称为**枢轴行**，枢轴元素所在的列称为**枢轴列**.

② 将方程 E_r 除以 a_{rs}，使**枢轴元素**系数为 1.

③ 对方程 E_r 以外的方程 E_i，用 $E_i-a_{is}\cdot\dfrac{E_r}{a_{rs}}$来代替 E_i.

例 11.1.1 在下列方程组 $E_i(i=1,2,3)$ 中对变量 x_1 进行枢轴运算：

$$\begin{aligned}&E_1;\ 2x_1+3x_2-4x_3+x_4=1,\\&E_2;\ \ x_1-\ x_2+\ x_4=6,\\&E_3;\ 3x_1+\ x_2+\ x_3=2.\end{aligned}$$

解 ① 选 E_1 中 $2x_1$ 为枢轴元素；

② 将 E_1 除以 2 化为：E'_1：$x_1+\dfrac{3}{2}x_2-2x_3+\dfrac{1}{2}x_4=\dfrac{1}{2}$；

③ 对 E_2 进行基本运算：即以 $E_2-1\cdot\dfrac{E_1}{2}$代替 E_2 得：

$$E'_2:\ 0\cdot x_1-\frac{5}{2}x_2+2x_3+\frac{1}{2}x_4=\frac{11}{2}$$

④ 对 E_3 进行基本运算：即以 $E_3-3\cdot\frac{E_1}{2}$ 代替 E_3 得：

$$E'_3:\ 0\cdot x_1-\frac{7}{2}x_2+7x_3-\frac{3}{2}x_4=\frac{1}{2}.$$

11.1.2　典范型线性方程组

对 n 个变量 m 个方程的线性方程组可以通过对各个基变量逐一进行枢轴运算，将这 m 个基变量的系数矩阵变换成 $m\times m$ 单位阵，这样的等价线性方程组就是典范型线性方程组.

$$\begin{aligned}
&x_1+\bar{a}_{1,m+1}x_{m+1}+\cdots+\bar{a}_{1,n}x_n=\bar{b}_1,\\
&x_2+\bar{a}_{2,m+1}x_{m+1}+\cdots+\bar{a}_{2,n}x_n=\bar{b}_2,\\
&\vdots\\
&x_m+\bar{a}_{m,m+1}x_{m+1}+\cdots+\bar{a}_{m,n}x_n=\bar{b}_m.
\end{aligned}$$

这样就可以直接求出一个基本解：

$$x_1=\bar{b}_1,\ \cdots,\ x_m=\bar{b}_m,\ x_{m+1}=\cdots=x_n=0.$$

如果右端常数项均非负，则得到的就是基本可行解.

用矩阵符号表示就是：约束方程为 $\boldsymbol{Ax}=\boldsymbol{b}$，变量分成基变量 $\boldsymbol{x}_B$ 和非基变量 $\boldsymbol{x}_N$ 两部分，系数矩阵中相应分成 $\boldsymbol{B}$ 和 $\boldsymbol{N}$ 两块，即 $\boldsymbol{A}=(\boldsymbol{B};\boldsymbol{N})$，则约束方程组可以写成：

$$(\boldsymbol{B}|\boldsymbol{N})\begin{pmatrix}\boldsymbol{x}_B\\ \boldsymbol{x}_N\end{pmatrix}=\boldsymbol{b}.$$

左乘以 $\boldsymbol{B}^{-1}$ 得：

$$\boldsymbol{B}^{-1}(\boldsymbol{Bx}_B\,|\,\boldsymbol{Nx}_N)=\boldsymbol{B}^{-1}\boldsymbol{b}\quad 即(\boldsymbol{I}\cdot\boldsymbol{x}_B\,|\,\boldsymbol{B}^{-1}\boldsymbol{Nx}_N)=\boldsymbol{B}^{-1}\boldsymbol{b}.$$

当非基变量取 0 时，则基变量的解为 $\boldsymbol{x}_B=\boldsymbol{B}^{-1}\boldsymbol{b}=\bar{\boldsymbol{b}}$.

由于基本解最多有 C_n^m 个，因而基可行解也不超过 C_n^m 个.

如果全部的基本可行解找出来了，就有可能求出最优基本解，但这样做是不现实的. **单纯形法**（Simplex Method）就是沿一个初始基本可行解出发，找出下一个更优的基本可行解，而不是找所有的基本可行解.

11.1.3　单纯形法的一般步骤

① 如果线性规划问题存在可行解，就可以找出一个基本可行解，作为初始可行解；

② 为寻找基可行解，将约束方程组以典范型方程组表示；

③ 如果线性规划问题不存在可行解（约束条件有矛盾），则由找基本可行解的过程可以得知问题无解；

④ 以①中找到的基本可行解为起点，找出具有较佳目标值的另一基本可行解. 这一步骤称为迭代；

⑤ 重复④直到目标函数再也不能改善，就得到问题最优解；

⑥ 若问题的最优解是无界的，在迭代过程中就可以知道问题有无穷解，终止迭代.

例 11.1.2 求解 $\max z = x_1 + 2x_2 + 11x_3 + 7x_4 + 6x_5$

$$\text{s.t.}\begin{cases} x_1 - x_2 - x_3 - 2x_4 + x_5 = 4, \\ 2x_1 + x_2 + 7x_3 + 5x_4 + 5x_5 = 26, \\ x_i \geqslant 0 \ (i = 1, 2, \cdots, 5). \end{cases}$$

解 这是一个标准的线性规划问题，可以化为等价的典范型方程组：

$$\boldsymbol{B}^{-1}\boldsymbol{A}\boldsymbol{x} = \boldsymbol{B}^{-1}\boldsymbol{b} \Rightarrow \begin{cases} x_1 + 2x_3 + x_4 + 2x_5 = 10, \\ x_2 + 3x_3 + 3x_4 + x_5 = 6. \end{cases}$$

令 $x_3 = x_4 = x_5 = 0$，由上述典范型方程组直接得到一个基本解 $x_1 = 10$，$x_2 = 6$，显然这个基本解是可行解. 相应目标函数值为

$$z = 1 \times 10 + 2 \times 6 + 1 \times 0 + 7 \times 0 + 6 \times 0 = 22.$$

现在要判断一下这个目标函数的值是否能改进，改变基变量就可能获得另一个基本可行解和相应的目标函数值. 可用 x_3，x_4 或 x_5 来取代 x_1 或 x_2 成为基变量，因此目前的基本可行解有许多相邻的基本可行解.

单纯形法就是在得到一个基本可行解后，在它的相邻基可行解中选取能使目标函数值最大程度改进的基本可行解.

选取的原则是看哪一个非基变量改为基变量后能够使目标函数有更多的改进. 具体地，可以在满足方程组的情况下，分别将各非基变量增加一个单位，比较目标值由此发生的变化，从而选取能使目标函数值有最大增加的非基变量作为新的基变量.

现在考虑非基变量 x_3，假定 x_3 增加一个单位，而其余的非基变量暂不考虑，仍为 0，则约束方程可表示为：

$$\begin{cases} x_1 + 2x_3 = 10, \\ x_2 + 3x_3 = 6, \end{cases}$$

由第一个方程可见，x_3 由 $0 \uparrow 1$，则 x_1 由 $10 \downarrow 8$.

由第二个方程可见，x_3 由 $0 \uparrow 1$，则 x_2 由 $6 \downarrow 3$.

因此在满足上述方程组的条件下，x_3 增加 1 得到新可行解为：

$$x_1 = 8,\ x_2 = 3,\ x_3 = 1,\ x_4 = x_5 = 0,$$

相应的目标值为：$z = 25$.

所以 x_3 增加 1 个单位，目标函数 z 的变化值为：

$$z \text{ 的旧值} - z \text{ 的新值} = 22 - (25) = -3$$

称这个值为非基变量 x_3 的**检验值**（判别数），因为可以用它来判别把 x_3 改为基变量后，能否改进目标值.

这个检验数的绝对值有时也称为**相对收益系数**.

由于检验数为负，增加 x_3 可以增加目标函数值，这证明目前的基本可行解不是最优解，如将 x_3 改为基变量就可以改进目标值.

类似的，可以计算 x_4，x_5 的检验数.

比较所得到的几个检验数，决定把哪个非基变量换为基变量对目标函数的改进有利.

检验数也可以用消去目标函数 z 中 x_1，x_2 的代入法来得到.

将 $x_1 = 10 - 2x_3 - x_4 - 2x_5$ 和 $x_2 = 6 - 3x_3 - 3x_4 - x_5$ 代入目标函数

$$z = x_1 + 2x_2 + 11x_3 + 7x_4 + 6x_5,$$

得：

$$z = 22 + 3x_3 + 0 \cdot x_4 + 2x_5 = 22 - (-3)x_3 - 0 \cdot x_4 - (-2)x_5.$$

由此可知当取 x_1 和 x_2 为基变量时，x_3，x_4，x_5 的检验数分别为 -3，0 和 -2，目标值为 22.

x_3，x_4 或 x_5 每增加一个单位，z 的值就相应增加 3、0、2 个单位，所以把 x_3 作为新基变量对改进目标函数最有利.

现在的问题是 x_3 增加多少仍能满足约束条件，仍然以 x_4，x_5 作为非基变量，这时约束条件为：

$$\begin{cases} x_1 + 2x_3 = 10, \\ x_2 + 3x_3 = 6. \end{cases}$$

从第一个方程看，x_3 最多增到 $\frac{10}{2}$，若再大，x_1 成为负值. 从第二个方程看，x_3 最多增到 $\frac{6}{3}$，若再大，x_2 成为负值.

因此为保证 $x_1 \geqslant 0$，$x_2 \geqslant 0$，x_3 最大增加值由这两个值中较小的一个来决定，即：

x_3 的最大增加值 $= \min\left(\frac{10}{2}, \frac{6}{3}\right) = 2$，

当 x_3 由 $0 \uparrow 2$ 后，$x_1 = 6$，$x_2 = 0$，$x_3 = 2$，$x_4 = x_5 = 0$.

新的目标值为 $z = 28$.

这个目标值的改进是通过将非基变量 x_3 改为基变量，而原来的基变量 x_2 改为非基变量得到的.

新引进基的非基变量称为进基变量，换出的基变量则称为出基变量.

选择进基变量的原则一般可以按负检验数绝对值大的先进基，选择出基变量的原则是最小比值原则，一般先决定进基变量，再决定出基变量.

当前得到的基可行解是否已最优还要重复上述算法，重新计算在目前的基可行解中所有非基变量的检验数，如果检验数中至少有一个负数，那么就可以得到另一个相邻基本可行解能使目标函数值进一步有所改进.

重复这一过程，直到所有检验数都不为负值，则此时的基可行解就是最优解.

用 σ_j 来表示非基变量 x_j 的检验数，以 $\boldsymbol{\sigma}$ 表示检验数组成的向量. 在线性规划中，检验数满足下式：

$$f = c_0 - \boldsymbol{\sigma}^{\mathrm{T}} \boldsymbol{x}_N$$

11.1.4 判别数、最优判别定理

设 $\boldsymbol{B} = (\boldsymbol{P}_{j_1}, \boldsymbol{P}_{j_2}, \cdots, \boldsymbol{P}_{j_m})$ 是（SLP）的一个基矩阵，基变量对应 $\boldsymbol{C}$ 中的系数 C_{j_1}，C_{j_2}，…，C_{j_m} 构成 m 维向量 $\boldsymbol{C}_B = (C_{j_1}, C_{j_2}, \cdots, C_{j_m})$，$\boldsymbol{B}^{-1}\boldsymbol{A} = (\alpha_{ij})_{m \times n}$.

定义 11.1.1 对于基 $\boldsymbol{B}$，称 $\sigma_j = \sum_{i=1}^{m} C_{j_i}\alpha_{ij} - C_j (j = 1, 2, \cdots, n)$ 为基 $\boldsymbol{B}$ 的判别数.

判别数也可以用向量及矩阵表示.

因为 $\boldsymbol{B}^{-1}\boldsymbol{P}_j=(\alpha_{1j}\alpha_{2j}\cdots\alpha_{mj})^{\mathrm{T}}$，从而 $\sigma_j=\boldsymbol{C}_B\boldsymbol{B}^{-1}\boldsymbol{P}_j-C_j(j=1,2,\cdots,n)$.

若令 $z_j=\sum\limits_{i=1}^{m}C_{ji}\alpha_{ij}=\boldsymbol{C}_B\boldsymbol{B}^{-1}\boldsymbol{P}_j$，则 $\sigma_j=z_j-C_j(j=1,2,\cdots,n)$

下面我们来用表格形式说明如何计算判别数.

① 做如下形式的表格：

表 11.1.1

	$\boldsymbol{C}_B$	$\boldsymbol{X}_B$	$x_1\cdots x_i\cdots x_l\cdots x_n$ $c_1\cdots c_i\cdots c_l\cdots c_n$	θ
x_{j_1} $\vdots$ x_{j_i} $\vdots$ x_{j_m}	C_{j_1} $\vdots$ C_{j_i} $\vdots$ C_{j_m}	b_1 $\vdots$ b_i $\vdots$ b_m	$a_{11}\cdots a_{1j}\cdots a_{1l}\cdots a_{1n}$ $\vdots$ $a_{i1}\cdots a_{ij}\cdots a_{il}\cdots a_{in}$ $\vdots$ $a_{m1}\cdots a_{mj}\cdots a_{ml}\cdots a_{mn}$	θ_1 $\vdots$ θ_i $\vdots$ θ_m
Z_j 行			$z_1\cdots z_j\cdots z_l\cdots z_n$	
σ_j 行			$\sigma_1\cdots\sigma_j\cdots\sigma_l\cdots\sigma_n$	

② 求 $\boldsymbol{C}_B$ 与 $\boldsymbol{B}^{-1}\boldsymbol{P}_j$ 的内积，即 $z_j=C_{j_1}\alpha_{1j}+C_{j_2}\alpha_{2j}+\cdots+C_{j_m}\alpha_{mj}$.

② 把 z_j 与 x_j 下面的数 C_j 相减得：$\sigma_j=z_j-C_j$.

由于 $x_{j_i}(i=1,2,\cdots,m)$ 是基变量，$\boldsymbol{B}^{-1}\boldsymbol{P}_{j_i}=\boldsymbol{e}_i=(0\cdots0,1,0\cdots0)^{\mathrm{T}}$，因而对应于基变量的判别数 $\sigma_{j_i}=C_{j_i}-C_{j_i}=0(i=1,2,\cdots,n)$，即基变量对应判别数等于0. 因而只需计算非基变量的 $n-m$ 个判别数就可以了. n 个判别数组成一个 n 维向量（σ_1，σ_2，…，σ_n）也可以用矩阵向量形式表出，称之为判别数向量：

$$\begin{aligned}(\sigma_1,\cdots,\sigma_n)&=(\boldsymbol{C}_B\boldsymbol{B}^{-1}\boldsymbol{P}_1-C_1,\boldsymbol{C}_B\boldsymbol{B}^{-1}\boldsymbol{P}_2-C_2,\cdots,\boldsymbol{C}_B\boldsymbol{B}^{-1}\boldsymbol{P}_n-C_n)\\&=\boldsymbol{C}_B\boldsymbol{B}^{-1}(\boldsymbol{P}_1,\boldsymbol{P}_2,\cdots,\boldsymbol{P}_n)-(C_1C_2,\cdots,C_n)\\&=\boldsymbol{C}_B\boldsymbol{B}^{-1}\boldsymbol{A}-\boldsymbol{C}\end{aligned}$$

下面导出单纯形法的最优判别定理，为此先定义基 $\boldsymbol{B}$ 的单纯形乘子.

定义 11.1.2 称 $\boldsymbol{C}_B\boldsymbol{B}^{-1}$ 为基 $\boldsymbol{B}$ 的单纯形乘子，记为 $\boldsymbol{\pi}=\boldsymbol{C}_B\boldsymbol{B}^{-1}$，

可知单纯形乘子 $\boldsymbol{\pi}$ 是一 m 维向量，记为 $\boldsymbol{\pi}=(\pi_1,\pi_2,\cdots,\pi_m)$.

定理 11.1.1 设 $\boldsymbol{B}$ 是（SLP）的一个基，若满足 $\boldsymbol{B}^{-1}\boldsymbol{b}\geqslant0$ 且 $\boldsymbol{C}_B\boldsymbol{B}^{-1}\boldsymbol{A}-\boldsymbol{C}\geqslant0$，则对应基 $\boldsymbol{B}$ 的基本可行解就是最优解，称为基本最优解，基 $\boldsymbol{B}$ 称为最优基.

证明：因 $\boldsymbol{B}^{-1}\boldsymbol{b}\geqslant\boldsymbol{0}$，表明基变量取非负值，则基 $\boldsymbol{B}$ 对应的基本解为基本可行解，记为 x^*，其目标值记为 $f^*=\boldsymbol{C}_B\boldsymbol{B}^{-1}\boldsymbol{b}$.

又设 $\bar{x}$ 是（SLP）的任意可行解，即 $\boldsymbol{A}\bar{\boldsymbol{x}}=\boldsymbol{b}$，$\bar{\boldsymbol{x}}\geqslant\boldsymbol{0}$ 则目标值 $\bar{\boldsymbol{f}}=\boldsymbol{C}\bar{\boldsymbol{x}}$

要证 x^* 是基本最优解，只需证明 $\bar{f}\leqslant f^*$.

用基 $\boldsymbol{B}$ 的单纯形乘子 $\boldsymbol{C}_B\boldsymbol{B}^{-1}$ 乘 $\boldsymbol{A}\bar{\boldsymbol{x}}=\boldsymbol{b}$ 两边得：$\boldsymbol{C}_B\boldsymbol{B}^{-1}\boldsymbol{A}\bar{\boldsymbol{x}}=\boldsymbol{C}_B\boldsymbol{B}^{-1}\boldsymbol{b}$，

此式与 $\boldsymbol{C}\bar{x}=\bar{f}$ 相减得：$\bar{f}+(\boldsymbol{C}_B\boldsymbol{B}^{-1}\boldsymbol{A}-\boldsymbol{C})\bar{x}=\boldsymbol{C}_B\boldsymbol{B}^{-1}\boldsymbol{b}=f^*$，

根据定理条件 $\boldsymbol{C}_B\boldsymbol{B}^{-1}\boldsymbol{A}-\boldsymbol{C}\geqslant0$ 及 $x\geqslant0$，

故对 $(\boldsymbol{C}_B\boldsymbol{B}^{-1}\boldsymbol{A}-\boldsymbol{C})\geqslant0$

因此　对任意 $\bar{x}$，$\bar{f}=C\bar{x}\leqslant f^{*}$，

故 $\boldsymbol{x}_B^*=\boldsymbol{C}_B\boldsymbol{B}^{-1}$，$x_N^*=0$ 是最优基本解.

11.2　表格单纯形方法

先举个实例说明怎样用表格形式单纯形法解线性规划问题.

例 11.2.1　$\max z=x_1+2x_2+11x_3+7x_4+6x_5$

$$\text{s. t. }\begin{cases}x_1+2x_3+\ x_4+2x_5=10,\\x_2+3x_3+3x_4+\ x_5=6,\\x_i\geqslant 0\ (i=1,2,\cdots,5)\end{cases}$$

解　第一步，将（LP）问题化为（SLP）问题.

第二步，作下面形式的单纯形表

表　11.2.1

基变量	C_B	X_B	x_1	x_2	x_3	x_4	x_5	θ
			1	2	11	7	6	
x_1	1	10	1	0	2	1	2	10/2
x_2	2	6	0	1	3	3	1	6/3
	Z		1	2	8	7	4	
判别行	$Z=22$		0	0	−3	0	−2	

第三步　计算：$z_j=\sum\limits_{i=1}^{m}C_{ji}\alpha_{ij}=\boldsymbol{C}_B\boldsymbol{B}^{-1}\boldsymbol{P}_j$.

第四步　计算：$\sigma_j=z_j-C_j$.

第五步　选取 $\sigma_j<0$ 中最小的一个对应的变量 x_k 作为进基变量（x_3）.

第六步，对选定的进基变量 x_k，考虑 $\theta_i=\dfrac{x_i}{\alpha_{ik}}$

取 $\theta_l=\min\limits_{1\leqslant i\leqslant m}\theta_i$　对应的变量 x_1 作为出基变量（x_2）.

第七步，这样得到一组新基 x_1，x_3，对应的单纯形表如下：

表　11.2.2

基变量	C_B	X_B	x_1	x_2	x_3	x_4	x_5	θ
			1	2	11	7	6	
x_1	1	6	1	−2/3	0	−1	4/3	$6/\frac{4}{3}=9/2$
x_3	11	2	0	1/3	1	1	1/3	$2/\frac{1}{3}=6$
	z		1	3	11	10	−5	
	σ	$z=28$	0	1	0	3	−1	
x_5	6	9/2	3/4	−1/2	0	−3/4	1	
x_3	11	1/2	−1/4	1/2	1	5/4	0	
	z		7/4	5/2	11	37/4	6	
	σ	$z=32.5$	3/4	1/2	0	9/4	0	

反复进行上述步骤，直到各检验数均非负值，即可得到基本最优解. 上表中得到原问题最优解为：$x_1=x_2=x_4=0$，$x_3=\frac{1}{2}$，$x_5=\frac{9}{2}$，$z^*=32\frac{1}{2}$.

由上例我们可以归纳出单纯形算法的步骤如下：

1）用标准形式表示问题.

2）从含有初始基可行解的典范型方程组开始，建立初始单纯形表（注：对不易找到初始基的问题，后面将专门讨论）.

3）应用内积规则求检验数 $\boldsymbol{\sigma}_j=z_j-\boldsymbol{c}_j=\boldsymbol{c}_B\boldsymbol{B}^{-1}\boldsymbol{P}_j-\boldsymbol{c}_j$（每迭代一次要计算一次）.

4）在某次迭代中如果所有 σ_j 均非负值，则原基本可行解即为最优解，算法终止.

5）如有 σ_j 为负值，选取 σ_j 绝对值最大的一列为枢轴列，使这一列对应的变量为进基变量.

6）应用最小比值规则，决定枢轴行，使这一行的基变量出基. 最小比值原则就是指，若进基变量为 x_r. r 列的系数为

$$\boldsymbol{\alpha}_r=(\alpha_{1r},\alpha_{2r},\cdots,\alpha_{mr})^{\mathrm{T}}，最小比值\ \theta=\min\left\{\frac{x_{j_i}}{\alpha_{ir}}\middle|\alpha_{ir}>0,i=1,2,\cdots,m\right\}=\frac{x_{j_l}}{\alpha_{lr}},$$

则出基变量为 $x_{j_l}(1\leqslant l\leqslant m)$.

7）进行枢轴运算，获得新的单纯行表.

8）返回第3）步.

以上算法是针对极大化问题而言的，如在化成标准型时不将极小化问题转化为极大化问题，同样可以利用上述单纯行表形式求解，只要将检验数的判别准则改变一下符号即可.

例 11.2.2 求解线性规划

$$\max\{3x_1+2x_2+x_3-2x_4\}$$

$$\text{s. t.}\begin{cases}x_1-2x_2+4x_4=4,\\x_2+x_3+2x_4=5,\\x_j\geqslant0,\ j=1,\cdots,4.\end{cases}$$

解 利用单纯形表迭代得

表 11.2.3

基变量	C_b	X_B	x_1	x_2	x_3	x_4	θ
			3	2	1	−2	
x_1	3	4	1	−2	0	4	5/1
x_3	1	5	0	1	1	2	
z			3	−5	1	14	
σ			0	−7	0	16	
x_1	3	14	1	0	2	8	
x_2	2	5	0	1	1	2	
z			3	2	8	28	
σ			0	0	7	30	

$\sigma_j \geqslant 0$, $j=1, 2, \cdots, 4$, $x_1^*=14$, $x_2^*=5$, $x_3^*=x_4^*=0$, $z^*=52$

例 11.2.3　求解线性规划

$$\max\{-x_1+2x_2-x_3+3x_4\}$$

$$\text{s. t.}\begin{cases} x_1+x_2+3x_3+x_4=6, \\ -2x_2+x_3+x_4\leqslant 3, \\ -x_2+6x_3-x_4\leqslant 4, \\ x_j\geqslant 0,\ j=1,2,3,4. \end{cases}$$

解　对后面两个约束方程引进松弛变量 x_5, x_6 化为:

$$\begin{cases} x_1+x_2+3x_3+x_4=6, \\ -2x_2+x_3+x_4+x_5=3, \\ -x_2+6x_3-x_4+x_6=4. \end{cases}$$

列出初始单纯形表并进行迭代得:

表　11.2.4

x_1	−1	6	1	1	3	1	0	0	6
x_5	0	3	0	−2	1	1	1	0	3
x_6	0	4	0	−1	6	−1	0	1	
	z		−1	−1	−3	−1	0	0	
	σ		0	−3	−2	−4	0	0	
x_1	−1	3	1	3	2	0	−1	0	1
x_4	3	3	0	−2	1	1	1	0	
x_6	0	7	0	−3	7	0	1	11	
	z		−1	−9	1	3	4	0	
	σ		0	−11	2	0	4	0	
x_2	2	1	1/3	1	2/3	0	−1/3	0	
x_4	3	5	2/3	0	7/3	1	1/3	0	
x_6	0	10	1	0	9	0	1/3	1	
	z		8/3	2	25/3	3	1/3	0	
	σ		11/3	0	28/3	0	1/3	0	

$$\sigma_j\geqslant 0,\ j=1,2,\cdots,6,\ x^*=(0,1,0,5)^{\mathrm{T}},\ z^*=17.$$

例 11.2.4　求解线性规划

$$\max\{-x_4-x_5-x_6\}$$

$$\text{s. t.}\begin{cases} -x_1+2x_2-2x_3+x_4=5, \\ 2x_1-3x_2+x_3+x_5=2, \\ 2x_1-4x_2+3x_3+x_6=4, \\ x_j\geqslant 0,\ j=1,2,\cdots,6 \end{cases}$$

解　列单纯形表迭代过程如下:

表 11.2.5

基变量	C_B	X_B	x_1	x_2	x_3	x_4	x_5	x_6	θ
			0	0	0	−1	−1	−1	
x_4	−1	5	−1	2	−2	1	0	0	0
x_5	−1	2	2	−3	1	0	1	0	1
x_6	−1	4	2	−5	3	0	0	1	2
z			−3	6	−2	−1	−1	−1	
σ			−3	6	−2	0	0	0	
x_4	−1	6	0	1/2	−3/2	1	1/2	0	
x_1	0	1	1	−3/2	1/2	0	1/2	0	2
x_6	0	2	0	−2	2	0	−1	−1	1
z			0	3/2	−1/2	−1	1/2	1	
σ			0	3/2	−1/2	0	3/2	2	
x_4	−1	15/2	0	−1	0	1	−1/4	3/4	
x_1	0	1/2	1	−1	0	0	3/4	−1/4	
x_3	0	1	0	−1	1	0	−1/2	1/2	
z			0	1	0	−1	1/4	−3/4	
σ			0	1	0	0	5/4	1/4	

$$\sigma_j \geqslant 0,\ j=1,\ 2,\ \cdots,\ 6,\ \boldsymbol{x}^* = \left(\frac{1}{2},\ 0,\ 1,\ \frac{15}{2},\ 0,\ 0\right)^{\mathrm{T}}$$

关于判别数的讨论：

1）如果所有判别数 $\sigma_j \geqslant 0 (j=1,2,\cdots,n)$，则由定理 11.1.1（最优性判别定理）知当前的初始基本可行解是最优解，计算步骤终止.

2）如果存在 $\sigma_k < 0\ (k \neq j_1, j_2, \cdots, j_m)$ 可构造新的可行解.

先证明一个结论：基变量对应的检验数 $\sigma_j = 0 (i=1,2,\cdots,m)$. 因为根据检验数定义：

$$\sigma_j = \boldsymbol{C}_B \boldsymbol{B}^{-1} \boldsymbol{p}_j - c_j (j=1,2,\cdots,n)$$

而对基变量 x_{j_i}：$\boldsymbol{B}^{-1} \boldsymbol{P}_{j_i} = \boldsymbol{e}_i$

这里 $\boldsymbol{e}_i$ 是第 i 分量为 1 的 m 维单位列向量，故对应于 x_{j_i} 的检验数

$$\sigma_{j_i} = c_{j_i} - c_{j_i} = 0 \quad (i=1,2,\cdots,m).$$

这个结论说明了我们为什么可以只考虑非基变量的检验数.

下面来说明怎样构造新的可行解

$(\bar{b}_1, \bar{b}_2, \cdots \bar{b}_m, 0 \cdots 0)^{\mathrm{T}}, (\bar{\boldsymbol{b}} = (\bar{b}_1 \cdots \bar{b}_m) = \boldsymbol{B}^{-1} \boldsymbol{b})$ 满足约束条件 $\boldsymbol{AX} = \boldsymbol{b}$.

即 $\sum\limits_{i=1}^{m} \bar{b}_i p_{j_i} = b.$

又
$$p_k = \boldsymbol{BB}^{-1} p_k = \sum_{i=1}^{m} \alpha_{ik} p_{j_i}, k \neq j_i, i = 1,2,\cdots,m. \tag{11.2.1}$$

为得到新的可行解，做如下变形：

$$b = \sum_{i=1}^{m} \bar{b}_i p_{j_i} - \theta p_k + \theta p_k = \sum_{i=1}^{m} (\bar{b}_i - \theta \alpha_{ik}) p_{j_i} + \theta p_k \tag{11.2.2}$$

这表明 b 可以表示成 $p_1 \cdots p_m p_{m+1} \cdots p_n$ 的线性组合，即

$$b = \mu_1 p_1 + \mu_2 p_2 + \cdots \mu_n p_n.$$

其中，$\mu_{j_i} = \bar{b}_i - \theta \alpha_{ik} (i=1,\cdots,m), \mu_k = \theta$,

其他 $\mu_j = 0 (j \neq j_1, \cdots, j_m, j \neq k)$.

以此系数 $\mu_1 \cdots \mu_n$ 构造一个 n 维向量 $(\mu_1, \mu_2, \cdots, \mu_n)^{\mathrm{T}} \triangleq \boldsymbol{\mu}$

由（11.2.2）及 $\boldsymbol{\mu}$ 的构造可知：$\boldsymbol{A\mu} = \boldsymbol{b}$. 如果同时还有：$\theta > 0, \bar{b}_i - \theta \alpha_{ik} > 0 (i = 1, 2, \cdots, m)$

则向量 $\boldsymbol{\mu}$ 就是一个新的可行解，设其对应目标值为 f，则：

$$f = \sum_{i=1}^{n} c_i \mu_i = \sum_{i=1}^{m} c_{j_i} (\bar{b}_i - \theta \alpha_{ik}) + \theta c_k = \sum_{i=1}^{m} c_{j_i} \bar{b}_i - \theta \left(\sum_{i=1}^{m} c_{j_i} \alpha_{ik} - c_k \right) = f^0 - \theta \sigma_k,$$

如果 $\sigma_k < 0$，有 $f > f^0$.

下面再分两种情形讨论：

（1）若 $\boldsymbol{B}^{-1} P_K \leqslant 0$（即 $\alpha_{ik} \leqslant 0, i = 1 \to m$）则目标函数无上界.

证明：当 $\alpha_{ik} \leqslant 0$（$i = 1 \to m$）时，可取任意 $\theta > 0$，均满足 $\bar{b}_i - \theta \alpha_{ik} \geqslant 0 (i = 1 \to m)$

因而此时 μ 是可行解. 令 $\theta \to +\infty$，则 $f = f^0 - \theta \sigma_k \to +\infty$

$$f = f^0 - \theta \sigma_k \to +\infty \text{（因为 } \sigma_k < 0\text{）}$$

表明这一线性规划问题的目标函数无上界，因而无最优解.

（2）若 $\boldsymbol{B}^{-1} \boldsymbol{P}_k$ 有正分量，这时可进行枢轴运算，为保证新的解的可行性，必须加上如下限制：

$$\theta = \min_{1 \leqslant i \leqslant n} \left\{ \frac{\bar{b}_i}{\alpha_{ik}} \mid \alpha_{ik} > 0 \right\} = \frac{\bar{b}_l}{\alpha_{lk}} (1 \leqslant l \leqslant m, \alpha_{lk} > 0).$$

这时的 $\theta \geqslant 0$，且 $\bar{b}_i - \theta \alpha_{ik} \geqslant 0$，因而 μ 是可行解那么怎样去获得新的基本可行解呢？假定线性规划是非退化的（退化情形可专门讨论）

设 $\bar{b}_l > 0$（基变量取非负值且非退化），则有 $\theta > 0$，

因 $\theta = \dfrac{\bar{b}_l}{\alpha_{lk}}$ 则 $\bar{b}_l - \theta \alpha_{lk} = 0$，故 μ 中分量 $\mu_{j_l} (1 \leqslant l \leqslant m)$ 为 0.

后面将证明结论：

若 $\alpha_{lk} \neq 0$，向量组 p_{j_1}，$\cdots$，$p_{j_{l-1}}$，p_k，$p_{j_{l+1}}$，$\cdots$，p_{j_m} 线性无关，于是得新可行基，记为：

$\boldsymbol{B}' = (p_{J_1}, \cdots, p_{j_{l-1}}, p_k, p_{j_{l+1}}, \cdots, p_{j_m})$

因而 $\boldsymbol{\mu}$ 就是对应于基 $\boldsymbol{B}'$ 的可行解.

记其目标值为：

$f' = f^0 - \theta \sigma_k > f^0$（因 $\theta > 0, \sigma_k < 0$）.

可见，只要还是非退化情形，以 α_{lk} 为主元进行这一单纯形法迭代，目标函数值增大了，从而基可行解得到改进，这一步单纯形法迭代中，迭出了变量 x_{j_l}，迭入了变量 x_k，即基矩阵中迭入 p_k 列.

可以证明如下结论：若 $\alpha_{lk} \neq 0$，则 p_{j_1}，$\cdots$，$p_{j_{l-1}}$，p_k，$p_{j_{l+1}}$，$\cdots$，p_{j_m} 线性无关.

（利用反证法）若这组向量线性相关，则存在不全为 0 的数 y_{j_1}，…，$y_{j_{l-1}}$，y_k，$y_{j_{l+1}}$，…，y_{j_m}使得：

$$y_1p_{j_1}+\cdots+y_{l-1}p_{j_{l-1}}+y_kp_k+y_{l+1}p_{j_{l+1}}+\cdots+y_mp_{j_n}=0.$$

由于 $p_{j_1}\cdots p_{j_{l-1}}p_{j_{l+1}}\cdots p_{j_m}$ 线性无关，因此 $y_k\neq 0$. 由上式可得：

$$p_k=\beta_1p_{j_1}+\cdots+\beta_{l-1}p_{j_{l+1}}+\beta_{l+1}p_{j_{l+1}}+\cdots+\beta_mp_{j_m}, \tag{11.2.3}$$

又由前面式（11.2.1）知：

$$p_k=\alpha_{1k}p_{j_1}+\cdots+\alpha_{l-1k}p_{j_{l-1}}+\alpha_{lk}p_{j_l}+\alpha_{l+1k}p_{j_{l+1}}+\cdots+\alpha_{mk}p_{j_m}. \tag{11.2.4}$$

式（11.2.4）~式（11.2.3）得：

$$\alpha_{lk}p_{j_l}+(\alpha_{1k}-\beta_1)p_{j_1}+\cdots+(\alpha_{l-1,k}-\beta_{l-1})p_{l-1}+$$
$$(\alpha_{l+1,k}-\beta_{l+1})p_{j_{l+1}}+\cdots+(\alpha_{m,k}-\beta_m)p_{j_m}=0.$$

但 $p_{j_1}\cdots p_{j_l}\cdots p_{j_m}$ 线性无关，因而公式各项系数均为 0. 从而得出 $\alpha_{lk}=0$，这与 $\alpha_{lk}\neq 0$ 矛盾，故 $p_{j_1}\cdots p_{j_m}$ 线性无关.

定理 11.2.1 设 $\boldsymbol{B}$ 是（SLP）的一个可行基，若某非基变量 $\boldsymbol{x}_k$ 的判别数 $\sigma_k<0$ 且 $\boldsymbol{B}^{-1}\boldsymbol{P}_k\leqslant 0$，则此（SLP）问题的目标函数无上界无最优解.

定理中的判别数 $\sigma_k<0$，不一定是最小判别数.

例 11.2.4 解线性规划

$$\max\{x_1+3x_2+4x_3\}$$
$$\text{s. t.}\begin{cases}3x_1+5x_2-4x_3\leqslant 10,\\-2x_1+3x_2+x_3\leqslant 5,\\x_1\geqslant 0,x_2\geqslant 0,x_3\geqslant 0.\end{cases}$$

解 引进松弛变量 x_4，x_5 化为

$$\max\{x_1+3x_2+4x_3\}$$
$$\text{s. t.}\begin{cases}3x_1+5x_2-4x_3+x_4=10,\\-2x_1+3x_2+x_3+x_5=5,\\x_1\geqslant 0,x_2\geqslant 0,x_3\geqslant 0,x_4\geqslant 0,x_5\geqslant 0.\end{cases}$$

列出初始单纯形表并进行迭代过程如下：

其中：$\sigma_1=-9$ 的这一列元素均为负数，因此原问题不存在有界最优解.

表 11.2.6

基变量	C_B	X_B	x_1	x_2	x_3	x_4	x_5	θ
			1	3	4	0	0	
x_4	0	10	3	5	−4	1	0	
x_5	0	5	−2	3	1	0	1	5/1
	z		0	0	0	0	0	
	σ		−1	−3	−4	0	0	
x_4	0	30	−5	17	0	1	4	
x_3	4	5	−2	3	1	0	1	
	z		−8	12	4	0	4	
	σ		−9	9	0	0	4	

关于单纯行的迭代公式：

先回顾单纯形表格形式（SLP）

表　11.2.7

基变量	C_B	X_B	X_1	…	X_j	…	X_k	…	X_n	θ
			C_1	…	C_j	…	C_k	…	C_n	
X_{j1}	C_{j1}	B_1	α_{11}	…	α_{1j}	…	α_{1k}	…	α_{1n}	θ_1
⋮	⋮	⋮	⋮		⋮		⋮		⋮	⋮
X_{ji}	C_{ji}	B_i	α_{i1}	…	α_{ij}	…	α_{ik}	…	α_{in}	θ_i
⋮	⋮	⋮	⋮		⋮		⋮		⋮	⋮
X_{jl}	C_{jl}	B_j	α_{l1}	…	α_{lj}	…	α_{lk}	…	α_{ln}	θ_l
⋮	⋮	⋮	⋮		⋮		⋮		⋮	⋮
X_{JM}	C_{jm}	B_m	α_{m1}	…	α_{mj}	…	α_{mk}	…	α_{mn}	θ_m
	Z_j		Z_1	…	Z_j	…	Z_k	…	Z_m	
	σ_j	f^o	σ_1	…	σ_j	…	σ_k	…	σ_m	

下面我们再次归纳一下单纯形算法的步骤，并举例说明.

当找到（SLP）的一个可行基 $\boldsymbol{B}$ 及其对应的单纯形表后，可按下面步骤进行迭代：

步骤 1：（检查最优性条件是否成立）若判别数 $\boldsymbol{\sigma}_k \geqslant 0(j=1,2,\cdots,n)$，则已求得最优解，其基变量取值为：$\boldsymbol{x}_B=\boldsymbol{B}^{-1}\boldsymbol{b}=(b_1b_2\cdots b_m)^{\mathrm{T}}$，否则，转入步骤 2.

步骤 2：求 k 使：$\boldsymbol{\sigma}_k=\min\{\boldsymbol{\sigma}_j\}<0$.

步骤 3：若 $\alpha_{ik}\leqslant 0(i=1,2,\cdots,m)$（即 $\boldsymbol{B}^{-1}\boldsymbol{P}_k\leqslant 0$）. 则终止迭代，目标函数无上界，无最优解，否则转入步骤 4.

步骤 4：求 l 使 $\theta_l=\dfrac{\bar{b}_l}{\alpha_{lk}}=\min\limits_{1<i<m}\left\{\dfrac{\bar{b}_i}{\alpha_{ik}}\mid \alpha_{ik}<0\right\}$.

步骤 5：以 α_{lk} 为主元进行极轴运算. 由公式

$$\begin{cases}\alpha'_{lj}=\dfrac{\alpha_{lj}}{\alpha_{lk}},(j=0,1,\cdots,n),\\[2ex] \alpha'_{ij}=\alpha_{ij}-\dfrac{\alpha_{ik}}{\alpha_{lk}}\alpha_{lj},\begin{pmatrix}i=0,1,\cdots,m.\ i\neq l\\ j=0,1,\cdots,n\end{pmatrix}\end{cases}$$

计算出新的单纯形表，返回步骤 1.

其中，$\bar{b}_i=\alpha'_{i0}$，$\bar{\sigma}_j=\alpha'_{0j}$，$i=0$，1，…，$m$，$j=1$，…，$n$.

例 11.2.5　用表格形式单纯形法求解

$$\max Z=(20x_1+8x_2+6x_3)$$

$$\text{s. t.}\begin{cases}8x_1+3x_2+2x_3\leqslant 250,\\ 2x_1+x_2\leqslant 50,\\ 4x_1+3x_3\leqslant 150,\\ x_1,x_2,x_3\geqslant 0.\end{cases}$$

解　首先引进松弛变量 $x_4x_5x_6>0$ 使

$$\begin{cases}8x_1+3x_2+2x_3+x_4=250,\\ 2x_1+\ x_2+\ x_5=50,\\ 4x_1+\qquad 3x_3+\ x_6=150,\end{cases}$$

则 $A=(P_1P_2P_3P_4P_5P_6)=\begin{pmatrix}8&3&2&1&0&0\\2&1&0&0&1&0\\4&0&3&0&0&1\end{pmatrix}$

取初始可行基 $B=(P_4\quad P_5\quad P_6)$. 得初始基可行解

$$x_B=\begin{pmatrix}x_4\\x_5\\x_6\end{pmatrix}=\begin{pmatrix}250\\50\\150\end{pmatrix}.\qquad x_N=\begin{pmatrix}x_1\\x_2\\x_3\end{pmatrix}=\begin{pmatrix}0\\0\\0\end{pmatrix}$$

初始单纯形表列见表 11.2.8：

表 11.2.8

基变量	C_B	x_B	x_1	x_2	x_3	x_4	x_5	x_6	θ
			20	8	6	0	0	0	
x_4	0	250	8	3	2	1			250/8
x_5	0	50	2	1	0	0	1	0	50/2 →
x_6	0	150	4	0	3	0	0	1	150/4
	z_j		0	0	0	0	0	0	
	σ_j	$Z=0$	−20 ↑	−8	−6				

单纯形表实际上就是基 B 典则形式的一种表格表示方式，由此表立刻可以写出关于基 B 的典范型线性方程组（其中 J 为非基变量下标集合）：

$$\max f=f^0-\sum_{j\in J}\sigma_j x_j$$

$$\text{s. t.}\begin{cases}x_{j_i}+\sum\limits_{j\in J}\alpha_{ij}x_j=\bar{b}_i\quad(i=1,2,\cdots,m).\\x_j\geqslant 0\quad(j=1,2,\cdots,n).\end{cases}$$

单纯形表就是把非基变量看做参数，表示出基变量和目标函数时的系数矩阵．下面我们说明为什么上面典范形式中目标函数可以表示成：

$$f=f^0-\sum_{j\in J}\sigma_j x_j,\ f^0=c_B B^{-1}b.$$

这是因为：

$$\begin{aligned}f=cx&=\sum_{j=1}^{n}c_j x_j=c_B x_B+c_N x_N\\&=\sum_{i=1}^{m}c_{j_i}x_{j_i}+\sum_{j\in J}c_j x_j\\&=\sum_{i=1}^{m}c_{j_i}\Big(\bar{b}_i-\sum_{j\in J}\alpha_{ij}x_j\Big)+\sum_{j\in J}c_j x_j\\&=\sum_{i=1}^{m}c_{j_i}\bar{b}_i-\sum_{j\in J}\Big(\sum_{i=1}^{m}c_{j_i}\alpha_{ij}\Big)x_j+\sum_{j\in J}c_j x_j\\&=c_B B^{-1}b-\sum_{j\in J}c_B B^{-1}p_j x_j+\sum_{j\in J}c_j x_j\\&=c_B B^{-1}b-\sum_{j\in J}(c_B B^{-1}p_j-c_j)x_j\\&=c_B B^{-1}b-\sum_{j\in J}\sigma_j x_j.\end{aligned}$$

由上式我们再次看到算法终止准则的正确性.

若对所有非基变量的检验数 σ_j 有 $\sigma_j > 0$，则无论将哪个非基变量换为基变量都不可能将目标函数值增加，因而此时的基可行解即为最优.

根据前面有关讨论，在单纯形法每一步迭代中，都要做出下面三种判断之一，以确定算法是终止还是继续.

1）如果所有判别数 $\sigma_j \geqslant 0 (j=1,2,\cdots,n)$ 由最优判别定理知 $\boldsymbol{B}$ 是最优基，则求出了最优基本解，步骤终止.

2）如果存在 $\sigma_k < 0$ 且 $\boldsymbol{B}^{-1}\boldsymbol{P}_k \leqslant 0$，由定理 11.2.1 知问题的目标函数无上界，无最优解，步骤终止.

3）如果有 $\sigma_k < 0$ 且 $\boldsymbol{B}^{-1}\boldsymbol{P}_k$ 有正分量，这时进行枢轴运算，寻找新的基可行解.

综上我们就得出了单纯形法的收敛定理：

定理 11.2.2 对于（SLP）如果从一个非退化的基可行解开始迭代，且假定每次迭代中出现的基可行解均是非退化的，则单纯形算法必在有限次迭代后终止于下列两种情形之一：或者判断线性规划目标函数无上界而无最优解；或者得到了一个基本最优解.

步骤 1：存在 $\sigma_j < 0$，转步骤 2；

步骤 2：求 k 使 $\sigma_k = \min\{\sigma_1\ \sigma_2\ \sigma_3\} = \sigma_1 < 0$，确定 $k=1$；

步骤 3：存在 $\alpha_{ik} > 0$，转步骤 4；

步骤 4：求 l 使 $\theta_l = \min\left\{\frac{250}{8},\ \frac{50}{2},\ \frac{150}{4}\right\} = \frac{50}{2} = \theta_2$，确定 $l=2$

步骤 5：以 α_{21} 为枢轴元，进行枢轴运算，x_1 入基，x_5 出基，按变换公式得下表

转入步骤 1.

表 11.2.9

基变量	C_B	X_B	x_1	x_2	x_3	x_4	x_5	x_6	θ
			20	8	6	0	0	0	
x_4	0	50	0	−1	2	1	−4	0	250/8
x_1	20	25	1	1/2	0	0	1/2	0	
x_6	0	50	0	−2	3	0	−2	1	50/3
z_j			20	10	0	0	10	0	
σ_j		$Z=500$	0	2	−6 ↑	0	10	0	
x_4	0	50/3	0	1/3	0	1	−8/3	−2/3	
x_1	20	25	1	1/2	0	0	1/2	0	
x_3	6	50/3	0	−2/3	1	0	−2/3	1/3	
z_j			20	6	6	0	6	2	
σ_j		$Z=600$	0	−2 ↑	0	0	6	2	
	0	0	−2/3	0	0	1	−3	−2/3	
	8	50	2	1	0	0	1	0	
	6	50	4/3	0	1	0	0	1/3	
z_j			24	8	6	0	8	2	
σ_j		$Z=700$	4	0	0	0	8	2	

到达第三表后我们看到$\sigma_j \geqslant 0 (j=1,2,3,4,5,6)$，最优性判别定理表明得到基本最优解为：$x_1=0, x_2=50$，$x_3=50$，最优值为 $Z=700$.

11.3 人工变量及初始基本可行解

前面所讨论的单纯形法都是假定迭代开始时是从典范型方程组开始迭代，并且有一个基本可行解及对应的单纯形表.

但一般情况下要直接找出初始基可行解是有困难的，并且要从 $\boldsymbol{A}$ 中找出 m 个列构成非奇异阵 $\boldsymbol{B}$ 使 $\boldsymbol{B}^{-1}\boldsymbol{b} \geqslant 0$ 是相当费事的.

而且有时即使把方程化成了典范形，右端常数有负数，即只得到一个基本解，而不是基本可行解. 这时，我们一般采取引入**人工变量**的方法来构造一个人造基，引进这些人工变量的目的是要使约束方程中有一个单位基矩阵.

首先我们从介绍例子着手，使大家了解这个方法，最后再做理论分析.

例 11.3.1 解下面的线性规划

$$\max Z = (3x_1 - x_2 - x_3)$$

$$\text{s.t.}\begin{cases} x_1 - 2x_2 + x_3 \leqslant 11, \\ -4x_1 + x_2 + 2x_3 \geqslant 3, \\ 2x_1 - x_3 = -1, \\ x_1, x_2, x_3 \geqslant 0. \end{cases}$$

解 首先将（LP）标准化引进松弛变量 $x_4 \geqslant 0$，剩余变量 $x_5 \geqslant 0$

$$\max Z = (3x_1 - x_2 - x_3)$$

$$\text{s.t.}\begin{cases} x_1 - 2x_2 + x_3 + x_4 = 11, \\ -4x_1 + x_2 + 2x_3 - x_5 = 3, \\ -2x_1 + x_3 = 1, \\ x_1, x_2, x_3, x_4, x_5 \geqslant 0. \end{cases}$$

在化为典范型时，x_4 可作为基变量，再在后面两个方程分别加入人工变量 x_6 和 x_7，得出一个典范型如下：

$$(*)\quad \begin{cases} x_1 - 2x_2 + x_3 + x_4 = 11, \\ -4x_1 + x_2 + 2x_3 - x_5 + x_6 = 3, \\ -2x_1 + x_3 + x_7 = 1, \\ x_1, x_2, x_3, x_4, x_5, x_6, x_7 \geqslant 0. \end{cases}$$

如果选取 x_4，x_6，x_7 为基变量，x_1，x_2，x_3，x_5 为非基变量，则得基可行解 $x_1=x_2=x_3=x_5=0$，$x_4=11$，$x_6=3$，$x_7=1$，但它不是原来问题的基本可行解. 只有当 x_6 和 x_7 两人工变量取 0 值时，式（$*$）的基本可行解才成为原来线性规划的基本可行解.

使用人工变量的单纯形法中有两种解法可以尽快地把人工变量减小到零，即：大 M 法和两阶段单纯形法.

11.3.1　人工变量大 M 单纯形法

人工变量大 M 单纯形法要求从原目标函数中减去人工变量乘以一个很大的正系数 M（人工变量与松弛剩余变量不同之处），用大 M 法处理极大化时，当目标函数中人工变量具有一个很大系数 M 之后，在改进目标函数过程中，人工变量会迅速地减少，很快出基. 注意具体操做时，M 不必要用具体的数值，只要用 M 代表一个很大的正数就行了，下面用大 M 法求解上述例中极大化问题.

目标函数为：

$$\max z = 3x_1 - x_2 - x_3 - Mx_6 - Mx_7$$

$$\text{s. t.} \begin{cases} x_1 - 2x_2 + x_3 + x_4 = 11, \\ -4x_1 + x_2 + 2x_3 - x_5 + x_6 = 3, \\ -2x_1 + \qquad x_3 + x_7 = 1, \\ x_1,\ x_2,\ x_3,\ x_4,\ x_5,\ x_6,\ x_7 \geqslant 0. \end{cases}$$

列出初始单纯形表，其余计算步骤与上节介绍的单纯形法一致，具体过程如表 11.3.1.

表　11.3.1

基变量	C_B	X_B	x_1	x_2	x_3	x_4	x_5	x_6	x_7	θ
			3	-1	-1	0	0	$-M$	$-M$	
x_4 Z	0	1	1	-2	1	1	0	0	0	11/1
x_6	$-M$	3	-4	1	2	0	-1	1	0	3/2
x_7	$-M$	1	-2	0	1	0	0	0	1	1/1 →
z_i			$6M$	$-M$	$-3M$	0	M	$-M$	$-M$	
σ_j			$6M-3$	$-M+$	$-3M+$ ↑	0	M	0	0	
x_4	0	10	3	-2	0	1	0	0	-1	负数
x_6	$-M$	1	0	1	0	0	-1	1	-2	1 →
x_3	-1	1	-2	0	1	0	0	0	1	
z_j			2	$-M$	-1	0	M	$-M$	$2M-1$	
σ_j			-1	$-M+$ ↑	0	0	M	0	$3M+1$	
x_4	0	12	3	0	0	1	-2	2	-5	4
x_2	-1	1	0	1	0	0	-1	1	-2	–
x_3	-1	1	-2	0	1	0	0	0	1	–
z_j			2	-1	-1	0	1	-1	1	
	$Z=-2$		-1 ↑	0	0	0	1	$M-1$	$M+1$	
x_1	3	4	1	0	0	1/3	$-2/3$	2/3	$-5/3$	
x_2	-1	1	0	1	0	0	-1	1	-2	
x_3	-1	9	0	0	1	2/3	$-4/3$	4/3	$-7/3$	
z_j			3	-1	-1	1/3	1/3	$-1/3$	$-2/3$	
	$Z=2$		0	0	0	1/3	1/3	$M-1/3$	$M-2/3$	

人工变量 X_6 和 X_7 分别在一次和二次迭代之后迅速被其他变量取代. 在计算时人工变量一旦出基，就可以不再考虑它了. 表 11.3.1 中第三表检验数已均非负，说明得到最优解 $X_1=4$，$X_2=1$，$X_3=9$，最优值为 $Z=2$.

例 11.3.2 用人工变量大 M 法解下列线性规则;

$$\max z=(3x_1+2x_2)$$

$$\text{s. t}\begin{cases}2x_1+x_2\leqslant 2,\\3x_1+4x_2\leqslant 12,\\x_1\geqslant 0,x_2\geqslant 0.\end{cases}$$

解 将约束条件加上松弛变量 x_3，剩余变量 x_4 和人工变量 x_5 后，得到一个具有基可行解的典则型方程如下：

$$\begin{cases}2x_1+\ \ x_2+x_3=2,\\3x_1+4x_2-x_4+x_5=12,\\x_i\geqslant 0(i=1,2,\cdots,5).\end{cases}$$

相应的目标函数为

$$\max z=(3x_1+2x_2)-Mx_5$$

列出初始单纯形表，并进行迭代得表 11.3.2.

表 11.3.2

基变量	C_B	X_B	x_1	x_2	x_3	x_4	x_5	θ
			3	2	0	0	$-M$	
x_3	0	2	2	1	1	0	0	2/1→
x_5	$-M$	12	3	4	0	−1	1	12/4
Z_j			$-3M$	$-4M$	0	M	$-M$	
		$Z=-12M$	$-3-3M$	$-2-4M$ ↑	0	M	0	
x_2	2	2	2	1	1	0	0	
x_5	$-M$	4	−5	0	−4	−1	1	
z_j			$4+5M$	2	$2+4M$	M	$-M$	
		$Z=4-4M$	$1+5M$	0	$2+4M$	M	0	

这时的检验数已全部非负，得最优解 $x_1=x_3=x_4=0$，$x_2=2$，$x_5=4$，最优值 $Z=4-4M$. 此时的最优基中包含了人工变量，因此是不可行的，从而原问题无解. 这类情况有时称为**伪最优解** (Pseudo Optimal Solution).

11.3.2 人工变量两阶段单纯形法

仍以上面的例子来说明，在加入人工变量 x_6 和 x_7 以后，还可以将线性规划问题分成两个阶段求解.

第一阶段的目的是为原问题求初始基可行解. 第二阶段在此基本可行解基础上对原目标函数进行优化.

在第一阶段中先不考虑原来的目标函数，而是另外建立一个人工目标函数. 例如例

11.3.1 的第一阶段问题目的是要使 x_6 和 x_7 为零，所以第一阶段中目标函数及约束问题列为：

$$\min \omega = x_6 + x_7$$

$$\text{s.t.}\begin{cases} x_1 - 2x_2 + x_3 \leqslant 11, \\ -4x_1 + x_2 + 2x_3 \geqslant 3, \\ 2x_1 - x_3 = -1, \\ x_1,\ x_2,\ x_3 \geqslant 0. \end{cases}$$

用单纯形法来解这个新的线形规划问题（见表 11.3.3），也可以先化为极大化问题再解，如果直接用 min 目标函数时注意判别数改变符号.

表　11.3.3

基变量	C_B	X_B	x_1	x_2	x_3	x_4	x_5	x_6	x_7	θ
			0	0	0	0	0	1	1	
x_4	0	11	1	−2	1	1	0	0	0	11/1
x_6	1	3	−4	1	2	0	−1	1	0	3/2
x_7	1	1	−2	0	1	0	0	0	1	1/1 →
z_j			−6	1	3	0	−1	1	1	
			−6	1	3 ↑	0	−1	0	0	
x_4	0	10	3	−2	0	1	0	0	−1	负数不考虑
x_6	1	1	0	1	0	0	−1	1	−2	1 →
x_3	0	1	−2	0	1	0	0	0	1	
z_j			0	1	0	0	−1	1	−2	
			0	1 ↑	0	0	−1	0	−3	
x_4	0	12	3	0	0	1	−2	2	−5	
x_2	0	1	0	1	0	0	−1	1	−2	
x_3	0	1	−2	0	1	0	0	0	1	
z_j			0	0	0	0	0	0	0	
			0	0	0	0	0	−1	−1	

上面最后一表中检验数均非正值，因此得到第一阶段的最优解：$x_1=0$，$x_2=1$，$x_3=1$，$x_4=12$，$x_5=0$，$x_6=0$，$x_7=0$，最小值 $\omega=0$. 由于人工变量 x_6 和 x_7 均为 0，所以这个最优解就是原来问题的初始基本可行解. 有了这个初始基本可行解后，就可以进入第二阶段用单纯形法求原问题的最优解了.

第二阶段的表格见表 11.3.4.

此时检验数已全部非负，得到了最优解：$x_1=4$，$x_2=1$，$x_3=9$，$x_4=x_5=0$. 此时最优解 $z=2$，这与前面用大 M 法得出的结果是一样的.

这两种方法的第一目的都是为了尽快地使人工变量为零，从而得到原问题的初始基本可行解. 由于大 M 法在计算机求解时出现非常大的数字，容易产生误差，这是大 M 法的缺点，因此后来又提出了两阶段法.

表 11.3.4

基变量	C_B	X_B	x_1	x_2	x_3	x	x_5	θ
			3	−1	−1	0	0	
x_4	0	12	3	0	0	1	−2	12/3
x_2	−1	1	0	1	0	0	−1	∞
x_3	−1	1	−2	0	1	0	0	不考虑
z_j			2	−1	−1	0	1	
σ_j		$Z=-2$	−1	0	0	0	1	
x_1	3	4	1	0	0	1/3	−2/3	
x_2	−1	1	0	1	0	0	−1	
x_3	−1	9	0	0	1	2/3	−4/3	
z_j			3	−1	−1	1/3	1/3	
σ_j		$Z=2$	0	0	0	1/3	1/3	

两阶段法的第一阶段的目的是找出原问题的一个初始基本可行解，或者明确原问题无解. 第二阶段的目的是找出原问题的最优解，或者明确有无解.

下面再利用二阶段法来求解前面的例 11.3.2.

第一阶段的问题可列为（因只有一个人工变量）

$$\min \omega = x_5$$

$$\text{s.t.}\begin{cases}2x_1+x_2+x_3=2,\\3x_1+4x_2-x_4+x_5=12,\\x_i\geqslant 0(i=1,2,\cdots,5).\end{cases}$$

用单纯形法求解，得出第一阶段表格见表 11.3.5.（注意是极小化问题，判别数都不大于 0 时即为最优表!）

表 11.3.5

基变量	C_B	X_B	x_1	x_2	x_3	x_4	x_5	θ
			0	0	0	0	1	
X_3	0	2	2	1	1	0	0	2/1
X_5	1	12	3	4	0	−1	1	12/4
z_j			3	4	0	−1	1	
σ_j			3	4	0	−1	0	
X_2	0	2	2	1	1	0	0	
X_5	1	4	−5	0	−4	−1	1	
Z_j			−5	0	−4	−1	1	
σ_j		$\omega=4$	−5	0	−4	−1	0	

由此时检验数已全部非正，符合求最小解的要求，但注意到此时的基变量中有人工变量 $x_5=4$，没有达到人工变量为零的预期要求. 因此在第一阶段找不到可行解，当然更谈不上第二阶段的求解了，故原问题无解.（与前面用大 M 法得出一致结论）

下面我们从理论上证明上面介绍的二阶段法的正确性.

设有一个标准型线性规划（SLP）

$$\max z = \boldsymbol{cx}$$
$$\text{s. t.} \begin{cases} \boldsymbol{Ax} = \boldsymbol{b}, \\ \boldsymbol{x} \geqslant \boldsymbol{0}. \end{cases}$$

称为原问题或第二问题.

现构造一个与之相应的第一阶段问题，记为（SLP）* 如下：

$$(\text{SLP})^* \max \omega = -(y_1 + y_2 + \cdots + y_n)$$
$$\text{s. t.} \begin{cases} a_{11}x_1 - a_{12}x_2 + \cdots + a_{1n}x_n + y_1 = b_1, \\ \vdots \\ a_{m1}x_1 - a_{m2}x_2 + \cdots + a_{mn}x_n + y_m = b_m, \\ y_i \geqslant 0, x_j \geqslant 0, b_i \geqslant 0 (i = 1, 2, \cdots, m, j = 1, 2, \cdots, n,). \end{cases}$$

引进第一阶段的目的是为了求解原问题（SLP）.

首先看看它们两者之间可行解、基本可行解之间的关系 .

显然：若 $\boldsymbol{x}$ 是（SLP）的一个可行解，则（$\boldsymbol{X}$, $\boldsymbol{0}$）^{T}必是（SLP）* 的一个可行解. 若 $\boldsymbol{x}$ 是（SLP）* 的一个基本可行解，则$(\boldsymbol{X},\boldsymbol{0})^{\mathrm{T}}$必是(SLP)* 的一个基本可行解. 反之若$(\boldsymbol{X},\boldsymbol{y})^{\mathrm{T}}$是(SLP)* 的一个可行解，并且 $\boldsymbol{y} = \boldsymbol{0}$ 时，$\boldsymbol{X}$ 必是（SLP）的一个可行解. 若$(\boldsymbol{X},\boldsymbol{y})^{\mathrm{T}}$是(SLP)* 的一个基本可行解，且 $\boldsymbol{y} = \boldsymbol{0}$ 时，$\boldsymbol{X}$ 必是（SLP）的一个基本可行解.

现在（SLP）* 有一个明显的单位矩阵可取作初始可行解，y_1，…，y_m是基变量，对应的基本可行解为：$x_1 = \cdots = x_n = 0$，$y_1 = b_1$，…，$y_m = b_m$. 现在找到了第一阶段的一个可行解，若第一阶段是非退化的，那么由单纯形法收敛性定理知：

经过有限次迭代必会终止于下面两种情形之一：或者判断第一阶段有无界解；或者求得了一个基本最优解.

但第一阶段不可能有无界解，因为第一阶段的目标函数：

$$\omega = -(y_1 + \cdots + y_m) \leqslant 0$$

有上界，因此必有最优解.

设用单纯形法迭代得到第一阶段的最优解为（$\boldsymbol{x}^*$，$\boldsymbol{y}^*$）^{T}时，它与原问题的关系，有下述定理.

定理 11.3.1　设$(\boldsymbol{x}^*, \boldsymbol{y}^*)^{\mathrm{T}}$为第一阶段的基本最优解，则原问题有可行解的充分必要条件是 $\boldsymbol{y}^* = \boldsymbol{0}$.

证明（略）.

习　题　11

1. 用单纯形法求解习题 10 第 3 题.
2. 用单纯形法求解习题 10 第 4 题.
3. 用单纯形法求解下列线性规划.

（1）$\max\{x_1 + x_2\}$

$$\text{s. t.}\begin{cases}x_1-2x_3+\ x_4=2,\\x_2+\ x_3+2x_4=4,\\x_j\geqslant 0,j=1,2,3,4.\end{cases}$$

（2）$\max\{x_1-3x_2+3x_3\}$

$$\text{s. t.}\begin{cases}3x_1+x_2+2x_3+x_5=5,\\x_1+x_3+2x_5\leqslant 2,\\x_1+2x_3+x_4+2x_5=6,\\x_j\geqslant 0,j=1,2,\cdots,5.\end{cases}$$

4. 用改进单纯形法求解下列线性规划问题.

（1）$\max z=4x_1+x_2$

$$\text{s. t.}\begin{cases}x_1+x_2\leqslant 4,\\2x_1+x_2\geqslant 6,\\x_2\geqslant 2,\\x_1\geqslant 0,\ x_2\geqslant 0.\end{cases}$$

（2）$\max z=3x_1+x_2-3x_3$

$$\text{s. t.}\begin{cases}x_1-x_2+x_3\leqslant 4,\\x_1+x_3\leqslant 6,\\x_2-x_3\leqslant 5,\\x_1\geqslant 0,\ x_2\geqslant 0,\ x_3\geqslant 0.\end{cases}$$

5. 已知一个求最大化的线性规划问题迭代到某一步的单纯形法见表 11.1. 问 a，b，c，d 满足什么条件下，下列结论成立：

（1）当前解为唯一不退化的最优解；

（2）当前解为最优解，但有多个最优解；

（3）原问题的解为最优解，但退化；

（4）原问题无界.

表　11.1

x_1	x_2	x_3	x_4	x_5	右边
c	d	0	0	0	z^*
3	−2	1	0	0	b
−1	a	0	1	0	2
3	−1	0	0	1	3

6. 在标准的线性规划问题中，设 $\boldsymbol{x}^0$ 是问题的最优解，若目标函数中用 $\boldsymbol{c}^*$ 替换 $\boldsymbol{c}$ 后，问题的最优解变为 $\boldsymbol{x}^*$，求证 $(\boldsymbol{c}^*-\boldsymbol{c})(\boldsymbol{x}^*-\boldsymbol{x}^0)\geqslant 0$.

第12章 线性规划的对偶问题

12.1 对称的对偶规划

在线性规划早期发展中，对偶问题是一项重要的发现. 早在1928年著名数学家John. Von. Neumann在研究对策理论时就已经有原始和对偶的思想.

对偶理论有着重要的应用. 首先是在原始、对偶两个线性规划中求解任一规划时，能自动地给出另一个规划的最优解；其次当对偶问题比原问题有较少分量时，求解对偶问题比求解原始问题方便得多.

对偶理论另一个应用是Lemke于1954年提出的对偶单纯形法. 另外，对偶理论还应用于通用的运输问题模型上，对偶理论关于影子价格的分析在经济理论上有着重要作用.

12.1.1 对偶问题的提出

例12.1.1 某厂生产A、B、C三种畅销产品，每台产品需四种资源，具体数据表见表12.1.1.

表 12.1.1

产品 \ 资源	甲	乙	丙	丁	每台收益/元
A	3	2	1	1	2000
B	4	1	3	2	4000
C	2	2	3	4	3000
资源总量	600	400	300	200	

请问怎样安排生产，效益最大?

设生产A、B、C产品个数分别为：x_1，x_2，x_3，作为决策变量，得出模型：

$$\max z = 2000x_1 + 4000x_2 + 3000x_3$$

$$\text{s. t.}\begin{cases} 3x_1 + 4x_2 + 2x_3 \leqslant 600, \\ 2x_1 + \ \ x_2 + 2x_3 \leqslant 400, \\ \ \ x_1 + 3x_2 + 3x_3 \leqslant 300, \\ \ \ x_1 + 2x_2 + 4x_3 \leqslant 200, \\ x_i > 0,\ i = 1,\ 2,\ 3. \end{cases}$$

现在工厂考虑不进行生产，而把全部可利用的资源都让给其他企业，但又希望给这些资源订一个合理价格，别的企业愿意买，该工厂又能得到生产这些产品时可以得到的最大效益.

这就需建立另一个线性规划模型，设 y_1，y_2，y_3，y_4 代表这四种资源的单位售价. 买方希望总售价尽可能低，即 $\min \omega = 600y_1 + 400y_2 + 300y_3 + 200y_4$.

原来生产产品 A 每台需用的资源按现在的单价计算，每台收益为：

$$3y_1 + 2y_2 + y_3 + y_4.$$

为了使工厂效益不减少，就要求订 y_1，y_2，y_3，y_4 时，使这个效益额不低于原来生产一台产品 A 可以得到的效益，因此满足约束：

$$3y_1 + 2y_2 + y_3 + y_4 \geqslant 2000,$$

对 B，C 产品可列出类似约束：$\begin{cases} 4y_1 + \ y_2 + 3y_3 + 2y_4 \geqslant 4000, \\ 2y_1 + 2y_2 + 3y_3 + 4y_4 \geqslant 3000, \end{cases}$

因此得到的线性规划问题模型如下：

$$\min \omega = 600y_1 + 400y_2 + 300y_3 + 200y_4$$

$$\text{s. t.} \begin{cases} 3y_1 + 2y_2 + \ y_3 + \ y_4 \geqslant 2000, \\ 4y_1 + \ y_2 + 3y_3 + 2y_4 \geqslant 4000, \\ 2y_1 + 2y_2 + 3y_3 + 4y_4 \geqslant 3000, \\ y_i \geqslant 0 \ (i = 1, 2, 3, 4) \end{cases}$$

易见，后一个模型的数据完全由前一问题数据确定. 对每一个线性规划问题都伴随有另一个线性规划问题，即对每个(LP) $\begin{array}{l} \max \boldsymbol{cx} \\ \text{s. t.} \begin{cases} \boldsymbol{Ax} \leqslant \boldsymbol{b} \\ \boldsymbol{x} \geqslant \boldsymbol{0} \end{cases} \end{array}$ 都伴随一个对偶规划（LD）.

定义 12.1.1 每个（LP） $\begin{array}{l} \max \boldsymbol{Cx} \\ \text{s. t.} \begin{cases} \boldsymbol{Ax} \leqslant \boldsymbol{b}, \\ \boldsymbol{x} \geqslant \boldsymbol{0}. \end{cases} \end{array}$ 都存在着对应的线性规划问题（LD） $\begin{array}{l} \min \boldsymbol{ub} \\ \text{s. t.} \begin{cases} \boldsymbol{uA} \geqslant \boldsymbol{c}, \\ \boldsymbol{u} \geqslant \boldsymbol{0}. \end{cases} \end{array}$

其中，$\boldsymbol{u} = (u_1, \cdots, u_m)$ 是 m 维向量，称（LP）为原始线性规划，称（LD）为（LP）的对偶线性规划.

下面进一步探讨（LP）与（LD）之间的关系：

$$\max z = c_1x_1 + c_2x_2 + \cdots + c_nx_n$$

$$(\text{LP}) \ \text{s. t.} \begin{pmatrix} a_{11} & a_{12} & \cdots & a_{1n} \\ a_{21} & a_{22} & \cdots & a_{2n} \\ \vdots & \vdots & & \vdots \\ a_{m1} & a_{m2} & \cdots & a_{mn} \end{pmatrix} \begin{pmatrix} x_1 \\ x_2 \\ \vdots \\ x_n \end{pmatrix} \leqslant \begin{pmatrix} b_1 \\ b_2 \\ \vdots \\ b_m \end{pmatrix}$$

$$x_j \geqslant 0 \, (j = 1, 2, \cdots, n)$$

特点：目标函数极大化，约束小于等于号.

其对偶问题：

$$\min\omega = u_1b_1 + u_2b_2 + \cdots + u_mb_m$$

$$(\text{LD})\quad (u_1,u_2,\cdots,u_m)\begin{pmatrix} a_{11} & a_{12} & \cdots & a_{1n} \\ a_{21} & a_{22} & \cdots & a_{2n} \\ \vdots & \vdots & & \vdots \\ a_{m1} & a_{m2} & \cdots & a_{mn} \end{pmatrix} \geqslant (c_1,c_2,\cdots,c_n)$$

$$u_i \geqslant 0 \ (i=1,2,\cdots,m)$$

特点：目标函数极小化，约束大于等于号.

用下表示二者之间关系，更为清楚：

表　12.1.2

x_j \ y_i	x_1, x_2, …, x_n	原始约束	$\min\omega$
y_1	a_{11}, a_{12}, …, a_{1n}	≤	b_1
y_2	a_{21}, a_{22}, …, a_{2n}	≤	b_2
⋮	⋮	⋮	⋮
y_m	a_{m1}, a_{m2}, …, a_{mn}	≤	b_m
对偶问题	≥, ≥, …, ≥		
max z	c_1, c_2, …, c_n		

对偶线性规划问题一定要有一个对应的原始线性规划问题，没有一个“对偶”的线性规划问题，也就无所谓“原始线性规划问题”. 如果没有原始线性规划问题，也就无所谓对偶线性规划问题了.

线性规划的对偶关系具有“对合”性质，证明如下：

因 $\min \boldsymbol{ub} \Leftrightarrow \max\{-\boldsymbol{ub}\} = \max\{-\boldsymbol{b}^{\mathrm{T}}\boldsymbol{u}^{\mathrm{T}}\}$

$\boldsymbol{uA} \geqslant \boldsymbol{c} \Leftrightarrow -\boldsymbol{uA} \leqslant -\boldsymbol{c} \Leftrightarrow -\boldsymbol{A}^{\mathrm{T}}\boldsymbol{u}^{\mathrm{T}} \leqslant -\boldsymbol{c}^{\mathrm{T}}$

$\boldsymbol{u} \geqslant 0 \Leftrightarrow \boldsymbol{u}^{\mathrm{T}} \geqslant 0.$

因而问题可写成：

$$\max \quad -\boldsymbol{b}^{\mathrm{T}}\boldsymbol{u}^{\mathrm{T}}$$

$$(\text{LP})' \quad \text{s. t.} \begin{cases} (-\boldsymbol{A}^{\mathrm{T}})\boldsymbol{u}^{\mathrm{T}} \leqslant -\boldsymbol{c}^{\mathrm{T}} \\ \boldsymbol{u}^{\mathrm{T}} \geqslant 0 \end{cases}$$

可见（LP）′与（LP）是同一类型的问题，依照定义 12.1.1 可写出（LP）′的对偶线性规划问题. 记为（LP）′

$$\min \quad (\boldsymbol{x}^{\mathrm{T}}(-\boldsymbol{c})^{\mathrm{T}})$$

$$(\text{LP})' \quad \text{s. t.} \begin{cases} \boldsymbol{x}^{\mathrm{T}}(-\boldsymbol{A}^{\mathrm{T}}) \geqslant -\boldsymbol{bT} \\ \boldsymbol{x}^{\mathrm{T}} \geqslant \boldsymbol{0} \end{cases}$$

(LP)′又可等价地写成：

$$\max \quad \boldsymbol{cx}$$

$$\text{s. t.} \begin{cases} \boldsymbol{Ax} \leqslant \boldsymbol{b} \\ \boldsymbol{x} \geqslant \boldsymbol{0} \end{cases}$$

即（LD）′就是前面的（LP），而（LD）′等价于前面的（LP）. 这表明，对于一个给定的

(LP) 可以根据对偶规则写出 (LD); 而对于新问题 (LD), 又可根据对偶规则写出其对偶, 而此对偶又刚好回到原问题本身. 即 (LP) 的对偶是 (LD), (LD) 的对偶是 (LP).

这就是线性规划对偶关系的“对合”性质. 这样我们可以把一个相互对偶的线性规则中任何一个称为原问题, 而把另一个称为对偶问题, 称它们互为对偶.

下面我们举例说明怎样由一个线性规划写出其对偶线性规划问题.

例 12.1.2 写出: $\min 5x_1-6x_2+7x_3+x_4$

$$\text{s. t.}\begin{cases}x_1+2x_2-x_3-x_4\geqslant-7,\\6x_1-3x_2+x_3+7x_4\geqslant14,\\-28x_1-17x_2+4x_3+2x_4\leqslant-3,\\x_1,\ x_2,\ x_3,\ x_4\geqslant0.\end{cases}$$ 的对偶规划

解 因目标函数最小化故先把约束条件都写成“大于等于号”形式:

$$\min 5x_1-6x_1+7x_3+x_4$$

$$(\text{LP})\quad\text{s. t.}\begin{cases}x_1+2x_2-x_3-x_4\geqslant-7,\\6x_1-3x_2+x_3+7x_4\geqslant14,\\28x_1+17x_2-4x_3-2x_4\geqslant3,\\x_1,x_2,x_3,x_4\geqslant0.\end{cases}$$

由于这是个 (LD) 问题, 故其对偶是 (LP) 问题: 目标函数极大化, 约束不等式, 用“⩽”号. 因 (LD) 中三个“⩾”不等式, 故引入三个变量 u_1, u_2, u_3 分别与之对应, 由于原线性规划中有四个变量 x_1, x_2, x_3, x_4, 因此对偶问题中有四个约束不等式.

对偶函数目标系数由 (LD) 约束右端列向量 $(-7,\ 14,\ 3)$ 转置而成, 对偶的约束方程右端常数向量由 (LD) 的目标函数系数向量 $(5,\ -6,\ 7,\ 1)$ 转置而得, 从而写出 (LP) 问题:

$$\max -7u_1+14u_2+3u_3$$

$$(\text{LP})\quad\text{s. t.}\begin{cases}u_1+6u_2+28u_3\leqslant5,\\2u_1-3u_2+17u_3\leqslant-6,\\-u_1+u_2-4u_3\leqslant7,\\-u_1+7u_2-2u_3\leqslant1,\\u_1,u_2,u_3\geqslant0.\end{cases}$$

由于(LP) $\begin{matrix}\max\boldsymbol{cx}\\ \begin{cases}\boldsymbol{Ax}\leqslant\boldsymbol{b},\\ \boldsymbol{x}\geqslant0,\end{cases}\end{matrix}$ 与(LD) $\begin{matrix}\min\boldsymbol{ub}\\ \begin{cases}\boldsymbol{uA}\geqslant\boldsymbol{c},\\ \boldsymbol{u}\geqslant0,\end{cases}\end{matrix}$ 形式上是对称的, 所以把它们称为一对对称的对偶规划.

下面来考察它们的关系.

12.1.2 (LP)、(LD) 的对偶定理

定理 12.1.1 对于 (LP) 的任意可行解 $\boldsymbol{x}$, 及 (LD) 的任意可行解 $\boldsymbol{u}$ 有 $\boldsymbol{cx}\leqslant\boldsymbol{ub}$

证明：因 x、u 满足：

$$AX \leqslant b,\ x \geqslant 0 \tag{12.1.1}$$

$$uA \geqslant c,\ u \geqslant 0 \tag{12.1.2}$$

用 u 左乘式（12.1.1），x 右乘式（12.1.2）得：$cx \leqslant u$，$Ax \leqslant ub$

故 $cx \leqslant ub$.

定理 12.1.1 给出了（LP）、（LD）这对互为对偶的线性规问题目标函数的一个界限. 若（LP）有可行解 x，则（LD）的目标值 ub 就有了下界 cx；反之，若（LD）有可行解 u，则（LP）的目标值 cx 就有了上界 ub.

推论 12.1.1　若（LP）有无界解，则（LD）无可行解.

若（LD）有无界解，则（LP）无可行解.

证明：只证前面，后面一样，用反证法. 若（LP）有无界解，而（LD）有可行解，而根据定理 12.1.1，对（LP）的任何可行解 x，$cx \leqslant ub$，这与（LP）目标函数无上界矛盾.

注：这个推论的逆不一定成立，即一对对偶问题中有一个无可行解，不能判定另一个有无界解.

例 12.1.3　$\max\{x_1 + x_2 + x_3\}$

$$(\text{LP})\ \text{s. t}\begin{cases} x_1 - x_2 + x_3 \leqslant 2, \\ x_3 \leqslant -6, \\ x_1.\ x_2.\ x_3 \geqslant 0. \end{cases}$$

$\min\{2u_1 - u_2\}$

$$(\text{LD})\ \text{s. t.}\begin{cases} u_2 \geqslant 1, \\ -u_1 \geqslant 1, \\ u_1 + u_2 \geqslant 1, \\ u_1.\ u_2 \geqslant 0. \end{cases}$$

上面（LP）无可行解，而（LD）并没有无界解，而是无可行解.

定理 12.1.2　对偶规划（LP）、（LD）有最优解⇔两者同时有可行解.

证明：⇒ 显然，有最优解的（LP）、（LD）必有可行解.

⇐ 若（LP）、（LD）分别有可行解 x'、$\bar{u}$，对（LP）的任一可行解 x'、$\bar{u}$，有定理 $cx' \leqslant \bar{u}b$，表明（LP）极大化的目标函数在可行域上有上界，不可能无界. 而一个有可行解、有上界的线性规划，必然有最优解，从而（LP）必有最优解.

推论 12.1.2　如果 x^*、u^* 分别是（LP）和（LD）的可行解，且 $cx^* = u^*b$，则 x^*、u^* 分别是（LP）和（LD）的最优解.

证明：对（LP）的任一可行解 x，（LD）的任意可行解 u，有定理 12.1.1，知：

$$cx \leqslant u^*b = cx^*,\ ub \geqslant cx^* = u^*b$$

表明 cx^*、u^*b 分别是（LP）和（LD）的目标函数的最优解，因而分别是最优解.

定理 12.1.3　若对偶规划（LP）、（LD）中有一个最优解，则另一个也有最优解，并且两者的目标函数最优解相等.

证明：若（LP）有最优解，引进松弛变量 $y = (y_1 \cdots y_m)^{\mathrm{T}} \geqslant 0$，

将（LP）标准化的：$\max\ cx$ s. t. $\begin{cases} Ax+Iy=b \\ x\cdot y\geqslant 0 \end{cases}$，即 $\max(cx+0^{T}y)$ s. t. $\begin{cases} (A,I)\begin{pmatrix} x \\ y \end{pmatrix}=b, \\ x,y\geqslant 0 \end{cases}$

亦即式（ * ）$\max \bar{c}v$ s. t. $\begin{cases} \bar{A}v=b, \\ v\geqslant 0. \end{cases}$ 其中 $0^{T}=(0,\cdots,0)_{1\times m}$，$\bar{c}=(c,0^{T})_{1\times(v+m)}$，$\bar{A}=(A,I)$，$v=\begin{pmatrix} x \\ y \end{pmatrix}$

这样（LP）就化成了等价的式（ * ）问题，由于假定（LP）有最优解，则式（ * ）亦有最优解.

从而可用单纯形式法（包括处理退化的情形的方法）得到式（ * ）的一个基本最优解. 设其基变量为：$x_{j_1}\cdots x_{j_p}$，$y_{i_1}\cdots y_{i_s}$，$p+s=m$. 对应的最优基矩阵为 B，满足 $B^{-1}b\geqslant 0$，在其中取出基变量对应的分量 $c_{j_1}\cdots c_{j_p}$，$\underbrace{0\cdots 0}_{s个}$ 组成的向量为 c_B，即 $c_B=(c_{j_1}\cdots c_{j_p},0\cdots 0)$.

下面证明基 B 的单纯形乘子 $\pi=\bar{c}_B B^{-1}$ 是（LD）的最优解.

先证明 $u^{*}=\bar{c}_B B^{-1}$ 是（LD）的可行解. 设 v_* 使用单纯的形法的式（ * ）的一个最优基可行解，则所有判别数应为非负，即

$\bar{c}_B B^{-1}\bar{A}-\bar{c}\geqslant 0$ 或 $\bar{c}_B B^{-1}(A,I)\geqslant(c,0^{T})$.

亦即 $\bar{c}_B B^{-1}\bar{A}\geqslant c$，$\bar{c}_B B^{-1}\geqslant 0$，即 $u^{*}A\geqslant c$，$u^{*}\geqslant 0$，故 $u^{*}=\bar{c}_B B^{-1}$ 是（LD）的可行解.

再证明 $u^{*}=\bar{c}_B B^{-1}$ 是（LD）的可行解. 设 $v_*=\begin{pmatrix} x^{*} \\ y^{*} \end{pmatrix}$，

则 x^{*} 满足：$Ax\leqslant b$、$x^{*}\geqslant 0$，即 x^{*} 是（LD）的可行解.

要证 u^{*} 是（LD）的最优解，由推论 2 可知，只需证明 $cx^{*}=u^{*}b$.

而 x^{*} 中只有基变量 $x_{j_1}^{*}$，$\cdots$，$x_{j_p}^{*}$ 才可能不等于 0，所以 $cx^{*}=c_{j_1}x_{j_1}^{*}+\cdots+c_{j_p}x_{j_p}^{*}$.

又因 $B^{-1}b$ 为是 v_* 中基变量取值所组成的向量.

即 $B^{-1}b=(x_{j_1}^{*},\cdots,x_{j_p}^{*},y_{i_1}^{*},\cdots,y_{i_s}^{*})^{T}$，则 $\bar{c}_B=(c_{j_1},\cdots,c_{j_p},0,\cdots,0)^{T}$ 与 $B^{-1}b$ 的内积为

$$u^{*}b=c_B B^{-1}b=c_{j_1}x_{j_1}^{*}+\cdots+c_{j_p}x_{j_p}^{*}=cx^{*}$$

故已证 x^{*}、u^{*} 分别为（LP）（LD）的可行解. 由推论 2 即知 $u^{*}=c_B B^{-1}$ 是（LD）的最优解，且两者最优目标值相等. 定理的另一部分证明类似，证毕.

又设 $x^{*}=(x_1^{*},\cdots,x_n^{*})^{T}$，$u^{*}=(u_1^{*},\cdots,u_m^{*})$，将 $Ax\leqslant b$ 写成 $A_i x^{*}\leqslant b_i$ $(i=1,2,\cdots,m)$，令

$$\omega_i=b_i-Ax^{*}\ (i=1,2,\cdots,m),$$

再将 $\omega_i A\geqslant c$ 写成 $u^{T}p_j\geqslant c_j(j=1,2,\cdots,n)$，令

$$Q_j=u^{*}p_j-c_j(j=1,2,\cdots,n)$$

下面证明（LP）和（LD）的最优解 x^{*}、u^{*} 的互补松弛性质.

设 A 的第 i 行向量为 $A^{i}=(a_{i_1},\cdots,a_{i_j},\cdots,a_{i_n})(i=1,2,\cdots,n)$，$A$ 的列向量为 $p_1\cdots p_n$.

定理 12.1.4 （互补松弛性质）若一对对偶规划（LP）（LD）分别有最优解 x^{*}、u^{*}，则一定有

$$\omega_i u_i^* = 0 (i = 1, 2, \cdots, m), \omega_i = b_i - A_i x^*$$

$$Q_j x_j^* = 0 (j = 1, 2, \cdots, n), Q_j = u^{\mathrm{T}} p_j - c_j$$

证明：只证后一式，前一式子类似. 因为 $Q_j^* \geqslant 0$，$x_j^* \geqslant 0$，因此，要使 $Q_j x_j^* = 0$ 成立，只需证明 Q_j、x_j^* 不同时大于零.

用反证法，若不然，设 $Q_j > 0$，$x_j^* > 0$，由于：$Q_j = u^* p_j - c_j > 0$，有 $u^* p_j > c_j$

两端同乘 x_j^* 得：　$u^* p_j x_j^* > c_j x_j^*$.　(12.1.3)

而除 $Q_j > 0$ 外，其余，$Q_k \geqslant 0 (k = 1, 2, \cdots, n, k \neq j)$，

于是有 $u^* p_k \geqslant c_k$，

两边同乘 x_k^*（$x_k^* \geqslant 0$）得 $u^* p_k x_k^* \geqslant c_k x_k^* (k = 1, \cdots, n, k \neq j)$　(12.1.4)

式（12.1.3）+式（12.1.4）　$\sum_{k=1}^{n} u^* p^k x_k^* > \sum_{k=1}^{n} c_k x_k^* = cx^*$　(12.1.5)

由式（12.1.5）两端：　$\sum_{k=1}^{n} u^* p_k x_k^* = u^* \boldsymbol{A} x^* \leqslant u^* b$　(12.1.6)

由式（12.1.5）和式（12.1.3）两端：　$u^* b > cx^*$　(12.1.7)

式（12.1.7）与 x^*、u^* 分别为（LP）（LD）的可行解矛盾（定理 12.1.3），故 $Q_j x_j^* = 0$ $(j = 1, 2, \cdots, n)$.

由此可得如下松紧关系：

（原问题约束⇔对偶问题变量，原问题变量⇔对偶问题约束.）

（1）若（LP）有最优解 x^*，使得对指标 j 满足 $x_j^* > 0$，称 j 对（LP）是松的. 则对（LD）的一切最优解 u^* 必有 $u^* p_j = c_j$，称 j 对（LD）是紧的.

（2）若（LD）有最优解 u^*，使得对指标 j，满足 $u_j^* > 0$，则称（LD）是松的，则对（LP）的一切最优解 x^*，必有 $A_j x^* = b_j$，称 j 对（LP）是紧的.

（3）若（LP）有最优解 x^*，使得对指标 i 满足 $A_i x^* < b$，则称 i 对（LP）松的，对（LD）的最优解 u^*，必有 $u_i^* = 0$，称（LD）是紧的.

（4）若（LD）有最优解 u^*，使得对指标 j，满足 $u^* p_j > c_j$，称 j 对（LD）是松的，则对（LP）的一切最优解 x^*，必有 $x_j^* = 0$，称 j 对（LP）是紧的.

（LD）与（LP）的松紧关系为：x^*，u^* 分别是（LP）和（LD）的最优解：

（1）若 $x_j^* > 0$，则 $u^* p_j = c_j$；

（2）若 $u_i^* > 0$，则 $A_i x^* = b_i$；

（3）若 $A_i x < b_i$，则 $u_i^* = 0$；

（4）若 $u^* p_j > c_j$，则 $x_j^* = 0$.

对偶松紧关系又称为互补松弛条件.

一对相互对偶的线性规划（LP）和（LD）之间解的可能有哪些情形？这可用对偶定理来回答，因为（LP）和（LD）都单独分别有三种可能：

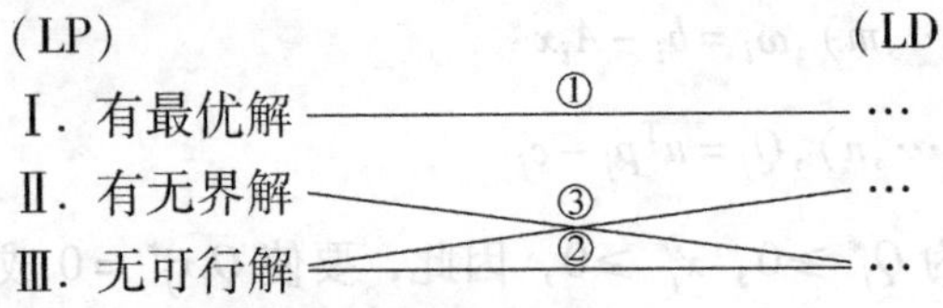

综合以上对偶定理知：(LP) 和 (LD) 之间只可能有下面三种情形：

(1) 两者都有最优解；

(2) 两者都没有可行解；

(3) 一个问题有无界解，另一个问题没有可行解.

其他情形都不可能出现了. 因为，一个问题有最优解，另一个问题有无界解，或一个问题有最优解，另一个问题无可行解，将与定理 12.1.3 矛盾.

如果两个问题都有无界解，将与推论 12.1.2 矛盾.

12.2 非对称及混合型对偶规划

12.2.1 (SLP) 的对偶规划

在单纯形法中，我们总是先将 (LP) 问题化为 (SLP) 问题求解，因此，有必要研究 (SLP) 的对偶规划问题.

先将 (SLP)：$\begin{cases} \max \boldsymbol{cx} \\ \boldsymbol{Ax}=\boldsymbol{b}, \\ \boldsymbol{x}\geqslant \boldsymbol{0}. \end{cases}$ 改写成 (LP) $\begin{cases} \max \boldsymbol{cx} \\ \boldsymbol{Ax}\leqslant \boldsymbol{b}, \\ -\boldsymbol{Ax}\leqslant -\boldsymbol{b}, \\ \boldsymbol{x}\geqslant \boldsymbol{0}. \end{cases}$

再根据 (LP) 的对偶定义写出其对偶规划：

(LD) $\begin{cases} \min \boldsymbol{\omega b}-\boldsymbol{v b} \\ \boldsymbol{\omega A}-\boldsymbol{v A}\geqslant \boldsymbol{c}, \\ \boldsymbol{\omega}\geqslant \boldsymbol{0}, \boldsymbol{v}\geqslant \boldsymbol{0}. \end{cases}$

这就是 (SLP) 的对偶线形规划，这一线性规划问题还可进一步简化，引进 m 维行向量 $\boldsymbol{u}=\boldsymbol{\omega}-\boldsymbol{v}$.

那么 $\boldsymbol{u}$ 就不一定有非负约束了，于是将上面 (LD) 写成：

(SLD) $\begin{cases} \min \boldsymbol{ub} \\ \boldsymbol{uA}\geqslant \boldsymbol{c}, \end{cases}$ $\boldsymbol{u}$ 无符号限制.

所以，只要满足 $\boldsymbol{uA}\geqslant \boldsymbol{c}$，则 $\boldsymbol{u}$ 就称为对偶 (SLD) 的可行解. 前面，我们已证明了 (LP) 与 (LD) 这对对偶规划具有对合性质.

因为上面 (SLD) 与 (LD) 是等价的，而 (SLP) 与 (LP) 是等价的. (LP) (亦即 (SLP)) 的对偶是 (LD)，亦即 (SLD)，而 (LP) 与 (LD) 是对称对偶规划，具有对合性. 即 (LD) ((SLD)) 的对偶是 (LP) ((SLP)). 故知 (SLP) 与 (SLD) 这对对偶规划也具有对合性质的.

(SLP) 与 (SLD) 是非对称的对偶规划，因为 (SLP) 约束取等号，对应对偶变量 $\boldsymbol{u}$ 无符号限制，(SLD) 的约束取不等号.

12.2.2　(SLP)、(SLD)的对偶定理

前面已证明的关于（LP）、（LD）的一些定理，对（SLP）和（SLD）也成立.

定理 12.2.1　对（SLP）的任意可行解 $\boldsymbol{x}$，（SLD）的任意可行解 $\boldsymbol{u}$，有 $\boldsymbol{cx}\leqslant\boldsymbol{ub}$.

证明：因为 $\boldsymbol{Ax}(\boldsymbol{x}\geqslant\boldsymbol{0})=\boldsymbol{buA}\geqslant\boldsymbol{c}$，所以 $\boldsymbol{ub}=\boldsymbol{uAx}\geqslant\boldsymbol{cx}$

推论 12.2.1′　若（SLP）有无界解，则（SLD）无可行解；若（SLD）有无界解，则（SLP）无可行解. 其逆命题不成立.

定理 12.2.2　对偶（SLP）、（SLD）有最优解两者同时有可行解.

推论 12.2.2′　若 $\boldsymbol{x}^*$ 分别是（SLP）、（SLD）的可行解，且 $\boldsymbol{cx}^*=\boldsymbol{u}^*\boldsymbol{b}$. 则 $\boldsymbol{x}^*$，$\boldsymbol{u}^*$ 分别是（SLP）、（SLD）的最优解.（这些结论的证明与（LP）、（LD）类似结论证明一样）

定理 12.2.3　若（SLP）、（SLD）中一个有最优解，则另一个也有最优解，并且两者的目标函数值相等.

证明：设（SLP）有最优解，则必有最优基可行解（基本定理 2.2.2），从而可用单纯形法（包括处理退化，循环的方法）得到（SLP）的一个基本最优解 $\boldsymbol{x}^*$，设最优基为 $\boldsymbol{B}^*$.

那么我们证明单纯形乘子 $\boldsymbol{\pi}=\boldsymbol{c}_{B^*}\boldsymbol{B}^{*-1}=\boldsymbol{u}^*$ 是对偶（SLD）的最优解. 根据单纯形法原理，对应（SLP）的最优基 $\boldsymbol{B}^*$ 的判别向量 $\boldsymbol{c}_B{}^*(\boldsymbol{B}^*)\boldsymbol{A}-\boldsymbol{c}\geqslant\boldsymbol{0}$，最优解为 $\boldsymbol{x}_B^*=\boldsymbol{B}^{*-1}\boldsymbol{b}$，$\boldsymbol{x}_N{}^*=\boldsymbol{0}$，从而 $\boldsymbol{u}^*=\boldsymbol{c}_B^*\boldsymbol{B}^{*-1}$，满足 $\boldsymbol{u}^*\boldsymbol{A}\geqslant\boldsymbol{c}$ 是（SLD）的可行解.

并且目标值 $\boldsymbol{u}^*\boldsymbol{b}=\boldsymbol{c}_B^*\boldsymbol{B}^{*-1}\boldsymbol{b}=\boldsymbol{c}_B^*\boldsymbol{x}_B^*=\boldsymbol{cx}^*$，根据上面的推论即可知：$\boldsymbol{c}_B^*\boldsymbol{B}^{*-1}$ 是（SLD）的最优解. 因此我们证明了定理 12.2.3 中若（SLP）有最优解，则（SLD）必有最优解. 反之，若（SLD）有最优解 $\boldsymbol{u}^*$，则存在 $\boldsymbol{\omega}^*\geqslant\boldsymbol{0}$，$\boldsymbol{v}_*\geqslant\boldsymbol{0}$，$\boldsymbol{w}^*=\boldsymbol{\omega}^*-\boldsymbol{v}_*$ 且 $\boldsymbol{\omega}^*$，$\boldsymbol{v}_*$ 是

$$
\text{(LD)}:\quad \begin{aligned}&\min \boldsymbol{\omega b}-\boldsymbol{vb}\\ &\text{s. t.}\begin{cases}\boldsymbol{\omega A}-\boldsymbol{vA}\geqslant\boldsymbol{c},\\ \boldsymbol{\omega}\geqslant\boldsymbol{0},\ \boldsymbol{v}\geqslant\boldsymbol{0}.\end{cases}\end{aligned}
$$

的最优解.

（LD）的对偶为（LP）

$$
\begin{aligned}&\max \boldsymbol{cx}\\ &\begin{cases}\boldsymbol{Ax}\leqslant\boldsymbol{b},\\ -\boldsymbol{Ax}\leqslant-\boldsymbol{b},\\ \boldsymbol{x}\geqslant\boldsymbol{0}.\end{cases}\end{aligned}
$$

亦即（SLP）

$$
\begin{aligned}&\max \boldsymbol{cx}\\ &\begin{cases}\boldsymbol{Ax}=\boldsymbol{b},\\ \boldsymbol{x}\geqslant\boldsymbol{0}.\end{cases}\end{aligned}
$$

根据上节的定理 12.1.3 知，（LP）即（SLP）有最优解，故得证.

我们由上面定理证明过程可见：若 $\boldsymbol{B}^*$ 是（SLP）的最优基，那么单纯乘子 $\boldsymbol{c}_B^*\boldsymbol{B}^{*-1}$ 就是（SLD）的最优解. 因此我们定义：

定义 12.2.1　对于（SLP）的一个基 $\boldsymbol{B}$，若单纯到乘子 $\boldsymbol{c}_B^*\boldsymbol{B}^{*-1}$ 为对偶（SLD）的可行解，则称 $\boldsymbol{B}$ 为对偶可行基. 若 $\boldsymbol{c}_B^*\boldsymbol{B}^{*-1}$ 为对偶（SLD）的最优解，则称 $\boldsymbol{B}$ 为对偶最优基.

上面定理 12.2.3 的证明表明：（SLP）的最优基 $\boldsymbol{B}^*$ 必是对偶最优基. 这个结论在后面的对偶单纯形法迭代中是十分重要的.

定理 12.2.4 (SLP),(SLD) 的可行解 x^*, u^* 分别是最优解 $\Leftrightarrow (\omega^* A - c)x^* = 0$

证明:$\Leftrightarrow$ 若 x^*, u^* 分别是 (SLP)(SLD) 的可行解,且满足 $(u^* A - c)x^* = 0$,则 $cx^* = u^* Ax^* = u^* b$ (x^* 可行,$Ax^* = b$).

由推论 12.2.2′可知:x^*, u^* 分别是 (SLP),(SLD) 的最优解.

我们下面再细看一下这里的松弛条件:$(\omega^* A - c)x^* = \sum_{i=1}^{n}(\omega^* f_j - c_j)x_j{}^* = 0$

且 $x_j{}^* \geqslant 0, \omega^* p_j \geqslant c_j (j=1,2,\cdots,n)$ 因此上式等价于:

$$(\omega^* p_j - c_j)x_j{}^* = 0 (j=1,2,\cdots,n) \qquad (*)$$

式 ($*$) 表明:若 $\omega^* p_j > c_j$,则必有 $x_j{}^* = 0$. 若 $x_j{}^* > 0$,则必有 $u * p_j = c_j$ 从而表出如下的松紧关系:

(1) 若 (SLP) 有最优解 x^* 使得对指标 j 满足 $x_j^* > 0$,则称 j 对 (SLP) 是松的,对 (SLD) 的最优解 u^* 就必有 $u^* p_j = c_j$,称 j 对 (SLD) 是紧的.

(2) 若 (SLD) 有最优解 u^*,使前对指标 j 满足 $u^* p_j > c_j$,则称 j 对 (SLD) 是松的,对 (SLP) 的一切最优解 x^*,就必有 $x_{j*} = 0$,称 j 对 (SLP) 是紧的.

从上述对偶定理知:(SLP)、(SLD) 这一对对偶规划的解之间也有下面三种情形:

(1) 两者都有最优解;

(2) 两者都没有可行解;

(3) 其中一个有无界解,而另一个无可行解.

除此之外,不能再有其他的形式了.

12.2.3 混合型对偶线性规划

上面我们已经讨论过了对称及非对称型对偶规划,但实际问题中会出现两种情形共存的问题,即所谓混合型的对偶规划问题.

定义 12.2.2:对于一个线性规划问题,若它的约束包括两个部分,一部分的约束是方程式 $A_i x = b_i$. 另一部分约来是不等式 $A_i x \leqslant b_i (A_i x \geqslant b_i)$,其变量也分两类,其中一类有非负限制,另一类没有限制,称这种类型的问题为混合型问题.

考虑混合型问题:

$$\text{(I)}\quad \max \{c^{(1)}x^{(1)} + c^{(2)}x^{(2)}\}$$
$$\text{s.t.}\begin{cases} A_{11}x^{(1)} + A_{12}x^{(2)} \leqslant b^{(1)} \\ A_{21}x^{(1)} + A_{22}x^{(2)} = b^{(2)} \\ x^{(2)} \geqslant 0,\ x^{(2)}\text{无限制} \end{cases}$$

首先,将此问题改写成等价的 (LP) 问题,然后依照定义 12.1.1 写出 (LP) 的对偶 (LD) 如下:

$$\min\{u^{(1)}b^{(1)} + u^{(1)}b^{(1)} - u^{(1)}b^{(1)}\}$$
$$\text{(LD)s.t.}\begin{cases} A_{11}u^{(1)} + A_{21}u^{(21)} - A_{21}u^{(22)} \geqslant c^{(1)}, \\ A_{12}u^{(1)} + A_{22}u^{(21)} - A_{22}u^{(22)} \geqslant c^{(2)}, \\ -A_{12}u^{(1)} - A_{21}u^{(21)} - A_{22}u^{(22)} \geqslant -c^{(2)}, \\ u^{(1)} \geqslant 0, u^{(21)} \geqslant 0, u^{(22)} \geqslant 0. \end{cases}$$

在此（LD）中令 $u^{(21)}-u^{(22)}=u^{(2)},u^{(21)}\geqslant 0,u^{(22)}\geqslant 0$. 但 $u^{(2)}$ 就没有符号限制，从而可以化为下面形式：

$$\min\{u^{(1)}b^{(1)}+u^{(2)}b^{(2)}\}$$

$$(\text{II})\quad \text{s. t.}\begin{cases}A_{11}u^{(1)}+A_{21}u^{(2)}\geqslant c^{(1)},\\ A_{12}u^{(1)}+A_{22}u^{(2)}=c^{(2)},\\ u^{(1)}\geqslant 0,u^{(2)}\text{无限制}.\end{cases}$$

根据上面求解混合型对偶规划的过程，我们总结出混合型对偶的特点如表 12. 2. 1 所示.

表　12. 2. 1

原问题（对偶问题）	对偶问题（原问题）
目标函数 $\max f$	目标函数 $\max Z$
约束条件个数 m 个	对偶变量个数 m 个
约束条件为“≤”号	对偶变量 $u_i\geqslant 0$
约束条件为“=”号	对偶变量 u_i 无限制
变量 x_j 有 n 个	对偶约束条件为 n 个
变量 $x_j\geqslant 0$	对偶约束条件为“≥”号
变量 x_f 无限制	对偶约束条件为“=”号

例 12. 2. 1　写出下面线性规划的对偶规划：

$$\min f=4x_1+13x_2+5x_3+x_4$$

$$\text{s. t.}\begin{cases}x_1+3x_2-x_3-5x_4=8,\\ 4x_1-2x_2+x_3+6x_4\geqslant 10,\\ -15x_1-11x_2+3x_3+x_4\leqslant -7,\\ x_2\geqslant 0,x_4\geqslant 0,x_1,x_3\in\mathbf{R}.\end{cases}$$

解　先将问题转化为统一形式：即最小化问题约束条件为“=”或为“≥”有：

$$\min f=4x_1+13x_2+5x_3+x_4$$

$$\text{s. t.}\begin{cases}x_1+3x_2-x_3-5x_4=8,\\ 4x_1-2x_2+x_3+6x_4\geqslant 10,\\ 15x_1+11x_2-3x_3-x_4\geqslant 7,\\ x_2\geqslant 0,\ x_4\geqslant 0,\ x_1,\ x_3\in\mathbf{R}.\end{cases}$$

根据上面的对偶表，其对偶问题有 3 个对偶变量 u_1，u_2，u_3，4 个约束方程，具体形式如下：

$$\max Z=8u_1+10u_2+7u_3$$

$$\text{s. t.}\begin{cases}u_1+4u_2+15u_3=4,\\ 3u_1-2u_2+11u_3\leqslant 13,\\ -u_1+u_2-3u_3=5,\\ -5u_1+6u_2-u_3\leqslant 1,\\ u_2,\ u_3\geqslant 0,\ u_1\in\mathbf{R}.\end{cases}$$

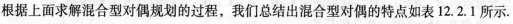

12.3 对偶单纯形法

12.3.1 什么是对偶单纯形法

我们已经知道，用单纯形法求线形规划（SLP）最优解，相当于求一个基 $\boldsymbol{B}$，使得满足基变量取值 $\boldsymbol{B}^{-1}\boldsymbol{b}\geqslant\boldsymbol{0}$，且判断数向量 $\boldsymbol{C}_B\boldsymbol{B}^{-1}\boldsymbol{A}-\boldsymbol{C}\geqslant 0$. 这样的基 $\boldsymbol{B}$ 是最优基.

由当 $\boldsymbol{B}^{-1}\boldsymbol{b}\geqslant 0$ 时，$\boldsymbol{B}$ 是可行基.

当 $\boldsymbol{C}_B\boldsymbol{B}^{-1}\boldsymbol{A}-\boldsymbol{C}\geqslant 0$，现 $\boldsymbol{B}$ 是最优基，当 $\boldsymbol{B}$ 既是可行基，又是对偶可行基时.（即 $\boldsymbol{\pi A}\geqslant\boldsymbol{C}$，$\boldsymbol{\pi}=\boldsymbol{C}_B\boldsymbol{B}^{-1}\boldsymbol{B}$ 是对偶可行基.

我们前面介绍的单纯形方法，是在 $\boldsymbol{B}^{-1}\boldsymbol{B}\geqslant 0$ 的前提条件下，通过可行基的逐次迭代，直到条件 $\boldsymbol{C}_B\boldsymbol{B}^{-1}\boldsymbol{A}-\boldsymbol{C}\geqslant 0$ 成立，这时 $\boldsymbol{B}$ 既是可行基又是对偶可行基，因而 $\boldsymbol{B}$ 是最优基.

现在我们考虑用下面的方法求（SLP）的最优基. 在条件 $\boldsymbol{C}_B\boldsymbol{B}^{-1}\boldsymbol{A}-\boldsymbol{C}\geqslant 0$ 成立的前提条件下，通过对偶基的逐次迭代直到条件 $\boldsymbol{B}^{-1}\boldsymbol{b}\geqslant 0$ 成立，那么此 $\boldsymbol{B}$ 既是对偶可行基，又是可行基，因而是最优基. 沿这一途径求得（SLP）的基本最优基的方法，称为对偶单纯形法.

12.3.2 对偶单纯形法的迭代原理

用对偶单纯形法求解（SLP），起始于一个对偶可行基 $\boldsymbol{B}$：$\boldsymbol{C}_B\boldsymbol{B}^{-1}\boldsymbol{A}-\boldsymbol{C}\geqslant 0$，也可以列出一张单纯形表，但表中最后一行检验数行非负，即 $G_j\geqslant 0(j=1,2,\cdots,n)$.

若满足 $\boldsymbol{x}_B=\boldsymbol{B}^{-1}\boldsymbol{b}\geqslant 0$ 则已得到最优解，终止. 若 $\boldsymbol{x}_B=\boldsymbol{B}^{-1}\boldsymbol{b}$ 有负分量，那么以此基本解 $\boldsymbol{x}_B=\boldsymbol{B}^{-1}\boldsymbol{b}$ 为基础，逐次减少 $\boldsymbol{x}_B$ 中负分量的个数，直到 $\boldsymbol{x}_B\geqslant 0$，就得到最优解，或者判断原问题无可行解为止.

与单纯形法一样，对偶单纯形法也是要找出一个枢轴，来进行旋转变换，因而我们可以直接用单纯形法中的函代公式即：

$$x_k+\sum_{\substack{j\in J\\ j\neq k}}\frac{\alpha_{lj}}{\alpha_{lk}}x_j+\frac{1}{\alpha_{lk}}x_{jl}=\frac{\bar{b}_i}{\alpha_{lk}}$$

这样，由于单纯形法可以在表上进行对偶单纯形法.

当然，两者并不是完全相同的，而有各自的特点. 我们分三点讨论：

（1）枢轴选择：单纯形法中要求 $\alpha_k>0$，对偶单纯形法中要求 $\alpha_{lk}<0$；

（2）入基出基变量选择：单纯形法中先定入基变量 x_k 即：先定 k，后定出基变量 x_{ij}，即后定 L；而对偶变量 x_{jl} 形法中，先定出基变量 L，后定入基变量 k；

（3）表格形式中数据：单纯形法中，总是非负的，逐次迭代，减少检验数行中负元素的个数；

对偶单纯形法，检验数行中负元素总是非负的，逐次迭代，减少基变量 $\boldsymbol{x}_B$ 取值中负元素的个数.

当我们了解了对偶单纯形法和单纯形法之间这些关系以后，我们可以研究对偶单纯形法. 考虑以下几个问题：

（1）怎样选取出基变换，当 $x_B=(\bar{b}_1,\bar{b}_2,\cdots,\bar{b}_m)^{\mathrm{T}}$ 中存在负元素时，取：$\bar{b}_l=\min\limits_{1\leqslant i\leqslant m}\{\bar{b}_i\}<0$，则确定第 L 个基变换，x_{ji} 为出基变换.

（2）怎样选取枢轴元 α_{lk} 为使变换后的新变量 x_k 不再取负值，应使 $\frac{\bar{b}_l}{\alpha_{lk}}>0$，$\bar{b}_l<0$，故选取 $\alpha_{lk}<0$.

（3）入基变换 x_k 的选取：因对偶单纯形法是通过对偶可行基的迭代，所以迭代后所有检验数非负. 即 $\sigma_j\geqslant 0$，$\sigma'_j>0$.

根据迭代公式 $\sigma'_j=\sigma_j-\frac{\alpha_{lj}}{\alpha_{lk}}\sigma_k(j=1,2,\cdots,n)$

因 $\sigma_k\geqslant 0$，$\sigma_j\geqslant 0$，$\sigma_k<0$，$\sigma_j{}^0\geqslant 0$，则 $\frac{\sigma_k}{-\alpha_{lk}}\leqslant\frac{\sigma_j}{-\alpha_{lj}}$，当 $\alpha_{ij}\leqslant 0$ 时

因此选取　$\theta_k=\min\limits_{1\leqslant j\leqslant n}\left\{\frac{\sigma_j}{-\alpha_{lj}}\mid\alpha_{lj}<0\right\}=\frac{\sigma_k}{-\alpha_{lj}}>0$，

则确定 x_k 为出基变换.

（4）目标函数迭代公式

由于对偶单纯形法的迭代并不是在（SLP）的可行基上进行的，因此考虑（SLP）的目标函数迭代没意义，而应考虑对偶目标值的迭代公式. 若迭代后对偶可行基为 $\boldsymbol{B}$，故 $\boldsymbol{U}=\boldsymbol{C}_B\boldsymbol{B}^{-1}$ 是对偶可行解.

设对偶目标值为 Z°，则 $Z^\circ=\boldsymbol{ub}=\boldsymbol{C}_B\boldsymbol{B}^{-1}\boldsymbol{b}=\sum\limits_{i=1}^{m}C_{ji}b'_i$

设迭代后对偶可行基为 $\bar{\boldsymbol{B}}$，对偶目标值为 $\bar{Z}$，则：

$$Z^\circ=\boldsymbol{C}_B\boldsymbol{B}^{-1}\boldsymbol{b},\boldsymbol{C}_B=(C_{j1},\cdots,C_{ji-1},C_{ji+1},\cdots,C_{jm})$$

根据单纯形法的迭代公式：

$$\bar{\boldsymbol{B}}^{-1}\boldsymbol{b}=\left(\bar{b}_1-\frac{\sigma_{1k}}{\alpha_{lk}}\bar{b}_{1l},\cdots,\frac{\bar{b}_l}{\alpha_{lk}},\cdots,\bar{b}_m-\frac{\sigma_{mk}}{\alpha_{lk}}\bar{b}_{1l}\right)^{\mathrm{T}},$$

与 $\boldsymbol{C}_B$ 做内积：$\bar{\boldsymbol{Z}}=\boldsymbol{C}_{\bar{B}}\bar{\boldsymbol{B}}^{-1}\boldsymbol{b}=\bar{Z}^\circ-\frac{\bar{b}_l}{\alpha_{lk}}\sigma_k\triangleq\bar{Z}^\circ-\theta\sigma_k$.

其中，θ 是新基坐标下 Z 的取值，

$$x_k=\theta=\frac{\bar{b}_l}{\alpha_{lk}}\quad(\sigma_k=\boldsymbol{C}_B\boldsymbol{B}^{-1}\boldsymbol{P}_k-\boldsymbol{C}_k=\sum_{i=1}^{m}\boldsymbol{C}_{ij}\alpha_{ik}-\boldsymbol{C}_k).$$

因 $\bar{b}_l<0$，$\alpha_{lk}<0$，因此当 $\sigma_k>0$ 时 $\bar{Z}<Z^\circ$.

可见，对偶单纯形法迭代后必将使对偶目标值减少，剩下的问题就是要考虑对偶单纯形法的终止准则.

定理 12.3.1　设 $\boldsymbol{B}$ 是（SLP）的一个基（或是一个对偶可行基），且 $\boldsymbol{B}^{-1}\boldsymbol{b}$ 中有负分量，即

存在 $\bar{b}_s<0(1\leqslant s\leqslant m)$，若第 s 行中的所有系数 $\alpha_{sj}\geqslant 0(j=1,2,\cdots,n)$，则（SLP）无可行解.

定义 12.3.1　若对偶可行基 $\boldsymbol{B}$ 对应的所有非基变量判别数 $\boldsymbol{C}_B\boldsymbol{B}^{-1}$，则称对偶可行解 $\sigma_j>0$ 是退化的对偶可行解.

对于非退化的对偶可行解，我们有：

定理 12.3.2 若（SLP）有一个新始对偶可行基 $\boldsymbol{B}$，且 $\boldsymbol{C}_B\boldsymbol{B}^{-1}$ 是非退化的对偶可行解，用对偶单纯形法迭代时，若每次得到的对偶可行解都是非退化的，则对偶单纯形算法必在有限次迭代后终止于下述两种情形之一：或者判断（SLP）无可行解，或得到（SLP）的一个基本最优解.

设已知一个对偶可行基 $\boldsymbol{B}$ 对应 $\boldsymbol{x}_B=\boldsymbol{B}^{-1}\boldsymbol{b}=(\bar{b}_1\cdots\bar{b}_m)^{\mathrm{T}}$ 及其对应单纯形表，表中判别数 $\sigma_j\geqslant 0(j=1,2,\cdots,n)$

步骤 1 若 $x_B\geqslant 0$，则 $\boldsymbol{B}$ 为最优基，求出了（SIP）的基本最优解，迭代终止. 否则，令 $\bar{b}_l=\min\limits_{1\leqslant i\leqslant m}\{\bar{b}_i\}<0$ 定出 L.

步骤 2 若 $\alpha_{lj}\geqslant 0$，$j=1$，2，…，n，则（SUP）无可行解，迭代终止. 否则，令 $\theta_k=\min\limits_{1\leqslant j\leqslant n}\left\{\dfrac{\sigma_j}{-\alpha_{lj}}\mid \alpha_{lj}<0\right\}=\dfrac{-\sigma_k}{-\alpha_{lj}}$，定出 k.

步骤 3 以 α_{lk} 为枢轴元进行枢轴运算，用公式

$$\alpha'_{lj}=\frac{\alpha_{lj}}{\alpha_{lk}},(j=0,1,\cdots,n).$$

$$\alpha'_{ij}=\alpha_{ij}-\frac{\alpha_{ik}}{\alpha_{lk}}\alpha_{lj},(i=0,1,\cdots,m,i\neq l,j=0,1,\cdots,n).$$

例 12.3.1 用对偶单纯形法求解：

$$\max(-3x_1-4x_2-5x_3)$$
$$\text{s.t.}\begin{cases}x_1+2x_2+3x_3\geqslant 5,\\2x_1+2x_2+x_3\geqslant 6,\\x_1\geqslant 0,x_2\geqslant 0,x_3\geqslant 0.\end{cases}$$

解 引进剩余变量 $x_4\geqslant 0$，$x_5\geqslant 0$ 则转化为：

$$\max(-3x_1-4x_2-5x_3)$$
$$\text{s.t.}\begin{cases}x_1+2x_2+3x_3-x_4=5,\\2x_1+2x_2+x_3-x_4=6,\\x_i\geqslant 0.\end{cases}$$

取基变换 x_4，x_5 基阵 $\boldsymbol{B}=(p_4,p_5)$ 对应 $\boldsymbol{C}_B=(0,0)$，$\boldsymbol{C}_B\boldsymbol{B}^{-1}=(0,0)$.

因为 $C_1=-3$，$C_2=-4$，$C_3=-5$.

故判别数 $\sigma_j=\boldsymbol{C}_B\boldsymbol{B}^{-1}\boldsymbol{P}_j-\boldsymbol{C}_j=-C_j\geqslant 0(j=1,2,3,4,5)$

可见 $\boldsymbol{B}$ 不是对偶可行基进行对偶单纯形法迭代原始表

表 12.3.1

	x_B	x_1	x_2	x_3	x_4	x_5
		-3	-4	-5	0	0
x_4	5	1	2	3	-1	0
x_5	6	2	2	1	0	-1

为使基变量对应表中的列向量构成基矩阵将表中的两行元素都乘以 -1 即可.

第一步：求 L 使之满足：$b_l=\min\{-5,-6\}=-6=b_2<0$ 确定 $L=2$

第二步：求 k 使之满足：$\theta_k=\min\left\{\frac{3}{-(-2)},\frac{4}{-(-2)},\frac{5}{-(-1)}\right\}=\frac{3}{-2}=\theta_l x_5$ 确定 $k=L$

第三步：以 α_{21} 为枢轴元进行旋转变换，x_1 入基，x_5 出基，设新单纯形表如下：

表　12.3.2

	x_B	x_1	x_2	x_3	x_4	x_5
x_4	−2	0	−1	−2.5	1	−0.5
x_1	3	1	1	−0.5	0	−0.5
	−9	0	−1	−3.5	0	−1.5

此表中仍有基变换取负值，返回第一步

第一步：求 L，使 $b_l=\min\{-2\}=b_1<0$，定出 $L=1$；

第二步：求 k，使 $\theta_k=\min\left\{\frac{1}{-(-1)},\frac{3.5}{-(-2.5)},\frac{1.5}{-(-0.5)}\right\}=\frac{1}{1}=\theta_2$ 定出 $k=2$；

第三步：以 $\alpha_{12}=-1$ 为枢轴元进行枢轴运算设新单纯形表见表 12.3.3.

表　12.3.3

	x_B	x_1	x_2	x_3	x_4	x_5
x_2	2	0	1	2.5	−1	0.5
x_1	1	1	0	2	−1	−1
σ	$L=-11$	0	0	−1	−1	−1

此表中基变量 1，2 均为正值，故得到了基本最优解 $\boldsymbol{x}=(1,2,0,0,0)$.

根据对偶定理知：(SLP) 的目标最优值与对偶目标最优值相等，因此原用的最优目标值为

$$f^*=z^*=-11.$$

如果取基矩阵 $\boldsymbol{B}=\boldsymbol{I}$　这时 $\boldsymbol{C}_B=(0,0,\cdots,0)$，因此有：

$\sigma_j=\boldsymbol{C}_B\boldsymbol{B}^{-1}\boldsymbol{P}_j-C_j=-C_j\geqslant 0,(j=1,2,\cdots n)$，从而 $\boldsymbol{C}_B\boldsymbol{B}^{-1}$ 就是对偶可行解，这样就得到了一个初始对偶可行基，然后就可以采用对偶单纯形法求解原问题.

上面举的例就是目标函数系数全为负的剩余变量解法，因此不在举例说明.

12.3.3　人工约束方法

假定 $\boldsymbol{B}$ 是 (SLP) 的一个基，$\boldsymbol{B}$ 既不是可行基，也不是对偶可行基. 在这种情形下怎样进行对偶单纯形法迭代求解原问题呢?

先将约束 $\boldsymbol{AX}=\boldsymbol{b}$ 化为等价形式 $\boldsymbol{B}^{-1}\boldsymbol{AX}=\boldsymbol{B}^{-1}\boldsymbol{b}$ 得到一个与 (SLP) 等价的问题：

$$\max f=cx$$
$$\begin{cases}x_{ji}+\sum\limits_{j\in J}\alpha_{ij}x_j=b_i(i=1,2,\cdots,m),\\ x_j\geqslant 0,(j=1,2,\cdots,n).\end{cases}$$

增加一个变量 x_{n+1} 和一个约束变量 $\sum\limits_{j\in J}x_j+x_{n+1}=M.$

其中，M 为一个充分大的正数，得到新问题如下

$$\max f = cx$$
$$\begin{cases} x_{ji} + \sum\limits_{j\in J} \alpha_{ij}x_j = \bar{b}_i(i = 1,2,\cdots,m), \\ \sum\limits_{j\in J} x_j + x_{n+1} = M, \\ x_j \geqslant 0(j = 1,2,\cdots,n+1). \end{cases}$$

此中有 $m+1$ 个等式约束和 $n+1$ 个变量. 我们称问题（Ⅰ）的扩充问题，易见，x_{j_1}，x_{j_2}，…，x_{j_m}，x_{n+1}就是（Ⅱ）的一组基变量.

设式（Ⅰ）对应基 $\boldsymbol{B}$ 的判别数为 $\sigma_j(j=1,2,\cdots,n)$

由判别数定义有：$\sigma_j = \sum\limits_{i=1}^{m} c_{ji}\alpha_{ij} - c_j(j = 1,2,\cdots,n)$

再设式（Ⅱ）在基变量 x_{j1}，$\cdots x_{jm}$，x_{n+1}下对应判别数为 $\hat{\sigma}_j(j=1,2,\cdots,n+1)$，因 x_{n+1}在式（Ⅱ）的目标函数中的系数为0，故 $\hat{\sigma}_j = \sum\limits_{i=1}^{m+1} c_{ji}\alpha_{ij} - c_j = \sum\limits_{i=1}^{m} c_{ji}\alpha_{ij} - c_j = \sigma_j(j = 1,2,\cdots,n)$.

因 $\boldsymbol{B}$ 既不是式（Ⅰ）的可行基，也不是对偶可行基，所以式（Ⅰ）中的 $\bar{b}_i$ 有负值，判别数 σ_j 中也有负值. 从而由上面的推导知式（Ⅱ）的基变量所对应的基既不是（Ⅱ）的可行基，也不是对偶可行基，这是因为：

这一组基变量取值为 $\bar{b}_1$，…，$\bar{b}_m$，M 其中有负值，判别数：

$$\hat{\sigma}_j=\sigma_j(j=1,\cdots,n),\hat{\sigma}_{n+1}=0,\text{其中也有负值.}$$

下面我们证明：式（Ⅱ）中以 x_{n+1}为出基变量，x_k 为入基变量做枢轴运算后，扩充问题（Ⅱ）在基变量 x_{j1}，…，x_{jm}，x_k，就对应了一个对偶可行基. 其中 k 满足：$\sigma_k = \min\limits_{1\leqslant j\leqslant n}\{\sigma_j\} <0$.

在式（Ⅱ）中 x_{n+1}是第 $m+1$ 个基变量，以 x_{n+1}为出基变量，

即表明 $L=m+1$. 而这一行的约束为 $\sum\limits_{j\in J} x_j + x_{n+1} = M$.

即非基变量的系数全为1，那么 $\alpha_{m+1,k=1}$，以 $\alpha_{m+1,k}$为枢轴元，进行枢轴运算得：

基变量为 x_{j_1}，…，x_{j_m}，x_k，判别数为 $(\overline{\sigma_j})' = \hat{\sigma}_j - \dfrac{\alpha_{m+1j}}{\alpha_{m+1k}}\sigma_k^{-1}$，当 $j\neq j_1$，…，j_m，k，$n+1$ 时

即当 x_j 是迭代后的非基变量时，有：

$$(\hat{\sigma}_j)'=\hat{\sigma}_j-\hat{\sigma}_k=\sigma_j-\sigma_k(j\neq j_1,\cdots,j_m,k,n+1).$$

枢轴运算后，x_{n+1}为非基变量，检验数为：

$$(\hat{\sigma}_{n+1})'=\hat{\sigma}_{n+1}-\frac{\alpha_{m+1,n}}{\alpha_{m+1,k}}\hat{\sigma}_k=0-\frac{1}{1}\hat{\sigma}_k=-\hat{\sigma}_k=-\sigma_k>0.$$

新基变量对应的判别数均为0，即

$$(\hat{\sigma}_j)'=0\ (j=j_1,\ \cdots,\ j_m,\ k),\ \text{由于}\ \sigma_k=\min_{1\leqslant j\leqslant n}\{\sigma_j\,|\,\sigma_j<0\}<0.$$

故有：$\begin{cases}(\hat{\sigma}_J)'=\sigma_J-\sigma_k\geqslant 0\ (j\neq j_1,\cdots,j_m,k,m+1),\\(\hat{\sigma}_j)'=-\sigma_k>0(j=n+1),\\(\hat{\sigma}_j)'=0(j=j_1,\cdots,j_m,k).\end{cases}$

可见，式（Ⅱ）经过上面的枢轴运算，所得新基对应的判别数全部非负，即

$$(\hat{\sigma}_j)\geqslant 0(j=1,2,\cdots,n+1).$$

因而式（Ⅱ）有了初始对偶可行基，从而可以采用对偶单纯形法求解扩充问题（Ⅱ）了.

由于扩充问题（Ⅱ）有对偶可行解，那么由对偶定理，问题（Ⅱ）的目标函数有上界，因而扩充问题（Ⅱ）不可能有无界解，那么利用对偶单纯形法求解扩充问题的只有两种可能结果：或者扩充问题无可行解，或者找到扩充问题的最优解.

下面讨论扩充问题与原问题的关系：

1）若扩充问题没有可行解，则原问题也没有可行解.

证明：（反证法）若问题（Ⅱ）无可行解，而问题（Ⅰ）有可行解

$\boldsymbol{x}^\circ=(x^\circ{}_1,\cdots,x^\circ{}_n)^{\mathrm{T}}$ 作 $\bar{x}^\circ=(x^\circ{}_1,\cdots,x^\circ{}_n,x^\circ{}_{n+1})^{\mathrm{T}}$ 其中 $x^\circ{}_{n+1}=M-\sum\limits_{j\in J}x_j^\circ>0$

则 $\bar{x}^\circ$是扩充问题（Ⅱ）的可行解，矛盾. 故成立.

2）若扩充问题有最优解.

$\boldsymbol{x}^*=(x_1^*,\cdots,x_{n+1}^*)^{\mathrm{T}}$，则 $\boldsymbol{x}^*=(x_1^*,\cdots,x_n^*)^{\mathrm{T}}$ 是原来的的可行解. 用 $\boldsymbol{x}^*$ 代入目标函数后，若 $f(\boldsymbol{x}^*)$ 与 M 无关，则 $\boldsymbol{x}^*$ 是原问题的最优解.

例 12.3.2　用人工约束的方法求解下面问题：

$$\max f=(1.1x_1+2.2x_2-3.3x_3+4.4x_4)$$

$$\text{s.t.}\begin{cases}x_1+\ x_2+2x_3=5,\\x_1+2x_2+\ x_3+3x_4=4,\\x_1,\cdots,x_4\geqslant 0.\end{cases}$$

要求从基 $\boldsymbol{B}=(p_1,p_2)$ 开始.

$$\boldsymbol{B}=(p_1,p_2)=\begin{pmatrix}1&1\\1&2\end{pmatrix},\boldsymbol{B}^{-1}=\begin{pmatrix}2&-1\\-1&1\end{pmatrix},\ \boldsymbol{x}_B=\boldsymbol{B}^{-1}\boldsymbol{b}=\begin{pmatrix}6\\-1\end{pmatrix}$$

解　$\boldsymbol{\pi}=\boldsymbol{c}_B\boldsymbol{B}^{-1}=(0\quad 1\quad 1)$，$\boldsymbol{\sigma}=-(\boldsymbol{c}_B\boldsymbol{B}^{-1}\boldsymbol{A}-\boldsymbol{C})=(0,0,4.4,-1.1)$

现在用人工约束方法求解这个问题. 新增人工变量 x_5，增加约束 $x_3+x_4+x_5=M$.

扩充问题如下

$$\max f=(1.1x_1+2.2x_2-3.3x_3+4.4x_4)$$

$$\text{s.t.}\begin{cases}x_1+3x_3-3x_4=\ \ 6,\\x_2-\ x_3+\ 3x_4=-1,\\x_3+\ x_4+\ \ x_5=\ \ M.\\x_i\geqslant 0\end{cases}$$

列出扩充问题单纯形表如下：

表 12.3.4

基	C_B	X_B	X_1	X_2	X_3	X_4	X_5
X_1	1.1	6	1	0	3	−3	0
X_2	2.2	−1	0	1	−1	3	0
X_5	0	M	0	0	1	(1)	1
	σ		0	0	4.4	−1.1	0

以人工变量 x_5 为出基变量，x_4 为入基变量，$\sigma_k=\min\{\sigma_j \mid \sigma_j<0\}=\sigma_4$，所以 $k=4$ 做枢轴运算得新表如下

表 12.3.5

基	C_B	X_B	X_1	X_2	X_3	X_4	X_5
X_1	1.1	$3M+6$	1	0	6	0	3
X_2	2.2	$-3M-1$	0	1	−4	0	(−3)
X_4	4.4	M	0	0	1	1	1
	$\|\sigma\|$			0	0	5.5	0

此表中所有检验数 $\sigma>0$（非负）因而已得到扩充问题的对偶可行基，基变量 x_1，x_2，x_4，但此基非可行基，因基变量 $x_2=-3M-1<0$，在此表基础上进行对偶单纯形迭代如下：选取 $L=2$，（因只有 $x_2=-3M-1<0$ 故 x_2 为出基变量）

选取 $k=5$，（因 $\theta_k=\min\left\{\dfrac{5.5}{-(-4)},\dfrac{1.1}{-(-3)}\right\}=\dfrac{\sigma_5}{-(\alpha_{2,5})}$，因此 $k=5$）

进行极轴运算的新表见表 12.3.6.

表 12.3.6

基	c_B	x_B	x_1	x_2	x_3	x_4	x_5
X_1	1.1	5	1	1	2	0	0
X_5	0	$M+1/3$	0	−1/3	4/3	0	1
X_4	4.4	−1/3	0	1/3	−1/3	1	0
	σ		0	1.1/3	12.1/3	0	0

在表 12.3.6 中基变量 $x_4=-1/3<0$ 取 $l=3$，$k=3$（只有 $\alpha_{3,3}=-1/3<0$），做枢轴运算见表 12.3.7.

表 12.3.7

基	C_B	X_B	X_1	X_2	X_3	X_4	X_5
X_1	1.1	3	1	3	0	6	0
X_5	0	$M-1$	0	1	0	4	1
X_3	4.4	1	0	−1	1	−3	0
	σ		0	4.4	0	12.1	0

以得到扩充问题的最优解：$\overline{\boldsymbol{x}}^*=(3,0,1,0,m-1)^{\mathrm{T}}$，已得到扩充问题的最优可行解：$f^*(x^*)=1.1x^*+2.2x^*-3.3x^*+4.4x^*=0$ 与 M 无关，故得出了原问题的最优解 $\boldsymbol{x}^*=$

$(3,0,1,0)^T$，最优值 $f^*=0$.

例 12.3.3　求线性规划问题：

$$\max f = x_1 - x_2$$

$$\text{s. t}\begin{cases} -x_1 + x_2 + x_3 = 1, \\ -x_2 + x_4 = -3, \\ x_i \geqslant 0.\ i = 1,\ 2,\ 3,\ 4. \end{cases}$$

这个问题有一个明显的基：$\boldsymbol{B}=(p_3, p_4)=\begin{pmatrix}1 & 0\\0 & 1\end{pmatrix}$.

基本解：$\boldsymbol{x}_4=(0,\ 0,\ 1,\ -3)$.

对应的判别数向量：

$$\boldsymbol{\sigma}=\boldsymbol{C}_B\boldsymbol{B}^{-1}\boldsymbol{A}-\boldsymbol{C}=(0\quad 0)\begin{pmatrix}1 & 0\\0 & 1\end{pmatrix}\begin{pmatrix}-1 & 1 & 1 & 0\\0 & -1 & 0 & 1\end{pmatrix},$$

$$=(1,-1,0,0)=(-1,1,0,0).$$

可见此基 $\boldsymbol{B}$ 既不是可行基也不是对偶可行基，增加一个变量 x_5 和一个约束非基变量 $x_1+x_2+x_5=M$.

得到扩充问题的单纯形表见表 12.3.8.

表　12.3.8

基	x_B	x_1	x_2	x_3	x_4	x_5
x_3	1	1	1	1	0	0
x_4	−3	0	−1	0	1	0
x_5	M	1	1	0	0	1
σ		−1	1	0	0	0

以新增变量 x_5 为出基变量. 因只有 $\sigma_1=-1<0$.

故只有 $k=1$，即以 x_1 为入基变量，做极轴运算的新表如下：

表　12.3.9

基	X_B	X_1	X_2	X_3	X_4	X_5
X_3	$M+1$	0	2	1	0	1
X_4	−3	0	−1	0	1	0
X_1	M	1	1	0	0	1
		0	2	0	0	1

此表中所检验的数均非负，故对应的基本解为对偶可行解. 其中，基变量 $x_4=-3<0$，故取 $L=-2$（第二个变量）又只有 $\sigma_{22}=-1<0$.

故取 $K=2$，即以 x_4 为基做极轴运算：

表 12.3.10

基	X_B	X_1	X_2	X_3	X_4	X_5
X_3	$M-5$	0	0	1	2	1
X_2	-3	0	1	0	-1	0
X_1	$M-3$	1	0	0	1	1
σ		0	0	0	2	1

此表中检验数均非负，基变量取值均非负，故为扩充问题的最优表. 这样我们得到扩充问题的最优解 $\bar{\boldsymbol{x}}^*=(M-3,3,M-5,0,0)^{\mathrm{T}}$，即$\boldsymbol{x}^*=(M-3,3,M-5,0)^{\mathrm{T}}$

是否为原问题的最优解呢？我们计算其对应的目标函数值：

$$f^*(x^*)=x_1^*-x_2^*=M-6$$

f 与 M 有关，$\boldsymbol{x}^*$ 不是原问题的最优解.

易证当 $M\geqslant 5$ 时，对应的 x^* 都是原问题的可行解. 而当 $M\to+\infty$，$f^*\to+\infty$

表明原问题目标函数值在可行域上无上界，因此无可行解.

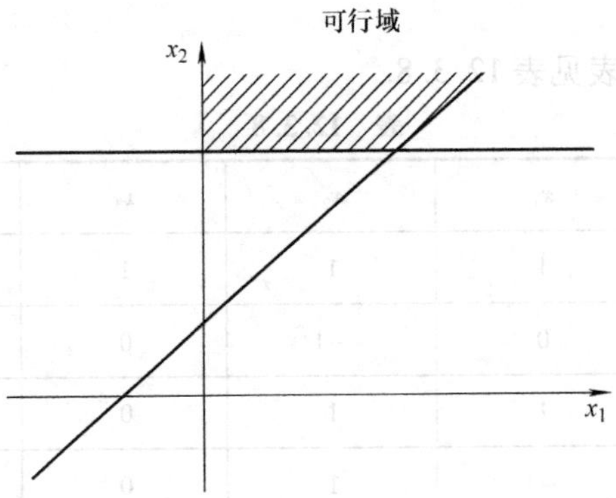

图 12.3.1

事实上，将原问题的约束条件中的松弛变量 x_3，x_4 去掉，并在平面上画出其可行域，易知：原问题的可行域无界，其中含有半平面：$x_2=3$，$x_2\geqslant 2$，在其上当 x_1 趋近正无穷时目标值 $f=x_1-3$ 趋近正无穷时，同样说明目标函数在可行域上无上界，因而无最优解.

12.4 对偶问题的经济意义——影子价格

考虑以下一对对偶问题：

$\max f=cx$　　　　　　　　$\min Z=ub$

s. t. $\begin{cases}\boldsymbol{Ax}\leqslant\boldsymbol{b},\\ \boldsymbol{x}\geqslant 0.\end{cases}$　　　　s. t. $\begin{cases}uA\geqslant c,\\ u>0.\end{cases}$

若 $\boldsymbol{x}^*$、$\boldsymbol{u}^*$ 分别为它们的最优解，则：

$$z^*=f^*=\boldsymbol{c}_B\boldsymbol{B}^{-1}\boldsymbol{b}=\boldsymbol{u}^*\boldsymbol{b}=\boldsymbol{u}_1^*\boldsymbol{b}_1+u_2^*b_2+\cdots+u_m^*b_m,$$

因此：$\dfrac{\partial f^*}{\partial b}=c_B B^{-1}=u^*$ 或 $\dfrac{\partial f^*}{\partial b_i}=u_i^*$.

这表明如果右端常数项向量 $\boldsymbol{b}$ 中一常数项 b_i 增加一个单位，则函数的最优值 f^* 的变化量为 u_i^*.

定义影子价格为约束条件常数项增加一个单位而产生的目标函数最优值的变化.

因此，对偶变量 u_i^* 表明了约束条件的影子价格. 影子价格是针对某一具体的约束条件而言的，而问题中所有其他数值不变. 因此影子价格可以被理解为目标函数最优值对资源的一阶偏导数. 在解线性规划时，影子价格可以很容易地从最优单纯形表格中得出：

$$\boldsymbol{u}^*=\boldsymbol{C}_B\boldsymbol{B}^{-1}=\boldsymbol{\pi}.$$

在最优单纯形表中，对应约束条件的松弛变量的检验数值，下面我们举例说明影子价格分析.

例 12.4.1　某工厂经理对该厂生产的两种产品用线性规划来确定最优的产量方案，根据产品的单位产值和生产的三种资源供应限量，建立模型如下：

$$\max f=5x_1+4x_2(\text{产值})$$

$$\text{s. t.}\begin{cases}x_1+3x_2\leqslant 90 & (\text{资源一}),\\ 2x_1+x_2\leqslant 80 & (\text{资源二}),\\ x_1+x_2\leqslant 45 & (\text{资源三}),\\ x_1\geqslant 0,x_2\geqslant 0.\end{cases}$$

解　利用单纯形法解此问题，得其最新表和最终表见表 12.4.1.

表　12.4.1

基	C_B	X_B	X_1	X_2	X_3	X_4	X_5	
			5	4	0	0	0	
X_3	0	90	1	3	1	0	0	初始表
X_4	0	80	2	1	0	1	0	
X_5	0	45	1	1	0	0	1	
	σ		−5	−4	0	0	0	$F=0$
X_3	0	25	0	0	1	2	−5	
X_1	5	35	1	0	0	1	−1	最优表
X_2	4	10	0	1	0	−1	2	
	σ		0	0	0	1	3	$f^*=215$

这说明最优生产方案是；第一种生产 35 件，第二种生产 10 件，总产值为：215.

又从前面的分析知松弛变量：X_2，X_4，X_5 的检验数对应着对偶问题的最优解，而这些数值就是这三种资源的影子价格：

资源 1 的影子价格 $=u_1=\sigma_3=0$，

资源 2 的影子价格 $=u_2=\sigma_4=1$，

资源 3 的影子价格 $=u_3=\sigma_5=3$，

资源 1 的影子价格为 0，说明增加这种资源不会增加总产值，实际上，如果把资源 1 由

90 增加到 91，同样利用单纯形法可以得到最优表见表 12.4.2：

表 12.4.2

基	C_B	X_B	X_1	X_2	X_3	X_4	X_5
X_3	0	26	0	0	1	2	-5
X_1	5	35	1	0	0	1	-1
X_2	4	10	0	1	0	1	2
σ		$f=215$	0	0	0	1	3

可见增加资源 1 不能增加总产值.

而增加资源 2 一个单位后，最优表见表 12.4.3.

表 12.4.3

基	C_B	X_B	X_1	X_2	X_3	X_4	X_5
X_3	0	27.5	0	0	1	2	-5
X_1	5	36	1	0	0	1	-1
X_2	4	9	0	1	0	-1	2
σ	$Z=216$		0	0	0	1	3

这表明：增加一个单位的资源 2，最佳的生产方案为第一种产品为 34 件，第二种产品为 9 件 ，总产值由原来的 215 件增加到 216，即总产值增加 1.

而有了影子价格，可以不必经上述的计算就可以得出这些结论.

如果资源 1 和资源 2 均无变化而增加资源 3 一个单位，因为资源 3 的影子价格为 $u_3=3$，可知：总产值增加 3.

注意：产品的种类没有改变而每种产品的数量却改变了.

易验证：如果资源 3 增加一个单位，新的生产方案是：第一种产品生产 36 件，第二种产品生产 12 件，总产值为 218.

影子价格说明了不同的资源对经济效益的影响，在线性规划应用到经济问题中，对原始规划可以给出这样的解释：变量可以理解为经济活动的水平（如产量，每个可行解表示生产水平）. 目标函数可以理解为总的经济效益，函数 C 表示这种产品的售价，右端函数 b 可以理解为可用资源的上限，而矩阵 $\boldsymbol{A}$ 的函数可以理解为不同生产资源的单位消耗. 线性规划求最优解就是在有限的资源环境下谋求最高收益. 此时相应的对偶矩阵中的变量就是影子价格，由于影子价格指资源增加时对最优收益产生的影响，因此有时也称之为资源的机会成本.

影子价格在经营管理中用处很多，一般可以提供以下信息：(以上例进行说明)

1）它能告诉管理人员哪一种资源对增加经济效益最有利. 如上例中三种资源的影子价格为（0，1，3)，说明首先应考虑第三种资源的增加，以期望带来收益量的最大化.

2）它能告诉管理人员花多大代价来增加资源才是合算的. 如上例中第三种资源增加一个单位就能增加收益 3，如果增加资源 3 的代价大于 3 就是不合算的.

3）它能告诉管理人员如何考虑新产品的价格. 如某企业要生产一种新产品，如每件产品耗用这三种资源是（1，2，3）单位，则：新产品的定价是一定要大于

$$(0,1,3)\begin{pmatrix}1\\2\\3\end{pmatrix}=11,\ (0,1,3)\ \text{为影子价格.}$$

才能增加公司收益，如售价低于 11，生产就是不合算的.

4）它能使管理人员知道价格变动时哪种资源最为可贵，哪种无关紧要. 如上例中产品的售价不是（5，4），而是（5，5），则从单纯形表中可以算出影子价格由（0，1，3）改变为：

$$(0,\ 5,\ 5)\begin{pmatrix}1 & 2 & -5\\0 & 1 & -1\\0 & -1 & 2\end{pmatrix}=(0,\ 0,\ 5)$$

说明如第二种增加价格的话，资源 3 变得更“宝贵”了.

5）可以帮助分析工艺改变后对资源节约的收益. 如上例中工艺过程改进后，使第三种资源节约了2%，则带来的经济收益为 $3\times4\times5\times2\%=2.7$.（3 为影子价格，45 为资源量，2%为节约百分比）

习　题　12

1. 写出给定线性规划的对偶线性规划

（1）$\max z=cx+dy$

$$\text{s.t.}\begin{cases}Ax+By=a,\\Ex+Fy\geqslant b,\\x\geqslant0,\ y\ \text{无约束.}\end{cases}$$

（2）$\max z=3x_1+2x_2-3x_3+4x_4$

$$\text{s.t.}\begin{cases}x_1-2x_2+3x_3+4x_4\leqslant3,\\x_2+3x_3+4x_4\geqslant-5,\\2x_1-3x_2-7x_3-4x_4=2,\\x_1\geqslant0,\ x_4\leqslant0,\ x_2,\ x_3\ \text{无约束.}\end{cases}$$

2. 判断下列说法是否正确，为什么？

（1）若线性规划的原问题存在可行解，则其对偶问题也一定存在可行解；

（2）若线性规划的对偶问题无可行解，则原问题也一定无可行解；

（3）在互为对偶的一对原问题与对偶问题中，不管原问题是求解极大还是极小，原问题可行解的目标函数值一定不超过其对偶问题的可行解的目标函数值；

（4）任何线性规划问题具有唯一的对偶问题.

3. 已知线性规划问题：

$\max z=x_1+x_2$

$$\text{s.t.}\begin{cases}-x_1+x_2+x_3\leqslant2,\\-2x_1+x_2-x_3\leqslant1,\\x_1\geqslant0,\ x_2\geqslant0,\ x_3\geqslant0.\end{cases}$$

试应用对偶理论证明上述线性规划问题具有无界解.

4. 已知线性规划问题：

$$\max z=2x_1+4x_2+x_3+x_4$$

$$\text{s. t.}\begin{cases}x_1+3x_2+x_4\leqslant 8,\\2x_1+x_2\leqslant 6,\\x_2+x_3+x_4\leqslant 6,\\x_1+x_2+x_3\leqslant 9,\\x_j\geqslant 0(j=1,2,\cdots,4).\end{cases}$$

的最优解为 $\boldsymbol{x}^*=(2,2,4,0)^{\mathrm{T}}$，试根据对偶理论，直接求出对偶问题的最优解.

5. 设 $\boldsymbol{A}$ 是 $m\times n$ 矩阵，$\boldsymbol{x}$ 为 n 维列向量，$\boldsymbol{c}$ 为 n 维行向量，$\boldsymbol{y}$ 为 m 维行向量. 用对偶定理证明，下面两种情况不能同时成立；

（1）$\boldsymbol{Ax}\leqslant 0$ 且 $\boldsymbol{cx}>0$；（2）$\boldsymbol{yA}=\boldsymbol{c}$ 且 $\boldsymbol{y}>0$.

6. 设 $\boldsymbol{B}$ 是线性规划问题 $\min\{cx\mid \boldsymbol{Ax}=\boldsymbol{b},\boldsymbol{x}\geqslant\boldsymbol{0}\}$ 的最优基. 现增加约束 $\alpha x\geqslant d$，其中，$\boldsymbol{\alpha}$ 是 n 维向量，试证：$\hat{\boldsymbol{B}}=\begin{pmatrix}\boldsymbol{B} & 0\\ -\boldsymbol{\alpha B} & 1\end{pmatrix}$ 为变化后问题的对偶可行基，试列出相应的单纯形表.

第 13 章　最优化问题数学建模专题

13.1　引言

最优化技术是一门较新的学科分支. 它是在 20 世纪 50 年代初由于电子计算机广泛应用的推动下才得到迅速发展的，并成为一门直到目前仍然十分活跃的新兴学科. 最优化所研究的问题是在众多的可行方案中怎样选择最合理的一种方案以达到最优目标.

将达到最优目标的方案称为最优方案或最优决策，搜寻最优方案的方法称为最优化方法，关于最优化方法的数学理论称为最优化理论.

最优化问题至少有两要素：一是可能的方案；二是要追求的目标. 后者是前者的函数，如果第一要素与时间无关就称为静态最优化问题，否则称为动态最优化问题.

最优化技术应用范围十分广泛，在我们日常生活中，在工农业生产、社会经济、国防、航空航天工业中处处可见其用途.

最优化技术工作被分成两个方面，一是由实际生产或科技问题形成最优化的数学模型，二是对所形成的数学问题进行数学加工和求解.

对于第二方面的工作，目前已有一些较系统成熟的资料，但对于第一方面工作，即如何由实际问题抽象出数学模型，目前很少有系统的资料，而这一工作在应用最优化技术解决实际问题时是十分关键的基础，没有这一工作，最优化技术将成为无水之源，难以健康发展.

因此，我们要尽可能了解如何由实际问题形成最优化的数学模型.

为了便于大家今后在处理实际问题时建立最优化数学模型，下面先把有关数学模型的一些事项做一些说明.

所谓数学模型就是对现实事物或问题的数学抽象或描述，建立数学模型时要尽可能简单，而且要能完整地描述所研究的系统，但要注意到过于简单的数学模型所得到的结果可能不符合实际情况，而过于详细复杂的模型又给分析计算带来困难. 因此，具体建立怎样的数学模型需要丰富的经验和熟练的技巧.

即使在建立了问题的数学模型之后，通常也必须对模型进行必要的数学简化以便于分析、计算.

一般的模型简化工作包括以下几类：

（1）将离散变量转化为连续变量；

（2）将非线性函数线性化；

（3）删除一些非主要约束条件.

建立最优化问题数学模型的三要素：

（1）决策变量和参数.

决策变量是由数学模型的解确定的未知数. 参数表示系统的控制变量，有确定性的也有随机性的.

(2) 约束或限制条件.

由于现实系统的客观物质条件限制，模型必须包括把决策变量限制在它们可行值之内的约束条件，而这通常是用约束的数学函数形式来表示的.

(3) 目标函数.

这是作为系统决策变量的一个数学函数，用来衡量系统的效率，即系统追求的目标.

13.2 最优化问题数学建模

最优化在物资运输、自动控制、机械设计、采矿冶金、经济管理等科学技术领域中有广泛应用. 下面举几个专业性不很强的实例介绍建模方法.

例 13.2.1 把半径为1的实心金属球熔化后，铸成一个实心圆柱体，问：圆柱体取什么尺寸才能使它的表面积最小？

解 决定圆柱体表面积大小有两个决策变量：圆柱体底面半径 r、高 h. 问题的约束条件是所铸圆柱体重量与球重相等.

即 $\pi r^2 h\rho=\frac{4}{3}\pi R^3\rho$，$\rho$ 为金属比重，$\rho\neq 0$，$R=1$

即 $\pi r^2 h=\frac{4}{3}\pi$，即 $r^2h-\frac{4}{3}=0$.

问题追求的目标是圆柱体表面积最小，即

$$\min(2\pi rh+2\pi r^2)$$

则得到原问题的数学模型

$$\min(2\pi rh+2\pi r^2)$$

$$\text{s.t. } r^2h-\frac{4}{3}=0$$

利用在高等数学中所学的拉格朗日乘子法可求解本问题

$$L(r,h,\lambda)=2\pi rh+2\pi r^2-\lambda\left(r^2h-\frac{4}{3}\right)$$

分别对 r、h、λ 求偏导数，并令其等于零，有：

$$\begin{cases}\dfrac{\partial L}{\partial r}=2\pi h+4\pi r-2rh\lambda=0,\\ \dfrac{\partial L}{\partial h}=2\pi r-\lambda r^2=0, \qquad \Rightarrow h=2r\\ \dfrac{\partial L}{\partial \lambda}=-r^2h+\dfrac{4}{3}=0,\end{cases}$$

$$\Rightarrow r=\sqrt[3]{\frac{2}{3}},h=2\sqrt[3]{\frac{2}{3}}.$$

此时圆柱体的表面积为 $6\pi\left(\frac{2}{3}\right)^{\frac{2}{3}}$.

例 13.2.2 多参数曲线拟合问题.

已知两个物理量 x 和 y 之间的依赖关系为

$$y = a_1 + \frac{a_2}{1 + a_3 \ln\left(1 + \exp\dfrac{x - a_4}{a_5}\right)}$$

其中，a_1，a_2，a_3，a_4 和 a_5 是待定参数，为确定这些参数，对 x、y 测得 m 个实验点. 试将确定参数的问题表示成最优化问题. 示意图如图 13.2.1 所示.

解　很显然对参数 a_1，a_2，a_3，a_4 和 a_5 任意给定的一组数值，就由上式确定了 y 关于 x 的一个函数关系式，在几何上它对应一条曲线，这条曲线不一定通过那 m 个测量点，而要产生"偏差"，将测量点沿垂线方向到曲线的距离的平方和作为这种"偏差"的度量. 即

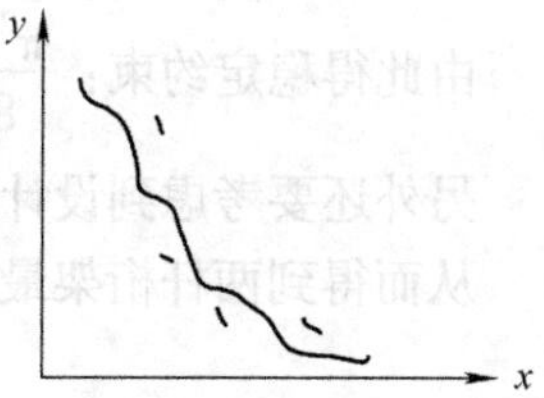

图　13.2.1

$$S = \sum_{i=1}^{m}\left[y_i - \left(a_1 + \frac{a_2}{1 + a_3 \ln\left(1 + \exp\dfrac{x_i - x_4}{a_5}\right)}\right)\right]^2.$$

显然偏差 S 越小，曲线就拟合得越好，说明参数值就选择得越好，从而我们的问题就转化为 5 维无约束最优化问题，即：

$$\min_{a_1 \cdots a_5} \sum_{i=1}^{m}\left[y_i - \left(a_1 + \frac{a_2}{1 + a_3 \ln\left(1 + \exp\dfrac{x_i - x_4}{a_5}\right)}\right)\right]^2.$$

例 13.2.3　两杆桁架的最优设计问题. 如图 13.2.2 所示，由两根空心圆杆组成的对称两杆桁架，其顶点承受负载为 $2p$，两支座之间的水平距离为 $2L$，圆杆的壁厚为 B，杆的比重为 ρ，弹性模量为 E，屈服强度为 δ. 求在桁架不被破坏的情况下使桁架重量最轻的桁架高度 h 及圆杆平均直径 d.

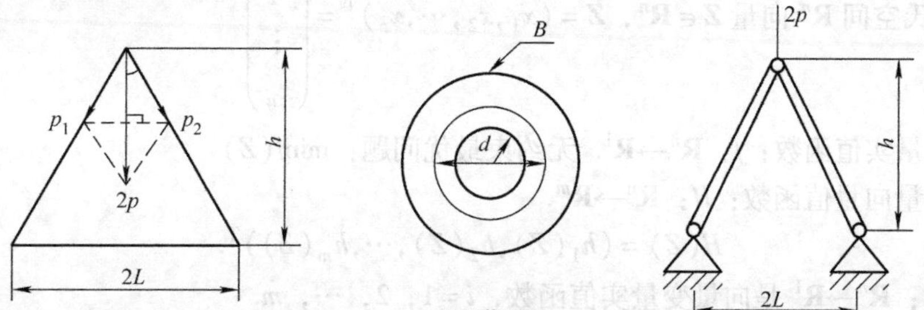

受力分析图　　圆杆截面图　　桁杆示意图

图　13.2.2

解　桁杆的截面积为：$S = \pi dB$

桁杆的总重量为：$W = 2\pi dB\sqrt{L^2 + h^2}\rho$

负载 $2p$ 在每个杆上的分力为：$p_1 = \dfrac{p}{\cos\theta} = \dfrac{p\sqrt{L^2 + h^2}}{h}$，

负载 $2p$ 在每个杆上的分力为：$\sigma_1 = \dfrac{p_1}{s} = \dfrac{\rho\sqrt{L^2 + h^2}}{\pi dhB}$，

此应力要求小于材料的屈服极限，即

$$\frac{p\sqrt{L^2+h^2}}{\pi dhB}\leqslant\sigma.$$

圆杆中应力小于等于压杆稳定的临界应力．由材料力学知：压杆稳定的临界应力为：

$$\frac{\pi^2E(d^2+B^2)}{8(L^2+h^2)},$$

由此得稳定约束：$\dfrac{\pi^2E(d^2+B^2)}{8(L^2+h^2)}-\dfrac{p\sqrt{L^2+h^2}}{\pi dhB}\geqslant 0.$

另外还要考虑到设计变量 d 和 h 有界.

从而得到两杆桁架最优设计问题的数学模型：

$$\min 2\pi\rho dB\sqrt{L^2+h^2}$$

$$\text{s. t.}\begin{cases}\sigma-\dfrac{p\sqrt{L^2+h^2}}{\pi dhB}\geqslant 0,\\ \dfrac{\pi^2E(d^2+B^2)}{8(L^2+h^2)}-\dfrac{p\sqrt{L^2+h^2}}{\pi dhB}\geqslant 0,\\ d_{\max}\geqslant d\geqslant d_{\min},\\ h_{\max}\geqslant h\geqslant h_{\min}.\end{cases}$$

13.3 最优化问题的基本概念

n 维欧氏空间 $\mathbf{R}^n$ 向量 $\mathbf{Z}\in\mathbf{R}^n$，$\mathbf{Z}=(x_1,x_2,\cdots,x_n)^{\mathrm{T}}=\begin{pmatrix}x_1\\x_2\\\vdots\\x_n\end{pmatrix}$

向量变量实值函数：f：$\mathbf{R}^n\to\mathbf{R}^1$．无约束最优问题：$\min f(Z)$

向量变量向量值函数：H：$\mathbf{R}^n\to\mathbf{R}^m$.

$$H(Z)=(h_1(Z),h_2(Z),\cdots,h_m(Z))^{\mathrm{T}}.$$

其中 h_i：$\mathbf{R}^n\to\mathbf{R}^1$ 是向量变量实值函数，$i=1，2，\cdots，m$.

则有 m 个等式约束的最优化问题为

$$\min f(Z)$$
$$\text{s. t. } H(Z)=0$$

在本课程我们讨论的是如下形式的静态最优化问题：

$$\min_{Z\in\Omega} f(Z)$$

$$\text{s. t.}\begin{cases}g_i(Z)\geqslant 0,i=1,2,\cdots,m\\ h_j(Z)=0,j=m+1,m+2,\cdots,l(l<n)\end{cases}$$

其中 f，g_i，h_j 均为向量 Z 的实值连续函数，有二阶连续偏导数，采用向量表示法即为：

$$\min_{Z\in\Omega\to\text{约束集}} \quad f(Z)\to\text{目标函数}$$

$$\text{s. t.}\begin{cases}S(Z)\geqslant 0\to\text{不等式约束}\\ H(Z)=0\to\text{等式约束}\end{cases}$$

其中：

$S(Z)=(g_1(x),g_2(x),\cdots,g_m(x))^{\mathrm T}$，$H(Z)=(h_{m+1}(Z),h_{m+2}(Z),\cdots,h_l(Z))^{\mathrm T}$，这就是最优化问题的一般形式，又称非线性规划. 注意集约束通常可用不等式约束表示出来，有时 $\Omega\equiv\mathbf{R}^n$.

因此，一般不考虑集约束.

称满足所有约束条件的向量 Z 为容许解或可行解，容许点的集合称为容许集或可行集.

在容许集中找一点 Z^*，使目标函数 $f(Z)$ 在该点取最小值，即满足：$f(Z^*)=\min f(Z)$. s. t. $S(Z^*)\geqslant 0$. $H(Z^*)=0$ 的过程即为最优化的求解过程.

Z^* 称为问题的最优点，$f(Z^*)$ 称为最优值，$(Z^*,f(Z^*))$ 称为最优解.

最优化问题模型统一化：

在上述最优化问题的一般式中只是取极小值，如果遇到极大化问题，只需将目标函数反号就可以化为求极小的问题.

例 13.3.1　函数 $f(x)=-x^2+2x-2$ 在 $x^*=1$ 有极大值 $f(x^*)=-1$，将它改变符号后，$-f(x)=x^2-2x+2$ 在同一点 $x^*=1$ 处有极小值 $-f(x^*)=1$，如图 13.3.1 所示.

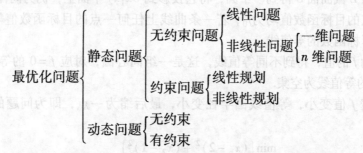

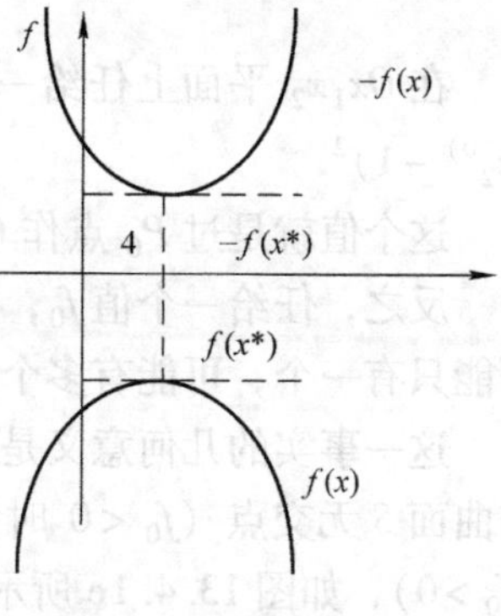

图　13.3.1

由此可见：$\max f(Z)$ 与 $\min(-f(Z))$ 有相同最优点. 因此后面专门研究最小化问题.

如果约束条件中有“小于等于”的，即 $S(Z)\leqslant 0$. 则转化为 $-S(Z)\geqslant 0$，另外，等式约束 $H(Z)=0$ 可以由下面两个不等式来代替：

$$H(Z)\geqslant 0$$
$$-H(Z)\geqslant 0$$

因而最优化问题的一般形式又可写成：

$$\min f(Z)$$
$$\text{s. t. } S(Z)\geqslant 0$$

对于最优化问题一般可作如下分类：

- 最优化问题
  - 静态问题
    - 无约束问题
      - 线性问题
      - 非线性问题
        - 一维问题
        - n 维问题
    - 约束问题
      - 线性规划
      - 非线性规划
  - 动态问题
    - 无约束
    - 有约束

其中求解一维无约束问题的方法称为一维搜索或直线搜索，这在最优化方法中起十分重要的作用.

13.4 二维问题的图解法

二维最优化问题具有鲜明的几何解释，并且可以象征性地把这种解释推广到 n 维空间中去. 因此我们简要介绍一下图解法对于以后理解和掌握最优化的理论和方法是很有益处的.

例 13.4.1 求解

$$\min\{(x_1-2)^2+(x_2-1)^2\}$$

这是定义在 Ox_1x_2 平面 R^2 上的无约束极小化问题，如图 13.4.1a 所示其目标函数

$$f(Z)=(x_1-2)^2+(x_2-1)^2$$

在 Ox_1x_2f 三维空间中代表一个曲面 S.

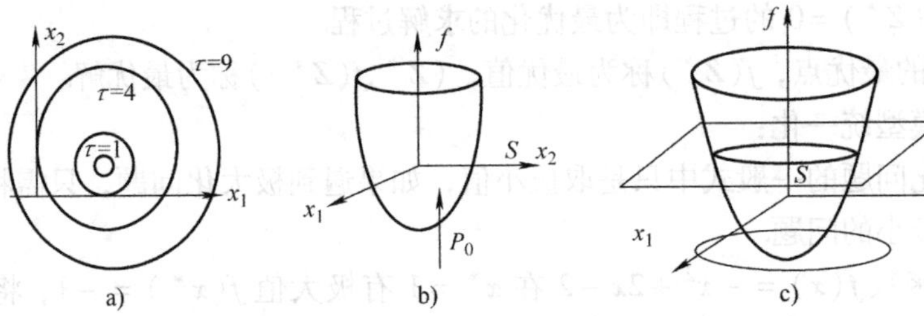

图 13.4.1

在 Ox_1x_2 平面上任给一点 $P_0(x_1^{(0)},x_2^{(0)})$，就对应有一个目标函数值 $f_0=(x_1^{(0)}-2)^2+(x_2^{(0)}-1)^2$.

这个值就是过 P_0 点作 Ox_1x_2 平面的垂线与 S 曲面交点的纵坐标，如图 13.4.1b 所示.

反之，任给一个值 f_0，使目标函数 $f(z)$ 取值为 f_0 的点 Z 的个数就不相同了. 可能没有，可能只有一个，可能有多个.

这一事实的几何意义是：过 f 轴上坐标为 f_0 的点作 Ox_1x_2 坐标平面的平行平面 L，可能与曲面 S 无交点（$f_0<0$ 时），可能与 S 有一个交点（$f_0=0$ 时），可能与 S 交成一条曲线（$f_0>0$），如图 13.4.1c 所示.

我们感兴趣的是至少有一个交点（$f_0\geqslant 0$）的情形.

此时用平面 L 截曲面 S 得到一个圆，将它投影到 Ox_1x_2 平面上，仍为同样大小的圆. 在这个圆上每一点的目标函数值均为 f_0，若一条曲线上任何一点的目标函数值等于同一常数，则称此曲线为目标函数的等值线.

易见，变动 f 的值，得到不同等值线，这是一组同心圆，对应 $f=0$ 的等值线缩为一点 G，对应 $f<0$ 的等值线为空集.

易见，随着 f 值变小，等值线圆半径变小，最后缩为一点，即为问题的最小值点 G，$\boldsymbol{Z}^*=(2,1)^{\mathrm{T}}$

例 13.4.2 用图解法求解

$$\min\{(x_1-2)^2+(x_2-1)^2\}$$
$$\text{s.t. } x_1+x_2-5=0$$

解 先画出目标函数等值线，再画出约束曲线，本处约束曲线是一条直线，这条直线就是容许集. 而最优点就是容许集上使等值线具有最小值的点.

由图易见约束直线与等值线的切点是最优点，利用解析几何的方法得该切点为$\mathbf{Z}^*=(3,2)^{\mathrm{T}}$，对应的最优值为$f(Z^*)=2$（见图 13.4.2）.

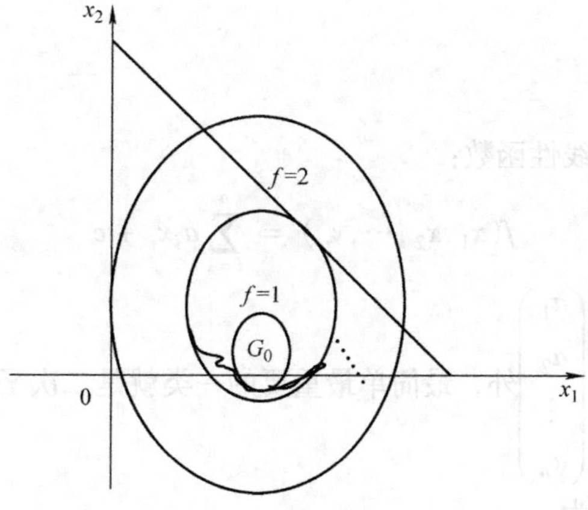

图　13.4.2

例 13.4.3　用图解法求解
$$\min\{(x_1-2)^2+(x_2-1)^2\}$$
$$\text{s. t}\begin{cases}x_1+x_2^2-5x_2=0,\\ x_1+x_2-5\geqslant 0,\\ x_1,x_2\geqslant 0.\end{cases}$$

解　①先画出等式约束曲线 $x_1+x_2^2-5x_2=0$ 的图形，这是一条抛物线，如图 13.4.3 所示.

② 再画出不等式约束区域，如图 13.4.3 所示.

③ 最后画出目标函数等值线，特别注意可行集边界点，以及等值线与可行集的切点，易见可行域为曲线段 *ABCD*. 当动点沿抛物曲线段 *ABCD* 由 *A* 点出发时，*AB* 段目标函数值下降. 过点 *B* 后，在 *BC* 段目标函数值上升，过 *C* 点后，在 *CD* 段目标函数值再次下降，*D* 点是使目标函数值最小的可行点，其坐标可通过解方程组：

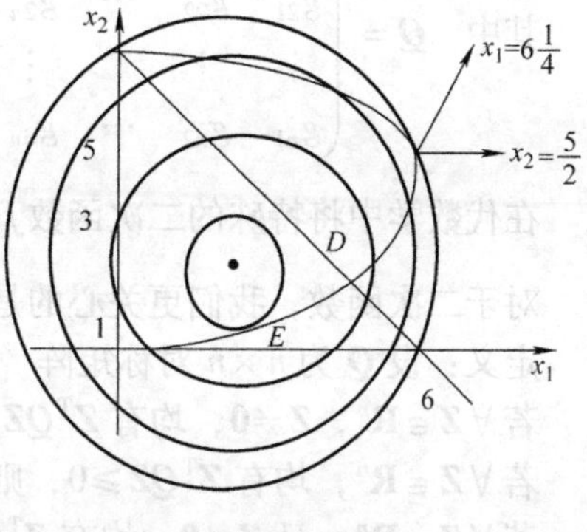

图　13.4.3

$$\begin{cases}x_1+x_2^2-5x_2=0,\\ x_1+x_2-5=0.\end{cases}$$

得出$\mathbf{Z}^*=(4,1)^{\mathrm{T}}, f(Z^*)=4$.

由以上三个例子可见，对二维最优化问题，我们总可以用图解法求解，而对三维或高维问题，就不便在平面上作图了，故此法失效.

在三维和三维以上的空间中，使目标函数取同一常数值的集合$\{Z|f(Z)=r, r\text{是常数}\}$称为目标函数的等值面.

等值面具有以下性质：

(1) 不同值的等值面之间不相交，因为目标函数是单值函数；

(2) 除了极值点所在的等值面外，不会在区域内部中断，因为目标函数是连续的；

(3) 等值面稠密的地方，目标函数值变化得较快，而稀疏的地方变化得比较慢；

(4) 一般地，在极值点附近，等值面（线）近似地呈现为同心椭球面族（椭圆族）.

13.5 二次函数

在 n 元函数中，除了线性函数：

$$f(x_1,x_2,\cdots,x_n) = \sum_{i=1}^{n} a_i x_i + c$$

或 $f(z)=az+c$，$\boldsymbol{a}^{\mathrm{T}}=\begin{pmatrix} a_1 \\ a_2 \\ \vdots \\ a_n \end{pmatrix}$ 外，最简单最重要的一类就是二次函数.

二次函数的一般形式为

$$f(x_1,x_2,\cdots,x_n) = \frac{1}{2}\sum_{i=1}^{n}\sum_{j=1}^{n} g_{ij}x_i x_j + \sum_{i=1}^{n} b_i x_i + c$$

其中，g_{ij}，b_i，c 均为常数.

其向量矩阵表示形式是：$f(\boldsymbol{Z})=\frac{1}{2}\boldsymbol{Z}^{\mathrm{T}}\boldsymbol{Q}\boldsymbol{Z}+\boldsymbol{b}^{\mathrm{T}}\boldsymbol{Z}+c$.

其中，$\boldsymbol{Q}=\begin{pmatrix} g_{11} & g_{12} & \cdots & g_{1n} \\ g_{21} & g_{22} & \cdots & g_{2n} \\ \vdots & \vdots & & \vdots \\ g_{n1} & g_{n2} & \cdots & g_{nn} \end{pmatrix}$ 为对称矩阵，$\boldsymbol{b}=\begin{pmatrix} b_1 \\ b_2 \\ \vdots \\ b_n \end{pmatrix}$.

在代数学中将特殊的二次函数 $f(\boldsymbol{Z})=\frac{1}{2}\boldsymbol{Z}^{\mathrm{T}}\boldsymbol{Q}\boldsymbol{Z}$ 称为二次型.

对于二次函数，我们更关心的是 $\boldsymbol{Q}$ 为正定矩阵的情形.

定义：设 $\boldsymbol{Q}$ 为 $n\times n$ 对称矩阵

若 $\forall \boldsymbol{Z}\in \mathbf{R}^n$，$\boldsymbol{Z}\neq\boldsymbol{0}$，均有 $\boldsymbol{Z}^{\mathrm{T}}\boldsymbol{Q}\boldsymbol{Z}>0$，则称矩阵 $\boldsymbol{Q}$ 是正定的.

若 $\forall \boldsymbol{Z}\in \mathbf{R}^n$，均有 $\boldsymbol{Z}^{\mathrm{T}}\boldsymbol{Q}\boldsymbol{Z}\geqslant 0$，则称矩阵 $\boldsymbol{Q}$ 是半正定的.

若 $\forall \boldsymbol{Z}\in \mathbf{R}^n$，且 $\boldsymbol{Z}\neq\boldsymbol{0}$，均有 $\boldsymbol{Z}^{\mathrm{T}}\boldsymbol{Q}\boldsymbol{Z}<0$，则称 $\boldsymbol{Q}$ 是负定的.

若 $\forall \boldsymbol{Z}\in \mathbf{R}^n$，均有 $\boldsymbol{Z}^{\mathrm{T}}\boldsymbol{Q}\boldsymbol{Z}\leqslant 0$，则称 $\boldsymbol{Q}$ 是半负定的.

判定一个对称矩阵 $\boldsymbol{Q}$ 是不是正定的，可以用 Sylvester 定理来判定.

Sylvester 定理：一个 $n\times n$ 对称矩阵 $\boldsymbol{Q}$ 是正定矩阵的充要条件是矩阵 $\boldsymbol{Q}$ 的各阶主子式都是正的.

$\boldsymbol{A}$ 是正定矩阵 $\Leftrightarrow$ 存在非奇异矩阵 $\boldsymbol{A}=\boldsymbol{G}'\boldsymbol{G}$

$\Leftrightarrow \boldsymbol{A}$ 的所有特征根大于零

$\Leftrightarrow$ 存在实可逆矩阵 $\boldsymbol{G}$，使 $\boldsymbol{A}=\boldsymbol{G}'\boldsymbol{G}$

$\Leftrightarrow \boldsymbol{A}$ 的所有主子式大于0

例 13.5.1 判定矩阵 $\boldsymbol{Q}=\begin{pmatrix} 6 & -3 & 1 \\ -3 & 2 & 0 \\ 1 & 0 & 4 \end{pmatrix}$ 是否正定.

解　对称矩阵 $\boldsymbol{Q}$ 的三个主子式依次为：

$$|6|=6>0,\quad \begin{vmatrix}6&-3\\-3&2\end{vmatrix}=3>0,\quad \begin{vmatrix}6&-3&1\\-3&2&0\\1&0&4\end{vmatrix}=10>0$$

因此知矩阵 $\boldsymbol{Q}$ 是正定的.

定理 13.5.1　若二次函数 $f(\boldsymbol{Z})=\dfrac{1}{2}\boldsymbol{Z}^{\mathrm{T}}\boldsymbol{Q}\boldsymbol{Z}+\boldsymbol{b}\boldsymbol{Z}+c$ 中 $\boldsymbol{Q}$ 正定，则它的等值面是同心椭球面族，且中心为 $\boldsymbol{Z}^*=-\boldsymbol{Q}^{-1}\boldsymbol{b}$

证明：作变换 $\boldsymbol{Z}=\boldsymbol{Y}-\boldsymbol{Q}^{-1}\boldsymbol{b}$，代入二次函数式中：

$$\begin{aligned}\Psi(\boldsymbol{Y})&=f(\boldsymbol{Y}-\boldsymbol{Q}^{-1}\boldsymbol{b})\\&=\frac{1}{2}(\boldsymbol{Y}-\boldsymbol{Q}^{-1}\boldsymbol{b})^{\mathrm{T}}\boldsymbol{Q}(\boldsymbol{Y}-\boldsymbol{Q}^{-1}\boldsymbol{b})+\boldsymbol{b}^{\mathrm{T}}(\boldsymbol{Y}-\boldsymbol{Q}^{-1}\boldsymbol{b})+c\\&=\frac{1}{2}\boldsymbol{Y}^{\mathrm{T}}\boldsymbol{Q}\boldsymbol{Y}-\frac{1}{2}\boldsymbol{b}^{\mathrm{T}}\boldsymbol{Q}^{-1}\boldsymbol{b}+c.\end{aligned}$$

根据解析几何知识，$\boldsymbol{Q}$ 为正定矩阵的二次型 $\dfrac{1}{2}\boldsymbol{Y}^{\mathrm{T}}\boldsymbol{Q}\boldsymbol{Y}$ 的等值面是以坐标原点 $Y^*=0$ 为中心的同心椭球面族. 由于上式中的 $\dfrac{1}{2}\boldsymbol{b}^{\mathrm{T}}\boldsymbol{Q}^{-1}\boldsymbol{b}$ 是常数，所以 $\Psi(Y)$ 的等值面也是以 $Y^*=0$ 为中心的同心椭球面族，回到原坐标系中去，原二次函数就是以 $\boldsymbol{Z}^*=-\boldsymbol{Q}^{-1}\boldsymbol{b}$ 为中心的同心椭球面族.

另外，这族椭球面的中心 $\boldsymbol{Z}^*=-\boldsymbol{Q}^{-1}\boldsymbol{b}$ 恰是二次目标函数的唯一极小点.

前面已说过，一般目标函数的等值面在极小点附近近似地呈现为椭球面族. 由此可见对于二次目标函数有效的求极小点的算法，当用于一般目标函数时，至少在极小点附近同样有效. 因此在最优化理论中判定一个算法好坏的标准之一，是把该算法用于 $\boldsymbol{Q}$ 为正定的二次目标函数，如能迅速找到极小点，就是好算法；否则就不是太好的算法.

特别地，若算法对于 $\boldsymbol{Q}$ 为正定的二次目标函数能在有限步内找出极小点来，就称此算法为二次收敛算法，或具有二次收敛性.

例 13.5.2　把二次函数 $f(x_1,x_2,x_3)=3x_1^2+x_2^2+2x_3^2-3x_1x_2+x_1x_3-4x_1+5x_2$ 化为矩阵向量形式并检验 $\boldsymbol{Q}$ 是否正定，如正定，试用公式 $\boldsymbol{Z}^*=-\boldsymbol{Q}^{-1}\boldsymbol{b}$ 求这个函数的极小点.

解　展开

$$\begin{aligned}f(x_1x_2x_3)&=\frac{1}{2}\boldsymbol{Z}^{\mathrm{T}}\boldsymbol{Q}\boldsymbol{Z}+\boldsymbol{b}^{\mathrm{T}}\boldsymbol{Z}=\frac{1}{2}(x_1,x_2,x_3)\begin{pmatrix}g_{11}&g_{12}&g_{13}\\g_{21}&g_{22}&g_{23}\\g_{31}&g_{32}&g_{33}\end{pmatrix}\begin{pmatrix}x_1\\x_2\\x_3\end{pmatrix}+(b_1,b_2,b_3)\begin{pmatrix}x_1\\x_2\\x_3\end{pmatrix}\\&=\frac{1}{2}g_{11}x_1^2+\frac{1}{2}g_{22}x_2^2+\frac{1}{2}g_{33}x_3^2+g_{12}x_1x_2+g_{13}x_1x_3+g_{23}x_2x_3+b_1x_1+b_2x_2+b_3x_3\end{aligned}$$

与题中函数比较各项系数为：$\boldsymbol{Q}=\begin{pmatrix}6&-3&1\\-3&2&0\\1&0&4\end{pmatrix}$，$\boldsymbol{b}=\begin{pmatrix}-4\\5\\0\end{pmatrix}$，

$$\text{由前例知 } \boldsymbol{Q} \text{ 正定 } \boldsymbol{Q}^{-1}=\begin{pmatrix} \frac{8}{10} & \frac{12}{10} & -\frac{2}{10} \\ \frac{12}{10} & \frac{23}{10} & -\frac{3}{10} \\ -\frac{2}{10} & -\frac{3}{10} & \frac{3}{10} \end{pmatrix}.$$

$$\text{极小点是 } \boldsymbol{Z}^* = -\boldsymbol{Q}^{-1}\boldsymbol{b}=\begin{pmatrix} -2.8 \\ -6.7 \\ 0.7 \end{pmatrix}.$$

13.6 梯度与 Hesse 矩阵

13.6.1 多元函数的可微性和梯度

以后我们研究的最优化问题涉及的均是多元函数，并要求它们的可微性，下面先给出定义.

f: $D\subset\mathbf{R}^n\to\mathbf{R}^1$ 表示 f 是定义在 $\mathbf{R}^n$ 中区域 D 上的 n 元实值函数.

定义 13.6.1 设 f: $D\subset\mathbf{R}^n\to\mathbf{R}^1$，$\boldsymbol{Z}_0\in D$，若 $\exists\, \boldsymbol{l}\in\mathbf{R}^n$，使 $\forall\, \boldsymbol{P}\in\mathbf{R}^n$ 有：

$$\lim_{\|\boldsymbol{P}\|\to 0}\frac{f(\boldsymbol{Z}_0+\boldsymbol{P})-f(\boldsymbol{Z}_0)-\boldsymbol{l}^{\mathrm{T}}\boldsymbol{P}}{\|\boldsymbol{P}\|}=0, \tag{13.6.1}$$

则称 $f(\boldsymbol{Z})$ 在 $\boldsymbol{Z}_0$ 处可微.

若令 $\dfrac{f(\boldsymbol{Z}_0+\boldsymbol{P})-f(\boldsymbol{Z}_0)-\boldsymbol{l}^{\mathrm{T}}\boldsymbol{P}}{\|\boldsymbol{P}\|}=\alpha$，

则 f 在 $\boldsymbol{Z}_0$ 处可微时，有 $\lim\limits_{\|\boldsymbol{P}\|0}\alpha=0$，即 α 是无穷小量.

从而

$$f(\boldsymbol{Z}_0+\boldsymbol{P})-f(\boldsymbol{Z}_0)=\boldsymbol{l}^{\mathrm{T}}\boldsymbol{P}+o(\|\boldsymbol{P}\|) \tag{13.6.2}$$

其中，$o(\|\boldsymbol{P}\|)=\alpha\|\boldsymbol{P}\|$ 表示 $\|\boldsymbol{P}\|$ 的高阶无穷小，与一元函数可微性定义类似（$o(t)$ 即 $\lim\limits_{t\to 0}\dfrac{o(t)}{t}=0$）

定理 13.6.1 若 $f(\boldsymbol{Z})$ 在 $\boldsymbol{Z}_0$ 处可微，则 $f(\boldsymbol{Z})$ 在该点处关于各变量的一阶偏导数存在，且

$$\boldsymbol{l}=\left(\frac{\partial f(\boldsymbol{Z}_0)}{\partial x_1},\frac{\partial f(\boldsymbol{Z}_0)}{\partial x_2},\cdots,\frac{\partial f(\boldsymbol{Z}_0)}{\partial x_n}\right)^{\mathrm{T}}. \tag{13.6.3}$$

定义 13.6.2 以 $f(\boldsymbol{Z})$ 的 n 个偏导数为分量的向量称为 $f(\boldsymbol{Z})$ 在 $\boldsymbol{Z}$ 处的梯度.

记为

$$\nabla f(\boldsymbol{Z})=\left(\frac{\partial f(\boldsymbol{Z})}{\partial x_1},\frac{\partial f(\boldsymbol{Z})}{\partial x_2},\cdots,\frac{\partial f(\boldsymbol{Z})}{\partial x_n}\right)^{\mathrm{T}}. \tag{13.6.4}$$

梯度也可称为函数 $f(\boldsymbol{Z})$ 关于向量 $\boldsymbol{Z}$ 的一阶导数.

若 f 在 $\boldsymbol{Z}_0$ 处可微，将式（13.6.3）代入式（13.6.2）得

$$f(\boldsymbol{Z}_0+\boldsymbol{P})=f(\boldsymbol{Z}_0)+\nabla f(\boldsymbol{Z}_0)^{\mathrm{T}}\boldsymbol{P}+o(\|\boldsymbol{P}\|) \tag{13.6.5}$$

这与一元函数展开到两项的泰勒公式是相对应的.

13.6.2　梯度的性质

设 $f(\boldsymbol{Z})$ 在定义域内有连续偏导数，即有连续梯度 $\nabla f(\boldsymbol{Z})$，则梯度有以下两个重要性质：

性质 1　函数在某点的梯度不为零，则必与过该点的等值面垂直；

性质 2　梯度方向是函数具有最大变化率的方向.

性质 1 的证明：

过点 Z_0 的等值面方程为：$f(Z)=f(Z_0)$ 或 $f(x_1,x_2,\cdots,x_n)=r_0$，

$$r_0=f(Z_0).\tag{13.6.6}$$

设 $x_1=x_1(\theta),x_2=x_2(\theta),\cdots,x_n=x_n(\theta)$ 是过点 Z_0 同时又完全在等值面式（13.6.6）上的任一条光滑曲线 L 的方程，θ 为参数. 点 x_0 对应的参数是 θ_0，把此曲线方程代入式（13.6.6）$f(x_1(\theta),x_2(\theta),\cdots,x_n(\theta))=r_0$.

两边同时在 θ_0 处关于 θ 求导数，根据复合函数微分法有：

$$\frac{\partial f(Z_0)}{\partial x_1}x'_1(\theta_0)+\frac{\partial f(Z_0)}{\partial x_2}x'_2(\theta_0)+\cdots+\frac{\partial f(Z_0)}{\partial x_n}x'_n(\theta_0)=0.\tag{13.6.7}$$

向量 $t(\theta_0)=(x'_1(\theta_0),x'_2(\theta_0),\cdots,x'_n(\theta_0))$ 恰为曲线 L 在 Z_0 处的切向量，由式（13.6.4）和式（13.6.7）有：$\nabla f(Z_0)^{\mathrm{T}}\cdot t(\theta_0)=0$，即函数 $f(Z)$ 在 Z_0 处的梯度 $\nabla f(Z_0)$ 与过该点在等值面上的任一条曲线 L 在此点的切线垂直. 从而与过该点的切平面垂直，从而性质 1 成立.

为说明第二条性质，先引进下面方向导数定义：

定义 13.6.3　设 f：$\mathbf{R}^n\to\mathbf{R}^1$ 在点 Z 处可微，$\boldsymbol{P}$ 为固定向量，$\boldsymbol{e}$ 为向量 $\boldsymbol{P}$ 方向的单位向量，则称极限：$\dfrac{\partial f(Z_0)}{\partial \boldsymbol{P}}=\lim\limits_{t\to0^+}\dfrac{f(Z_0+t\boldsymbol{e})-f(Z_0)}{t}$ 为函数 $f(Z)$ 在点 Z_0 处沿方向 $\boldsymbol{P}$ 的方向导数，其中 $\dfrac{\partial f(Z_0)}{\partial \boldsymbol{P}}$ 为其记号，

由定义及极限性质可知：

若 $\dfrac{\partial f(Z_0)}{\partial \boldsymbol{P}}<0$，则 $f(Z)$ 从出发在 Z_0 附近沿 $\boldsymbol{P}$ 方向是下降的；

若 $\dfrac{\partial f(Z_0)}{\partial \boldsymbol{P}}>0$，则 $f(Z)$ 从 Z_0 出发在 Z_0 附近沿方向 $\boldsymbol{P}$ 是上升的.

定理 13.6.2　若 f：$\mathbf{R}^n\to\mathbf{R}^1$ 在点 Z_0 处可微，则 $\dfrac{\partial f(Z_0)}{\partial \boldsymbol{P}}=\nabla f(Z_0)^{\mathrm{T}}\boldsymbol{e}$，其中 $\boldsymbol{e}$ 为 P 方向上的单位向量.

证明：利用方向导数定义并将 $f(Z_0+\boldsymbol{P})=f(Z_0)+\nabla f(Z_0)^{\mathrm{T}}\boldsymbol{P}+o(\|\boldsymbol{P}\|)$ 中的 $\boldsymbol{P}$ 换成 $t\boldsymbol{e}$ 有：

$$\frac{\partial f(Z_0)}{\partial \boldsymbol{P}}=\lim_{t\to0^+}\frac{t\,\nabla f(Z_0)^{\mathrm{T}}\boldsymbol{e}+o(t)}{t}=\nabla f(Z_0)^{\mathrm{T}}\boldsymbol{e}$$

推论 13.6.1　若 $\nabla f(Z_0)^{\mathrm{T}}\boldsymbol{P}<0$，则 $\boldsymbol{P}$ 是函数 $f(Z)$ 在 Z_0 处的下降方向；

若　$\nabla f(Z_0)^{\mathrm{T}}\boldsymbol{P}>0$，则 $\boldsymbol{P}$ 是函数 $f(Z)$ 在 Z_0 处的上升方向.

（因为 $\boldsymbol{P}=t\boldsymbol{e}$，$t>0$，则 $\nabla f(Z_0)^{\mathrm{T}}\boldsymbol{P}<0$，有 $\dfrac{\partial f(Z_0)}{\partial \boldsymbol{P}}=\nabla f(Z_0)^{\mathrm{T}}\boldsymbol{e}<0$，由前面证明即知 $\boldsymbol{P}$

为下降方向.）（同样可以证明后者）

以上我们看到方向导数正负决定了函数升降，而升降速度的快慢由方向导数的绝对值大小来决定，绝对值越大升降速度越大. 因此又将方向导数$\frac{\partial f(Z_0)}{\partial \boldsymbol{P}}$称为$f(Z)$在$Z_0$处沿方向$\boldsymbol{P}$的变化率.

由于$\frac{\partial f(Z_0)}{\partial \boldsymbol{P}} = \nabla f(Z_0)^{\mathrm{T}}\boldsymbol{e} \overset{\text{向量内积}}{=\!=\!=} \|\nabla f(Z_0)\| \cdot \cos\beta$，（$\beta$为方向$\boldsymbol{P}$与$\nabla f(Z_0)$的夹角）为使$\frac{\partial f(Z_0)}{\partial \boldsymbol{P}}$取最小值，$\beta$应取$180°$，即$\boldsymbol{P} = -\nabla f(Z_0)$，可见负梯度方向即为函数的最速下降方向，同样梯度方向即为函数的最速上升方向，这样我们就说明了性质2.

我们有结论：

函数在与其梯度正交的方向上变化率为0；

函数在与其梯度成锐角的方向上是上升的；

函数在与其梯度成钝角的方向上是下降的.

例 13.6.1 试求目标函数$f(x_1,x_2) = 3x_1^2 - 4x_1x_2 + x_2^2$在点$Z_0 = (0,1)^{\mathrm{T}}$处的最速下降方向，并求沿这个方向移动一个单位长度后新点的目标函数值.

解 由于$\frac{\partial f(Z)}{\partial x_1} = 6x_1 - 4x_2, \frac{\partial f(Z)}{\partial x_2} = -4x_1 + 2x_2$.

则函数在$Z_0 = (0,1)^{\mathrm{T}}$处的最速下降方向是

$$\boldsymbol{P} = -\nabla f(Z_0) = \begin{pmatrix} -\frac{\partial f(Z)}{\partial x_1} \\ -\frac{\partial f(Z)}{\partial x_2} \end{pmatrix}_{\substack{x_1=0\\x_2=1}} = \begin{pmatrix} -6x_1 + 4x_2 \\ 4x_1 + 2x_2 \end{pmatrix}_{\substack{x_1=0\\x_2=1}} = \begin{pmatrix} 4 \\ -2 \end{pmatrix}$$

这个方向上的单位向量是：

$$\boldsymbol{e} = \frac{-\nabla f(X_0)}{\|-\nabla f(X_0)\|} = \frac{\begin{pmatrix} 4 \\ -2 \end{pmatrix}}{\sqrt{(+4)^2 + (-2)^2}} = \begin{pmatrix} \frac{2}{5}\sqrt{5} \\ -\frac{1}{5}\sqrt{5} \end{pmatrix}.$$

新点是

$$\boldsymbol{X}_1 = \boldsymbol{X}_0 + \boldsymbol{e} = \begin{pmatrix} 0 \\ 1 \end{pmatrix} + \begin{pmatrix} \frac{2}{5}\sqrt{5} \\ -\frac{1}{5}\sqrt{5} \end{pmatrix} = \begin{pmatrix} +\frac{2}{5}\sqrt{5} \\ 1 - \frac{1}{5}\sqrt{5} \end{pmatrix}.$$

$$f(\boldsymbol{X}_1) = 3x_1^2 - 4x_1x_2 + x_2^2 |_{X_1} = \frac{26}{5} - 2\sqrt{5}.$$

几个常用的梯度公式：

(1) $f(X) = C$（常数），则$\nabla f(X) = 0$即$\nabla C = 0$；

(2) $f(X) = \boldsymbol{b}^{\mathrm{T}}\boldsymbol{X}$，则$\nabla f(X) = b$；

(3) $f(X) = \boldsymbol{X}^{\mathrm{T}}\boldsymbol{X}$，则$\nabla f(X) = 2X$；

(4) $\boldsymbol{Q}$对称矩阵，$f(X) = \boldsymbol{X}^{\mathrm{T}}\boldsymbol{Q}\boldsymbol{X}$，则$\nabla f(X) = 2\boldsymbol{Q}\boldsymbol{X}$.

例 13.6.2　求下列函数的梯度：

① $f(X)=x_1^2+x_1x_2^2+3x_3^2-4x_1x_2x_3$

② $f(X)=4x_1x_2^3+e^{2x_1x_2}$

解　① $\frac{\partial f(X)}{\partial x_1}=2x_1+x_2^2-4x_2x_3,\frac{\partial f(X)}{\partial x_2}=2x_1x_2-4x_1x_3,\frac{\partial f(X)}{\partial x_3}=6x_3-4x_1x_2.$

故 $\nabla f(X)=\left(\frac{\partial f(X)}{\partial x_1},\frac{\partial f(X)}{\partial x_2},\frac{\partial f(X)}{\partial x_3}\right)^{\mathrm{T}}=\begin{pmatrix}2x_1+x_2^2-4x_2x_3\\2x_1x_2-4x_1x_3\\6x_3-4x_1x_2\end{pmatrix}.$

② $\frac{\partial f(X)}{\partial x_1}=4x_2^3+2x_2e^{2x_1x_2}.\ \frac{\partial f(X)}{\partial x_2}=12x_1x_2^2+2x_1e^{2x_1x_2},$

故 $\nabla f(X)=\left(\frac{\partial f(X)}{\partial x_1},\frac{\partial f(X)}{\partial x_2}\right)^{\mathrm{T}}=\begin{pmatrix}4x_2^3+2x_2e^{2x_1x_2}\\12x_1x_2^2+2x_1e^{2x_1x_2}\end{pmatrix}.$

13.6.3　Hesse 矩阵

下面我们来考察多元函数 $f(X)=f(x_1,x_2,\cdots,x_n)$ 关于 x 的二阶导数. 首先定义向量变量值函数的导数：

定义 13.6.4：设 g：$D\subset\mathbf{R}^n\to\mathbf{R}^m$. $X_0\in D$. 如果 $g(x)$ 的所有分量 $g_1(X),g_2(X),\cdots,g_m(X)$ 在 X_0 点均可微，则向量值函数 $g(x)$ 在 X_0 处称为可微.

根据前面多元函数定义，若 $g(x)$ 在点 X_0 处可微，则对任意 n 维向量 $\boldsymbol{P}$ 均有：

$$\lim_{\|\boldsymbol{P}\|\to0}\frac{g_i(X_0+\boldsymbol{P})-g_i(X_0)-\nabla g_i(X_0)^{\mathrm{T}}\boldsymbol{P}}{\|\boldsymbol{P}\|}=\mathbf{0}(i=1,2,\cdots,m)\tag{13.6.8}$$

因为向量的极限是通过它所有分量的极限来定义的. 则上式等价于：

$$\lim_{\|\boldsymbol{P}\|\to0}\frac{g(X_0+P)-g(X_0)-\nabla g(X_0)^{\mathrm{T}}\boldsymbol{P}}{\|\boldsymbol{P}\|}=\mathbf{0}\in\mathbf{R}^m$$

其中：

$$\nabla g(X_0)=\begin{pmatrix}\frac{\partial g_1(X_0)}{\partial x_1}&\frac{\partial g_1(X_0)}{\partial X_2}&\cdots&\frac{\partial g_1(X_0)}{\partial x_n}\\\frac{\partial g_2(X_0)}{\partial x_1}&\frac{\partial g_2(X_0)}{\partial x_2}&\cdots&\frac{\partial g_2(X_0)}{\partial x_n}\\\vdots&\vdots&&\vdots\\\frac{\partial g_m(X_0)}{\partial x_1}&\frac{\partial g_m(X_0)}{\partial x_2}&\cdots&\frac{\partial g_m(X_0)}{\partial x_n}\end{pmatrix}.\tag{13.6.9}$$

称之为向量值函数 $g(X)$ 在 X_0 处的导数，也称向量值函数 $g(X)$ 在点 X_0 处的雅可比矩阵.

设 $m=n$，且 $g(X)=\nabla f(X)$ 其中，f：$\mathbf{R}^n\to\mathbf{R}^1$ 为 n 元函数，有二阶连续偏导数.

$$g_1(X)=\frac{\partial f(X)}{\partial x_1},g_2(X)=\frac{\partial f(X)}{\partial x_2},\cdots,g_n(X)=\frac{\partial f(X)}{\partial x_n}.$$

从而由上面式（8）可得：

$$\nabla^2 f(X)=\nabla(\nabla f(X))=\begin{pmatrix}\frac{\partial^2 f(X)}{\partial x_1^2} & \frac{\partial^2 f(X)}{\partial x_2\partial x_1} & \cdots & \frac{\partial^2 f(X)}{\partial x_n\partial x_1}\\ \frac{\partial^2 f(X)}{\partial x_1 x_2} & \frac{\partial^2 f(X)}{\partial x_2^2} & \cdots & \frac{\partial^2 f(X)}{\partial x_n\partial x_2}\\ \vdots & \vdots & & \vdots\\ \frac{\partial^2 f(X)}{\partial x_1 x_n} & \frac{\partial^2 f(X)}{\partial x_2 x_n} & \cdots & \frac{\partial^2 f(X)}{\partial x_n^2}\end{pmatrix}.$$

这就是多元函数$f(X)$关于x的二阶导数，称为$f(X)$的Hessian矩阵.

多元函数的一阶导数即梯度$\nabla f(X)$，二阶导数即Hesse阵$\nabla^2 f(X)$，这两个概念在最优化中是最常用的.

在高等数学中我们已经证明过当$f(X)$的所有二阶偏导数连续时，有

$$\frac{\partial^2 f(X)}{\partial x_i\partial x_j}=\frac{\partial^2 f(X)}{\partial x_j\partial x_i},\ j=1,2,\cdots,n$$

因此在这种情况下，Hesse矩阵是对称的.

例13.6.3 求目标函数$f(X)=x_1^2+x_2^2+x_3^2-2x_1x_2-2x_2x_3+3x_3$的梯度和Hesse矩阵.

解 因为

$$\frac{\partial f(X)}{\partial x_1}=2x_1-2x_2,\frac{\partial f(X)}{\partial x_2}=2x_2-2x_1-2x_3,\frac{\partial f(X)}{\partial x_3}=2x_3-2x_2+3$$

则$\nabla f(X)=(2x_1-2x_2,2x_2-2x_1-2x_3,2x_3-2x_2+3)^{\mathrm{T}}$

又因为

$$\frac{\partial^2 f}{\partial x_1^2}=2,\frac{\partial^2 f}{\partial x_1\partial x_2}=-2,\frac{\partial^2 f}{\partial x_1\partial x_3}=0,$$

$$\frac{\partial^2 f}{\partial x_2^2}=2,\frac{\partial^2 f}{\partial x_2\partial x_3}=-2,\frac{\partial^2 f}{\partial x_3^2}=2.$$

故Hesse矩阵为

$$\nabla^2 f(X)=\begin{pmatrix}2 & -2 & 0\\ -2 & 2 & -2\\ 0 & -2 & 2\end{pmatrix}.$$

下面几个Hesse矩阵公式是今后常用到的：

(1) $f(X)=\boldsymbol{b}^T\boldsymbol{X}$，则$\nabla f(X)=b$. $\nabla^2 f(X)=0_{n\times n}$；

(2) $f(X)=\frac{1}{2}\boldsymbol{X}^{\mathrm{T}}\boldsymbol{X}$，则 $\nabla f(X)=X$, $\nabla^2 f(X)=\boldsymbol{I}$（单位阵）；

(3) $f(X)=\frac{1}{2}\boldsymbol{X}^{\mathrm{T}}\boldsymbol{QXQ}$对称，则$\nabla f(X)=QX,\nabla^2 f(X)=\boldsymbol{Q}$；

(4) 若$\varphi(t)=f(X_0+tp)$，其中f: $\mathbf{R}^n\to\mathbf{R}^1$，$\varphi$: $\mathbf{R}^1\to\mathbf{R}^1$，则：

$\varphi'(t)=\nabla f(X_0+t\boldsymbol{P})^{\mathrm{T}}\cdot\boldsymbol{P}$

$\varphi''(t)=\boldsymbol{P}^{\mathrm{T}}\ \nabla^2 f(X_0+t\boldsymbol{P})\boldsymbol{P}$

证明：(4) $\varphi(t)=f(x_1^{(0)}+tP_1,x_2^{(0)}+tP_2,\cdots,x_n^{(0)}+tP_n)$, $\boldsymbol{P}=(P_1,P_2,\cdots,P_n)^{\mathrm{T}}$对$t$求导，根据多元函数复合函数求导公式即得第一式.

再对 t 求一次导数有：

$$\varphi''(t) = \sum_{i=1}^{n} \frac{\mathrm{d}}{\mathrm{d}t}\left[\frac{\partial f(X_0 + tP)}{\partial x_i}\right]P_i = \sum_{i=1}^{n}\sum_{j=1}^{n} \frac{\partial^2 f(X_0 + tP)}{\partial x_i \partial x_j} P_j P_i = P^{\mathrm{T}} \nabla^2 f(X_0 + tP) P$$

13.7　多元函数的泰勒展开公式

多元函数泰勒展开式在最优化理论中十分重要，许多方法及其收敛性的证明都是从它出发的. 下面就给出多元函数泰勒展开式及其证明：

定理 13.7.1　设 f：$\mathbf{R}^n \to \mathbf{R}^1$ 具有二阶连续偏导数，则：

$$f(X+P) = f(X) + \nabla f(X)^{\mathrm{T}} P + \frac{1}{2} P^{\mathrm{T}} \nabla^2 f(\bar{X}) P$$

其中，$\bar{X} = X + \theta P$，而 $0 < \theta < 1$.

13.8　极小点及其判定条件

13.8.1　极小点的概念

极小点：
- 局部极小点
  - 严格局部极小点
  - 非严格局部极小点
- 全局极小点
  - 严格全局极小点
  - 非严格全局极小点

图 13.8.1 中一元函数 f 定义在区间 $[a, b]$ 上 X_1^* 为严格局部极小点，X_2^* 为非严格局部极小点，a 为全局严格极小点.

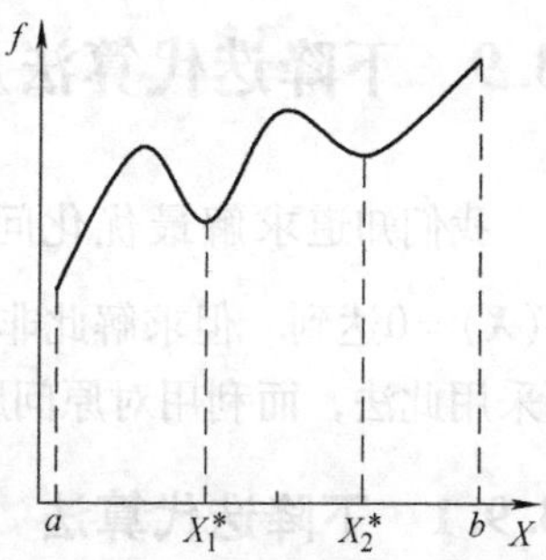

图　13.8.1

定义 13.8.1　$\forall \delta > 0$，满足不等式 $\| X - X_0 \| < \delta$ 的点 X 的集合称为 X_0 的邻域，记为：

$$N(X_0, \delta) = \{X \mid \| X - X_0 \| < \delta, \delta > 0\}.$$

定义 13.8.2　设 f：$D \subset \mathbf{R}^n \to \mathbf{R}^1$，若 $\exists X^* \in D$，$\delta > 0$. 使：

（1）$\forall X \in N(X^*, \delta) \cap D$ 均有：$f(X^*) \leqslant f(X)$，称 X^* 为 f 的非严格局部极小点.

（2）$\forall X \in N(X^*, \delta) \cap D$，且 $X \neq X^*$ 有 $f(X^*) < f(X)$，称 X^* 为 f 的严格局部极小点.

定义 13.8.3　设 f：$D \subset \mathbf{R}^n \to \mathbf{R}^1$，若 $\exists X^* \in D$ 使

（1）$\forall X \in D$，均有 $f(X^*) \leqslant f(X)$，称 X^* 为 f 在 D 上的非严格全局极小点；

（2）$\forall X \in D$，$X \neq X^*$，有 $f(X^*) < f(X)$，称 X^* 为 f 在 D 上的严格全局极小点.

局部极小点 X^* 是指在 X^* 的某个邻域内，f 在 X^* 处取极小值.

全局极小点 X^* 是指在整个定义域 D 中，f 在 X^* 处取极小值.

全局极小点可能在某个局部极小点达到，也可能在边界达到.

我们希望知道的当然是全局极小点，而到目前为止的一些最优化算法却基本上是求局部极小值点的，因此一般要先求出所有局部极小值点，再从中找出全局极小点.

13.8.2 局部极小点的判定条件

为了求出函数的局部极小值点，我们首先希望知道函数 f 在局部极小点处满足什么条件？以及满足什么条件的点是局部极小点.

定理 13.8.1 设 $f: D\subset \mathbf{R}^n\to\mathbf{R}^1$，具有连续的一阶偏导数，若 X^* 是 f 的局部极小点，且为 D 的内点，则 $\nabla f(X^*)=0$.

例 13.8.1 $f(x_1,x_2)=x_1x_2$ 在 $\boldsymbol{X}^*=(0,0)^{\mathrm{T}}$ 处梯度为 $\nabla f(0,0)=\begin{pmatrix}0\\0\end{pmatrix}$

但 $\boldsymbol{X}^*$ 只是双曲抛物面的鞍点，而不是极小点，如图 13.8.2 所示.

定义：设 $f: D\subset \mathbf{R}^n\to\mathbf{R}^1$，$X^*$ 是 D 的内点，若 $\nabla f(X^*)=0$，则称 X^* 为 f 的驻点.

定理 13.8.2 设 $f: D\subset \mathbf{R}^n\to\mathbf{R}^1$，具有连续的二阶偏导数，$X^*$ 是 D 的内点，若 $\nabla f(X^*)=0$ 且 $\nabla^2 f(X^*)$ 正定，则 X^* 是 $f(X)$ 的严格局部极小点.

推论 13.8.1 ① 对于具有对称正定矩阵的二次函数：

$$f(X)=\frac{1}{2}\boldsymbol{X}^{\mathrm{T}}\boldsymbol{Q}\boldsymbol{X}+\boldsymbol{b}^{\mathrm{T}}\boldsymbol{X}+\boldsymbol{C}$$

$\boldsymbol{X}^*=-\boldsymbol{Q}^{-1}\boldsymbol{b}$ 是它的唯一极小点.

② 若多元函数在其极小点处的 Hesse 阵正定，则它在这个极小点附近的等值面近似地呈现为同心椭球面族.

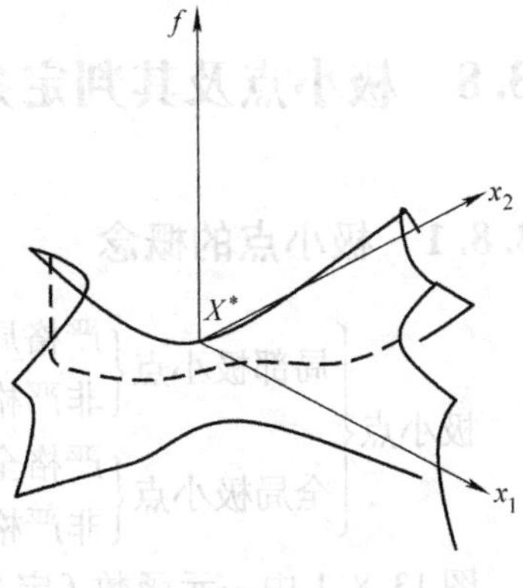

图 13.8.2

13.9 下降迭代算法及其收敛性

我们知道求解最优化问题 $\min\limits_{X\in\mathbf{R}^n} f(\boldsymbol{X})$ 可以通过求出其全部驻点，即求解非线性方程组 $\nabla f(\boldsymbol{X})=0$ 达到. 但求解此非线性方程组的难度并不比原最优化问题求解难度小，因此一般不采用此法，而利用对原问题的直接迭代法.

13.9.1 下降迭代算法

设 $\boldsymbol{X}^*$ 是 f 的一个局部极小点. 一般的寻找最优点的方法是先找到极小点的一个初始估计点 X_0，然后按一定规则即算法产生一个序列 $\{\boldsymbol{X}_k\}$，如果：

$$\lim_{k\to\infty}\boldsymbol{X}_k=\boldsymbol{X}^* \text{或} \lim_{k\to\infty}\|\boldsymbol{X}_k-\boldsymbol{X}^*\|=0,$$

称算法产生的序列收敛于 $\boldsymbol{X}^*$.

最常见的最优化算法是下降算法，即给定初始点之后，如果每迭代一步均使目标函数有所下降，即 $f(\boldsymbol{X}_{k+1})<f(\boldsymbol{X}_k)$.

在一般算法中，若已迭代到点 $\boldsymbol{X}_k$ 那么下一次迭代有下面两种情形之一发生：

1. 从 $\boldsymbol{X}_k$ 出发沿任何方向移动，目标函数不再下降. 根据定义知，此点 $\boldsymbol{X}_k$ 即为局部极小点，迭代终止.

如果算法在某步迭代时找到了极小点 $\boldsymbol{X}^*$ 则称算法是有限步终止的，但这种情形极少见.

2. 从 $\boldsymbol{X}_k$ 出发至少有一个方向使目标函数有所下降，这时从中选定一个下降方向 $\boldsymbol{P}_k$，再沿这个方向迭代一步，即在直线 $\boldsymbol{X}=\boldsymbol{X}_k+t\boldsymbol{P}_k$ 上适当找一个新点 $\boldsymbol{X}_{k+1}=\boldsymbol{X}_k+t_k\boldsymbol{P}_k$ 使 $f(\boldsymbol{X}_{k+1})=f(\boldsymbol{X}_k+t_k\boldsymbol{P}_k)<f(\boldsymbol{X}_k)$. 此时我们说完成了一次迭代，其中 t_k 称为步长因子.

一个算法是有效的，如果它所产生的序列 $\{\boldsymbol{X}_k\}$ 收敛于极小点 $\boldsymbol{X}^*$.

在利用计算机求解时，总是只能进行有限次迭代，一般难求解精确的极小点，而只得到近似解. 如何使计算机终止迭代而又得到一定精度的近似解，就需要预先给出算法终止准则.

一个自然的想法就是当 $\|\boldsymbol{X}_k-\boldsymbol{X}^*\|$ 小于预先给定的误差限制，$\boldsymbol{X}_k$ 即为所求的近似解. 但 $\boldsymbol{X}^*$ 未知，因而 $\|\boldsymbol{X}_k-\boldsymbol{X}^*\|$ 无法计算，然而 $\|\boldsymbol{X}_k-\boldsymbol{X}^*\|$ 很小时，$\|\boldsymbol{X}_{k+1}-\boldsymbol{X}_k\|$ 自然也很小，于是想到用

$$\|\boldsymbol{X}_{k+1}-\boldsymbol{X}_k\|\leqslant\varepsilon_1 \tag{13.9.1}$$

作为算法的一个终止准则. 其中，ε_1 是预先给定的一个判别算法终止的界限，称为终止限. 但仅用此作为终止准则是不可靠的，因为 $\|\boldsymbol{X}_{k+1}-\boldsymbol{X}_k\|$ 很小并不能保证 $\|\boldsymbol{X}_k-\boldsymbol{X}^*\|$ 很小. 可能两个迭代点 x_k 和 x_{k+1} 已靠得很近了，但它们距极小点 x^* 却都很远，而且这两点的目标函数值 $f_k=f(x_k)$ 和 $f_{k+1}=f(x_{k+1})$ 相差都很大. 这时，又会想到再附加一个条件：

$$|f_{k+1}-f_k|<\varepsilon_1 \tag{13.9.2}$$

就比较可靠了，但如果只用式（13.9.2）而不用式（13.9.1）也是不可行的. 可能 f_k 与 f_{k+1} 相差很小，而相应两个迭代点 z_{k+1}，z_k 却相距很远，同时距 Z^* 也很远.

但有时 f_k 的值和 z_k 的分量与1相比可能很大，而在实际计算中若仍用式（13.9.1），式（13.9.2）作为终止准则就太严格了，必须花费很多的计算才能得到，这有时是不必要的，因此可用以下两式作为判别准则.

$$\frac{|f_{k+1}-f_k|}{|f_k|}<\varepsilon_1,\ \frac{\|z_{k+1}-z_k\|}{\|z_k\|}<\varepsilon_1$$

但此时 $|f_k|$ 和 $\|z_k\|$ 必须不等于零，即需加要求

$$|f_k|\geqslant\varepsilon_2,\ \|z_k\|\geqslant\varepsilon_2$$

综上所述，我们有以下终止准则：当式 $|f_k|\geqslant\varepsilon_2$ 和式 $\|z_k\|\geqslant\varepsilon_2$ 成立时，以 $\dfrac{|f_{k+1}-f_k|}{|f_k|}<\varepsilon_1$ 和 $\dfrac{\|z_{k+1}-z_k\|}{\|z_k\|}<\varepsilon_1$ 作为终止判别条件；否则以式（13.9.1）和式（13.9.2）作判别准则. 在有些最优化方法中利用了梯度，由于 Z^* 为极小点的必要条件是 $\nabla f(Z_k)=0$，因而当 $\|\nabla f(z_k)\|<\varepsilon_3$ 时，一般可认为 z_k 即为所求的解，但由于此条件不是充分的，因在实际计算中单用此终止准则是不够的.

通常取 $\varepsilon_1=\varepsilon_2=10^{-5}$，$\varepsilon_3=10^{-4}$.

关于下降方向 p_k 的选取和步长因子 t_k 的选取规则，不同规则对应不同的最优化算法.

算法的基本结构是：

（1）选定初始点 z_0，令 $k:=0$；

（2）按某种规则选取搜索方向 p_k，使 $\nabla f(z_k)^{\mathrm{T}}p_k<0$；

（3）按某种规则选取搜索步长 t_k 使 $f(z_k+t_kp_k)<f(z_k)$；

（4）令 $z_{k+1}=z_k+t_kp_k$；

(5) 判定 z_{k+1} 是否满足给定的终止准则，若满足，则输出 z_{k+1} 和 $f(z_{k+1})$，终止迭代. 否则令 $k:=k+1$，转 (2).

13.9.2 迭代算法中直线搜索及其性质

当选择好了搜索方向后，选择步长因子的方法有多种，而实际计算中最常用的方法是直线搜索（又称一维搜索），即选取 t_k 使：

$$f(z_k+t_kp_k)=\min f(z_k+tp_k).$$

求一元函数极小点的方法称为直线搜索或一维搜索.

这种方法优点是使目标函数值在搜索方向上下降得最多，其缺点是计算量大.

一维最优化问题是最优化问题的一个重要分支. 为方便起见，我们记 $Z'=ls(z,p)$ 表示从点 z 出发沿方向 p 对目标函数 $f(z)$ 作直线搜索所得到的极小点是 Z'（linear search），这等价于：

$$\begin{cases}f(z+t_0p)=\min f(z+tp),\ t\in\mathbf{R},\\ Z'=z+t_0p.\end{cases}$$

定理 13.9.1 若目标函数具有连续偏导数，且 $Z'=ls(z,p)$，则 $\nabla f(z')^{\mathrm{T}}p=0$

证明：设 $\varphi(t)=f(z+tp)$ 则 $\phi'(t)=\nabla f(z+tp)^{\mathrm{T}}p$

因为 $Z'=ls(z,p)$，即 $\begin{cases}f(z+t_0p)=\min f(z+tp),\\ Z'=z+t_0p.\end{cases}$

即 $\begin{cases}\varphi'(t_0)=\min\varphi(t),t\in\mathbf{R},\\ Z'=z+t_0p.\end{cases}$

即 t_0 为 $\varphi(t)$ 的极小点，因而 $\varphi'(t_0)=\nabla f(z+t_0p)^{\mathrm{T}}p=0$

即 $\nabla f(z')^{\mathrm{T}}p=0$

这一性质的几何意义是明显的.

从某点 z 出发沿方向 p 作直线搜索得极小点 Z' 的梯度方向 $\nabla f(z')$ 与方向 p 正交，又已证明梯度方向 $\nabla f(z')$ 与目标函数过 z 的等值面垂直（正交），从而搜索方向 p 必与这个等值面在点 z' 处相切.

13.9.3 收敛速度

构造一个算法，首先必须要求能够收敛于原问题的解，另一方面还必须要求收敛于原问题解的速度较快，这才是比较理想的.

收敛速度的快慢用收敛的阶来衡量.

定义 13.9.1 对收敛于解 $z^*\in\mathbf{R}$ 的序列 $\{z_k\}$，若存在一个与 k 无关的数 $\beta\in(0,1)$，当 $k\geqslant k_0$（k_0 为某一整数）时有：

$$\|z_{k+1}-z^*\|\leqslant\beta\|z_k-z^*\|,$$

则称序列 $\{z_k\}$ 是线形（或一阶）收敛的.

定义 13.9.2 对收敛于解 z^* 的序列 $\{z_k\}$，若存在与 k 无关的数 $\beta>0$ 和 $\alpha>1$，当 $k\geqslant k_0$ 时，$\|z_{k+1}-z^*\|\leqslant\beta\|z_k-z^*\|^{\alpha}$.

则 $\{z_k\}$ 的收敛阶为 α 或 α 阶收敛. 当 $\alpha=2$ 时称为二阶收敛. 当 $1<\alpha<2$ 称为超线性

收敛.

一般说来，线性收敛速度较慢，二阶收敛速度很快，超线性收敛居中. 如果一个算法具有超线性以上的收敛速度，则为一个很好的算法.

前面曾提到过“二次收敛”，这与二阶收敛没有必然联系. 所谓二次收敛即一个算法有用于具有正定矩阵的二次函数时在有限步可以获得它的极小点. 但二次函数的算法往往具有超线性以上的收敛速度，是一个比较好的算法.

13.9.4　非线性最优化算法简介

根据非线性优化模型，非线性最优化算法分为两大类：无约束非线性优化算法和有约束线性优化算法.

无约束优化问题

$\min f(z)$, $f:\mathbf{R}^n\to\mathbf{R}^1$,

目的是在 $\mathbf{R}^n$ 找一点 z^* 使 $\forall z\in\mathbf{R}^n$ 均有 $f(\boldsymbol{Z}^*)f(z)$, z^* 称为此无约束最优化问题的全局最优点. 然而在实际中，大多数最优化方法只能求到局部最优点，即在 R^n 中可找到一点 $\boldsymbol{Z}^*$ 使得在 $\boldsymbol{Z}^*$ 的某个邻域中有 $f(z^*)\leqslant f(z)$. 但在实际中，可以根据问题的意义来判断求得的局部极小点是否为全局最优点，无约束优化算法可以分为两大类：

一类是使用导数的方法，也就是根据目标函数的梯度（一阶导数）有时还要根据 Hesse 矩阵（即二阶导数）所提供的信息而构造出来的方法，称为梯度方法. 如：最速下降法，牛顿法，共轭梯度法和变尺度法，等.

另一类是不使用导数的方法，统称为直接方法，如：单纯形替换法、步长加速法、方向加速法、坐标轮换法，等.

前者收敛速度快，但计算复杂（一阶、二阶导数）；后者不用导数，适应性强，但收敛速度慢. 因此在可以求得目标函数导数时，尽可能用前一方法，而若求目标函数导数很困难，或者根本不存在导数时，就用后一种方法.

约束优化问题

$$\min_{Z\in\Omega} f(Z)$$

$$\text{s.t.}\begin{cases} g_i(Z)\geqslant 0, i=1,2,\cdots,m.\\ h_j(Z)=0, j=m+1,m+2,\cdots,l(l<n).\end{cases}$$

首先是关于最优性条件的讨论，主要算法类有：罚函数类方法、投影梯度类方法、序列二次规划法以及无约束类方法中的成功算法等.

近年来，很多学者研究提出了禁忌搜索、模拟退火、遗传算法和神经网络算法等现代优化算法，在理论和实践中取得明显效果.

由于篇幅所限，关于线性优化算法不详细讨论，有兴趣的读者可以参阅相关参考教材.

习　题　13

1. 设 $f(x_1,x_2)=100\ (x_2-x_1^2)^2+(1-x_1)^2$，求在点 $\boldsymbol{x}=(0,0)^{\mathrm{T}}$ 处的梯度、Hessian 矩阵、最速下降方向.

$$\min f(x)=(x_1-7)^2+(x_2-6)^2$$

2. 设有非线性规划：
$$\text{s. t.}\begin{cases}3x_1-3x_2\geqslant -4,\\ x_1-2x_2\leqslant 4,\\ x_1+x_2\leqslant 9,\\ x_1\geqslant 0,x_2\geqslant 0.\end{cases}$$

试画出其目标函数等值线：$f(x)=4$，$f(x)=4$，及其可行域.

3. 假设要将一些不同类型货物装上一艘货船，这些货物的体积、重量、冷藏要求、可燃性指标以及价值不尽相同，如下表：

货号	重量/kg	体积/m³	冷藏要求	可燃性指标	价值/元
1	20	1	需要	0.1	50
2	5	2	不需要	0.2	100
3	10	4	不需要	0.4	150
4	12	3	需要	0.1	100
5	25	2	不需要	0.3	250
6	50	5	不需要	0.9	250

假定货船可以装载总重量为400000kg，总体积50000m^3，冷藏总体积10000m^3，容许的可燃性指标总和不能超过7.50，装到船上各种货物件数只能是整数，试建立数学模型，使装载的货物价值最大.

参考文献

[1] 同济大学数学教研室．工程数学线性代数［M］．北京：高等教育出版社，1999.
[2] 申亚男，张晓丹，李为东．线性代数［M］．北京：机械工业出版社，2006.
[3] 曾祥金，吴华安，高遵海．矩阵分析及其应用［M］．武汉：武汉大学出版社，2008.
[4] 张跃辉．矩阵理论与应用［M］．北京：科学出版社，2001.
[5] 张明．工程矩阵理论［M］．南京：东南大学出版社，2012.
[6] 程林凤，胡建华．矩阵论［M］．徐州：中国矿业大学出版社，2009.
[7] 张凯院，徐仲．矩阵论［M］．北京：科学出版社，2013.
[8] 薛毅．最优化原理与方法［M］．北京：北京工业大学出版社，2004.
[9] 陈宝林．最优化理论与算法［M］．北京：清华大学出版社，2003.
[10] 宋巨龙，王香柯，冯晓慧．最优化方法［M］．西安：西安电子科技大学出版社，2012.
[11] 王开荣．最优化方法［M］．北京：科学出版社，2012.
[12] 孙文瑜，徐成贤，朱德通．最优化方法［M］．北京：高等教育出版社，2010.
[13] 郭科，陈聆，魏友华．最优化方法及其应用［M］．北京：高等教育出版社，2012.
[14] 阴明盛，罗长童．最优化原理、方法及求解软件［M］．北京：科学出版社，2006.
[15] 蒋耀林．工程数学的新方法［M］．北京：高等教育出版社，2013.
[16] 薛薇．统计分析与 SPSS 的应用［M］．北京：中国人民大学出版社，2011.
[17] 吴孟达，李兵，汪文浩．高等工程数学［M］．北京：科学出版社，2012.
[18] 于寅．高等工程数学［M］．2 版．武汉：华中理工大学出版社，1995.
[19] 任若恩，王惠文．多元统计数据分析［M］．北京：国防工业出版社，2010.